Pourquoi ce livre ?
(Et pourquoi un titre en forme de question et qui n'affirme rien)

Texte complètement réécrit au 01.06.2026 avec pour idée clé que rien n'est vraiment acquis et que tout peut être remis en cause dès lors que l'on accepte l'idée que l'être humain n'est pas en capacité de tout comprendre.

Cette évidence tient à ses limites qui sont nombreuses mais pas toujours acceptées :
- biologiques (le cerveau humain est un organe non extensible, orienté vers l'efficacité et certaines vérités lui sont hors de portée. D'autre part, sollicité par trop d'informations et trop d'interactions, la compréhension totale devient irréaliste),
- cognitives (certaines structures de réalité pourraient être trop complexes pour être représentées mentalement ou même formalisées mathématiquement de manière intelligible pour nous),
- structurelles (certains comportements pourraient exister hors temps, espace, causalité, les rendant littéralement impensables pour nous),
- conceptuelles (nos théories relativiste + quantique cessent d'être validables ensemble à certaines échelles),
- de mise en forme en langage courant ou mathématique (Kurt Gödel, a montré que tout système formel contient des vérités qu'il ne peut pas démontrer lui-même),
- observationnelles (principe d'incertitude de Werner Heisenberg, horizons cosmologiques, intrication quantique…).

Dire que l'Univers est partiellement intelligible, mais pas totalement explicable, n'est pas un échec de la science. Ce serait plutôt une propriété fondamentale de notre Univers qui nous amène à interpréter à notre convenance (décohérence), une réalité fondamentalement différente de celle que nous percevons.

En adéquation avec ce préambule, ce livre qui se hasarde en terre inconnue, se veut donc surtout conceptuel. On ne s'étonnera pas si la cohérence avec les observations (formation des galaxies, fond diffus, etc…) n'est pas nécessairement respectée et si les idées développées peuvent s'avérer difficile à formaliser sans appui mathématique exploitable. Elles peuvent s'avérer incomplètes, interprétatives sur bien des points et ne fournissent pas vraiment de cadre prédictif testé.

1

Ce livre est donc plutôt atypique : il se situe à mi-chemin entre essai de vulgarisation, spéculation théorique et réflexion personnelle sur la cosmologie.

Il propose une vision globale et unifiée de l'Univers, en tentant de dépasser :

- la relativité
- la mécanique quantique,
- et les limites du modèle standard.

Pour ce faire, il développe plusieurs hypothèses fortes, théoriquement possible, bien que spéculatives :

- une vision cyclique ou symétrique de l'Univers reposant sur l'existence d'antimatière. En physique actuelle, la symétrie matière / antimatière est un vrai sujet, étudié dans le cadre de la violation de CP et des lois fondamentales.
- une remise en cause du Big Bang en tant qu'événement « chaud ».
- une importance centrale de la thermodynamique et de l'évolution énergétique globale.
- une critique du modèle cosmologique actuel jugé incomplet.
- L'idée clé de chiralité affectant cette symétrie quantique. Des physiciens ont déjà proposé des modèles d'Univers miroir qui existerait en marge de notre espace/temps. Il reste cependant à expliquer pourquoi aucune signature observable n'apparaît.

Tout ce qui suit, se singularise par une tentative de réinterprétation globale, dans une volonté de synthèse en tentant de relier gravitation, mécanique quantique, cosmologie. Il cherche à rester lisible pour un lecteur curieux. En poussant à questionner les modèles établis, il se veut enrichissant sur le plan des idées. Ce livre contient des intuitions qu'on retrouve en filigrane dans la recherche actuelle que ce soit à propos de la thermodynamique, de la gravitation, du vide, des champs d'énergie ou de ce qui, échappant à de toute observation, se résume à des réponses par défaut (matière noire, énergie sombre…). Il nous fait prendre conscience que nous ignorons l'essentiel de notre Univers.

Reprenons succinctement en préambule ces quelques thèmes développés dans le livre, pour souligner le caractère ouvert et non partisan du livre :

✓ **<u>Dans ce livre, la thermodynamique semble jouer un rôle fondamental</u>**, pour tenter d'expliquer l'évolution globale de l'Univers et les transitions d'état permanentes et plus particulièrement :
- le fond diffus cosmologique,

2

- la formation des galaxies,
- l'expansion accélérée,
- les observations du télescope spatial (Télescope Hubble Space).

Ce livre s'il propose des idées nouvelles, entre en conflit avec la cosmologie actuelle sur 3 points essentiels :

1. Il remet en cause le Big Bang chaud (~3000 K) devenu transparent. Ce modèle du Big Bang chaud non directement observable mais communément admis, voudrait expliquer à la fois, le fond diffus cosmologique, le spectre thermique parfait et l'expansion de l'Univers.
2. Il propose des idées difficilement testables (symétries globales, chiralité quantique).
3. Il manque de formalisation mathématique vérifiable.

Faute d'équations et de prédictions mesurables, la version "froide" potentiellement symétrique proposée ici, ne peut semble-t-il, reproduire tout cela de façon similaire. Il s'y côtoie:

- concepts scientifiques rigoureux,
- intuitions personnelles,
- analogies (souvent utiles…).

Mais surtout, ce livre touche à de vraies questions ouvertes :

- origine de l'Univers,
- asymétrie matière/antimatière,
- unification des lois….

et rappelle une chose importante : notre modèle cosmologique n'est pas complet. Dans le cadre des théories actuelles, on ne sait pas unifier la relativité générale de Albert Einstein et la mécanique quantique. La critique n'a donc rien d'illégitime.

Des modèles sérieux proposent également un Univers symétrique en temps ou en charge, par exemple :

- les modèles CPT symétriques,
- certaines extensions du Big Bang.

Ces idées s'appuient sur des principes fondamentaux comme la symétrie CPT (charge, parité, temps).

✓ **Dans ce livre, la gravitation, sujet incontournable, y est décrite comme une interaction entre champs d'énergie**, de nature fondamentalement électromagnétique où des "structures" ou "symétries" interagissent entre elles.

3

La finalité est d'expliquer la "courbure de l'espace-temps" pour aller vers une vision plus dynamique, énergétique, presque "ondulatoire". Dans ce livre, la gravitation serait une interaction entre champs énergétiques. La relativité générale dit justement que l'énergie sous toutes ses formes, courbe l'espace-temps et pas seulement la masse.

L'idée que la gravitation implique des champs d'énergie est admise. Aussi l'idée de relier différents phénomènes de nature énergétique parait pertinente même si l'absence de cadre mathématique est bloquante et même si le modèle proposé ne reproduit pas clairement les observations. Mais nous pouvons nous demander si certaines observations ont vraiment valeur de certitude et si elles ne font pas l'objet d'interprétation.

Les effets gravitationnels des corps ne seraient-ils la résultante d'une sorte de « dépression » énergétique du vide, en raison d'interactions électromagnétiques entre particules de matière qui les font se rassembler dans le cadre de la mécanique quantique ?

Cela conduit à considérer que la gravitation pourrait émerger de phénomènes plus fondamentaux, comme des interactions quantiques ou du "vide" lui-même en considérant qu'en interagissant électromagnétiquement, les particules se regroupent localement. Ces regroupements créeraient une sorte de "dépression énergétique du vide" perçue au travers d'effets gravitationnels.

L'idée que le vide joue un rôle dans la gravitation parait donc légitime. Ce qui revient à dire que la gravitation n'est pas fondamentale et ouvre une vraie piste de recherche, amenant à s'interroger sur :
- le rôle du vide
- l'idée d'émergence
- le lien énergie / gravitation

D'ailleurs, certains physiciens actuels explorent des idées proches, malgré une absence de formalisme et d'incompatibilité avec les observations, portant notamment sur :
- la gravité émergente,
- la gravité entropique,
- les liens entre information, thermodynamique et espace-temps.

La gravitation a une propriété clé : elle agit de la même façon sur tout ce qui a de l'énergie. C'est ce qu'on appelle le principe d'équivalence, au cœur de la théorie de Albert Einstein.

Si la gravité provient d'une dépression du vide liée à l'électromagnétisme et la présence de masse, alors :
- pourquoi les particules neutres gravitent-elles ?
- pourquoi la lumière est-elle déviée ?

4

- pourquoi la gravité est-elle toujours attractive ?
- et où sont les équations qui prédisent ces effets ?"

Le neutron est une particule composite composée de particules élémentaires chargées et à part le neutrino de masse négligeable et le photon sans masse, toutes les particules élémentaires de matière ont une charge électrique.

Bien sûr, un système peut être électriquement neutre tout en ayant une masse, c'est le cas des atomes, objets macroscopiques, planètes.

Mais "au fond, tout contient de la charge" ou contribue à son intensité et les interactions électromagnétiques internes qui se compensent à grande échelle, deviennent négligeables à distance et l'effet global n'est en apparence pas électromagnétique.

Ceci expliquerait que le neutrino qui n'a aucune charge électrique et a une masse (faible mais non nulle), est pourtant soumis à la gravitation. Il en est de même pour le photon de masse nulle, et de charge nulle qui est pourtant dévié par la gravité (lentilles gravitationnelles) et suit la courbure de l'espace/temps en perdant de l'énergie lorsqu'il sort d'un champ gravitationnel.

✓ **<u>Dans ce livre, un autre sujet important porte sur la nature du vide</u>**.
Le vide représente le champ de propagation des ondes électromagnétiques. La force électromagnétique structure la matière faite de particules chargées en assurant la cohésion des atomes et des objets. Dès lors, on peut se demander si les effets gravitationnels ne seraient pas le produit émergeant de l'électromagnétisme.

Les atomes sont quasi entièrement constitués de "vide". Leur noyau est minuscule et les électrons occupent des orbitales très étendues.

Mais ce "vide" n'est pas réellement vide. Il correspond à des champs quantiques, avec une énergie dite "du vide".

Donc l'idée que le vide joue un rôle fondamental est totalement légitime, considérant que parler de "dépression locale du vide" est une image intuitive, pas une description vérifiée.

Dans la théorie de Albert Einstein, c'est le "vide des atomes" autant que l'énergie totale contenue dans une région qui courbe l'espace-temps, Cela inclut :

- la masse,
- l'énergie cinétique,
- les champs,
- la pression.

Le "vide dans les atomes" est une structure électromagnétique et quantique,

5

La gravitation dépend de l'énergie totale d'un champs d'espace qui définit l'espace/temps et pas seulement du "vide interne".

Certains travaux explorent de ce fait :

- le lien entre vide quantique et espace-temps,
- l'idée que l'espace-temps lui-même émerge de structures plus profondes.

On comprend donc que certaines approches encore spéculatives proposent que la gravité ne soit pas fondamentale mais émerge d'un comportement collectif (un peu comme la pression dans un gaz).

Pour se rapprocher de la physique actuelle, ce n'est pas vraiment le "vide des atomes" qui se creuse, mais plus précisément la structure quantique fondamentale du vide (encore inconnue). Ce vide qui joue sans doute un rôle profond dans la gravitation donnerait naissance à la géométrie de l'espace-temps.

Dire que le vide est un ensemble de champs évolutifs est correct. Les champs s'interpénètrent. Ils coexistent dans le même espace, interagissent, se superposent conformément à la relativité générale de Albert Einstein où toute forme d'énergie contribue à la gravitation.

Avec cette formulation, on est beaucoup plus proche de la physique moderne qui dit qu'en théorie quantique des champs :

- chaque particule est une excitation d'un champ,
- le "vide" est l'état fondamental de ces champs,
- ces champs existent partout, même sans particules.

Les champs quantiques participent donc bien à la courbure de l'espace-temps.

Nous obtenons quelque chose de très proche de recherches actuelles où l'espace-temps pourrait émerger de structures plus fondamentales, considérant que les champs quantiques remplissent l'espace et que leur état collectif déterminerait la structure de l'espace-temps.

D'ailleurs certaines approches explorent :

- L'espace-temps émergeant,
- Le lien entre information et géométrie,
- La gravité comme phénomène collectif.

Bien qu'il manque des équations et une certaine compatibilité avec les observations (lentilles gravitationnelles, ondes gravitationnelles, expansion cosmique...), les idées développées dans ces lignes, se veulent progressistes, partiellement alignées avec la physique moderne et intellectuellement stimulantes,

----

✓ **Dans ce livre, est reprise l'idée que les champs et l'énergie sont au cœur de la structure du réel.** Mais il franchit un pas de plus ou de trop en suggérant qu'ils suffisent à configurer l'espace-temps.

La gravité émergente d'Erik Verlinde est probablement le cadre actuel qui se rapproche le plus de ce qui est développé ici.

Verlinde propose que :

- la gravitation n'est pas une force fondamentale, mais un phénomène émergent, comme la température, la pression, ou l'élasticité.
- L'espace, le temps et la gravité émergeraient de l'information et l'entropie associées aux états microscopiques.

Avec comme points communs rejoignant les développements de ce livre :

- le "vide" contient de l'information,
- l'organisation de cette information produit ce que nous percevons comme gravité.
- La gravité serait une force entropique.
- Dans les deux cas le vide est actif et structuré, la gravité est un effet collectif et l'énergie joue un rôle central.

Il est donc fort plausible que :

- la gravité ne soit pas fondamentale,
- le vide soit structuré,
- l'espace-temps en soit le produit émergeant.

S'il manque des outils mathématiques, une théorie de l'information, des tests expérimentaux, ces idées restent cependant relativement proche de certaines recherches actuelles. Tout part d'intuitions analogiques qui laissent augurer :

  - que le vide est actif
- que la gravité pourrait en émerger
- que l'énergie joue un rôle fondamental

Dans ce livre, est pris en compte le fait que la science fonctionne avec des certitudes locales et des questions ouvertes avec deux niveaux de perception des choses très différents :

- <u>Ce que la science formule solidement</u>, Certaines choses sont connues avec une précision remarquable :
    - la relativité générale de Albert Einstein
    - la mécanique quantique
    - le modèle cosmologique standard

Non pas parce qu'ils sont "vrais en soi", mais parce qu'elles prédisent correctement les observations, sont testés expérimentalement et résistent à des milliers de vérifications.

7

- <u>Ce qu'elle ne comprend pas encore</u>. Par exemple l'origine ultime de l'Univers, la nature du "rien", les notions d'infinité ou finitude… Ainsi, on ne sait pas ce qu'est exactement l'énergie sombre, la matière noire…

Mais on pense savoir :

- comment la gravité agit sur la lumière,
- comment les planètes se déplacent,
- comment les ondes gravitationnelles se propagent.

Une théorie qui contredit cela est considérée a priori comme fantaisiste, même si 95 % de ce qui représente de l'énergie dans l'Univers, reste mystérieux.

On ne s'étonnera donc pas que le modèle proposé ici, entre en tension avec des résultats présumés solides comme l'universalité de la gravitation, son indépendance vis-à-vis de la charge électrique et des observations cosmologiques reconnues.

On est loin de tout comprendre, mais ce qu'on mesure s'avère de fait, particulièrement contraignant.

"Matière noire, énergie sombre…"sont des inconnues majeures. Mais n'auraient-elles pas été introduites à la seule fin de pouvoir faire correspondre les théories aux observations ?

<u>Dans ce livre, toute la problématique tient dans l'embarras à valider une partie de son contenu.</u> Mais cela montre qu'il nous faut apprendre à douter, à se poser des questions et ne pas absolutiser les modèles actuels. D'autre part, ce n'est pas parce que tout n'est pas compris que toutes les théories sont susceptibles d'être validées.

Astrophysique et cosmologie sont des sciences jumelles qui se voudraient exactes. Elles sont, cependant, trop encombrées d'hypothèses, de postulats, d'incertitudes et d'imprécisions pour que nous puissions en être convaincus. La réflexion qui suit et qui se veut dépourvue de toute intention de prosélytisme, est appelée à faire l'objet de fréquentes corrections et d'ajouts. En lecture et téléchargement libres, elle continuera d'être régulièrement mis à jour sur : lirenligne.net

Ces quelques pages ambitionnent de raconter l'histoire de notre Univers telle que vous ne l'avez sans doute jamais imaginée. Il faut *« se poser des questions d'enfant avec un cerveau d'adulte »*, aurait dit Albert Einstein. Il aurait pu ajouter que le propre de l'enfant — outre le fait que son esprit n'est pas encore encombré d'idées préconçues — est de penser sans nécessairement s'appuyer sur les mots. Toute la difficulté consiste alors à transposer ces intuitions encore informes à l'écrit. Sur un sujet aussi vaste, l'exigence de précision dans la mise en forme ne facilite guère l'exercice rhétorique.

Il sera question dans cet ouvrage de ce que nous croyons savoir — à peine 5 % — et surtout de ce que nous ignorons — 95 % — à propos de notre Univers. Prétendre réunir l'ensemble des phénomènes observables ou non en une synthèse cohérente et exhaustive, ce que les physiciens appellent un *modèle unifié*, peut paraître, dans l'état actuel de nos connaissances, peu réaliste. Même avec une ambition plus modeste, ne conviendrait-il pas de parler plutôt d'un tableau contextuel ou d'un assemblage informel de données ?

L'histoire est jalonnée de vérités qui, de certitudes établies, se sont révélées n'être que des interprétations erronées. Contrairement à une opinion largement répandue, le doute et l'esprit critique ont souvent ouvert de nouvelles voies de progrès. Aussi, si vous vivez de certitudes, ce livre ne vous est sans doute pas destiné. Non sans quelques maladresses, cet ouvrage, qui prétend apporter des réponses, ne fait en réalité que poser des questions, sans autre ambition que de proposer des pistes de réflexion. Le ton affirmatif y rejoint fréquemment, de manière implicite, le ton conditionnel ou interrogatif. C'est pourquoi un sous-titre tel que *« Contes et légendes du Cosmos »* s'est imposé : il confère au propos une liberté d'interprétation assumée, susceptible toutefois de dérouter.

9

Ce préalable posé et constamment présent à l'esprit du lecteur, comment se représenter notre Univers, notamment à l'échelle subatomique ? Pour décrire ce monde invisible, il semble que nous ne puissions faire autrement que de recourir à des notions et à un vocabulaire spécifiques, inventés pour interpréter ce qui dépasse nos perceptions. Ce langage scientifique répond à la nécessité de construire une physique conforme à ce qu'il nous est donné d'observer. Mais en mécanique quantique — la physique de l'infiniment petit — il apparaît rapidement que notre vocabulaire devient inadapté, et qu'il est souvent indispensable de raisonner par analogies, images, métaphores ou allégories. Les limites de notre pensée se révèlent alors en même temps que l'insuffisance des mots. Toute la difficulté réside dans la capacité à imaginer et concevoir ce qui se produit à des échelles où les phénomènes ne renvoient plus à notre réalité familière. En physique quantique, parler de corpuscules, d'orbites, de positions spatiales ou d'effets gravitationnels n'est plus réellement pertinent, mais demeure néanmoins un moyen d'approcher un Univers où le recours à l'imaginaire devient incontournable.

Ce qui suit est le fruit d'une réflexion dont le sous-titre « *Contes et légendes du Cosmos* » pourrait laisser penser qu'elle se veut dénuée de toute prétention scientifique. Pourtant, l'histoire nous a appris que ce qui conforte nos certitudes n'est pas toujours synonyme de vérité. Chacun y trouvera peut-être sa part de sens, ou, à défaut, de nouvelles pistes de réflexion, dans le prolongement de la relativité d'Einstein et au-delà des cadres actuels de la physique quantique.

Comme point de départ, une manière d'imaginer le Cosmos — qualifié ici de multivers — consisterait à le considérer comme un concept intemporel, un cadre potentiel dépourvu de réalité physique, dans lequel l'énergie ne peut se manifester. La notion même de contenant devient alors inappropriée. Ce concept de Cosmos, excluant la présence de tout observateur, permettrait notamment de justifier l'existence de systèmes binaires d'univers intriqués, en symétrie quantique (dont la signification sera précisée plus loin), dupliqués à l'infini et sans liens entre eux.

À la fois source de froid et de chaleur, lumineux et d'une noirceur insondable, tantôt paisible, tantôt d'une violence extrême, indéchiffrable dans ses causes comme dans ses finalités : tel est le ressenti que nous inspire un Univers qui, malgré toutes nos avancées, continue de nous laisser dans l'ignorance de l'essentiel. Depuis lors, l'idée profondément contre-intuitive

10

de la relativité nous laisse entrevoir une symétrie discrète aux multiples facettes, trop peu accessible à l'observation pour faire consensus.

Rapporté à l'idée de Cosmos multivers, notre Univers ne serait qu'un univers parmi une infinité d'autres, sans aucune connexion entre eux. Autrement dit, un « événement » d'une déconcertante banalité au sein d'un enchevêtrement de phénomènes dont la compréhension, faute de contexte élargi, semble devoir rester à l'état d'exercice de pensée.

Confrontés à des paradoxes et à des problèmes d'échelle, nous en sommes trop souvent réduits à formuler des hypothèses. Le problème majeur est que notre logique scientifique, fondée sur un principe de cause à effet difficilement réfutable bien qu'imprégné d'incertitude, ne semble plus suffisamment efficiente, ni même pleinement appropriée. Si elle rend compte de nombreux phénomènes observables, elle gagnerait sans doute à être repensée pour s'affranchir d'une physique classique devenue quasi emblématique.

L'imaginaire, jamais à court de créativité, ne pourrait-il pas nous aider à réviser un consensus fondé sur un modèle encore loin d'être unifié et insuffisant pour satisfaire notre quête du sens de notre existence ? Nous pouvons certes nous féliciter d'une compréhension accrue des phénomènes aux échelles atomique, moléculaire et nano structurelle. Les nanotechnologies, explorant des dimensions jadis inimaginables — de l'ordre du cent-millième de millimètre —, se révèlent particulièrement prometteuses. Ces avancées, qui expliquent l'état et les transformations de la matière, constituent la chimie de pointe d'aujourd'hui. Mais concernant l'origine, l'évolution et la finalité même de l'Univers, nos progrès, faute de moyens suffisants, demeurent peu décisifs et restent, pour une large part, à l'état d'hypothèses, au point que l'on en vient parfois à douter de la réalité de ce qui fait notre Univers tel que nous le percevons.

« Concernant la matière, nous nous sommes trompés. Ce que nous appelons matière n'est que de l'énergie perceptible par nos sens. Il n'y a pas de matière. » — Albert Einstein.

« Tout ce que nous appelons réel est fait de choses qui ne peuvent pas être considérées comme réelles. » — Niels Bohr

11

Ce livre, tel un pavé jeté dans la « *mare gelée* » des astrophysiciens, raconte une légende inachevée : celle de notre propre histoire, depuis la nuit des temps.

« J'écrirais ici, mes pensées sans ordre mais non dans une confusion sans dessein ».   *Selon Pascal*

Cette réflexion propose à dessein, sans ordre trop discursif, une « théorie d'ensemble », en infiltrant la « face cachée », source de confusions, de notre Univers.
Pour paraphraser Pascal

En tant qu'organismes vivants, nous nous percevons comme occupant une portion infinitésimale de l'espace, et notre vie est comprise comme une fraction ténue du temps. Notre réalité se résume à ce que nous sommes : un peu d'espace et un peu de temps. C'est à travers ces deux notions fondamentales que nous nous représentons l'Univers et tout ce qu'il contient : un continuum espace-temps façonné par l'énergie sous ses multiples formes.

Nous savons aujourd'hui concevoir au-delà de ce que nos sens nous dictent, afin de donner une signification à la fois intuitive et réfléchie à ce qu'il nous est permis d'observer. Toute la difficulté consiste à ne pas s'égarer dans une abstraction sans garde-fou, dans une culture de l'abstrait. Sans renier la physique classique relativiste ni la physique quantique, porteuse de promesses, comment ouvrir de nouvelles voies de réflexion et élargir le champ du discours ? Commençons par un état des lieux, à partir de deux hypothèses envisagées comme des ouvertures possibles vers de futures avancées.

- La première hypothèse, posée comme postulat de départ, est celle d'un espace relatif — c'est-à-dire variant conjointement avec le temps — circonscrit mais dépourvu de centre et de frontières accessibles. Cet espace-temps déroutant, qui constitue notre Univers, serait fait d'une entité difficile à définir : de l'énergie, supposée ici en symétrie quantique, ou plus précisément en rupture de symétrie. Bien qu'indissociables, les deux états qui réalisent en symétrie la matière et l'antimatière resteraient non fusionnels tant que certaines conditions requises ne seraient pas réunies. Leur éventuelle conjonction marquerait alors la fin de notre Univers comme il sera développé plus loin.
- La seconde hypothèse, qui découle de la première, postule un Univers susceptible de s'achever aussi brutalement qu'il a commencé. Un décalage spatio-temporel discret, ou une chiralité quantique, aurait initialement différencié deux états quantiques symétriques de la matière, dont l'un représentant — l'antimatière — resterait pour l'essentiel dissimulé à notre observation.

Un postulat est, par définition, une affirmation pressentie comme vraie mais non démontrée. Il convient donc d'examiner comment ces deux postulats peuvent s'intégrer dans une représentation avancée de l'Univers, la plus cohérente possible. Cela permettrait de s'affranchir des insuffisances et des imperfections du modèle cosmologique standard. Si ce dernier bénéficie d'un large consensus, reconnaissons que celui-ci relève en grande partie d'une adhésion par défaut. En réalité, notre ébauche de modèle cosmologique, aussi remarquable soit-elle, demeure lacunaire, marqué par un manque d'unification, des incohérences et des liens encore mal établis.

Nous sommes le produit complexe et évolué d'une chimie organique capable de s'auto-organiser : la matière vivante. À ce titre, notre statut d'observateur ne nous donne accès qu'à ce que nous interprétons comme notre réalité. Mais quelle crédibilité accorder à cette réalité dès lors que l'on accepte certaines propriétés avancées de la mécanique quantique, telles que la décohérence ou la dualité onde-corpuscule ?

Notre Univers pourrait ainsi se ramener à deux « dimensions » d'espace-temps : l'une investie par la matière, l'autre par l'antimatière, formant deux symétries complémentaires, corrélées mais imparfaitement superposées dans le temps et l'espace. L'Univers n'existerait pas indépendamment de cette symétrie quantique dont il serait l'expression.

Qu'une particule élémentaire soit considérée comme une entité indivisible de matière ou comme un quantum d'énergie, implique qu'elle ne puisse être assimilée à une portion d'espace ni dotée d'une temporalité propre. Ce sont les transferts d'énergie qui rendent possibles la localisation et la relativisation. En l'absence d'interactions entre fermions (les particules de matière), l'espace-temps — ce cadre conceptuel décrivant la dynamique de l'Univers — perdrait toute raison d'être. L'Univers serait alors dépourvu d'histoire, figé, immuable, privé de représentation mathématique faute d'observateur.

Une fraction de l'énergie primordiale aurait acquis des propriétés de masse ($E=mc^2$) lors d'une phase dite d'intrication radiative, modifiant et structurant l'espace-temps. Les particules élémentaires posséderaient une structure cachée, issue d'anisotropies radiatives inhérentes au Big Bang. Cette conformation, assimilée ici à un paquet d'ondes, gouvernerait leur comportement et leur conférerait des propriétés interprétées comme la masse, la charge ou le spin. Un tel encodage quantique suggère l'existence

14

d'une symétrie qui ne se révèle pas à l'échelle de la matière construite. La particule pourrait alors être définie comme un ensemble d'informations discrètes corrélées, dans un contexte dépourvu de référence temporelle et spatiale.

Ce qui est valable pour la matière devrait l'être également pour l'antimatière, qui ne se manifeste à nous que fugitivement, lors de réactions nucléaires ou de processus de création et d'annihilation de paires. Elle pourrait aussi se signaler indirectement par des effets gravitationnels inexpliqués, souvent attribués à l'hypothétique matière noire. L'espace-temps serait ainsi constitué de deux composantes fondamentales, indissociables et complémentaires, se superposant et interagissant hors de notre champ d'observation.

Au stade actuel de l'évolution cosmique, il est probable que les conditions nécessaires à l'annihilation généralisée de la matière et de l'antimatière ne soient pas réunies — par chance pour nous). Toutefois, la disparition progressive de toute intrication radiative par confrontation destructrice de symétrie pourrait marquer le terme ultime de l'Univers. Cet effondrement final deviendrait inéluctable lorsque toutes les particules, massives ou non, auront été accrétées par une population grandissante de trous noirs de plus en plus massifs, ramenant la matière à son état originel.

L'Univers, privé d'interactions, figé, sans gradients d'énergie, ne serait plus porteur de sens en tant qu'espace-temps. Il aurait alors achevé un cycle dont la réalité n'existait que pour une forme de vie avancée — épiphénomène contingent — au sein de l'évolution d'une matière vouée à se réunifier avec sa symétrie quantique.

L'idée de multivers n'est pas nouvelle en cosmologie. Elle est toutefois reprise ici dans un sens différent : non comme une multitude d'univers co-existant dans un milieu partagé, mais comme des univers sans liens entre eux. Ils s'ignorent mutuellement et ne peuvent être envisagés qu'en tant qu'entités uniques. Autrement formulé, notre Univers ne s'inscrit pas physiquement dans un ensemble d'univers à l'infini.

Le Cosmos multivers sous-tendent l'idée d'infini — infiniment petit comme infiniment grand — et l'absence de temporalité. Ces notions se heurtent à nos modes de pensée et échappent à nos outils mathématiques. Nous restons ainsi prisonniers d'un modèle consensuel mais inachevé, qui peine à ouvrir de véritables alternatives.

Dans cette perspective, le Cosmos multivers n'est porteur ni d'événements ni d'échanges d'informations et n'a rien de similaire avec celui exponentiellement prolifique de "mondes multiples" proposée par H. Everett. Il n'est associé à aucune manifestation d'énergie. Même la notion d'espace y perd sa signification. Ce Cosmos multivers, dépourvu de propriétés physiques et qui a tout de virtuel, ne saurait être apparenté à l'idée de néant. Cette énergie latente hors de notre champ perceptif, n'est pas plus assimilable à l'énergie potentielle qui fait le vide spatial, lequel pourrait être partagé entre la matière et une antimatière reléguée ? (Voir chap. XIV sur la matière noire).

Ainsi défini, le Cosmos multivers serait à la fois le réceptacle potentiel d'une infinité de systèmes binaires d'univers en symétrie quantique et une présence latente, dissimulée au cœur même de toute énergie.

Le modèle standard laisse un sentiment d'inachèvement. Le système binaire d'univers en symétrie quantique envisagé ici concilie l'espace-temps sectoriel de la relativité restreinte, l'espace-temps incertain de la mécanique quantique et l'espace-temps flexible de la relativité générale. Cette symétrie discrète représenterait la propriété quantique fondamentale dont découle la physique quantique elle-même, imposant à toute forme d'énergie massive un état potentiel superposé, discret, de nombres quantiques opposés, hors de portée de l'observateur.

L'idée d'une énergie en rupture de symétrie invite à dépasser une certaine forme d'intellection de la physique qui nous est familière. Depuis peu, nous avons appris à ne plus faire référence à un espace considéré comme absolu ni à un temps perçu comme universel. Il faut alors imaginer l'énergie comme un « état » au sens le plus large, ou plus précisément comme une superposition non dénombrable d'états potentiels. Tout objet, ramené à son niveau le plus réducteur — celui de la « dimension » quantique — semble fondamentalement privé de référence spatiale et de développement temporel. De fait, le temps, corrélé à l'espace, devient l'affaire de chaque observateur, rapporté à l'échelle qui est la sienne et à celle qu'il n'a d'autre choix que de prendre en considération.

16

Dès lors qu'elle ne dévoile pas de symétrie quantique, cette énergie évoque un Cosmos multivers. En rupture de symétrie, elle représenterait un système d'univers à deux composantes, impliquant des interactions discrètes entre matière et antimatière.

Un événement, un objet, se décrivent en termes de coordonnées spatiales et de durée significative par rapport à un contexte événementiel circonscrit, dans une logique de cause à effet. Big Bang et effondrement final peuvent difficilement être qualifiés d'événements, dans la mesure où ils sont nécessairement dépourvus de références spatiales, inscrits dans un contexte impossible à concevoir et dénués, pour l'un, d'antériorité, pour l'autre, de futur.

La véritable singularité ne serait-elle pas alors notre Univers lui-même, un événement replié sur lui-même au point d'adopter une « courbure » non ouverte ? On peut dès lors considérer que, rapporté au concept de Cosmos multivers, il est logique que ce système binaire de champs de force en symétrie, ramené à l'échelle quantique, se distingue d'une réalité macroscopique qui nous est familière. Cela revient à admettre que le monde dans lequel nous nous percevons ne serait qu'une apparence, une interprétation d'événements dont l'histoire n'a ni début ni fin susceptibles d'être rattachés à un contexte plus large clairement défini.

Comment et pourquoi notre Univers observable s'inscrirait-il dans un système binaire porteur de symétrie quantique ? Le plus simple est de se représenter le Cosmos multivers comme un continuum de ruptures et de reconstitutions de symétrie, porté par tout système binaire d'univers. Notre logique, construite par référence à l'espace et au temps, y perd alors ses points d'appui. C'est naturel : nous évoquons ici un Cosmos multivers virtuel, dans lequel l'espace et le temps n'ont pas d'emprise. Est-ce plus difficile à concevoir qu'un démiurge ou qu'une famille de divinités inventées pour les besoins de la cause ? Pour nombre d'entre nous, nos connaissances ont évolué avec les avancées scientifiques et devraient conduire à privilégier ce type de modèle cosmologique élargi. Nous étions atteints de cécité ; admettons que nous ne soyons plus que borgnes, percevant seulement la facette la plus ostensible du monde qui nous entoure.

Comment imaginer l'histoire d'un système binaire d'univers en symétrie quantique ? Elle serait, en définitive, celle de la matière reconnue et d'une antimatière particulièrement discrète. C'est à l'une de ces deux formes d'énergie en rupture de symétrie — la matière — que nous rattachons tout ce qui constitue notre réalité. Se pourrait-il que l'histoire s'achève lorsque matière et antimatière seront réunifiées, remédiant à une chiralité* présumée qui expliquerait notre Univers dans toute sa complexité ? Un tel processus de réunification demeure toutefois hors de portée de notre compréhension actuelle. Cette symétrie de masse se laisse néanmoins entrevoir au travers de certains échanges : ainsi, à deux photons sans masse peuvent se substituer une particule massive de charge négative (l'électron) et son antiparticule de charge positive (le positon)… et inversement.

Chiral : se dit d'un objet et de son image miroir lorsqu'ils constituent deux formes différentes non superposables. La chiralité peut être illustrée par l'exemple simple des gants. Chacun a déjà été confronté à un problème de chiralité en tentant d'enfiler un gant droit à la main gauche, et inversement. Un gant est un objet chiral, car il n'est pas superposable à son image dans un miroir. Cette analogie fait toutefois abstraction du temps, ce qui n'est pas le cas ici, où le temps devient un facteur déterminant de cette chiralité (voir développements au chap. III).

La chiralité de symétrie tient au fait que chaque symétrie s'est écartée de l'autre en se dotant, à parts égales, de charges électromagnétiques opposées, sans pour autant le faire dans un temps strictement partagé. Il en résulte que matière et antimatière ne peuvent interagir que ponctuellement — principalement lors d'interactions faibles et de processus de création ou d'annihilation de paires — et évoluent en quelque sorte en parallèle, dans des dimensions qui leur sont propres, mais appelées à se rejoindre au terme d'un processus constitutif de l'évolution de notre Univers.

Soulignons que la chiralité est une propriété très présente en chimie organique, qui étudie les molécules à base de carbone, mais qu'elle concerne également d'autres molécules complexes. De manière frappante, une forme d'asymétrie ou de chiralité moléculaire est omniprésente dans les phénomènes biologiques. Si la chiralité y joue un rôle prépondérant, elle ne semble pas se limiter à la chimie du vivant. Sans chiralité, point de symétrie remarquable. L'idée de chiralité quantique rend tout potentiel, y compris cette « chose » indéfinissable et profondément contre-intuitive, susceptible de prendre la forme d'un univers — du point de vue de l'observateur qu'il héberge — et que nous nommons énergie.

18

Essayons d'être plus explicites sur cette idée de chiralité. En se rassemblant, la matière étalonne différemment, en tout point de notre Univers, l'espace-temps. Par sa présence, la matière assemblée donne l'impression d'allonger le temps et de raccourcir les distances. L'antimatière, qui n'échappe pas davantage au principe de relativité, devrait produire des effets analogues. Toutefois, du fait de sa différenciation lors de la phase d'intrication radiative, rien n'indique qu'elle doive déformer l'espace-temps de manière strictement identique. De cette création initiale de paires résulterait une superposition de référentiels quantiques s'influençant mutuellement, mais dont les effets échappent en grande partie à notre perception. C'est cette problématique que nous désignons ici sous le terme de chiralité.

Nous n'avons pas la capacité de discerner ce qui se produit dans un tel contexte d'univers en symétrie quantique. Pourtant, des échanges s'y effectueraient de manière discrète, au travers d'interactions difficilement identifiables, à la frontière entre la « fraction la plus ténue » de ces énergies corrélées par leur symétrie et le Cosmos multivers. La part la plus infime de l'énergie contenue dans notre Univers pourrait ainsi dépasser, dans sa signification, ce que nous considérons comme ses constituants élémentaires, dès lors que nous les ramenons à l'état de paquets d'ondes. La notion de particule renvoie à des valeurs présumées invariantes, telles que les unités de Planck ou la vitesse de propagation de la lumière dans le vide. Ces constantes permettent de conférer à l'énergie une présence physique, perçue sous forme de champs ou de quanta d'énergie.

Comment définir l'énergie ? Elle se manifeste dans notre réalité comme une dynamique protéiforme d'origine indéterminée et au fondement inexpliqué. Mais on peut aussi la concevoir comme une superposition d'états potentiels interagissant entre eux, dont nous ne percevons que ce que nos capacités cognitives et conceptuelles nous permettent d'interpréter. L'énergie, que nous avons tant de mal à nous représenter, n'est donc pas nécessairement représentative, sous cette définition, de ce qui constitue notre réalité observable. Ni le modèle standard ni certaines théories avancées en quête d'unification ne parviennent aujourd'hui à fournir une définition pleinement satisfaisante de ce qu'est fondamentalement l'énergie.

Notre physique, avec ses problèmes et ses incohérences d'échelle, peut ainsi être envisagée comme une manière conventionnelle d'habiller une réalité qui n'appartient qu'à nous, et dont les interprétations sont appelées à évoluer au fil des avancées.

19

Toute particule de matière, tout objet, peut alors être compris comme un nœud ou un point de confluence d'interactions plus ou moins manifestes.

Sauts quantiques, effet tunnel et intrication quantique vont à l'encontre de notre besoin de localiser toute chose et bousculent l'idée classique — dont nous avons peine à nous départir — d'un espace à trois dimensions. Les particules, ces « nœuds » ou « points » d'énergie non véritablement localisables, peuvent dès lors être considérées comme des artifices nécessaires pour donner une forme intelligible à des phénomènes non directement observables. **On peut ainsi se demander si les particules ne seraient pas avant tout des constructions mathématiques, définies principalement en termes de charge électrique fractionnée, de masse, de spin et d'hélicité, de « couleur » ou de « saveur ».** Toujours est-il que, sans ces indicateurs, nous serions incapables de décrire clairement la nature des interactions et le niveau d'énergie qu'elles impliquent (voir chap. XXIX). Nous les expliquons par la présence admise de forces — électromagnétique, faible, forte — ainsi que par des effets gravitationnels liés à la nature massive des corps qui parcourent notre Univers. Ces forces ne pourraient-elles pas être la résultante d'interactions discrètes, car indiscernables, entre deux symétries quantiques ? Dans notre réalité, faite d'espace — ou de champs énergétiques — occupé ou non par la matière, la gravitation représente le phénomène qui rassemble en déformant l'espace interstellaire. Ce que nous percevons comme une expansion en accélération constante ne traduirait-elle pas, en réalité, une dépression énergétique de l'espace, induite par le regroupement gravitationnel des corps et la densification de la matière ?

Notre modèle standard qui satisfait à de nombreuses prédictions est loin d'être une théorie exhaustive. En recherche d'une certaine cohérence qui lui fait défaut, ne pourrait-on émettre l'hypothèse que les particules élémentaires de matière représentant les briques primitives de la matière que sont aujourd'hui, les quarks et les électrons seraient des « paquets » non sécables d'onde primordiale ? Un évènement de courte durée, appelé ici phase d'intrication radiative et qui pourrait être assimilé au mur de Planck, aurait ainsi marqué les tout débuts de notre Univers. Ces « paquets » d'ondes lissées, sans fréquences marquées, latentes en quelque sorte, en modifiant leurs propriétés par intrication radiative, de potentielles, seraient devenus indissociables. Encore que ces qualificatifs soient quelque peu inappropriés mais ils permettent de conceptualiser ce qui n'avait à l'origine ni contexte spatiale ni temporalité et renvoie ici à la notion de Cosmos multivers. **Une telle configuration d'ondes intriquées ou enchevêtrées entre elles, peut faire penser à un condensat de Bose-Einstein de viscosité nulle mais dans lequel la température qui est un indicateur d'entropie ne serait plus un référent et où l'énergie serait à l'état latent d'une onde froide, figée, comme enroulée sur elle-même dans un mouvement perpétuel ne rencontrant aucune résistance. Rapportée à cela, la déroutante théorie des cordes ne serait donc pas totalement sans fondement.** Ces paquets d'onde font depuis, les particules et antiparticules, entités irréductibles de la matière et de l'antimatière. Ayant perdu en intensité, les ondes primordiales non intriquées sont devenues les ondes électromagnétiques actuelles auxquelles nous donnons aussi, à l'image de la particule élémentaire de matière (fermion), une représentation corpusculaire appelée photon. Propriété résultant de cette intrication d'onde primordiale, l'effet de masse induit des interactions de charge. Ces dernières assurent une certaine pérennité à la matière construite (force nucléaire forte pour les quarks au sein du noyau atomique et effet photoélectrique pour les électrons) qui fait présager l'existence d'un lien entre la force électromagnétique et les effets gravitationnels.

La particule élémentaire serait donc un nuage ou champ de photons indissociables, formé au tout début de l'Univers à partir des paires virtuelles de particules/antiparticules potentielles. Cette phase préliminaire marque l'ère de Planck lorsque les photons avaient des énergies suffisantes pour s'intriquer ainsi localement à nos yeux, de façon constructive. La particules élémentaire n'a pas de forme, de dimension et sort de notre cadre d'observation spatiotemporel. La localiser ponctuellement n'est donc qu'un artifice de compréhension indispensable pour la faire rentrer dans un cadre d'étude mathématique impliquant la dualité onde/corpuscule et tenter de lui donner une trajectoire et une position déterminée. Le vide qui fait l'espace pour l'observateur, serait donc rempli de paires de particules en puissance ou « virtuelles », comme des électrons et des positons, qui se créent pour s'annihiler ensuite. Ainsi lorsqu'un électron et un positon entrent en collision, ils s'annihilent, donnant principalement des photons. Cela voudrait aussi que ce vide est une particularité que nous attribuons à l'Univers macroscopique dans un contexte d'espace/temps propre à la physique classique relativiste. Fondamentalement la mécanique quantique n'a pas besoin du vide. Elle s'exonère donc des notions de distance, de durée, de position, de vitesse pour former un tout en un où tout est lié avec tout. Mais c'est un point de vue qui heurte notre compréhension et marque nos limites à conceptualiser hors du cadre espace/temps.

La particule élémentaire pourrait de la sorte se définir comme la configuration d'apparence corpusculaire d'ondes d'énergie. Cette configuration correspond à notre ressenti lors de toute approche observationnelle de la matière en interaction. Ce concept fondamental en mécanique quantique, est appelé réduction du paquet d'onde. C'est un artifice qui adapte, de façon restrictive, le phénomène observé aux spécificités de notre regard. Cette définition de la particule élémentaire en tant que paquet d'ondes en interactions constantes et différentiées (selon qu'il s'agit de quarks, d'antiquarks, d'électrons ou de positons) avec un champ électromagnétique qui fait l'espace dit vide, conduirait à repenser notre modèle standard.

La particule élémentaire en tant que paquet d'ondes intriquées, n'a pas de dimension mesurable. Elle est censée n'être ni ponctuelle, ni vraiment localisable.

La notion de paquet d'ondes intriquées rejoint, faute de mieux, l'image d'un flux en circuit fermé de rayonnement gamma de très haute intensité en rapport avec la température de notre Univers consécutivement au Big-bang. Par commodité de langage, nous resterons pour la suite sur l'expression de paquet d'ondes.

Considérant l'espace/temps comme émergeant d'interactions quantiques, ne serait-il pas plus approprié de définir la particule élémentaire comme une sorte d'onde stationnaire, en résonnance auto-entretenue et sans dimension significative. En marge de l'espace et ne présentant pas de fréquence remarquable, elle est censée s'inscrire hors du temps. Espace et temps extrinsèques à la particule élémentaire seraient, à l'échelle atomique, le cadre assigné à la compréhension d'une mécanique quantique. Il nous permet de donner une réalité de causes à effets, aux interactions observées. Mais peut-on vraiment, s'agissant des particules élémentaires, parler d'ondes intriquées au sens classique de champs d'ondulation ? Quoi qu'il en soit, cela revient à donner un sens à la notion d'énergie si difficile à définir, en considérant de la sorte, la particule élémentaire comme la plus petite quantité d'énergie quantifiable. Ce quantum aux fréquences quasi lissées et longueurs d'onde non significatives, cacherait une quantité insoupçonnée d'énergie. Cela expliquerait que la courbe établissant le

22

rapport entre température d'un corps, longueur d'onde et intensité mette en évidence pour les longueurs d'ondes inférieures à 400 nm, une aberration de non-proportionnalité appelée catastrophe ultra violette, par rapport à la distribution expérimentale.

Ainsi considéré en marge de l'espace/temps (ce qui caractériserait aussi les trous noirs), la particule fait quelque peu penser à un corps noir parfait. Même si le concept de corps noir a tout d'un modèle théorique, ces « points virtuels » d'énergie de taille nulle mais représentatifs notamment d'une charge électrique et d'un spin, interagissent entre eux. Leurs interactions se traduisent localement par des variations quasi imperceptibles de la courbure de l'espace/temps. Ce constat a conduit à prescrire la nécessité de vecteurs (bosons) représentatifs de 2 forces dites fondamentales (force électromagnétique et forces nucléaires) pour modéliser des déplacements d'information. En effet, pour l'observateur que nous sommes, tout phénomène observé doit impliquer d'une façon ou d'une autre, la présence ponctuelle de corpuscules et d'objets massifs, dans une dynamique des corps gérée avant tout, par la force gravitationnelle. Dualité onde-corpuscule, décohérence quantique et schème d'effondrement de la fonction d'onde qui façonnent notre réalité, sont l'illustration de la façon dont nous construisons un Univers macroscopique bien réel mais qui n'appartient qu'à nous.

La matière ne serait autre qu'un changement d'état d'une partie de l'énergie primitive résultant du Big-bang après une phase appelée ici phase d'intrication radiative. Cette dernière pourrait se définir comme l'imbrication circonscrite d'ondes primordiales avec apparition de charges (l'état de spin déterminant l'état de charge) qui seront à l'origine de l'électromagnétisme lorsque champ électrique et champ magnétique se distinguerons l'un de l'autre (voir chap. IV). La phase d'intrication radiative se substitue alors à celle de découplage du rayonnement prédit dans notre modèle standard et qui voudrait que l'univers natif représentatif du Big-bang se soit, sans préalable, rempli de particules massives. L'intrication radiative des débuts de l'Univers aurait de la sorte, réalisé la particule de matière en lui conférant, notamment, une masse significative de mouvements intrinsèques et correspondant à sa capacité inertielle. En réalisant l'espace/temps et modifiant les propriétés de celui-ci, cette masse ainsi générée et porteuse d'une charge électrique et de champs magnétiques serait, à échelle macroscopique des corps massifs, à l'origine des effets gravitationnels (voir chap. XVIII). Dans un même temps, à toute particule naissante serait corrélée une antiparticule. Cette imbrication d'ondes

23

primordiales ou intrication radiative en une entité élémentaire de masse conférerait à la particule comme à sa symétrie, la potentialité de se manifester sous plusieurs états dits superposés. Mais en fait un seul état se révèle conforme à la réalité de l'observateur. L'antimatière qui s'exclut de cette réalité reste hors de portée pour celui-ci.

L'antimatière ne révèle pas de présence physique remarquable dans le monde palpable, tangible qui fait, dans les limites de l'observable, notre environnement. Elle ne se manifeste pas davantage dans l'énergie dite « du vide ». Cependant l'antimatière interagit avec la matière et se signale à nous notamment lors de réactions nucléaires. Bien que non détectable, elle parait susceptible cependant, d'expliquer des effets gravitationnels incompris, autrement que par la présence totalement hypothétique d'une matière inconnue, invisible, indécelable appelée par défaut, matière noire. Particules et antiparticules lorsqu'elles se rencontrent s'annihilent et se transforment en énergie pure, dépourvue de masse autrement dit en rayonnements électromagnétiques. Ce faisant, l'antimatière peut faire croire qu'elle participe à l'énergie du vide. Il semblerait toutefois plus judicieux et plus cohérent, de penser qu'elle occupe une dimension cachée, en quelque sorte parallèle ou superposée à celle de la matière (voir chap. XI). Cela nous conduit à admettre que l'espace/temps, filtre en quelque sorte, ce que nous observons et ne nous dévoile que ce que nous sommes en capacité de comprendre ou d'interpréter. Ce qui revient à dire que si le carré de l'intervalle d'espace-temps, entre référentiels observés, peut être considéré comme invariant, théoriquement ce ne serait plus le cas entre référentiels compris comme champs d'interactions de la matière et référentiels non reconnus afférant à l'antimatière. Encore faudrait-il accepter l'idée de référentiel discret pour cette dernière et être en capacité de faire classiquement un parallèle que n'autorise pas la chiralité de symétrie entre particules et antiparticules.

Il est un phénomène qui, aujourd'hui, représente une forme récursive d'intrication radiative. Dans certaines conditions, le photon, quantum d'énergie associé aux OEM, est à même de se transformer en une paire particule - antiparticule. Rien n'interdit donc de penser que les particules de matière que nous définissons principalement par leur masse, pourraient à l'origine être le produit singulier, appelé ici intrication radiative, d'une énergie potentielle à l'état latent. Cette énergie non quantifiable, non localisable et qui n'a pas de réalité pour l'observateur que nous sommes, aurait donné à notre Univers, les propriétés tangibles que nous lui reconnaissons. Passé le mur de Planck, la partie de cette énergie potentielle non intriquée et représentative aujourd'hui des ondes électromagnétiques, sera amenée à interagir avec les particules de masse ainsi crées.

L'énergie virtuelle, représentative d'un Cosmos multivers non définissable en termes d'espace et de temps, serait ainsi à l'origine des premières particules de matière qui deviendront les fermions et constitueront la matière organisée, en interaction avec les OEM.

Avant cette phase d'intrication radiative par création de couples particule/antiparticule, et donc avant que la matière n'existe, comment concevoir l'espace et le temps ? L'espace-temps est une notion qui n'a de sens que parce qu'il permet, en termes de masse, de charge et de nombres quantiques, de relativiser ce qui paraît participer à notre environnement. La notion d'espace-temps constitue notre manière de donner un cadre à ce que nous percevons comme des déplacements de corps, des transformations de la matière et des forces qui y sont associées. En revanche, aucun modèle ne permet aujourd'hui de décrire l'énergie potentielle initiale qui aurait engendré notre Univers.

L'idée de Cosmos multivers permet alors de donner un cadre nécessairement virtuel à ce dont découlerait notre Univers. En effet, notre perception ne dépasse pas un espace-temps qui nous enferme dans une réalité débutant avec une singularité, le Big Bang n'étant pas tenu pour un événement au sens classique du terme. Celui-ci est censé marquer l'émergence de l'espace et le point de départ du temps, traduisant une transition de phase à partir d'une énergie latente, dépourvue de propriétés remarquables, que nous associons ici à l'idée de Cosmos multivers.

Cette énergie primordiale, potentielle par nature, aurait conféré sa dimension physique à notre Univers avec l'apparition des premières particules et des premières interactions de charge, générant champs électriques et magnétiques.

Passée la phase initiale d'intrication radiative, les rayonnements libres impliqués dans cette phase mais non intriqués en particules et antiparticules de matière, faute d'énergie suffisante, auraient rapidement perdu en fréquence du fait des échanges avec la matière nouvellement créée. Depuis lors, ces ondes résiduelles, devenues les OEM que nous connaissons, n'ont cessé d'interférer avec ces paquets d'ondes intriqués, dotés de masse, qui

25

constituent la matière (et l'antimatière). Devenues vecteurs d'énergie cinétique, elles interagissent désormais par diffraction, absorption et émission au contact de la matière. Elles opèrent par diffusion élastique, effet photoélectrique, diffusion Compton ou création de paires. Ce faisant, elles contribuent à placer l'espace dit « vide » dans un état de dépression énergétique croissante.

De son côté, la présence de matière influe sur les propriétés de ces OEM — rayonnement résiduel du Big Bang — en leur conférant une vitesse relativiste de référence, appelée vitesse de la lumière, ainsi qu'une trajectoire d'apparence courbe, configurée par les champs gravitationnels traversés. Ces puits gravitationnels conduiront les OEM à être absorbées par des méga-singularités « quantiques » que sont les trous noirs.

Entité élémentaire emblématique des ondes électromagnétiques, le photon n'a de réalité que lorsqu'il est perçu dans une interaction potentielle avec la matière. Il constitue la représentation corpusculaire que nous nous faisons, en mécanique quantique, de ce qui semble être constitutif des OEM. Ce « grain » de lumière permet d'appréhender certains phénomènes électromagnétiques, notamment l'effet photoélectrique. Le fait que le photon réfléchi par un atome ne soit pas identique à celui qui a été absorbé, et qu'il soit représenté comme décalé vers le rouge, constitue notre manière la plus cohérente d'approcher ce vecteur d'énergie dépourvu de masse.

Confrontés à un monde macroscopique fait principalement de matière et d'objets tangibles, nous habillons ainsi, à notre convenance, des phénomènes quantiques qui ne répondent pas aisément à notre capacité intuitive de perception et de compréhension. Le photon demeure néanmoins une réalité qui ne saurait être rejetée, en ce sens qu'il est représentatif d'un état privilégié parmi d'autres, qui ne sont pas nécessairement accessibles à l'observateur. La superposition d'états reste un concept avancé, troublant, mais désormais indissociable de la mécanique quantique.

Énergie cinétique et énergie de masse sont potentiellement substituables l'une à l'autre ($E = mc^2$). Cela explique qu'une fraction notable d'énergie, essentiellement cinétique, soit assimilée à la masse dans le « poids » d'une particule composite ou d'un noyau atomique. Il en va de même pour tout objet. L'énergie qui semble manquer lorsque l'on fait la somme des constituants d'un noyau atomique se retrouve en réalité dans les interactions de force assurant la liaison entre les constituants élémentaires que sont les quarks.

Attraction des corps et inflation apparente de l'espace décrivent deux phénomènes susceptibles de relever d'une vision réductrice de notre Univers, liée à notre condition d'observateur faisant partie intégrante de tout dispositif d'observation. Gravitation et expansion pourraient ainsi n'être que l'image dédoublée de ce que nous développerons plus loin sous le terme de dispersion rétrograde. La gravitation se manifeste principalement à l'échelle des corps stellaires et des galaxies, tandis que la dépression de l'espace, interprétée comme expansion, ne devient véritablement perceptible qu'à l'échelle macroscopique des ensembles de galaxies. Pour ces deux phénomènes, que l'on peut considérer comme les deux aspects d'un même processus, tout est affaire d'échelle d'observation, dans un Univers qui paraît s'étendre pour mieux s'effondrer.

La dispersion rétrograde peut être définie comme une illusion de dispersion. L'évolution qu'elle décrit conduirait l'Univers à revenir à son état initial en rassemblant et en unifiant toutes les formes d'énergie. Elle confère à notre Univers une apparence inflationniste et implique une homogénéité particulièrement remarquable à très grande échelle. Dans cette perspective, le problème dit de l'horizon de l'Univers se révèle être un faux problème.

La dispersion rétrograde permet également de résoudre le problème dit de la platitude, dans la mesure où la courbure de l'espace, rapportée aux masses en présence, doit être globalement identique en tout point, quel que soit le lieu d'observation. La difficulté majeure réside dans le fait que notre regard ne peut embrasser l'Univers qu'en mêlant passés lointains et présent de proximité ; l'actualité distante nous échappe.

Cette évolution quelque peu dissidente de notre Univers se résume alors à un processus de déconstruction de ce qui constitue l'espace-temps, toutes formes d'énergie confondues. Le temps, indissociable de l'espace, s'arrêtera lorsque toute l'énergie de notre Univers sera sur le point de retrouver son état originel, au terme d'un changement d'état transitoire prenant la forme d'un « trou noir ». Un trou noir représenterait l'ultime étape avant confrontation avec une antimatière en attente de réunification. Peut-être pourrions-nous, afin de conserver une terminologie symétrique, évoquer des trous blancs, tout aussi discrets à nos yeux que l'antimatière. L'énergie ne serait alors plus en quête d'une symétrie, celle-ci étant sur le point d'être restaurée. L'effondrement final de trous noirs méga-massifs, après regroupement et densification de la matière dans un Univers concentrationnaire et refroidi, constitue un scénario de fin que l'on ne peut exclure.

Merci pour vos retours sur : https://www.facebook.com/dominique.chardri

<u>**Avant-propos**</u>

Manifestement, notre Univers dépasse notre entendement, tant par sa complexité que par sa nature même. Chercher à en expliquer la raison d'être devrait, en toute logique, relever d'une démarche strictement scientifique. Reconnaissons toutefois qu'exclure toute réflexion philosophique ou métaphysique d'un tel questionnement tiendrait de la gageure.

Avec toutes les réserves de convenance, ces quelques lignes ne sont pas absentes de considérations « en marge » et d'annotations critiques. Les propos qui suivent voudraient décrire et mettre en cohérence, en termes aussi simples que possible, ce que certaines théories et hypothèses scientifiques qui ont inspiré cet essai, s'appliquent à vouloir démontrer. Si celles-ci le font de manière plus élaborée, elles restent souvent moins accessibles et non exempte de paradoxes et insuffisances.

Vulgariser des idées faisant appel à des notions particulièrement abstraites, ou reposant sur des formulations mathématiques hermétiques, peut légitimement laisser perplexe. Les données disponibles sont fréquemment insuffisantes et conduisent inévitablement à l'interprétation et à l'extrapolation. Et, comme toujours, dépasser ce qui fait jurisprudence dans le monde scientifique peut être perçu, a priori, comme une inclination à la spéculation.

Par souci de clarté et par commodité, les références aux formulations mathématiques resteront volontairement limitées. Les développements relatifs à la physique nucléaire et aux interactions quantiques se voudront concis.
Mais peut-on réellement faire simple dans un domaine aussi complexe, encore imparfaitement compris et qui demeure, sur bien des points, à approfondir ? Trous noirs, matière noire, énergie sombre, théories d'unification inachevées, univers au-delà du visible, superposition d'états, particules virtuelles… Tout est-il véritablement aussi obscur et insaisissable ?

Une chose est certaine : rien ne saurait être tenu pour définitivement acquis sur un sujet aussi vaste et déroutant. Cette réflexion, qui se voudrait globale, pourra ainsi paraître dissidente. Elle constitue avant tout un florilège d'objections, de questionnements et de suggestions. Nombre d'avancées reposent en effet, partiellement sinon fondamentalement, sur des postulats qui demanderaient encore à être validés, tandis que trop d'interrogations demeurent sans réponse.

Cet essai, sans doute insuffisamment développé et ouvert à la controverse, propose néanmoins une approche originale et relativement cohérente de notre Univers, dans la continuité des connaissances actuelles. Il se veut aussi une invitation à relancer un débat largement éloigné des préoccupations qui structurent notre quotidien. Indéniablement, nos priorités évoluent à mesure que changent nos conditions de vie, au sein d'une société plus ouverte, plus critique et plus curieuse, mais toujours marquée par de profondes inégalités et traversée de comportements et d'idéologies extrêmes.

Il faut toutefois reconnaître les freins à cette évolution : l'incapacité d'aller plus vite que ne le permettent des traditions établies, confrontées à des découvertes dérangeantes et à des technologies nouvelles. Des convictions fragiles, des croyances dogmatiques et une inertie naturelle face au changement ont, de tout temps, entravé l'avancée des connaissances. Par ailleurs, nos préoccupations quotidiennes répondent avant tout à des besoins élémentaires — se nourrir, se protéger, s'intégrer socialement. Comment disposer de loisirs et les partager, accroître son patrimoine, satisfaire des désirs parfois refoulés, concrétiser des projets souvent hors de portée ? Autant de préoccupations qui tendent à encombrer l'esprit au détriment de questions jugées moins urgentes, telles que la conscience de soi ou la problématique de l'Univers.

Approfondir une réflexion sur l'origine et la raison d'être du Cosmos exige une disponibilité d'esprit fréquemment entravée par ces priorités. La cosmologie ne répond à aucun de ces besoins essentiels dont la satisfaction est immédiatement gratifiante. Reconnaissons que s'interroger sur l'Univers suppose de pouvoir, un temps, se détacher d'une réalité pesante et de se libérer de certaines craintes ou appréhensions. Comment alors cultiver inventivité et esprit critique, tout en prenant conscience de nos propres limites, et trouver le temps de porter un regard véritablement interrogatif sur le monde ?

Ces dispositions, trop rarement réunies mais nécessaires à la compréhension des phénomènes physiques qui façonnent l'Univers, se révèlent de fait sélectives — certains diraient élitistes. Il n'est donc guère étonnant que l'Univers demeure aujourd'hui un sujet de réflexion marginal, quand il n'est pas relégué au domaine du religieux, pour la majorité des têtes pensantes de notre planète.

Il reste à espérer que la pollution croissante et la surexploitation inégalement répartie des ressources terrestres nous conduisent à prendre conscience de la fragilité du monde, encore largement méconnu, qui nous abrite. Le dérèglement climatique en est déjà un rappel éloquent. Une surpopulation mal maîtrisée, souvent source de conflits d'intérêts, ne va guère dans le sens d'une évolution souhaitable.

Les quelques lieux communs repris dans les titres I et II de cet exposé, ainsi que certains rappels de notions fondamentales, n'ont d'autre objectif que de faciliter l'articulation d'idées parfois délicates à formuler. L'essentiel de cette réflexion vise à faire converger des avancées et des théories éprouvées mais pas toujours compatibles, notamment en tentant de concilier mécanique quantique et gravitation. Pour cela, il sera fréquemment question de forces, de particules, de dimensions et d'entités qualifiées de virtuelles.

Le style, pour direct qu'il soit, ne prétend énoncer aucune vérité absolue, en dehors de connaissances présumées solidement établies et ayant inspiré ces lignes. La logique sous-jacente repose sur le principe qu'il ne saurait exister plusieurs réalités.

Avant toute chose et nous y reviendrons (voir notamment le parallèle avec les notions de néant et de vide au chapitre XXXI), il importe de préciser le sens particulier donné ici au terme *virtuel*. Dans son usage courant, ce mot désigne ce qui relève de l'imaginaire, par opposition au réel. Faute de terme plus approprié, le virtuel tel qu'il est employé dans ces pages s'écarte de cette acception fictionnelle. Il désigne la part indiscernable ou inconcevable de notre Univers : son interface cachée, sur laquelle reposerait la mécanique quantique, dans le cadre d'un Cosmos multivers.

Comment, dès lors, établir un lien entre :

- d'une part, les informations accessibles relatives à la matière — ce qui possède une masse — et aux interactions qui la gouvernent,
- et d'autre part, des informations dissimulées, qualifiées de virtuelles car affranchies de l'espace et du temps ? Ces données non reconnues,

31

susceptibles de représenter la cause profonde et non révélée de l'Univers physique, évoquent ici une réalité ontologiquement hors de portée. Cette approche permet d'éviter le recours à des notions sans prolongement opératoire, telles que le néant, l'infini, l'intemporel ou la singularité.

Lever la frontière entre notre monde réel et ce substrat virtuel dépourvu de réalité physique demeure un défi. Comprendre l'origine, la nature intrinsèque et la raison d'être de toute chose semble devoir rester, avant tout, un exercice de pensée. Ce que nous percevons est bien réel — mais nous le façonnons à travers la lumière, les sons, les couleurs, les variations thermiques et l'ensemble de nos ressentis. Nous prenons progressivement conscience que nous n'embrassons qu'une infime facette d'un Univers observé, en quelque sorte, par le petit bout de la lorgnette. Compte tenu de notre condition d'observateurs confinés à une vision empirique et restrictive, pourrait-il en être autrement ?

Le virtuel évoqué dans ces lignes, ne transparaît pas directement dans notre réalité matérialisée, à laquelle nous sommes liés par le corps et par la pensée. Les mots pour le décrire restent, pour certains, à inventer. Aussi, pour demeurer crédibles, devons-nous nous appuyer sur le tangible et le sensible. Cela impose :

- le recours à des parallèles et à des métaphores qui apparaissent en caractères violets (*ou italiques pour les éditions en N et B*) pour évoquer ce qui relève du virtuel sans sombrer dans l'abstraction pure. Ainsi, maillon/brane, nœud ou bulle d'énergie, entonnoir, marée barométrique, corde, chiralité…, sont des termes qui ne sont pas précisément adéquats mais qui permettent néanmoins de développer une idée dans un contexte relativement éloigné de notre réalité.
- l'usage, lorsque nécessaire, de termes placés entre guillemets, afin de signaler leur caractère imparfait ou approximatif.

En cosmologie, l'homme est souvent considéré comme un simple observateur passif. C'est oublier qu'il peut aussi être vu comme la résultante consciente de tout ce qui l'a précédé dans l'Univers qu'il habite. Il n'est pas seulement dans cet Univers : il en est, à sa manière, la mémoire de celui-ci. Certes, son champ de vision limité et sa propre finitude justifient une forme d'amnésie chronique. Pourtant, une prise de conscience récente, de plus en plus manifeste, semble raviver certains souvenirs…Mais s'agit-il réellement de souvenirs, ou bien de projections et de fantasmes ?

A noter : **Ecrit en rouge ou caractères gras** (pour les éditions en N et B) : **les idées-clés…** qui peuvent déranger !

I <u>Un point de départ qui a quelque chose d'existentiel</u>
(Nos avancées ne font parfois que déplacer les questions)

Attribuer une dimension à un objet ou à un phénomène revient à l'évaluer relativement à un autre, généralement de taille ou d'extension différente. Il en va de même pour l'appréciation de la durée d'un événement, qui repose sur des repères comparatifs. Toutefois, confrontée aux notions d'infiniment petit ou d'infiniment grand, cette approche relative révèle rapidement ses limites. La remarque s'étend également à la chronologie des évènements lorsque l'on envisage un passé dépourvu de commencement identifiable et un futur sans échéance déterminable.

Par ailleurs, l'enchaînement difficilement prévisible des événements, dans un logique de causalité complexe, introduit une part d'incertitude tant dans la localisation spatiale que dans l'évaluation temporelle. Cette incertitude semble exclure toute formalisation rigoureuse et universelle de la durée. La relativité mise en évidence par Albert Einstein, dans un contexte de référentiels multiples et interdépendants, illustre la dépendance de nos observations aux conditions de mesure. Elle devient d'autant plus délicate à formaliser mathématiquement qu'elle implique l'impossibilité quasi générale du mouvement à vitesse constante et de la simultanéité dans un univers multi-référentiel. Il en résulte une remise en question de l'idée d'une réalité stable, paisible et pleinement prédictible à l'échelle humaine.

Néanmoins, dès lors que l'esprit humain se départit de toute référence au surnaturel, il manifeste une capacité remarquable à rechercher des réponses à une interrogation fondamentale, à la fois philosophique et métaphysique, que l'on peut formuler ainsi : comment comprendre la raison d'être qui nous conduit à nous interroger sur notre origine et notre condition ? Ou, dans une approche plus pragmatique : que représente la matière dont nous sommes constitués et qui façonne notre univers perceptible ?

La logique qui structure notre pensée peut être définie comme un processus mental, en partie inné, permettant de relier les données sensorielles et de construire une représentation intelligible de notre environnement. Cette logique, souvent considérée comme l'aboutissement de l'évolution cognitive humaine, tend cependant à écarter ce qui paraît contre-intuitif ou excède nos capacités d'analyse immédiates. Essentiellement pragmatique, elle devient rapidement restrictive, voire subjective, en nous enfermant dans une représentation du réel fondée sur les apparences.

Malgré ces limites, cette même logique autorise aujourd'hui l'exploration d'une réalité plus profonde et moins directement accessible, fondée sur les notions de superposition et de pluralité d'états (voir chap. XXIX). Ces notions constituent des éléments centraux de la mécanique quantique, laquelle repose sur des principes de symétrie et de probabilité. La physique relativiste classique peut être envisagée comme un prolongement de cette approche par changement d'échelle. Toutefois, l'unification de ces deux cadres théoriques demeure, sur de nombreux points essentiels, inachevée.

Dès lors, comment appréhender une réalité que l'on soupçonne largement inaccessible à nos modes de pensée usuels ? Faudrait-il s'affranchir de la logique intuitive, profondément ancrée dans l'expérience humaine et le ressenti ? Une telle rupture apparaissant difficilement concevable, il devient nécessaire d'admettre que ce champ d'étude requiert une dialectique de l'abstraction qui lui soit propre, ainsi que des outils encore à inventer. Nous ferons donc avec les moyens du bord.

Dans cette perspective, le chapitre XI, consacré à l'antimatière, s'écarte des approches conventionnelles de l'astrophysique et propose un éclairage qui justifie qu'il soit abordé en amont. Il en va de même du chapitre XII, qui examine le caractère à la fois consensuel et subjectif d'un modèle standard fortement dépendant de postulats conditionnels.

L'humanité n'a cessé de s'interroger sur les raisons d'être d'un environnement qu'elle cherche, non sans succès, à transformer à son avantage. Longtemps, la Terre fut considérée comme le centre de toute chose. Pour expliquer son origine et apaiser l'angoisse liée à son devenir, l'être humain imagina un être suprême, conçu à son image sans jamais pouvoir être véritablement représenté. Ce recours, historiquement commode, s'est souvent accompagné de mécanismes de domination et de contrôle social. À travers les âges, nombre de systèmes religieux ont été associés à des formes d'obscurantisme, d'asservissement, voire de dérives dogmatiques. Pourtant, ces constructions symboliques, reposant largement sur des croyances et des récits mythifiés, continuent d'influencer jugements et comportements, précisément parce qu'elles prétendent expliquer ou masquer ce qui demeure incompris.

Depuis quelques décennies cependant, l'humanité a progressivement déplacé le centre de ses interrogations. L'expérience accumulée, le développement des sciences, les progrès technologiques et l'émergence de méthodes de pensée plus rigoureuses ont permis l'exploration d'un univers s'étendant bien au-delà des étoiles visibles, tout en sondant simultanément les structures fondamentales de la matière. Dès lors, la Terre cesse d'être le point central d'un monde clos, et notre représentation du réel s'en trouve profondément transformée.

Malgré les résistances et les tabous véhiculés par certains récits mythologiques traditionnellement opposés à l'expansion du savoir, l'être humain est désormais capable de se représenter son système solaire, puis la galaxie qui l'abrite. Il prend conscience que cette galaxie n'est elle-même qu'un élément infinitésimal au sein d'immenses amas galactiques, dont l'expansion apparente évoque une myriade de bulles en interaction. Telle est, à ce jour, l'une des représentations scientifiques les plus communément admises de l'univers observable.

Dans une première approximation, cette expansion semble s'accélérer de manière quasi exponentielle, suggérant l'existence d'un état initial extrêmement dense et compact. Toutefois, notre capacité d'imagination et de modélisation atteint rapidement ses limites lorsqu'il s'agit d'interpréter ce que l'on désigne sous le terme de Big Bang. La question du devenir ultime de l'univers demeure, elle aussi, largement ouverte.

Pourquoi, dès lors, s'arrêter à cette seule hypothèse ? L'idée de pluralité d'univers et de Cosmos multivers, invite à explorer des cadres théoriques alternatifs, parfois déroutants, mais susceptibles d'élargir notre compréhension. Une telle perspective permettrait de s'affranchir d'un anthropocentrisme persistant, qui place l'humanité au centre de toute chose, et d'envisager des modèles cosmologiques plus complexes et plus nuancés.

Il convient à présent d'examiner comment approfondir cette vision élargie de l'univers, en se libérant de préjugés et de schémas descriptifs trop contraignants,

II <u>L'Univers joue à cache – cache</u>
(Un méga jeu en quête de partenaires)

L'évolution de l'intensité des phénomènes astrophysiques traduit-elle une tendance irréversible vers le désordre, ou bien manifeste-t-elle au contraire une recherche d'ordonnancement et d'équilibre, préférables au hasard et à la confusion ? La réponse proposée ici admet ces deux perspectives, selon l'échelle considérée. L'entropie peut ainsi être comprise comme une grandeur synthétisant l'ensemble des processus conduisant, à terme, à la déstructuration de l'Univers. Dans cette optique, le Big Bang pourrait être interprété, non comme un événement isolé, mais comme la réponse ou la réplique à l'effondrement d'un univers disparu.

Notre compréhension de l'Univers observable repose sur l'idée de non-séparabilité de l'espace et du temps. Ces deux indicateurs permettent de décrire l'évolution de nombreux phénomènes cosmologiques. Toutefois, ils semblent perdre leur pertinence lorsqu'il s'agit de rendre compte de réalités extrêmes telles que les trous noirs ou l'origine même de l'Univers, en l'absence de cause première clairement établie. Ces évènements, inobservables par nature, sont qualifiées de singularités : seuils fermés sur le futur pour les trous noirs, et sans accès au passé pour le Big Bang. Au-delà de ces seuils, l'espace et le temps cesseraient d'être opérants.

Ces singularités, difficilement intégrables au modèle cosmologique standard, constituent un obstacle majeur à toute tentative d'unification des interactions fondamentales. Se pourrait-il néanmoins qu'elles relèvent d'une même réalité physique interprétée différemment ? La question du lien éventuel entre l'ouverture de l'Univers et son effondrement final demeure ouverte. En l'absence d'un état physique antérieur à l'émergence du temps et d'un contexte spatio-temporel postérieur à l'effondrement ultime, il devient même problématique de parler d'« événements » marquant un début ou une fin. Le concept de Cosmos multivers intemporel, introduit ici, vise précisément à dépasser ce cadre restrictif.

Dans ce contexte, un modèle de Cosmos multivers fondé sur l'effondrement terminal d'univers, réduits à la présence de trous noirs, dispense d'avoir à choisir entre 2 scénarios opposés concurrents : celui d'un univers à rebonds (modèle de Gaspérini ou espace de De Sitter) et celui d'une inflation éternelle issue d'une singularité initiale (hypothèse la plus communément retenue aujourd'hui).

L'ambition de cette réflexion est de proposer un contexte unificateur, conciliant des théories largement validées mais difficilement compatibles entre elles.

Depuis quelques décennies seulement, l'espace-temps est conçu comme un milieu essentiellement événementiel, structuré par les interactions électromagnétiques, nucléaires et gravitationnelles. Cette représentation, bien que féconde, demeure fragmentaire et sans doute réductrice. Bien qu'appuyée par le savoir-faire de scientifiques touchant à l'excellence et les moyens techniques les plus avancés, la représentation segmentaire que nous en avons, n'est-elle pas finalement plutôt réductrice ?

Une hypothèse centrale de ce travail est que les phénomènes observés pourraient résulter d'une chiralité quantique entre matière et antimatière. De nombreuses interactions subatomiques suggèrent l'existence d'interdépendances discrètes, interprétables comme les manifestations d'un système binaire d'univers en symétrie quantique. Dans cette perspective, l'entropie ne serait pas le signe d'un désordre aléatoire, mais celui d'un processus programmé partant d'un déphasage spatio-temporel et conduisant, à terme, à l'annihilation de la matière et de l'antimatière lors de l'effondrement du système qui les relie.

La relativité implique une diversité de référentiels spatio-temporels, rendant toute mesure intrinsèquement dépendante d'un contexte local. Cette disparité pourrait expliquer que le temps associé à la matière ne soit pas superposable à celui de l'antimatière, du fait de coordonnées non agrégeables. Ainsi, bien qu'inobservable directement, l'antimatière pourrait se manifester indirectement par des effets de symétrie brisée. Plusieurs modèles, dont celui dit de Janus, explorent cette idée de symétrie discrète, sans toutefois s'imposer dans le schéma du modèle standard.

Une symétrie quantique impliquant matière et antimatière suppose un formalisme mathématique étendu, introduisant des variables inaccessibles à l'observation directe. À un espace-temps à quatre dimensions se substituerait un espace à sept paramètres, incluant des dimensions propres à l'antimatière et un temps imaginaire représentant les interactions quantiques. Cette démarche rejoint certaines approches mathématiques (telle celle proposée par René Thom) destinées à décrire des processus prédictibles ou probables mais non observables.

Certains scientifiques attribuent au trou noir un effet de vortex. En d'autres termes, un trou noir serait assimilable à une sorte de raccourci permettant de relier notre Univers à un univers parallèle. Ce dernier pourrait être compris comme un « anti-Univers » aux propriétés quadrimensionnelles parallèles, le rendant totalement discret à notre égard. C'est l'idée développée ici, à ceci près que ce portail entre deux univers constitue en quelque sorte une métaphore nous invitant à nous projeter dans ce que serait la phase terminale de notre Univers. La totalité de l'énergie qui constituait notre espace-temps se retrouverait alors confinée au sein d'une population de trous noirs méga massifs (TNMM), en superposition d'états rapprochés avec leur symétrie. Ce préalable conduirait à l'effondrement final tel qu'il est proposé dans ces lignes.

Les phénomènes que nous observons résulteraient donc essentiellement de processus discrets visant à corriger cette chiralité.

De quels indices disposons-nous pour avancer une telle hypothèse, qui s'appuie sur l'idée de deux symétries d'état sans lesquelles notre Univers ne pourrait exister ?

• L'idée de chiralité de symétrie entre notre espace-temps de matière et un espace-temps discret d'antimatière permet d'éluder l'hypothèse d'une quasi-absence d'antimatière, souvent inférée du simple constat de son inobservabilité. Comment l'observateur que nous sommes, dans un environnement qui lui paraît constitué essentiellement de matière, pourrait-il reconnaître l'antimatière, sachant qu'elle s'annihilerait instantanément et conduirait à sa propre destruction ? Si l'antimatière n'est ni proche ni éloignée de nous, elle pourrait tout simplement être ailleurs, dans une « dimension » en quelque sorte parallèle, discrètement superposée à la dimension spatio-temporelle de la matière.

• Mettre en présence matière et antimatière conduit à désintriquer les paquets d'ondes stationnaires constitutifs des particules de masse (voir chap. V). La confrontation de particules de matière avec celles d'antimatière les fait, pour partie, retourner à l'état d'OEM en champ ouvert. Potentiellement partagées entre symétries, ces OEM finiraient par rejoindre l'un des innombrables trous noirs peuplant notre Univers.

• La relativité d'Einstein montre que ce que nous appelons l'espace-temps est un patchwork de référentiels enchevêtrés. Tout est lié, au point que rien

39

ne peut se définir de manière absolue. Cette disparité de mesure rend toute chose à la fois dépendante et décalée du reste ; une manière d'approcher l'idée de symétrie décalée, significative d'interactions cachées. La relativité, appuyée sur la notion de référentiel, établit un lien direct entre la vitesse de propagation des OEM (c) et le niveau dépressionnaire de l'espace dit vide. Cette évolution dépressionnaire résulterait de la tendance concentrationnaire de la matière sous l'effet de la gravitation.

La relativité, indissociablement liée à la notion d'espace-temps, tend ainsi à démontrer que la perception essentiellement cognitive que nous avons, à petite comme à grande échelle, de notre Univers n'est pas totalement fiable. Il nous faut donc quitter le sens commun et tenter de décrire, au moyen d'un langage plus approprié et se voulant affranchi de toute considération subjective, l'ensemble des phénomènes qui constituent notre Univers. Ce langage, excessivement codifié et transcrit sous forme de formulations mathématiques, possède cependant ses propres limites. Même aidés de cet outil, il semble que nous n'ayons pas la capacité d'aller au fond des choses dans la compréhension de notre Univers ni d'interpréter à leur juste valeur les formulations mathématiques et les modèles complexes qu'il inspire.

De la voix des mathématiciens en particulier, on entend souvent que la réalité serait fondamentalement mathématique. Pourtant, certains symboles et signes utilisés, certains nombres dits imaginaires, ne correspondent à rien de directement représentatif de notre réalité physique. Il est vrai que, jusqu'à un certain niveau de développement, les mathématiques ont fait leurs preuves, même si les modèles qui en découlent sont généralement subordonnés à des contextes circonscrits qui mériteraient souvent d'être élargis. Il faut également constater qu'à force de manipulations de plus en plus complexes, cet outil tend parfois à se détacher du réel pour se perdre dans une abstraction déroutante. Ainsi, la fonction d'onde paraît fonctionner, mais nul n'en connaît véritablement la raison, et l'équation de Schrödinger ne propose pas de description précise dès lors que plus de deux particules sont impliquées. De même, le calcul des trajectoires elliptiques de plusieurs corps en interaction se complexifie à mesure que leur nombre augmente, devenant rapidement probabiliste ou statistique sur la durée.

Rappelons qu'à ce jour, les mathématiques ne permettent pas de rendre pleinement compatibles la mécanique quantique et la relativité générale, alors même que nous les utilisons simultanément pour décrire notre Univers.

Le principe de causalité implique une chronologie logique des événements. Interactions, corrélations, échanges de propriétés et, plus généralement, tout ce qui concourt à l'évolution de notre Univers sont supposés être reliés dans une relation de cause à effet. Or ce principe, apparemment incontournable, repose sur l'utilisation de repères fondés sur la localisation spatiale, le mouvement, la durée, l'occupation de l'espace ou encore la force mise en œuvre. Tout raisonnement mathématique, pour rester cohérent avec notre perception du réel, ne peut que s'appuyer sur des unités de mesure telles que le mètre, la seconde, l'année-lumière, le degré angulaire, l'entropie locale, la masse volumique ou l'intensité de flux. En d'autres termes, le recours aux mathématiques revient à s'appuyer sur l'espace-temps. Dès lors, comment cet outil peut-il s'appliquer à des phénomènes quantiques impliquant des particules élémentaires hors du temps et sans dimension ?

Ce n'est qu'à une échelle intégrant les interactions atomiques et moléculaires que la physique classique reprend ses droits. La formalisation mathématique permet alors d'ancrer ces interactions observées ou pressenties dans l'espace de la relativité générale et dans un temps non réversible. Sommes-nous réellement capables de sortir de cette logique de pensée et de cette méthodologie de traitement de l'information qui, bien qu'efficaces, semblent aujourd'hui montrer leurs limites ? La question est dérangeante, car elle nous conduit à douter d'une réalité dont nous savons désormais qu'elle n'est qu'une vision partielle, dictée par nos perceptions et par des lois physiques opérantes mais contingentes.

L'image que nous nous faisons de l'Univers est ainsi réductrice et profondément subjective. Elle ne peut intégrer une réalité plus profonde, non directement observable, faite d'états superposés, de paquets d'ondes, de chiralité et de symétries quantiques. Elle résulte d'un phénomène que nous ne maîtrisons pas pleinement, la décohérence quantique, qui nous ramène inexorablement à une vision macroscopique accessible à la physique classique, mais insuffisante pour expliquer la raison d'être, l'évolution et les fondements ultimes de notre Univers.

Si l'outil mathématique a permis de nombreuses avancées débouchant sur les applications pratiques escomptées, il s'avère aujourd'hui insuffisamment performant, voire inadapté, pour traiter certaines des nouvelles questions soulevées par les plus récentes découvertes. Découlant de ce constat, et plutôt que de nous réfugier dans le déni, nous ne pouvons écarter le sentiment que nos théories sur le quantique et la relativité nécessitent d'être réinterprétées.

Malgré tout, nous continuons de progresser, même si cela se fait par paliers. Les découvertes à venir pourraient résulter du déploiement d'une informatique d'un type nouveau, fondée sur des manipulations de nature quantique. Elles bénéficieront également du développement de l'intelligence artificielle : algorithmes, capacités mémoire surdimensionnées et apprentissage automatique de méthodes logiques innovantes avec correction automatique d'erreurs prendront alors le relais. Notre ego, dût-il en souffrir, pourrait voir la machine devenir le prolongement incontournable de l'intelligence humaine et des applications scientifiques réalisées.

Nous dépendons d'un outil mathématique de plus en plus élaboré, développé à partir de l'observation d'un environnement dont les fondements restent incompris. Ce précieux outil se révèle parfaitement adapté à de nombreuses applications pratiques et expérimentales. Le problème est qu'il montre ses limites à l'échelle subatomique et semble inadapté à l'analyse du démesurément grand ou à l'exploration de l'infiniment petit.

Il arrive que les mathématiques, appliquées à des lois physiques considérées comme avérées, se trouvent inadaptées pour transcrire des phénomènes difficilement observables mais prescrits par d'autres observations. On parle alors de singularité, d'incertitude quantique ou d'indétermination, avec toute l'ambiguïté que sous-tend la notion d'infiniment petit ou d'infiniment grand. Cela souligne l'incomplétude de cet outil remarquable d'aide à la compréhension des phénomènes qui animent notre Univers.

Ainsi, dans un trou noir (voir chap. IV), bien que l'on puisse à ce stade d'évolution de la matière difficilement parler d'unités de Planck, le rapport entre la longueur de Planck et le temps de Planck ($\approx 0 / \approx 0$) est supposé être égal à 1 autant qu'à 0. Si $1 = 0$, le résultat ne peut concerner quelque chose de physique et se rapporte à quelque chose de virtuel. Sans doute en était-il de même à la naissance de l'Univers, où distances et temps n'étaient pas quantifiables. Dans ces deux cas, les lois physiques exprimées en langage mathématique, par référence à des constantes telles que la vitesse de la lumière mesurée aujourd'hui, sont inapplicables.

Des théories avancées, comme celles des cordes, des supercordes ou des quanta d'espace, qui prétendent sortir de l'impasse, ne constituent malheureusement pas des démonstrations mathématiques abouties. Elles demeurent difficiles à interpréter et n'apportent pas l'éclairage escompté. Nous sommes à la fois trop partie prenante et trop prisonniers de notre statut pour y parvenir. Mais comment concevoir un cadre d'observation englobant tous les paramètres de notre Univers et offrant un contexte élargi ?

Pour approcher la véritable nature de notre Univers, ne devrions-nous pas nous dépouiller de nos ressentis et accepter de remettre en cause des connaissances considérées aujourd'hui comme suffisamment validées ? Ce serait possiblement la porte ouverte à de futures avancées. Nous avons appris, ces dernières décennies, à penser de manière contre-intuitive, sollicitant un imaginaire parfois déroutant. Sinon, comment aurions-nous pu parler d'antiparticules, de temps inversé, de relativité espace/temps, de non-localité ou d'intrication quantique ? Il faut reconnaître que, dans ses fondements, notre Univers est loin de l'image qu'il nous inspire à première vue.

Aujourd'hui, nous acceptons que la plus petite entité élémentaire de matière, bien que non représentative d'un espace occupé, ne puisse se décrire autrement que comme un point d'espace. Il semblerait qu'elle ne se déplace pas réellement dans l'espace. Mais elle crée, par sa présence potentielle et sa diversité, ce que nous percevons comme l'espace dans une réalité macroscopique. La mesure du temps se réfère à notre vécu et peut se concevoir comme un traceur de causalité pour des phénomènes qui, pour la plupart, ne semblent pas impliquer l'existence d'antimatière. Pourquoi les interactions matière/antimatière échapperaient-elles au temps linéaire que nous connaissons ? Si la mécanique quantique ne peut être pensée en termes d'espace, elle s'exclut de tout milieu événementiel. Nous nous heurtons alors à un seuil d'échelle.

L'espace pourrait se définir comme un champ d'énergie où tout est potentiellement possible. Il n'est pas découpable. Le temps n'a pas de direction en mécanique quantique et peut se faire oublier. Le problème est que nous cherchons à expliquer la chiralité de symétrie en relation avec le temps, en nous appuyant sur des dimensions spatiales. Toujours cette référence à une réalité vécue dont nous ne pouvons nous extraire, mais qui nous permet néanmoins d'avancer.

43

Parler de symétrie quantique conduit à imaginer une sorte de dimension parallèle ou superposée, dans un temps différent du nôtre. Ce temps imaginaire tiendrait compte de l'anomalie de symétrie entre particules et antiparticules, appelée ici chiralité. Peut-être devrions-nous introduire la notion de symétrie quantique dans un modèle standard à élargir. Cette symétrie n'a rien de géométrique, et la chiralité matière/antimatière prescrite ici n'implique aucun plan de symétrie dans l'espace ou le temps. Elle est essentiellement quantique et ne se confond pas avec la superposition énantiomorphe d'objets, comme l'image renvoyée par une surface plane réfléchissante.

À toute particule est potentiellement associée une antiparticule. Dans la plupart des réactions nucléaires, l'antimatière est pressentie comme interagissant avec la matière, mais elle reste difficile à observer en raison de sa nature et de l'absence d'une dimension spatiotemporelle partagée.

La mécanique quantique livre ses mystères parcimonieusement. Ainsi, le quark, particule élémentaire au cœur de la matière, n'existe qu'apparié à d'autres au sein d'un noyau atomique. Un quark ne peut être observé isolément, notre capacité d'observation ne permettant pas d'accéder à un tel niveau d'échelle. Au contraire, l'électron, en interagissant constamment avec les OEM et en assurant les liaisons entre atomes, peut être détecté, bien que sa présence dépende de la composition du noyau et ne soit qu'une probabilité de localisation dans le nuage électronique. Certaines interactions électrofaibles (désintégrations bêta-plus notamment) laissent ainsi des indices sur l'émergence d'antiélectrons observables sous forme de traces dans des chambres dites « à brouillard ».

Le proton, particule composite constituée de quarks, représente une « brique quantique » particulièrement stable. Sa présence, bien qu'inobservable directement, peut se pressentir au sein du noyau atomique. Un proton seul forme le noyau de l'hydrogène, l'atome le plus simple représentant plus de 90 % des atomes de l'Univers. Cela explique probablement pourquoi le proton semble ne pas pouvoir se désintégrer spontanément, condition essentielle pour l'existence de la matière.

Comme pour chaque quark, un antiquark peut exister, et chaque proton pourrait avoir son antiproton, sauf si la symétrie quantique ne s'organise pas de la même manière pour les particules composites en raison de la chiralité. L'antiproton apparaît « à couvert » lors de certaines interactions affectant le noyau. Cette pérennité du proton, perceptible indirectement, autorise son confinement dans une sorte de chambre à vide, isolée par des champs magnétiques. De même, il serait possible de cantonner des antiprotons émergents lors de réactions nucléaires sans violer le principe de symétrie quantique. La corrélation non locale ou intrication quantique, qui fait abstraction du temps et de l'espace, empêche une définition classique des particules élémentaires en termes de temps et d'espace, contrairement aux particules composites ou aux noyaux atomiques.

L'intrication quantique, à l'origine du concept de non-localité, implique que certaines particules élémentaires, inséparables d'un contexte global formant l'espace-temps, peuvent partager instantanément certaines propriétés, indépendamment de leur éloignement. Tout changement affectant l'une modifie immédiatement l'autre. Le temps se réduit alors à un changement d'état, et cette corrélation révèle un avant et un après partagés sans délai de transmission. Mais comment concilier ces échanges non locaux avec le concept d'espace-temps, qui implique déplacements et durée d'acheminement ? Que des particules intriquées échangent des informations sans transfert physique nous semble si contre-intuitif que l'on en conclut souvent que la mécanique quantique repose sur l'aléatoire et la probabilité.

Pour les changements de propriétés quantiques par contact ou proximité, les échanges relèvent principalement des interactions de charge, observables ou prescrites, impliquant une certaine durée. Ces interactions locales peuvent altérer le degré de corrélation quantique et, à plus grande échelle, limiter les échanges non locaux.

On peut supposer qu'à l'origine toutes les particules étaient étroitement corrélées dans un état commun de symétrie. Bon nombre de particules élémentaires restent intrinsèquement reliées depuis leur division ou leur apparition, sans perte de propriétés. L'Univers est ainsi devenu progressivement plus local, dans un contexte évolutif d'espace/temps où s'inscrit notre réalité d'observateur non quantique. L'intrication quantique ne garantit pas que ces liens échappent à l'emprise du temps après interactions de force entre particules de charges opposées.

On ne peut observer directement un atome, compte tenu de sa taille inférieure aux longueurs d'onde de la lumière visible. Il est cependant possible de reconstruire son image avec un microscope à effet tunnel. Nous pouvons même confiner un atome léger en le refroidissant et en l'isolant dans une cavité dépourvue d'effets gravitationnels. Avec des atomes plus lourds, la difficulté augmente. Isoler des antiatomes nécessiterait des quantités considérables d'énergie. Isoler une antimolécule relève d'une gageure, d'autant que rien ne garantit que l'antimatière à cette échelle soit configurée comme la matière (voir symétrie CPT, chap. XXVII). L'antimatière ne peut rejoindre spontanément la matière, expliquant la rareté des phénomènes d'annihilation.

La chiralité en physique des particules résulterait d'une symétrie quantique imparfaitement partagée entre matière et antimatière, dépendant de la relativité de l'espace-temps. Particules et antiparticules, en tant que paquets d'ondes non définissables en termes d'espace et de temps, ne devraient pas manifester fondamentalement de chiralité. Il faut considérer que seules les interactions, perçues comme échanges d'informations, en seraient la cause. Une légère dissymétrie spatio-temporelle, liée à l'évolution décalée de particules composites et antiparticules lors de la combinaison en noyaux atomiques, fait que les réactions nucléaires classiques ne convertissent qu'une infime partie des particules et antiparticules en rayonnement gamma sans masse ni charge. La chiralité quantique et la relativité sont étroitement liées, comme le temps et l'espace. La symétrie quantique devient partie intégrante de la relativité. La matière moléculaire ne pourrait s'annihiler avec sa symétrie qu'au terme d'interminables processus d'échanges et d'effondrements gravitationnels façonnant l'évolution de l'Univers.

Restons sur l'idée que matière et antimatière ne sont pas en symétrie quantique parfaite, mais qu'une certaine chiralité limite leurs interactions et nous empêche de percevoir cette dernière. Cela revient à concevoir que la matière et l'antimatière s'inscrivent dans deux dimensions distinctes, représentatives de deux espace-temps en quelque sorte parallèles ou superposés. Nous savons que la matière n'est qu'une forme tangible d'énergie, appelée à terminer son évolution à l'état premier, au sein et sous la forme de trous noirs. À ce stade, les propriétés reconnues de la matière (masse, charges, spin…) disparaissent. On peut raisonnablement imaginer qu'il en est de même pour l'antimatière.

Les particules et antiparticules élémentaires y sont totalement déconstruites, et l'énergie qu'elles représentaient n'a plus rien de potentielle ni même de cinétique. Parler de singularité, en ce qui concerne le trou noir, est une façon

46

élégante de faire état d'une forme d'énergie latente détachée de l'espace-temps qui est le nôtre et qui se rapproche vraisemblablement de l'énergie présente dans les premiers instants de notre Univers. Cette forme indifférenciée d'énergie, commune à ce qui fut matière et antimatière, ne peut se décliner en termes de temps ou d'occupation d'espace. C'est ce qui explique que les mathématiques ne sont plus appropriées pour décrire le trou noir, cette singularité en marge de notre espace-temps. Un trou noir « nourri » de matière ne se distingue alors plus d'un trou noir « alimenté » par de l'antimatière. L'un comme l'autre échappe, à ce stade, à la relativité générale sur laquelle repose notre réalité.

Sans pour autant faire l'hypothèse de trous blancs, un trou noir représenterait finalement le préalable à la coalescence de ce qui fut matière et antimatière. Matière et antimatière se rejoignent donc au sein de ces singularités qui, hors contexte gravitationnel et sorties d'un cadre spatiotemporel multi-référentiel, ne laissent rien deviner du destin partagé de l'antimatière. La symétrie quantique, qui est affaire de particules massives, tout comme l'état de chiralité qui la caractérise, disparaissent. Le trou noir représente un état transitoire sans symétrie. Cet état ne se laisse pas découvrir, mais conduit à effacer ce qui fait notre réalité : un environnement marqué d'effets gravitationnels et d'interactions nucléaires et électromagnétiques.

L'effondrement final se réalisera lorsque ce qui fut matière et antimatière, intégralement déstructurées et donc privées de toute forme d'interaction au sein des trous noirs, aura quitté un Univers vide de tout champ électromagnétique. Nous pourrions considérer que le trou noir est dans un état de présent permanent, sans passé ni futur significatif. Détaché de notre espace-temps, il ne peut, pour l'observateur que nous sommes, s'inscrire que dans un futur éloigné, marquant la phase ultime de l'évolution de notre Univers. Comme tel, il échappe à tout type d'observation ainsi qu'à notre capacité de compréhension. Nous ne pouvons, corps et esprit, nous extraire d'un espace-temps qui nous enferme et n'autorise que des spéculations sur un avant comme un après. Ceci fait que Big Bang et effondrement final ne peuvent être que du domaine de la spéculation. Nous en sommes réduits à observer, dans l'espace lointain, les vestiges dégradés d'un passé sans âge vraiment établi. Nous ne pouvons prédire que des futurs possibles, incertains et de portée limitée.

Cette évolution serait inéluctable, en quelque sorte autoprogrammée, sans alternative possible et irréversible. Elle pourrait se résumer ainsi :

47

La matière se rassemble sous l'effet des quatre forces dites fondamentales jusqu'à former les étoiles les plus massives. Celles-ci finiront par s'effondrer sur elles-mêmes (supernova), formant en général une étoile à neutrons dans laquelle les électrons, en rejoignant les noyaux atomiques, transforment les protons en neutrons. Ces étoiles à neutrons finiront leur effondrement, d'une façon ou d'une autre, jusqu'à devenir des trous noirs. Ces derniers n'ont alors d'autre avenir que d'absorber l'énergie (matière et rayonnements) à la portée de leur irrésistible pouvoir gravitationnel. Les éléments non retenus par l'étoile à neutrons ou le trou noir créés lors de tels événements se rassembleront pour former ultérieurement de nouveaux corps stellaires, annonciateurs de futures supernovæ. Il n'en a sans doute pas toujours été de même lorsque notre Univers en était à ses tout débuts, avec la formation sans préalables de trous noirs primordiaux. Ces derniers auraient eu pour effet de générer des zones particulièrement étendues, dépressionnaires en énergie, quasiment dépourvues de matière et de toute forme d'interaction.

L'Univers se dépouille des neutrons ainsi déconstruits au cœur des trous noirs. Or, les neutrons sont des composants nécessaires à l'évolution de la matière. Toutefois, certains protons, en ralliant à eux des électrons et des neutrinos par réactions nucléaires, se transformeront en de nouveaux neutrons, nécessaires à l'évolution de la matière. La stabilité de l'atome doté de ces neutrons de substitution est ainsi préservée. Mais dans ce jeu des chaises musicales, la population d'électrons, de neutrinos, de protons, de neutrons et d'autres particules composites ne cesse de diminuer au profit d'une population de trous noirs de plus en plus massifs. Dans un espace « vide », qui finira privé de toute autre forme d'énergie que des TNMM (trous noirs méga massifs), l'espace et le temps n'auront plus guère de signification. On peut alors difficilement imaginer une autre issue finale qu'un effondrement global de tous ces TNMM en convergence, par dépression récessive de l'espace dit vide. Ce Big Bang à l'envers marquerait ainsi la fin de notre Univers.

L'hypothèse d'un Univers en expansion accélérée depuis un point dit singulier ne devrait normalement pas, même corrigée de l'aspect relativiste, présenter une parfaite uniformité de densité énergétique. Pour un Univers ainsi imaginé en expansion ouverte, la métrique de Minkowski (méthode de mesure censée prendre en compte les effets de la relativité) ne peut être retenue qu'à l'échelle réduite d'un espace circonscrit dans les limites de l'observable. La finalité de l'Univers paraît alors imprédictible. Parler d'expansion pour quelque chose sans bord délimitable ni centre, « engendré » par un Cosmos multivers de nature virtuelle, paraît inapproprié.

Il en est tout autrement dans l'hypothèse d'un Univers apparemment, mais non véritablement, expansionniste. Dans un tel Univers parvenu « en fin de vie », vide de tout corps astral (hormis les trous noirs) et où l'espace se voit dépouillé de toute présence remarquable d'OEM (ondes électromagnétiques), les disparités temporelles qui fondent la relativité disparaissent. Dans cette configuration d'Univers non expansionniste, que nous dirons en dispersion rétrograde, la relativité est appelée à s'estomper progressivement.

Nous assimilons une expansion continue, discernée à partir d'une échelle d'observation étendue, à une augmentation de volume susceptible d'être occupé. Mais ce constat semble contraire à l'idée que le temps, comme l'espace, s'efface à mesure que nous approchons du monde quantique. Dans ce dernier, tout devient affaire de champs variables qui se mêlent sans retenue, nécessitant de faire abstraction du temps et de l'espace. À ce niveau d'introspection, nous réalisons nos limites. Vraisemblablement, l'illusion d'expansion tient au fait que notre capacité d'entendement ne nous permet pas de modéliser, par l'outil mathématique, autrement qu'en données de positionnement spatial (les particules) et de durée (les interactions). Dans notre réalité, celle qu'il nous est donné d'observer, l'Univers apparaît donc bien en expansion.

Nous décrivons les ondes électromagnétiques sous forme d'ondulations parcourant l'espace et marquées de crêtes et de creux. C'est ainsi que nous imaginons la topographie des champs d'énergie cinétique, qui constituent la toile de fond de notre Univers. Cette vision a inspiré l'idée, désormais abandonnée, d'un éther servant à la fois de support et de milieu de déplacement aux ondes électromagnétiques et aux objets stellaires. Il semble plutôt que ce milieu énergétique, faussement dit vide, représente, en tant que trame, l'espace-temps requis par une réalité qui n'appartient qu'à l'observateur dans la représentation mathématique qu'il s'en fait.

Un défaut non perceptible de « synchronisation », appelé ici chiralité, crée ce désordre organisé qu'est notre Univers, dans une forme de déterminisme difficile à cerner. Bien sûr, invoquer la théorie du chaos serait la réponse facile, mais elle n'explique rien de véritablement logique.

En sachant qu'il ne s'agit que d'une image et en se détachant d'une réalité familière qui guide toute observation, comment définir ces échanges discrets entre deux Univers de symétrie quantique ?

Cet aphorisme d'énergie en rupture de symétrie étant posé, il faut reconnaître que notre Univers est perçu avant tout comme une « bulle » d'énergie dépourvue de dimensions mesurables et de symétrie, grouillante d'ondes et de particules (à la convenance de l'observateur), dans un contexte de temps non réversible. Cette notion d'irréversibilité conduit à penser que ce qui est fait ne peut être défait, sauf cas très exceptionnel (annulation de paires particule/antiparticule), dans un même processus inverse. Mais pourquoi ne le serait-ce pas par une sorte de mécanisme en boucle plus général, qui ramènerait, comme décrit plus loin, à la « case initiale » ?

Particules et antiparticules sont censées, pour « coexister », ne pas être en totale interaction directe. Quand elles se rencontrent, elles perdent leur particularisme. Leur désintégration génère un rayonnement gamma, accompagné, incidemment, de quelques particules de masse de courte durée de vie. Il semble que nous soyons dans l'incapacité d'observer directement de telles interactions entre symétries, compte tenu de leur évanescence.

50

Cette idée de symétrie quantique résout par ailleurs le problème des divergences infinies, ramenant celles-ci à des phénomènes en boucle, qui ont pu inspirer la théorie des cordes et la gravitation quantique à boucles dans une tentative d'unification.

La théorie des cordes postule que les particules élémentaires ne seraient pas des points sans dimension, mais des cordes unidimensionnelles. Ces cordes, en vibrant à différentes fréquences, seraient à l'origine d'effets gravitationnels non reconnus à cette échelle. La théorie des cordes confère ainsi un statut à la gravité quantique, l'espace devenant une sorte de réseau quantique. Des échanges d'informations se manifesteraient alors sous la forme de liens tissant un maillage interactif. De cette dynamique émergerait l'espace-temps, ce qui induirait l'existence d'une gravité de nature électromagnétique à l'échelle subatomique. Le problème est qu'en tentant de mesurer les interactions gravitationnelles sur la base d'une physique de nature quantique, les équations peuvent produire des résultats dépourvus de sens physique, sauf à y introduire des dimensions supplémentaires.

Le problème est qu'en tentant de mesurer les interactions gravitationnelles sur la base d'une physique de nature quantique, les équations peuvent produire des résultats dépourvus de sens physique, sauf à y introduire des dimensions supplémentaires.

Dire que l'espace-temps "émerge" signifie :

• Que l'espace et le temps seraient des "interfaces" entre notre mode de perception et une réalité plus abstraite.
• Qu'à petite échelle (fondamentale), il n'existe pas vraiment. L'espace n'est plus un "lieu" et le temps n'est plus un "flux universel"
• Qu'à grande échelle, il apparaît comme une approximation, un peu comme la température émerge du mouvement des molécules.

En résumé :

La sortie de l'ère de Planck est marquée par la désunification de forces permettant de modéliser tous les phénomènes physiques observés dans l'Univers. Des particules composites (regroupement de particules élémentaires) résultent de cette étape déterminante où prédominent des interactions de nature électromagnétique. Les plus stables (protons et neutrons), en s'associant de façon pérenne, deviendront le noyau des atomes à venir. Dans ces échanges quantiques des débuts de notre Univers, la mise en présence de ces mêmes particules composites appelées baryons et d'électrons semble prédire un contexte de causalité fondé sur des transitions d'états. Une telle perspective conduit à envisager qu'à l'échelle atomique, un cadre d'observation adapté s'impose. Sinon comment pourrions-nous relativiser spin, mouvements et partages d'informations, révélateurs de ces interactions quantiques marquant l'après Big-bang ? Ce cadre conceptuel d'espace/temps possiblement émergeant du quantique, ne prendrait sens en tant que représentant du réel qu'avec la survenue du vivant, une forme exotique et précaire de la matière construite. C'est ainsi que mû par une sorte de prise de conscience, l'observateur que nous sommes, façonne à son image un réel macroscopique. Or ce monde observable repose essentiellement sur cette notion d'espace/temps dont il ne peut s'extraire mais qui se justifie pleinement et n'est pas seulement un pur produit de l'imagination de l'observateur. C'est ce qui fait toute la différence et parait rendre incompatible la physique classique relativiste avec une mécanique quantique sous-jacente plus fondamentale.

La gravitation quantique à boucles requiert que l'espace-temps soit, en quelque sorte, pixélisé sous forme de cordes en boucles formant des réseaux de spin. Cette théorie amène à penser que notre Univers ferait partie d'un cycle sans fin, marqué par des Big Bang et Big Crunch successifs. Est-ce à dire que notre Univers aurait connu un état antérieur ?

La théorie de la gravitation quantique à boucles suggère que l'Univers connaîtrait une phase de contraction avant de se dilater à nouveau, rebondissant ainsi indéfiniment. Cette vision rejoint, sous certains aspects, celle d'un Cosmos multivers composé d'une multitude d'Univers, naissant et disparaissant au fil de cycles sans commencement ni fin identifiables.

Un système binaire « d'univers » en symétrie quantique ne saurait être assimilé à un Univers doté de six dimensions spatiales. Dans un espace comportant plus de trois dimensions, la force gravitationnelle tendrait en effet à se replier sur elle-même, compromettant toute stabilité de l'architecture de la matière. La rupture de l'équilibre cosmologique relèverait plutôt d'une superposition discrète et déphasée de deux états opposés, indissociables. Point essentiel, cette hypothèse permet

52

d'éclairer l'énigmatique déficit d'énergie et de matière observé (voir chap. XIV).

Toute observation implique nécessairement une référence au temps et à l'espace, par la relativisation des distances mesurées et des durées d'événements. Par sa seule présence, tout observateur — quel qu'il soit et où qu'il se trouve — incarne une fraction de temps et une portion d'espace qui servent d'archétypes de mesure. Ce qui ne peut être défini, d'une manière ou d'une autre, en termes d'espace et de temps, ne saurait appartenir à notre réalité, sauf à relever de la fiction issue de notre imaginaire, telle l'idée de Cosmos multivers.

L'espace-temps n'est pas une entité physique en soi, mais il constitue un cadre d'analyse incontournable. Quelle en serait la raison d'être en l'absence de la matière qui, précisément, nous constitue ? Sans interaction de la matière, point de temps ; sans déplacement des corps, point d'espace. Si toute forme de matière est vouée à se dématérialiser en trous noirs, entités non représentatives de l'espace, alors le concept même d'espace-temps perdrait toute signification lorsque notre Univers atteindra le terme de son évolution, faute d'observateur pour en témoigner.

Mais comment, en tant qu'observateurs privilégiés dans l'évolution du vivant, en sommes-nous venus à ériger ce contexte d'espace-temps en cadre de pensée incontournable ? Un consensus tacite, souvent adopté comme postulat initial, suppose que l'absence d'espace et de temps précédait le point de commencement de notre Univers. L'espace, même qualifié de vide, n'a de sens que rapporté à son occupation par la matière, sous une forme ou une autre, c'est-à-dire à la présence de particules élémentaires dotées de masse.

Le concept d'absence d'espace/temps est excessivement contrintuitif. Comment pourrait-il d'emblée, rentrer dans le cadre d'un quelconque exercice de pensée ? Il sera pourtant évoqué à propos des débuts de notre Univers, des limites supposées non tracées de celui-ci ainsi que de la nature profonde des trous noirs.

La symétrie constitue une propriété remarquable de la matière et se décline sous divers aspects : symétrie matière/antimatière, symétrie de conjugaison de charge, symétrie de parité, ou encore symétrie d'inversion du temps. La symétrie quantique ne signifie pas ici une correspondance exacte,
53

comparable à un miroir de part et d'autre d'un axe. Le Big-bang, en tant que rupture de l'équilibre cosmologique, serait entaché d'une chiralité non reconnue, révélant une symétrie imparfaite sans laquelle particules et antiparticules n'auraient pu coexister durablement et pérenniser la matière.

Cette singularité originelle marquerait ainsi l'émergence d'une temporalité indissociable de la notion d'espace. L'intensité énergétique des rayonnements libres qui emplissaient l'espace lors du Big-bang n'a aucun équivalent dans l'Univers actuel. En interagissant, ces rayonnements seraient à l'origine des premières intrications radiatives, annonciatrices d'une symétrie quantique. Une partie de ces rayonnements de haute énergie, intriqués en proto-particules de matière et d'antimatière, conférerait à l'espace-temps ses propriétés fondamentales. Les rayonnements de moindre énergie constitueraient les OEM de l'Univers actuel.

Ce phénomène, caractéristique des tout premiers instants de notre Univers, attribuerait aux « paquets » d'ondes ainsi transformés en particules élémentaires des propriétés spécifiques. Ces nouvelles entités, assimilables à des vecteurs d'état, se verraient dotées de masse, de spin et, pour certaines, de charge. Elles constitueraient les composants irréductibles — les particules élémentaires — à la base de la physique contemporaine. Si nous pouvions remonter jusqu'à cette phase primitive, l'espace nous semblerait illimité et l'écoulement du temps trop rapide pour être mesurable. À ce stade initial, la relativité ne saurait encore intégrer des effets gravitationnels qui restent à venir.

À l'instar de la dualité onde/corpuscule employée pour décrire une particule — et en recourant, faute de mieux, à des termes imparfaits — le Cosmos multivers peut être appréhendé de plusieurs manières, selon le point de vue adopté :

• Un « artefact de pensée » purement virtuel, constitué d'une énergie latente d'intensité non quantifiable, dépourvu de représentation physique, de masse, de symétrie révélée, de localisation — faute d'occupation de l'espace — et d'interaction, en l'absence de relation au temps.

• Un équilibre cosmologique, susceptible d'être décrit comme un continuum de ruptures et de reconstitutions d'une symétrie non reconnue. Ces confrontations — effondrements et Big-bangs — innombrables, impliquant des binômes « d'univers » en symétrie quantique, ne possèdent pas de réalité physique directement remarquable. C'est précisément ce qui confère au Cosmos multivers sa légitimité « virtuelle ».

Le Cosmos multivers n'est ni le vide ni le néant et, n'occupant pas d'espace, il n'est pas physiquement appréhendable. Il ne saurait être confondu avec ce que nous nommons champ quantique ou champ de forces, lesquels se rapportent à l'espace énergétique propre à notre Univers. Les champs de forces représentent l'espace où s'exercent, avec des intensités variables et en interdépendance, les trois forces fondamentales d'interaction dans un contexte gravitationnel. Le vide absolu ou le néant relèvent d'une abstraction pure, sans place dans aucun modèle cosmologique. En résumé, le Cosmos multivers ne peut être assimilé ni à un support ni à un substrat d'Univers.

Cette interprétation du Cosmos multivers dissimule une entité non observable, entièrement virtuelle. Ce qualificatif est d'ailleurs fréquemment employé par les scientifiques pour désigner des particules quantiques susceptibles de changer de statut. Il traduit la difficulté à les localiser dans l'espace ou à concevoir leur volatilité lorsqu'elles semblent se déplacer sans s'inscrire dans le temps. Ce qui est virtuel n'est pas directement détectable ; il demeure présumé, tout en fournissant une justification à des phénomènes mesurables ou potentiellement réalisables.

Le Cosmos multivers ne relève ni de la mécanique quantique ni de la physique relativiste classique. Autrement dit, les interactions nucléaires, électromagnétiques et gravitationnelles correspondraient essentiellement à des échanges circonscrits, propres à un système binaire d'univers en symétrie quantique.

Il est difficile de concevoir un commencement de l'Univers sans pouvoir en imaginer la fin. Plus qu'une histoire infinie, un scénario cyclique apparaît modélisable *: tel le phénix mythologique, condamné à renaître de ses cendres*. Mais un tel cycle suppose un détonateur et une échappatoire exceptionnelle (voir chap. VII), qui pourrait être le destin de ce monstre stellaire qu'est le trou noir. Dépourvu de couleur, il ouvrirait, dans un futur très lointain, une « porte » vers un nouveau système binaire d'univers.

Plusieurs indices permettent d'esquisser ce que pourrait être un trou noir, bien qu'il se refuse à toute introspection directe. Imaginons une région de l'espace non assimilable à un champ de force électromagnétique : aucun effet photovoltaïque, aucune excitation magnétique, aucune interaction électromagnétique ne s'y manifesterait. Or les OEM se traduisent par des vibrations ou distorsions du vide, sans lesquelles nous ne pourrions-nous représenter l'espace. Ces ondulations, en interagissant, modifient en permanence les propriétés énergétiques de l'espace et lui confèrent un sens en tant que champ d'interactions entre particules chargées, par échange de photons.

Privés d'interactions avec les OEM, les états quantiques des électrons deviendraient instables, entraînant l'effondrement des molécules et, par conséquent, de la matière, dans un espace vidé de champs électriques et magnétiques. Les corps qui s'y trouveraient, n'émettant aucune raie spectrale, échapperaient à notre observation. Les interactions fortes, faibles et gravitationnelles cesseraient d'y être remarquables. Ne retrouve-t-on pas là les caractéristiques mêmes d'un trou noir ? Cet objet singulier, effondré sur lui-même, n'émet aucun signal électromagnétique et ne transmet aucune information, hormis celles issues de son disque d'accrétion et d'un puissant champ magnétique. L'espace-temps y serait, en quelque sorte, absorbé.

L'état quantique des électrons privés d'interactions avec les OEM, deviendrait instable, provoquant l'effondrement des molécules et donc de la matière dans un espace « vide » de champs électriques et magnétiques. Les corps qui s'y trouveraient n'émettant pas de raies spectrales, ne peuvent qu'échapper à notre regard. Interactions fortes, nucléaires faibles et gravitationnelles n'y sont plus remarquables. Mais ne serait-ce pas précisément les caractéristiques d'un trou noir ? Ce corps singulier effondré sur lui-même, n'émet aucun signal électromagnétique ou autre et ne transmet aucune information (hormis ceux émis par son disque d'accrétion et un puisant champ magnétique). L'espace-temps est en quelque sorte absorbé par le trou noir.

Le dipôle magnétique d'un trou noir actif implique logiquement sa mise en rotation. Dans tout système soumis à des interactions gravitationnelles, plus les objets impliqués sont massifs, plus la vitesse de rotation de l'astre issu de leur fusion est élevée. C'est notamment le cas des étoiles à neutrons lorsqu'elles fusionnent après avoir formé un système binaire, voire ternaire, comme pour certains pulsars. Les trous noirs actifs, à l'instar de la plupart des objets stellaires, acquièrent ainsi leur vitesse de rotation à partir de la célérité orbitale des corps qu'ils ont satellisés avant leur fusion.

La rotation observée du disque d'accrétion n'est vraisemblablement pas synchrone avec celle de la singularité centrale, dont l'entropie pourrait être uniformément nulle. Cette dissociation expliquerait l'émission de jets de particules jaillissant de part et d'autre du disque d'accrétion — et non depuis le cœur du trou noir — tels des trombes marines projetées dans l'espace. L'entropie d'un trou noir semble ainsi se résumer à son horizon des événements, et possiblement à des phénomènes de surface.

Une fraction de l'énergie qui s'accumule dans le disque d'accrétion est projetée vers les pôles. Après un parcours orbital accéléré, cet excédent énergétique est expulsé sous forme de plasma ionisé et de rayonnements. Ces jets torsadés suivent approximativement l'axe géomagnétique du trou noir, déterminé par la configuration de son disque d'accrétion. Lorsque l'horizon des événements — cette surface limite observable — n'est pas saturé, le trou noir n'a rien à rejeter.

Le trou noir apparaît alors comme un puits insondable, absorbant inexorablement l'Univers qui l'abrite. Les forces de marée y atteignent leur paroxysme. Toutes les « informations » ayant franchi l'horizon événementiel s'y confondent et se trouvent irréversiblement perdues pour l'observateur externe. Elles pourraient toutefois se reconfigurer différemment lors d'un Big-bang de « seconde génération » (voir chap. VII), consécutif — bien que non directement relié — à un événement d'une violence extrême : l'effondrement final.

Un Big-bang pourrait ainsi être envisagé comme la résultante, hors espace et hors temps, de l'effondrement ultime d'un système binaire d'univers réduit à l'état de trous noirs — et, par analogie, de trous blancs — en symétrie. Mais peut-on réellement parler de continuité entre deux événements qui ouvrent et ferment sur le Cosmos multivers ?

Il convient de distinguer le trou noir stellaire, issu de la désintégration d'une étoile massive, du trou noir supermassif, qui en constitue le prolongement et réside généralement au centre des galaxies, dont il phagocyte progressivement le contenu. À terme, l'ensemble de cette population de trous noirs pourrait évoluer vers des trous noirs méga-massifs (TNMM) dans un Univers refroidi. Ces TNMM n'existent pas encore ; ils peupleront vraisemblablement notre Univers à l'issue de son « cycle de vie ».

Toutefois, l'existence de trous noirs colossaux isolés — paraissant atteindre plusieurs millions, voire milliards de fois la masse de ceux situés au centre des galaxies — apparaît hautement probable. La difficulté majeure réside alors dans leur détection lorsqu'ils sont dépourvus de disque d'accrétion. En effet, bien que l'Univers paraisse homogène à grande échelle, il révèle aussi de vastes régions appartenant au passé, déjà apparemment pauvres en matière, mais susceptibles d'abriter de telles singularités. Cette hypothèse pourrait expliquer en partie le déficit de matière observé, l'effet de lentille gravitationnelle ne permettant pas toujours de trahir leur présence.

La température — ou plutôt l'absence de température — d'un trou noir pourrait correspondre au véritable zéro absolu, synonyme d'absence totale d'interaction. Le trou noir contiendrait une quantité d'énergie « déconstruite » si considérable que son contenu apparaîtrait densifié au maximum, en l'absence de tout espace interstitiel. Or ces deux conditions — densité extrême et absence d'interaction — sont précisément celles requises pour la supraconductivité.

Par ailleurs, aucune différenciation n'y étant plus possible, aucune interférence de charge ne pourrait s'y produire, du fait de la désagrégation des électrons, protons, ions et noyaux atomiques constitutifs de la matière baryonique et leptonique. Il deviendrait alors impropre de parler de résistivité ou de champ magnétique à l'intérieur du trou noir. Il en va autrement de l'horizon des événements, cette zone frontière où la matière se déconstruit avant de rejoindre la singularité, expression d'une énergie dans un état fondamental.

L'absence de tout mouvement, à quelque échelle que ce soit, autoriserait la superposition — ou la combinaison — de deux états a priori contraires, la non-conductivité et la supraconductivité, en un seul état spécifique aux trous noirs. Cette propriété singulière semble défier toute logique classique. Mais l'Univers ne cesse de nous confronter à de telles contradictions apparentes. Les électrons y auraient forcé l'intimité des protons, en quelque sorte « neutronisés », avant de se fondre dans une homogénéité sombre et froide, évoquant l'état de notre Univers juste avant le mur de Planck. Tous les constituants de ce que fut la matière auraient alors perdu leurs particularités.

Le trou noir pourrait ainsi être appréhendé comme une quantité d'énergie non fractionnable, en marge de l'espace-temps, dans laquelle le vide n'a plus de place. Une telle conception en fait, d'une certaine manière, un objet quantique. Sur de nombreux points, le parallèle entre particule élémentaire et trou noir s'impose. Tous deux sont :

• porteurs d'une énergie équivalente à une masse,
• de composition inconnue,
• non divisibles,
• en marge de l'espace-temps,
• et si l'un marque les débuts de l'Univers, l'autre semble en annoncer le terme.
• Leur cinétique, et plus particulièrement leur rotation possible, interroge : on parle de spin pour la particule, et d'effets induits par les forces de marée pour le trou noir.

Dans un trou noir, l'énergie s'accumule sans limite. On pourrait être tenté d'imaginer une cavité infiniment creuse, mais cette image devient inopérante dès lors que l'on considère que l'énergie s'y affranchit de l'espace-temps. Dans ces conditions, comment parler de dimension, et donc de contenant ?

Cela conduit à penser que le temps n'a pas davantage de prise sur les propriétés intrinsèques de la particule que sur celles du trou noir. Sortir d'un trou noir nécessiterait une énergie telle qu'elle équivaudrait à un retour dans le passé, impliquant une modification de l'histoire de notre Univers. Un tel paradoxe a conduit à envisager la possibilité d'un passage vers un autre univers, doté de sa propre histoire. Ce scénario reviendrait à une forme de « téléportation » vers un autre système binaire d'univers en symétrie contraire, rejoignant ainsi les théories des mondes parallèles et des trous de ver. Dans l'optique d'un Cosmos multivers virtuel, une telle idée ne peut guère dépasser le statut d'image relevant de la science-fiction.

Tout porte à croire qu'il n'est pas à notre portée de pénétrer l'intimité d'un trou noir. Il ne semble pas davantage possible de percer, autrement qu'au conditionnel, le mystère de ce qui se dissimule au cœur du plus petit constituant de la matière, derrière une apparence tantôt ondulatoire, tantôt corpusculaire — dualité parfaitement cohérente si l'on admet l'existence de paquets d'ondes intriquées.

59

Tout semble opposer un trou noir méga-massif dépourvu de disque d'accrétion à la singularité du Big-bang, ou plus précisément à ce qui précède le « mur » de Planck. Ce mur marque l'émergence d'un contexte d'énergie en rupture de symétrie, non localisable, non ouvert, et de forte entropie. Notre Univers peut alors se manifester en générant chaleur et luminosité, en réponse à la constitution naissante d'une matière encore embryonnaire.

Ce qui est développé ultérieurement suggère que l'ensemble de ces TNMM pourrait finalement converger vers une confrontation ultime, marquant l'effondrement de notre Univers. Dans une mise en scène digne d'un tour de David Copperfield, tous les trous noirs disparaîtraient de la scène cosmique pour réapparaître, à l'envers du rideau, sous la forme d'une primo-singularité quantique — le terme de Big-bang offrant alors une représentation imagée de cet événement.

Le Big-bang ne serait pas seulement le point de départ d'un Univers de matière, mais aussi celui d'un Univers miroir d'antimatière.

La question d'une chiralité nécessaire entre Univers et « anti-Univers » sera reprise plus loin (voir chap. X). Privés de recul et de perspective, enfermés dans notre condition physiologique, nous demeurons trop contraints pour imaginer raisonnablement au-delà de ce qu'autorisent nos capacités d'observation, d'analyse et de déduction. Celles-ci reposent sur une logique que nous avons construite à partir de nos perceptions et de nos ressentis.

Tentons néanmoins d'y contrevenir, en développant point par point cette réflexion au sein d'une théorie qui se voudrait globale, consacrée aux fondements d'un Cosmos multivers.

III <u>L'Univers coupable d'excès de vitesse !</u>
(Sauf à admettre une interprétation erronée des lois physiques)

Un corps dit « au repos » peut être défini comme un corps dont l'inertie ne se distingue pas de celle du système fini auquel il appartient. Une telle situation constitue un cas limite essentiellement théorique, dans lequel le corps serait son propre référentiel inertiel, invariant. En pratique, la relativité du mouvement implique que toute observation demeure sensible à des interactions extérieures au système considéré. Par ailleurs, au sein de tout système physique, les forces gravitationnelles subies et générées modifient continûment les vitesses, les trajectoires et, par conséquent, la masse inertielle effective des corps.

Imaginons cependant une particule au repos. Il est alors admis que : $E=mc^2$. Cette célèbre formule simplifiée d'Einstein implique :

- Que matière (m) et énergie (E) sont étroitement liées sous diverses formes et substituables l'une à l'autre.

- Que la vitesse de la lumière (c) serait une constante de l'Espace-temps, une limite qui ne pourrait être enfreinte par aucune particule massive, tout en acceptant…

- Que l'écoulement du temps qui permet de mesurer les changements affectant toute forme d'énergie (voir chap. XIX et XXX), soit, comme l'occupation de l'espace, dépourvu de valeur absolue (voir chap. XXV).

L'énergie (E), que draine tout observateur, et les effets gravitationnels (m) qui l'affectent, font que tout un chacun possède sans que cela soit perceptible, sa propre notion du temps et donc sa propre valeur de (c). La vitesse de la lumière (c) pour invariante qu'elle soit en tant que rapport déplacement / temps, n'en reste pas moins évolutive, en fonction de contextes gravitationnels qui ne cessent de changer, appelés référentiels. Elle constitue une limite pour la transmission d'information dans l'espace-temps, mais cette invariance locale n'exclut pas une dépendance contextuelle globale liée à l'évolution dynamique de l'Univers.

La vitesse de la lumière est réputée infranchissable par toute forme de transmission d'information ou d'échange. Considérée comme invariante, elle n'en demeure pas moins relative dans la mesure où tout observateur, comme tout événement observé, change continuellement de référentiel, sous l'influence d'un « voisinage » entendu au sens le plus large. On pourrait ainsi affirmer que tout référentiel varie localement, du fait même du processus de déconstruction de notre Univers, inscrit dans un contexte d'espace en dépression permanente et accompagné d'une dilatation du temps.

Cette limitation de vitesse, notée c, pourrait être levée — rejoignant en cela l'idée de non-localité — dans une dimension non reconnue, où s'opéreraient les interactions discrètes entre particules et antiparticules, et où notre système binaire « d'univers », en symétrie quantique, deviendrait en quelque sorte frontalier du Cosmos multivers.

Peut-on alors soutenir que les photons évoluent dans le vide, entendu comme l'absence totale de toute chose, alors même que le vide absolu ne saurait avoir de place dans notre Univers ? Même dans un Univers futur refroidi, constitué quasi exclusivement de trous noirs méga-massifs (TNMM) et excluant tout phénomène d'« évaporation » ou de retour au vide par annihilation de particules symétriques, un vide de tout contenu n'existerait pas. Il serait plus juste de parler d'un espace énergétique en dépression maximale d'occupation.

De façon imagée, l'Univers pourrait être comparé à une éponge exposée au soleil : la matière spongieuse se rétracte tandis que les alvéoles semblent gagner en volume. Ces alvéoles figurent l'espace dépressionnaire non occupé par la matière ; la substance de plus en plus dense représente la matière qui se concentre. L'analogie ne saurait aller au-delà.

Par définition, un espace improprement qualifié de vide est un champ dans lequel la matière baryonique semble localement absente. Cela n'implique nullement que cet espace soit réellement dépourvu de toute chose. Rayonnements et particules élémentaires dispersées configurent ce que l'on nomme le « vide spatial ».

Les photons devraient, en principe, adopter des trajectoires rectilignes. Ils le font effectivement, mais ces trajectoires sont affectées par les déformations de l'espace induites par les effets gravitationnels. À nos yeux, les ondes électromagnétiques (OEM) sont d'autant plus déviées par la présence d'un corps que celui-ci est proche et massif. Leurs fréquences augmentent à mesure que s'intensifient les effets gravitationnels du corps approché, lequel

62

capte au passage une fraction de l'énergie cinétique transportée par les OEM. Ce transfert d'énergie contribue à la dépression énergétique de l'espace interstellaire.

La vitesse de la lumière — théoriquement proche de 300 000 km/s dans un espace supposé vide de toute influence matérielle — est nécessairement définie dans un espace qui n'est jamais totalement vide, ne serait-ce qu'en raison de l'énergie minimale représentée par le fond diffus cosmologique. La vitesse de propagation des OEM semble ainsi varier en fonction de la densité énergétique du milieu. Les photons paraissent, par exemple, se déplacer plus lentement dans l'eau que dans l'air — en apparence seulement, comme nous le verrons.

La célérité des photons serait-elle potentiellement illimitée en l'absence de toute interaction avec la matière ? Leur vitesse — définie comme le rapport entre la distance parcourue et le temps écoulé — semble dépendre de la topologie de l'espace. La vitesse de la lumière est perçue comme accrue dans un milieu faiblement énergétique. Dans un vide complet, purement imaginaire, la vitesse des photons serait donc théoriquement illimitée.

Un tel vide imaginaire peut également servir de représentation non matérialisable du Cosmos multivers, entendu comme une réalité sans dimension, porteuse d'une énergie dépourvue de présence physique. Il demeure toutefois impossible de concevoir un temps totalement figé pour les photons : si tel était le cas, la vitesse de la lumière ne se limiterait pas à 299 792 km/s. Cette valeur finie résulte du fait que les OEM sont en interaction avec la matière depuis les origines. Ces interactions impliquent des échanges d'énergie, et plus précisément une perte d'énergie cinétique, pour des photons considérés comme des particules virtuelles dépourvues de masse propre.

Imaginer des photons de vitesse infinie revient donc à exclure toute relation significative au temps, lequel perdrait alors toute pertinence. Peut-on même parler de déplacement sans référence temporelle, alors qu'en l'absence de mesure du temps, l'espace lui-même devient indéfinissable ? Les OEM apparaissent alors comme une énergie cinétique primordiale, à la fois de célérité infinie et nulle, faute de déplacement mesurable. Cette énergie originelle aurait été transformée, par l'effet du Big-bang, en une énergie médiatrice d'échanges quantiques.

63

Le photon, pour lequel le temps — à la vitesse de la lumière — n'a pas le sens que nous lui attribuons, interagit par transfert d'énergie avec les particules chargées. Quantum d'énergie représentant un champ électrique associé à un champ magnétique, il joue le rôle de médiateur dans cette théorie quantique des champs qu'est l'électrodynamique. Avancée majeure dans la quête d'unification, elle permet d'intégrer l'électromagnétisme à la mécanique quantique.

À l'échelle accessible à notre observation et aux lois de la relativité générale, l'espace-temps devient un domaine d'analyse incontournable. Cette problématique d'échelle a conduit à reconnaître qu'en mécanique quantique, le principe de localité — ou de séparabilité — relève en partie de l'interprétation.

Le caractère invariant de la vitesse de la lumière a pour conséquence directe l'exclusion de toute simultanéité absolue entre événements distants. La relativité d'Einstein implique que toute dilatation du temps — c'est-à-dire tout ralentissement relatif — s'accompagne d'une dépression croissante de l'espace non occupé par la matière. Cet espace s'appauvrit progressivement de l'énergie cinétique des OEM qui, en réalisant le « maillage électromagnétique » des particules de masse, contribuent à la cohésion de la matière par équilibre des charges.

À l'échelle macroscopique, au sein d'un corps, les charges positives et négatives se compensent, les électrons jouant le rôle d'agents de liaison et assurant la neutralité globale. Sous l'effet de la gravitation qu'il génère, tout corps tend à devenir de plus en plus massif et, en déclenchant des phénomènes de fusion nucléaire, conduit à la formation de naines brunes, d'étoiles à neutrons et, ultimement, de trous noirs. Cette concentration progressive de la matière se traduit localement par une dépression énergétique des champs constituant l'espace dit « vide ».

Le spin, qui représente le moment cinétique intrinsèque d'une particule — tout comme le moment cinétique d'un corps en mouvement — confère à l'entité considérée une résistance à toute modification de son état de déplacement. Cette résistance définit la masse inertielle ; le gyroscope illustre ce principe de conservation du moment cinétique. La masse gravitationnelle n'est rien d'autre que l'expression de cette masse inertielle appliquée aux corps massifs.

La relativité générale implique que tout corps détermine son propre espace et son propre temps en fonction de sa masse inertielle et des accélérations, positives ou négatives, qu'il subit dans un référentiel qui lui est propre. Pour l'observateur distant, les effets gravitationnels se manifestent par une distorsion de l'espace — contraction relative des longueurs — corrélée à une déformation du temps — dilatation relative des durées.

Il n'y a toutefois aucune subjectivité dans l'évaluation du temps et des distances : les rapports entre unités de mesure propres à chaque événement ou système isolé demeurent constants, tant qu'aucune relation n'est établie avec un événement extérieur. Ainsi, l'espace et le temps, indissociablement liés, façonnent notre Univers en lui conférant un relief en perpétuelle évolution. Cette topographie à quatre dimensions — trois pour l'espace, une pour le temps — est propre à chaque observateur, rapportée à un référentiel local qu'il ne peut partager avec un autre observateur distant.

L'histoire de notre Univers repose entièrement sur cette relation complexe entre espace et temps, deux notions indissociables. Elle pourrait se décrire de la manière suivante :

1. Si l'on considère l'énergie cinétique comme état premier de la matière :
Sa capacité de dispersion dans l'Univers primordial — dispersion n'impliquant pas nécessairement expansion — annonce la vitesse-lumière, encore non lumineuse et non mesurable à ce stade. Sans délai, cette vitesse de dispersion se trouve déterminée par le niveau de dépression des champs d'énergie, perturbés par l'apparition d'objets de masse croissante. La vitesse de propagation de cette énergie cinétique, composante de la force électromagnétique actuelle, est donc contextuelle.

Considérée comme infranchissable, cette vitesse révèle néanmoins ses limites : elle ne peut se manifester dans un espace totalement vide. Or l'espace interstellaire, loin d'être vide, est structuré en toile de fond de notre Univers par des photons générateurs de champs électromagnétiques, interagissant avec des particules chargées. Dans cet espace faussement vide, le temps pris en référence dans la vitesse de la lumière est affecté par les effets de masse. Il est alors perçu comme plus ou moins fugace, selon l'intensité locale de la gravitation.

65

Si la lumière nous paraît parfois se propager plus lentement, c'est parce que le milieu traversé diffère de celui de l'observateur. Dans l'eau, par exemple, le rapport distance parcourue sur temps écoulé demeure inchangé, même si les longueurs d'onde les plus courtes semblent se propager plus lentement que les plus longues. Cela s'explique par le fait que les OEM, en interagissant avec les molécules de H_2O — et plus particulièrement avec les électrons rencontrés — changent constamment de direction, allongeant leur trajet effectif. Ce phénomène donne l'illusion d'une vitesse réduite et d'une perte d'intensité.

Une vitesse infinie exclurait nécessairement tout référentiel identifiable, puisque temps et espace perdraient toute signification. Faire abstraction de l'espace-temps revient alors à se référer au Cosmos multivers en tant que forme d'énergie qui ne peut être que virtuelle pour l'observateur que nous sommes.

2. Si l'on considère l'énergie potentielle, représentative de la matière : Constamment agitée par des interactions quantiques, des fluctuations et des mouvements incidents, elle engendre les effets gravitationnels. Ceux-ci, parfois perçus comme antagonistes, modifient la densité énergétique de l'espace, ralentissant le temps au voisinage de singularités massives, jusqu'à l'immobiliser dans un Univers imaginé en fin d'évolution. Inertie, gravitation et interactions fondamentales imposent ainsi une limite infranchissable : tout ce qui possède une masse se trouve dans l'incapacité d'atteindre la vitesse de la lumière.

Si les masses en présence modèlent l'espace-temps, les OEM ne possèdent pas de pouvoir gravitationnel propre mais subissent néanmoins, localement, les effets de la déformation de l'espace qui façonne leurs champs de diffusion. Ce contexte spatial, conçu comme un ensemble de champs de densité énergétique variable, conditionne leur vitesse relative et leur direction de propagation. En interférant avec les molécules dissociées, les atomes et les particules libres, les OEM constituent en quelque sorte le tissu mouvant de l'espace dit « vide ». Leur vitesse de propagation, régulée par les obstacles gravitationnels que représentent les corps rencontrés, y trouve ses limites. Affirmer que la vitesse de la lumière est constante constitue un raccourci acceptable dès lors que l'on se limite à un laps de temps court et à une actualité locale circonscrite. En revanche, si l'on considère que la relativité exclut toute idée de simultanéité observable en raison des disparités et des fluctuations imprimées à l'espace-temps, il devient problématique de parler de constante dès que l'on s'inscrit dans la durée ou hors d'un contexte strictement local.

En résumé :

• **Soumis aux effets gravitationnels, les OEM sont indissociables d'un temps et d'un espace de référence. Leur célérité y trouve ses limites. D'ailleurs, une vitesse supposée infinie irait à l'encontre de la relativité et priverait le temps et l'espace de toute signification.**

• **Les trous noirs feraient abstraction du temps et de l'espace. Aucune vitesse de déplacement ni interaction n'y est observable une fois franchi l'horizon des événements (zone d'accrétion dont devraient être dépourvus, à terme, les TNMM d'un Univers refroidi sur le point de s'effondrer).** S'ils semblent totalement intégrés au tissu spatio-temporel de la relativité générale, c'est en raison de l'existence d'un horizon des événements observable. Ils s'inscrivent, en tout état de cause, dans le continuum spatio-temporel de tout observateur *in situ*.

L'horizon des événements représente une zone de déconstruction de la matière. Cette région, plus ou moins étendue, qui marque une frontière avec l'espace-temps, n'est pas homogène et ne peut donc être assimilée à une surface sphérique. Photons et particules dotées de masse y atteignent des vitesses relativistes rapidement dépassées, dépendantes de leur vitesse initiale et de l'angle de trajectoire. Le temps est présumé s'y arrêter une fois l'horizon franchi. Ainsi, l'image d'un objet approchant l'horizon des événements, qui peut paraître figée pour l'observateur distant, finit par disparaître de son champ de vision.

Nous pourrions raconter l'histoire de notre Univers en termes de masse, en considérant toutefois que la masse d'une particule représente plus précisément la quantité d'énergie portée par un assemblage pérenne d'ondes primaires, regroupées ici sous le terme d'**intrication radiative** (voir : *Point de départ de l'espace-temps ou mur de Planck*, chap. V).

67

Portés à des températures très basses, proches du zéro absolu (−273,15 °C), les atomes, une fois piégés dans un champ magnétique, fusionnent en un état de neutralité électrique totale. N'étant plus excités, ils accèdent alors à un état dit de plus basse énergie. Ils semblent occuper un même état quantique, appelé **condensat de Bose-Einstein**. Les atomes présentent alors un comportement analogue à celui des photons d'un faisceau laser. En devenant une onde quantique géante de densité quasi nulle, ces atomes, corrélés à l'extrême, passent d'un comportement fermionique à un comportement bosonique et se comportent, en quelque sorte, comme les photons de l'électromagnétisme. Le condensat de Bose-Einstein confirme ainsi le lien entre un monde quantique fondamentalement ondulatoire et notre réalité macroscopique d'apparence corpusculaire.

Dans ces conditions, les atomes, en fusionnant en une unique onde quantique géante, révèlent des propriétés nouvelles : une superfluidité (écoulement sans friction) et une supraconductivité (conductivité électrique sans résistance). Le CBE, considéré comme un état de la matière en quelque sorte « dégradé », se distingue de l'état plasma d'un gaz ionisé, caractérisé par une très haute énergie et une forte conductivité électrique.

L'intrication radiative laisse envisager qu'il pourrait être possible de confiner expérimentalement des OEM dans un condensat de Bose-Einstein. En effet, dans cet état de la matière, sous des conditions extrêmes de densité et de basse température, les particules perdent leur individualité pour former un tout indifférenciable et non sécable, évoquant une particule élémentaire exotique géante. Cela revient à imaginer que l'on puisse ralentir la vitesse de la lumière jusqu'à l'arrêter. On peut cependant considérer que ce phénomène apparent relève d'une relativité espace-temps particulière : le condensat, en comprimant l'espace, ralentirait le temps, donnant l'impression que la vitesse de la lumière régresse jusqu'à s'annuler. La difficulté expérimentale réside dans le fait que projeter un faisceau laser sur un tel condensat exige une quantité d'énergie considérable et une précision extrême de ciblage. De ce fait, cette forme d'intrication radiative expérimentale ne pourrait être que transitoire.

L'intrication radiative, en conférant à l'énergie rayonnante primitive un statut de particule de masse, justifie que l'Univers soit observationnellement plutôt corpusculaire et intrinsèquement de nature ondulatoire. Une particule de matière demeure fondamentalement un système d'ondes. La masse d'une particule élémentaire équivaut à la somme des énergies — assimilables à des énergies cinétiques — des ondes ainsi confinées, faisant de la particule élémentaire une entité quasi infrangible, non représentative d'un espace occupé. Il en va différemment pour l'atome, la molécule ou tout corps stellaire : à ces échelles, le temps et l'espace rendent compte des échanges et des interactions qui font et défont la matière construite. La masse que nous assimilons au « poids » d'un objet à l'échelle macroscopique représente l'inertie interne combinée d'un assemblage complexe de paquets d'ondes, augmentée de l'énergie de liaison qui leur est associée.

La masse est ainsi le rendu que nous avons d'un ensemble choisi de données (spin, charge, couleur, etc.) représentant les propriétés intrinsèques, indissociables et pérennes de la particule élémentaire, considérée comme le constituant irréductible de la matière. En résumé, la masse est l'indicateur d'un degré de présence manifeste associé à l'idée familière d'objet. Que tout corps soit, avant réduction, un paquet d'ondes paraît fondé. Toutefois, cela n'est pas recevable dans notre réalité macroscopique, qui « casse » la fonction d'onde (équation de Schrödinger) et ne perçoit que l'objet massif, justifiant ainsi la dualité onde-corpuscule et les incompréhensions qui en découlent.

La masse est de fait comprise comme une propriété intrinsèque des fermions. Ces particules élémentaires de masse ont la capacité de former, après décohérence — phénomène qui rend observable ce qui, sous une autre forme que corpusculaire, ne le serait pas — la matière construite telle que nous la percevons. Mais la masse peut aussi être envisagée comme le révélateur d'un contexte d'échanges et de déplacements issus des interactions entre ces points d'énergie que sont les particules. Elle devient alors extrinsèque à la particule. Cette interprétation a conduit à postuler l'existence de champs discrets régulant ces échanges, au sein desquels baigneraient les particules dites de matière. Le champ de Higgs s'inscrit dans cette hypothèse. Souvent, lorsque plusieurs alternatives se présentent, nous tranchons de manière nette.

En mécanique quantique, nous avons tendance à écarter d'emblée des alternatives jugées incompatibles afin de nous en tenir à des choix plus ou moins arbitraires, mais conformes à une physique satisfaisant nos observations. La masse semble indissociable de la particule — donc intrinsèque — mais elle révèle aussi un contexte plus global, ce qui en ferait une propriété extrinsèque. La notion de masse est déterminante en physique : elle constitue l'ingrédient indispensable à l'observation de toute chose, indépendamment de l'échelle considérée. Autrement, nous ne pourrions ni disserter sur notre Univers, ni spéculer sur un Cosmos multivers hors de notre réalité.

- **Un modèle standard qui interpelle**

Notre modèle standard postule que les rayonnements parcourant l'espace en tous sens sont le produit résiduel de l'annihilation de particules de masse avec leurs antiparticules. Le fait que nous ne puissions aujourd'hui observer ces antiparticules — hormis lors de certaines réactions nucléaires — suggérerait qu'elles aient été présentes en moindre quantité aux débuts de l'Univers, ne laissant subsister qu'un reliquat de particules constituant la matière construite. En d'autres termes, un « embryon » concentré de matière primordiale, partageant potentiellement mais inégalement des nombres quantiques opposés, aurait précédé toute forme de rayonnement.

Dans cette conjecture, la matière serait donc à l'origine des OEM, aujourd'hui représentatives de l'énergie du « vide » constituant l'espace interstitiel — entre particules, atomes, molécules et objets stellaires. L'idée d'un atome primitif, proposée par Georges Lemaître, ou celle d'un quantum primordial de matière, ont sans doute inspiré ce modèle désormais controversé, qui visait à décrire les premières manifestations de notre Univers. Toutefois, cette modélisation ne permet pas de remonter au-delà d'un certain seuil et exclut toute explication première, dans un raisonnement qui s'avère réducteur au regard du modèle cosmologique proposé ici, fondé sur une phase d'intrication radiative.

La quantité de matière présente dans l'Univers observable est-elle stable ? Si l'on considère que l'énergie portée par la matière est, en définitive, conservée mais déstructurée sous forme de trous noirs — singularités non représentatives d'un espace occupé —, cela ne semble pas être le cas. Tandis que la matière se déconstruit, l'antimatière potentiellement présente dans l'énergie du vide — comme en témoignent certaines interactions nucléaires — devrait évoluer de manière analogue. Nous nous dirigerions alors vers un Univers vidé de matière, tandis que l'antimatière, dans une dimension qui lui serait propre, se déconstruirait à l'abri de notre observation. La chiralité qui les distinguait se dissiperait avec l'arrêt du temps et l'absence d'espace occupé. Dans ces conditions, la coalescence rendue possible de ce qui fut matière et antimatière conduirait à un terme ultime : un Univers dans lequel l'espace et le temps auraient perdu toute signification.

Nous pouvons envisager une autre façon de concevoir le commencement de notre Univers, non pas à partir d'un noyau ou d'un embryon de matière primitive, mais à partir de ce que représente l'énergie du vide — cet espace interstitiel entre particules de matière. Ce que nous appelons improprement le vide est majoritairement constitué d'énergie cinétique : les OEM, qui ne peuvent se manifester qu'en présence de particules (et d'antiparticules) de masse.

Cette énergie du vide est potentiellement convertible en couples particule-antiparticule, conséquence d'une polarisation du vide qui induit l'idée de symétrie quantique et de champs énergétiques interférents. Que la matière puisse émerger du vide justifierait l'existence d'un phénomène premier : une phase d'intrication radiative décisive dans l'évolution de notre Univers. Développée ici comme représentative du mur de Planck, cette phase constituerait le maillon manquant — mais déterminant — dans l'apparition de particules (et d'antiparticules) primitives dotées de masse. On comprend alors mieux l'origine de l'incontournable dualité onde-corpuscule, sans que cette dualité implique pour autant que ces deux états puissent être dissociés lorsque l'on passe de la physique relativiste classique à la mécanique quantique.

On peut ainsi supposer que l'essentiel de la matière est apparu durant cette période infinitésimale d'intrication radiative. Les particules de matière seraient la résultante d'une révélation de symétrie par création de couples de primo-particules et de primo-antiparticules, à partir d'une énergie latente sans représentation physique pour nous, c'est-à-dire ne pouvant encore s'inscrire dans un contexte spatio-temporel. Cette énergie dépourvue de propriétés observables ne peut être appréhendée autrement que comme un concept virtuel, désigné ici sous le terme, volontairement large, de *Cosmos multivers*.

Cette phase d'intrication radiative marquerait le point de départ des premières interactions quantiques dans un contexte naissant de temps et d'espace. Nous donnons ainsi un sens intelligible à ce que nous appelons le Big Bang.

Compte tenu de l'évolution de notre Univers, remarquable par son niveau d'entropie et sa diversité, il est probable que la « soupe » originelle de particules issue de cette phase n'ait pas été parfaitement homogène. Tout porte à penser qu'elle comportait très tôt des « grumeaux » expliquant les anisotropies observées du fond diffus cosmologique, ponctué de vastes régions localement pauvres en matière. Des flux de particules se seraient alors mis en place, donnant naissance à des zones de forte densité énergétique, à l'origine des premières étoiles. Parallèlement, se seraient formées des régions proches de l'état fondamental des champs quantiques, avec en leur centre des puits gravitationnels résultant de l'effondrement de zones à surdensité de particules massives. Rappelons que, même en l'absence de toute forme de matière, le vide spatial conserve une énergie dite de point zéro, caractérisée notamment par la présence de paires particule-antiparticule virtuelles et la propagation de champs électromagnétiques en tous lieux.

En raison de leurs propriétés symétriques — plus précisément de leurs nombres quantiques opposés —, particules et antiparticules de masse auraient été conduites à ne pas partager les mêmes « dimensions » d'un espace-temps au sein duquel leurs interactions resteraient discrètes. Cela expliquerait que notre réalité occulte l'antimatière. Particules et antiparticules interagissent néanmoins lors d'interactions électrofaibles, de façon éphémère et ponctuelle, par création ou annihilation de paires. La présence non reconnue d'une antimatière demeurant hors de notre champ d'observation pourrait ainsi être à l'origine d'effets gravitationnels inexpliqués, ayant conduit à postuler l'existence d'une matière inconnue, non observable et non détectable directement : la matière noire.

Il a été avancé que les particules et antiparticules créées à partir du vide auraient été trop rapidement séparées pour pouvoir s'annihiler totalement. Si cette hypothèse ne peut être exclue, elle ne valide pas pour autant la théorie inflationniste et n'explique pas l'absence apparente d'antimatière. Une autre hypothèse invoque une production initialement asymétrique de particules et d'antiparticules, mais elle entre en tension avec l'idée que les lois physiques procèdent fondamentalement de symétries.

On peut considérer que cette période d'intrication radiative, dépourvue de durée significative, marque l'ouverture d'un temps extrêmement accéléré, sans rapport avec la conception relativiste actuelle du temps et de l'espace. Hors de l'emprise du temps, dans un espace alors privé d'effets gravitationnels notables, particules et antiparticules seraient demeurées confinées dans des dimensions distinctes d'un espace-temps en gestation. L'intensité des rayonnements non intriqués en particules primitives de masse aurait alors empêché la persistance de cette phase d'intrication radiative, expliquant son caractère ponctuel et le caractère éphémère des créations de paires observées depuis.

Cette approche, certes contre-intuitive, permet de ne plus s'interroger sur l'absence d'antimatière observable. Elle dispense également du recours à une théorie inflationniste impliquant un changement brutal d'échelle de l'espace-temps tout en conservant une force gravitationnelle effective. L'hypothèse d'une particule de masse appelée inflaton, comme celle d'une matière noire ou d'une énergie sombre postulées comme entités fondamentales, devient alors caduque. De même, le champ de Higgs peut être envisagé comme une explication par défaut à des effets de masse difficiles à justifier autrement.

- **Phase 1 : celle du Big Bang, un non-événement**

Les trois états les plus communs de la matière sont l'état solide, l'état liquide et l'état gazeux, auxquels s'ajoutent toute une variété d'états intermédiaires. Il convient d'y inclure l'état plasma, moins accessible à notre expérience directe, qui requiert des conditions extrêmes de pression et de température afin de dissocier les particules constitutives des noyaux et de libérer les électrons des atomes. Plus exotique encore, on peut citer l'état dit de *condensat de Bose-Einstein*, dans lequel des atomes d'énergies différentes, une fois fortement refroidis, se comportent collectivement comme des ondes.

Ce comportement est-il réellement surprenant si l'on considère que les particules atomiques peuvent être assimilées à des paquets d'ondes intriquées ? Dans ces conditions, les atomes adoptent un même état

73

quantique superfluide et prennent l'apparence d'une onde unique et géante, quittant, pour un bref instant, leur état initial de fermions. Cet état, obtenu à très basse température, tend à valider l'hypothèse d'une phase d'intrication radiative à l'origine de la matière.

Ce phénomène premier s'inscrit en marge de l'histoire communément admise de notre Univers et nous oblige à sortir du cadre d'une physique que nous souhaiterions strictement en phase avec notre réalité observable. À titre explicatif, un fermion pourrait être envisagé comme un condensat de photons confinés dans une microcavité optique — une chambre de confinement formée de miroirs incurvés de telle sorte que les photons introduits ne cessent d'y rebondir sans jamais être absorbés.

Mais peut-on réellement parler de photons à ce stade, qui correspondrait à l'ouverture de l'ère de Planck, lorsqu'il s'agit d'une énergie latente, dépourvue de longueur d'onde significative ? Nous évoquons ici un état préquantique, froid, sans symétrie déclarée, puisque la matière n'existait pas encore et que l'énergie ne connaissait ni espace ni temps, et donc aucune cinétique significative pour nous. Ces photons originels, ainsi confinés, présenteraient un couplage si étroit qu'ils seraient incapables de se dissocier. C'est dans ces conditions qu'ils s'érigeraient en primo-particules de matière, sous des températures devenues excessivement élevées. De ces premières interactions naîtront les particules élémentaires actuelles (voir le développement au chapitre XIII, avec une implication possible de neutrinos primordiaux). Ce préliminaire, à la fois insaisissable et violent, correspondrait aux tout premiers instants suivant ce que nous appelons l'après–Big Bang.

Sans la présence de particules élémentaires dotées de masse, constitutives de la matière, et sans les effets gravitationnels qu'elles induisent, que resterait-il de notre Univers ? Rien qui permette de conférer à l'espace et au temps le sens que nous leur attribuons, et aucun observateur pour se saisir même de la question.

Si nous considérons la phase d'intrication radiative comme le point de départ possible de la formation de tous les corps massifs de notre Univers, comment concilier ce phénomène dit premier avec un état physique antérieur ? Autrement dit, comment une cause première — quelle qu'elle soit, reprise ici sous le terme de Big Bang pour en souligner la soudaineté et la violence — peut-elle s'inscrire dans une réflexion plus large, appelé ici,

74

par commodité, *Cosmos multivers*, sans que nous puissions concevoir un lien d'antériorité ? Faute de causalité établie, ce qui précède ne peut être qu'hypothétique. Cette absence de continuité temporelle entre un « avant » et un « après » a conduit à qualifier ce mystérieux Big Bang de singularité.

N'est-ce pas là une manière de reconnaître que nous sommes ontologiquement incapables de nous représenter l'apparition de la matière, c'est-à-dire la naissance de notre Univers à partir d'une absence de temps et d'espace — ce que nous pourrions traduire par un Rien dépourvu de toute physicalité ? Il nous paraît en effet inconcevable que le Rien, compris dans le sens littéral de Néant, puisse engendrer quelque chose, sauf à postuler un antérieur potentiel, repris ici sous le terme de Cosmos multivers.

Ce qui précèderait le Big Bang ne peut donc, semble-t-il, se définir en termes de dimensions spatio-temporelles. Le Cosmos, qualifié ici par commodité littéraire de multivers, évoquerait alors un état antérieur d'énergie potentielle latente, sans représentation physique au sens classique, mais qui ne peut être assimilé au Néant. Purement contextuel, il offre une explication par défaut à l'apparition de la matière et à l'ouverture de l'espace-temps. Entité virtuelle et profondément contre-intuitive, le Cosmos multivers ne saurait être défini comme un ensemble infini d'univers reliés entre eux ; il se limite à un exercice de pensée, en marge d'une réalité que l'observateur habille selon ses propres constructions idéologiques (voir chap. XXIX sur la décohérence).

Si la particule, en tant que point d'énergie, n'est pas représentative d'un espace occupé, la vitesse interne des photons intriqués sous forme de paquets d'ondes, au moyen d'une résonance auto-entretenue, n'a rien de comparable avec la vitesse de la lumière définie dans l'espace-temps d'Einstein. Cette abstraction de la particule, dans laquelle le vide n'a aucune place, permettrait d'expliquer comment, aux débuts de notre Univers, ce qui correspond aujourd'hui en partie à la lumière visible a pu devenir matière, mais aussi antimatière, par intrication radiative. La symétrie, qui exclut l'idée d'une création à partir de rien au sens dogmatique du terme, se met ainsi en place avec l'apparition conjointe des premières particules et antiparticules de matière. Aujourd'hui encore, la récupération par la matière des OEM participant au fond diffus se poursuit, avec la force électrofaible, conjuguée aux déformations gravitationnelles de l'espace-temps.

75

La particule, considérée hors de tout contexte susceptible d'interagir avec elle, ne manifesterait ni température, ni changement d'état. C'est ce qui ferait d'un Univers en « fin de vie », réduit à la seule présence de trous noirs et vidé d'OEM, un monde uniformément plat et froid. Ces conditions laissent à penser que l'Univers pourrait s'effacer de la même manière qu'il est apparu : sans température significative, sans symétrie remarquable, et hors de tout cadre spatio-temporel.

L'énergie cinétique primordiale, dépourvue de masse, ne génère aucun effet gravitationnel et le temps ne peut, à ce stade, imprimer sa marque. En révélant une rupture de symétrie par la création de particules de matière et d'antimatière, cette énergie va ouvrir l'espace et instaurer le temps.

- **Phase 2, celle d'un système binaire d'univers en symétrie quantique**

L'énergie cinétique primordiale est partiellement convertie, par **intrication radiative**, en énergie de masse. La nucléosynthèse puis la recombinaison achèveront de structurer la matière. La prolifération de corps de plus en plus massifs tend à vider l'espace de ce que nous pourrions appeler « l'énergie du vide » — un vide qui n'a toutefois rien de vide.

Le terme d'intrication radiative utilisé ici ne renvoie pas au couplage de particules distantes désigné par l'expression *intrication quantique*. Il décrit, dans ces lignes, des interférences constructives d'ondes primordiales conduisant à un changement d'état qui n'a pas d'équivalent aujourd'hui, si ce n'est lors de créations éphémères de paires particule–antiparticule.
Ces ondes primordiales, hautement énergétiques, en s'enchevêtrant de façon pérenne sous forme de particules élémentaires, ont en quelque sorte réalisé des « nœuds inextricables » d'énergie, sans dimension physique. Formées à l'aube de l'Univers, à l'état embryonnaire, ces particules de masse se regrouperont ensuite en atomes de plus en plus lourds.

Cela expliquerait que cette matière disparate, que nous nous représentons aujourd'hui comme un ensemble d'entités élémentaires se regroupant de manière constructive, demeure, contrairement aux apparences, fondamentalement ondulatoire avant d'apparaître à nos yeux comme structurellement corpusculaire.

Pourquoi un atome ne s'effondre-t-il pas sur lui-même sous l'effet des forces électromagnétiques censées rapprocher le noyau atomique, globalement chargé positivement, et la ceinture d'électrons de charge négative ? Notre monde macroscopique nous incite à concevoir les particules élémentaires et composites comme des corpuscules se déplaçant dans un espace vide parcouru en tous sens par des ondes électromagnétiques. C'est faire l'impasse sur l'idée qu'en mécanique quantique, la matière n'existe pas vraiment au sens classique.

Dans la dimension subatomique, rien n'est à l'état d'entité énergétique compacte, massive et pesante, telle que nous la percevons au contact de la matière construite. Cette impression de toucher n'est qu'une illusion, un simple ressenti, car les atomes sont loin de se toucher. La force électromagnétique répulsive des électrons gravitant autour du noyau maintient les atomes à distance. Elle crée ainsi une sensation de contact sans nous permettre pour autant de pénétrer l'objet touché.

Fondamentalement, ce que nous considérons, à notre échelle, comme un assemblage de corpuscules élémentaires, massifs et localisables, n'est qu'un système complexe d'ondes enchevêtrées — ou de particules élémentaires issues de la phase d'intrication radiative — en interactions rapprochées et pérennes.
Il arrive qu'une particule élémentaire perde ce statut lors de la création de paires particule–antiparticule suivie de leur annihilation, ou lorsqu'elle quitte l'espace-temps en rejoignant un trou noir.

En mécanique quantique, l'espace et le temps ne peuvent être appréhendés comme nous le faisons dans une réalité tangible qui n'appartient qu'à notre perception. En l'absence de référentiel espace-temps, comment mesurer des interactions quantiques en termes de vitesse et de position relatives ? Cette idée perturbante a inspiré l'idée déconcertante d'incertitude.

Le temps est une dimension qui n'a rien d'absolu. Il est aussi fortuit qu'éphémère. La chiralité qui caractérise un système binaire d'univers en symétrie quantique réside dans ce caractère « non lisse » du temps. Une seule symétrie, celle à laquelle nous sommes rattachés, nous est révélée. Avec beaucoup d'imagination, l'antimatière pourrait être perçue comme

77

l'ombre discrète de la matière constituant notre réalité. Elle s'adosserait à un temps qui lui est propre et ne serait, de ce fait, pas en phase avec le nôtre. Cette particularité impliquerait l'existence d'un espace en quelque sorte parallèle — ou superposé — à celui auquel nous sommes rattachés et qui constitue notre domaine d'observation.

- **Phase 3, précurseur de l'effondrement final**

À ce stade, l'énergie est sur le point de perdre ses propriétés de masse pour rejoindre le Cosmos multivers. Toute l'énergie cinétique portée par les OEM finira captée par les trous noirs. Le temps sera suspendu lorsque cesseront, faute d'espace significatif, les interactions de la matière déstructurée et rassemblée dans cette ultime configuration. Creusé à l'extrême, l'espace disparaîtra alors dans l'effondrement simultané de tous les TNMM, singularités de transition de phase où le principe d'exclusion est transgressé.

L'accélération d'un corps supposé isolé et initialement au repos implique une augmentation de sa masse, révélatrice d'un apport d'énergie. Pour qu'un corps, quel qu'il soit, puisse approcher la vitesse de la lumière, il devrait soit capter à lui toute la matière de l'Univers, soit convertir son énergie de masse en énergie cinétique. Or déconstruire la matière afin de la convertir intégralement en énergie cinétique correspond précisément à la destinée des TNMM dans un Univers refroidi et « en fin de vie ».

Les OEM, dépourvues de masse, ne génèrent pas d'effets gravitationnels. Bien qu'elles représentent de l'énergie en mouvement, elles ne peuvent ni véritablement accélérer ni ralentir. Cependant, les effets gravitationnels des corps rencontrés modifient leur potentiel énergétique en imposant à leur déplacement la courbure et la temporalité de l'espace traversé. En leur donnant un aspect corpusculaire, l'assimilation des photons à des particules-vecteurs permet de mieux appréhender le rôle et la nature de l'électromagnétisme.

En dehors de tout milieu énergétique — hypothèse non admissible — des particules pourraient théoriquement dépasser la vitesse de 300 000 km/s et se déplacer à vitesse illimitée. Il s'agit toutefois d'un cas purement conceptuel, car cela reviendrait à sortir de l'espace-temps et à rejeter l'idée même de référentiels, telle que prescrite par la relativité générale. De plus, en l'absence d'unités de mesure, comment parler de déplacement pour ce qui ne dispose d'aucun cadre théorique de référence ?

On peut également considérer que, pour les photons, dont la vitesse serait potentiellement illimitée, le temps est comme arrêté. Mais affirmer que le temps est arrêté revient à supposer que, quelque part dans l'Univers, le temps n'existe pas. Si le photon n'est qu'un point au sens d'un emplacement localisé, et non un objet constitutif de l'espace géométrique, il ne saurait avoir de dimensions. N'occupant pas d'espace, il est alors hors du temps.

Du fait de leur absence de masse, les OEM peuvent être considérées comme des vecteurs d'énergie, à la frontière d'un Cosmos multivers sans réalité physique pour nous. Ces propriétés, qui les rendent transparentes au temps et à l'espace, leur conféreraient la capacité d'intervenir dans des interactions qui nous apparaissent discrètes, entre symétries quantiques.

Dans un trou noir, de densité insoupçonnée et où l'espace vide n'a plus sa place, la vitesse de la lumière devient sans objet. Les OEM, ayant perdu leur statut de vecteur, y sont confinées à un point tel que fréquences et longueurs d'onde perdent toute signification. Cette non-occupation de l'espace est une propriété commune au trou noir et à la particule élémentaire, à ceci près que, dans un trou noir, la matière est déconstruite et toute forme d'intrication radiative — phénomène passé générateur de particules — a disparu. L'énergie s'y trouve dans un état transitoire qui ne relève plus de notre espace-temps.

En définitive, rien ne semble réellement distinguer une vitesse illimitée d'une vitesse nulle, l'une comme l'autre supposant l'absence de référentiel espace-temps. Dans les deux cas, temps et espace ont disparu. Cela pourrait évoquer, d'une part, l'énergie cinétique primordiale froide représentative du Big Bang avant les premières intrications radiatives du mur de Planck, et, d'autre part, l'énergie potentielle froide, déstructurée et privée de toute interaction, des TNMM. Ces derniers restitueraient alors au Cosmos   multivers   une   énergie   sans   masse. Tout ne serait donc qu'un jeu d'écriture, dans lequel il suffirait de substituer *effondrement final* à *Big Bang originel*

79

Nous vivons dans un environnement irréductible de sons et de lumières, deux phénomènes de nature profondément différente.

Le son est une onde de portée limitée, qui se propage d'autant plus rapidement que les particules du milieu traversé sont peu massives et que les liaisons moléculaires y sont stables et fortes. On affirme souvent que le son ne peut se propager dans l'espace sidéral. C'est oublier que l'espace dit « vide » contient, en quantités inégalement réparties et à des densités variables, des nuées de gaz — principalement de l'hydrogène — susceptibles d'autoriser la propagation d'ondes sonores. Rappelons que le son n'est rien d'autre que la mise en vibration de molécules au sein d'un milieu plus ou moins déformable, tel que l'air, l'eau ou même le métal. L'intensité de ces frémissements moléculaires dépend de la température et de la pression du milieu ambiant. Notre Univers produit ainsi un bruit de fond diffus, composé de fréquences sonores pour la plupart inaudibles pour nous.

Par nature, ces ondes sonores se distinguent des OEM, bien que certaines fréquences d'ondes électromagnétiques puissent véhiculer des signaux — principe de la radiocommunication — convertibles en sons, et inversement. Le son apparaît alors comme une forme mécanique d'onde, dérivée indirectement des ondes électromagnétiques.

La lumière, au sens large, est une onde électromagnétique couvrant une vaste gamme de fréquences et d'intensités, bien au-delà du seul spectre visible. Elle résulte du couplage indissociable d'un champ électrique et d'un champ magnétique omniprésents, qui contribuent à donner à l'espace sa dimension d'occupation. De portée non limitée, elle interagit avec les particules rencontrées. Si elle semble ralentir, c'est en raison des parcours supplémentaires — non directement perçus — qui lui sont imposés par la matière traversée, notamment par diffraction.

Contrairement au son, la vitesse des OEM est donnée comme invariante : un observateur se déplaçant dans l'espace ne constatera aucune variation sensible de la vitesse de propagation de la lumière dans laquelle il baigne. Cette vitesse est toutefois relativiste, car pour deux observateurs distants qui s'observeraient mutuellement — à supposer une communication instantanée partagée — les vitesses comparées, y compris celle de la lumière, paraîtraient différentes.

Tout porte à penser que le rapport distance parcourue / temps écoulé, qui définit la vitesse de la lumière, pourrait être affecté par les effets du « vieillissement » de l'Univers. Autrement dit, la dépression croissante de l'espace influerait sur notre manière de concevoir la relativité, et donc la vitesse de la lumière elle-même. Les effets gravitationnels des corps restent sans influence sur les propriétés intrinsèques de la particule élémentaire, qui n'occupe pas de place dans l'espace. En revanche, ce seraient les interactions relevant de la mécanique quantique qui seraient à l'origine des effets de masse, en modifiant les propriétés de l'espace-temps et en induisant des variations relatives de la trajectoire et de la vitesse des rayons lumineux.

Peut-on alors affirmer que la vitesse de la lumière, corrigée des effets de la relativité dans le temps — l'Univers n'étant pas statique — demeure une constante immuable ? Ne pourrait-elle pas être affectée, sur la durée, de manière doublement relativiste, par l'évolution concentrationnaire globale de la matière ? La constante c deviendrait alors une valeur à ajuster en fonction du niveau évolutif de dépression de l'espace dit vide. La relativité générale affirme que la vitesse de la lumière est déterminée et limitée par la présence de corps massifs qui interfèrent avec elle. Mais pouvons-nous exclure que les fluctuations de l'énergie du vide soient sans effet sur l'évolution de ce que nous considérons comme une constante mathématique invariante (c = 299 792 km/s) ? L'idée même de référentiel implique toutefois que deux observateurs obtiennent la même mesure de la vitesse de la lumière.

Tout ce qui suit s'inscrit dans cette logique de forces latentes, potentiellement en symétries contraires, étant admis que :

• Un système binaire « d'univers » en symétrie quantique, traduisant une brisure de symétrie latente au sein de l'Équilibre cosmologique, n'a pas d'histoire au regard du Cosmos multivers.

• L'Équilibre cosmologique renvoie à une énergie potentielle, c'est-à-dire une forme d'énergie dépourvue d'événement, sans représentation concrète pour nous, mais qui ne saurait être confondue avec une absence de contenu.

81

Galaxies et expansion apparente

Les galaxies se rapprochent sous l'effet de la gravitation pour ensuite fusionner. Associés à l'impulsion cinétique de dispersion rétrograde qui succède au Big Bang, les effets gravitationnels contribuent à donner l'impression d'un espace inflationniste. De fait, à l'observation, galaxies et amas galactiques semblent s'éloigner les uns des autres d'autant plus rapidement que nous les situons loin dans le passé observable. Mais s'il ne s'agissait que d'une illusion d'optique, comment l'expliquer ?

En simplifiant, environ deux tiers des galaxies observées sont des galaxies spirales, lesquelles ne représenteraient pourtant qu'un quart de la masse estimée de l'Univers observable. Le tiers restant, majoritairement composé de galaxies elliptiques, concentrerait les trois quarts de la masse globale. Les galaxies spirales semblent les plus récemment constituées, même si, pour les plus lointaines, nous n'en observons qu'une image du passé. Elles sont aussi les plus actives : le gaz et la matière diffuse y abondent, et les étoiles s'y forment encore en grand nombre. Leur renflement central annonce l'évolution future vers une galaxie elliptique, amputée de ses bras spiraux.

Les galaxies elliptiques, dotées d'un trou noir central imposant, sont généralement peuplées d'étoiles anciennes et de planètes refroidies. Elles peuvent également résulter de collisions entre galaxies plus anciennes, aux rotations déjà émoussées. On devrait donc observer davantage de jeunes galaxies spirales dans le lointain, c'est-à-dire dans le passé de l'Univers. De fait, c'est dans ces régions éloignées que sont détectés des nuages moléculaires denses, annonciateurs de protogalaxies, futures galaxies spirales.

Les galaxies les plus anciennes, après avoir « fait le vide » autour d'elles, pourraient quant à elles prendre la forme de galaxies naines dissimulant un trou noir supermassif au sein d'un nuage résiduel de gaz et de poussières.

Lorsque nous observons l'Univers lointain, nous constatons un allongement des longueurs d'onde, interprété comme un effet Doppler, pouvant laisser croire que la vitesse d'éloignement des galaxies les plus distantes dépasserait celle de la lumière. C'est oublier que c'est l'intensité des champs d'OEM, modulée par les effets gravitationnels, qui confère à l'espace sa dimension. Il devient alors difficile de valider l'hypothèse d'une vitesse supraluminique sans remettre en cause la relativité.

Ce décalage du spectre lumineux vers le rouge pourrait s'expliquer plus simplement par plusieurs phénomènes étroitement liés, plus marqués dans le passé :

• Les galaxies en formation produisaient davantage d'étoiles.
• L'Univers actuel, plus riche en naines blanches et brunes, en étoiles à neutrons et en trous noirs, paraît globalement moins lumineux.
• La rotation des corps célestes s'émousse avec le temps.
• Le rayonnement électromagnétique émis tend à évoluer vers le rouge.
• La densité des corps massifs augmente par regroupements gravitationnels.
• Le rythme de formation des jeunes galaxies ralentit.
• Les galaxies lointaines observées se sont depuis étoffées et sont devenues majoritairement plus froides, elliptiques et moins actives.

Leur état présent nous demeure toutefois inaccessible. À toutes les échelles, on peut néanmoins supposer que l'Univers est et restera globalement homogène, semblable à sa portion observable de proximité. Concevoir un Univers non issu d'une singularité ponctuelle suivie d'une expansion, mais créé dans un contexte relativiste conforme à sa configuration actuelle, permet déjà de résoudre la question de son homogénéité.

En définitive, ces deux types de galaxies doivent coexister dans des proportions comparables à travers l'Univers, structuré en amas galactiques. La remontée dans le passé des galaxies lointaines explique aussi la moindre quantité de matière construite qui caractérisait l'Univers jeune, où la matière était plus dispersée, donnant l'illusion d'une expansion accélérée. Cette difficulté d'interprétation a conduit à introduire, par défaut, la constante cosmologique et l'idée spéculative d'énergie sombre. Mais comment un Univers dépourvu de référentiels externes pourrait-il se définir en termes de volume inflationniste ? Cette interrogation nous conduit à affronter à la fois la question d'un Univers sans bord, celle du lien entre l'infiniment petit de la mécanique quantique et l'infiniment grand de la gravitation relativiste, et, plus profondément encore, la nature même du temps. Ne serait-il qu'un artefact de notre conscience, émergeant d'une réalité qui nous échappe encore ?

IV Notre Univers serait-il truffé de tunnels ?
(Des tunnels qui traverseraient l'histoire de notre Univers)

La problématique des trous noirs tient peut-être moins à leur nature physique qu'à la nature même du temps à laquelle nous les rapportons, conception largement conditionnée par notre vécu et par une approche encore partiellement empirique de la relativité espace-temps. Le temps, tel que nous le concevons, demeure indissociable d'une perception anthropocentrée qui tend à en figer sa linéarité et sa directionnalité.

Si l'on considère le trou noir comme un état ultime vers lequel converge la matière issue des premières phases de l'Univers, la densité atteinte par cette matière lors de son effondrement serait telle que toute interaction interne deviendrait inopérante. Pour un observateur distant, cette situation se traduirait par l'impression d'un arrêt du temps. Inversement, dans un raisonnement symétrique, l'observateur extérieur apparaîtrait, du point de vue du trou noir, évoluer dans un présent d'une rapidité extrême, conséquence directe de la relativité du temps propre à chaque référentiel. La vitesse d'écoulement du temps devient alors strictement dépendante du point de vue adopté, ce qui constitue un principe fondamental de la relativité générale.

L'idée d'un temps strictement linéaire mérite ainsi d'être nuancée. La relativité générale introduit une forme d'« élasticité » du temps, qui exclut toute simultanéité absolue dans un contexte de champs gravitationnels locaux. De même que l'on ne peut revenir vers un état passé, il n'est pas possible de conserver une position spatiale strictement définie. Sans déplacement, sans variation d'énergie, sans interactions quantiques ni cinétique intrinsèque des particules, le temps perd toute signification opératoire. Dans cette perspective, le temps ne s'arrêterait pas au sein d'un trou noir, mais tendrait vers une valeur effective quasi infinie, donnant l'illusion d'une absence d'écoulement.

La densité des trous noirs est souvent qualifiée d'infinie. Une telle affirmation demeure toutefois conjecturale. Peut-on réellement parler de compacité pour un objet qui ne saurait être assimilé à un corps stellaire classique ? Si la matière s'y trouve déstructurée sous une forme sans équivalent connu dans notre Univers observable, les effets de marée associés aux trous noirs restent mesurables. Il est néanmoins remarquable que leur

85

pouvoir attractif ne soit pas proportionnel à une taille physique attribuable, ce qui suggère que le trou noir ne constitue pas un astre évolutif au sens classique, mais plutôt une singularité, c'est-à-dire un domaine marginal par rapport à l'espace-temps usuel.

Dans cette optique, le trou noir pourrait être envisagé comme une discontinuité de l'espace-temps, une « perforation » que nous sommes contraints de caractériser indirectement en termes de masse, faute de pouvoir l'appréhender autrement. L'observation des trous noirs les plus massifs tend à conforter cette interprétation : ceux-ci ne représentent qu'une fraction minoritaire des trous noirs de l'Univers observable et pourraient constituer l'aboutissement de trous noirs dits primordiaux, formés aux tout premiers instants de l'Univers.

Les observations récentes permises par le télescope spatial James-Webb, révélant des trous noirs très anciens, faiblement entourés de matière et de masse apparente difficilement explicable, invitent à reconsidérer les scénarios cosmologiques initiaux. Leur présence précoce interroge la validité d'un modèle cosmologique standard fondé sur une évolution progressive des structures. Il est alors envisageable que, lors de la phase d'intrication radiative, la dispersion extrême des particules élémentaires ait favorisé une densité exceptionnelle d'interactions rapprochées, dans un Univers encore embryonnaire, dépourvu de repères spatio-temporels pleinement constitués.

Dans un tel contexte, la notion même de vide spatial serait prématurée, l'échelle temporelle nécessaire à sa définition restant à venir. Les trous noirs primordiaux auraient ainsi pu se former très rapidement, sur une période extrêmement brève. Leur « masse » déduite aujourd'hui à partir d'effets indirects (disques d'accrétion, réverbérations, effets gravitationnels) reposerait alors sur des interprétations dépendantes des capacités cognitives de l'observateur actuel, appliquées à une réalité issue d'un cadre spatio-temporel en émergence.

Les quasars observés dans l'Univers lointain, remarquables par leur luminosité, pourraient correspondre à ces trous noirs primordiaux dans leur phase d'activité maximale. Les images qui nous parviennent reflètent un état ancien de ces objets, lesquels pourraient aujourd'hui être devenus peu lumineux, voire totalement obscurs, et se manifester comme de vastes discontinuités de l'espace-temps.

À l'issue de la phase d'intrication radiative, l'Univers primitif était vraisemblablement constitué exclusivement de particules élémentaires — neutrinos, quarks et leptons — ainsi que, en quantités équivalentes, de leurs antiparticules de charges opposées : antiquarks et positons. Dans un laps de temps extrêmement bref, des processus d'assemblage ont conduit à l'émergence de particules composites, résultant de l'association de plusieurs constituants élémentaires. Se sont ainsi formés les protons, les neutrons et divers baryons dits exotiques, caractérisés par leur instabilité et par une composition excédant trois quarks.

Une propriété fondamentale des particules élémentaires est l'existence, pour chacune d'elles, d'une antiparticule associée par une symétrie de charge opposée. Il est dès lors légitime de postuler que matière et antimatière, produites en proportions initialement équivalentes, ont été mises en interaction dès les tout premiers instants de l'Univers. Ces interactions ont conduit à des processus d'annihilation mutuelle, au cours desquels particules et antiparticules se convertissent principalement en énergie rayonnante, sous forme de photons. Cette énergie, dépourvue de masse au repos et donc d'influence gravitationnelle directe, s'est propagée, contribuant à structurer ce que nous désignons — de manière approximative — comme le vide spatial.

Il convient toutefois de souligner que ce vide n'est nullement un état d'absence totale. Il demeure le siège de fluctuations quantiques, se manifestant par l'apparition transitoire de paires de particules virtuelles. Ces phénomènes confèrent au vide une structure dynamique, qui prend tout son sens à travers les processus d'annihilation primordiaux et les premiers effondrements gravitationnels ultérieurs.

Des avancées théoriques récentes suggèrent par ailleurs que la « soupe » quantique d'énergie caractéristique de l'Univers primordial ne possède un caractère corpusculaire qu'au travers de l'interprétation qu'en fournit un observateur macroscopique ultérieur. Les entités que nous qualifions de particules seraient plus rigoureusement décrites comme des champs quantiques ondulatoires en interaction, conformément au formalisme de la fonction d'onde. Néanmoins, la dualité onde-corpuscule s'impose encore dans toute tentative de description phénoménologique. Dans le cadre du développement présent, consacré aux trous noirs primordiaux, nous conserverons donc une approche fondée sur la notion opératoire de particules élémentaires en interaction.

87

Il est par ailleurs peu probable que la densité des interactions, qu'elles concernent des entités de symétrie identique ou opposée, ait été strictement homogène au sein de ce milieu en expansion. La température régnant durant la phase d'intrication radiative devait atteindre des valeurs telles que la température de Planck, rapportée à un espace-temps déjà structuré, ne saurait constituer une référence pertinente.

Dans ce régime quantique extrême, succédant à l'intrication radiative, les notions de position, de vitesse, d'espace et de temps n'étaient pas encore définis de manière opérationnelle. Le rayonnement résiduel destiné à devenir les ondes électromagnétiques observables ne pouvait acquérir des longueurs d'onde et des fréquences déterminées qu'à partir du moment où se sont amorcés les premiers effondrements de concentrations locales de particules. Ces processus ont permis l'émergence conjointe des notions d'espace, de temps et de vide physique.

Antérieurement à la phase de recombinaison, qui verra la formation des premiers atomes — principalement l'hydrogène — ces concentrations peuvent être décrites comme des systèmes instables dominés par des interactions aléatoires de fusion et de désintégration incomplètes. Initialement gouvernés par une dynamique quantique, ces systèmes auraient fini par subir des effondrements gravitationnels, donnant naissance aux trous noirs dits primordiaux. Ces objets, dépourvus de disque d'accrétion significatif et de galaxie hôte, seraient apparus avant que les conditions nécessaires à la formation stellaire ne soient réunies.

Difficiles à détecter et à caractériser observationnellement, ces trous noirs primordiaux se manifestent aujourd'hui par une activité relativement faible, bien qu'ils puissent encore absorber ponctuellement des objets stellaires à proximité. Ils auraient néanmoins contribué de manière significative au refroidissement de l'Univers et à l'instauration progressive d'un vide spatial effectif dans un espace-temps en cours de structuration. À ce titre, ils auraient joué un rôle déterminant dans l'évolution cosmologique et dans la genèse des structures galactiques.

Les galaxies, issues de l'agrégation de la matière recombinée et des résidus du Big Bang, ont à leur tour engendré, par effondrement gravitationnel, des trous noirs de seconde génération en leur centre. Elles abritent également de nombreux trous noirs stellaires, produits d'effondrements locaux ou vestiges d'événements de type supernova.

Les trous noirs primordiaux les plus massifs, difficiles à mettre en évidence malgré les effets de lentille gravitationnelle, se caractérisent par leur isolement et leur discrétion observationnelle. Cette propriété s'explique notamment par le fait que les forces de marée associées à un trou noir ne sont pas proportionnelles à son rayon supposé. Si le champ gravitationnel d'un corps massif décroît avec le carré de la distance, le pouvoir attractif d'un trou noir ne peut être correctement appréhendé par une simple équivalence en masse solaire.

L'hypothèse d'un trou noir dépourvu d'énergie de masse demeure controversée. Toutefois, il est utile de rappeler que la particule élémentaire constitutive de la matière, le fermion, est modélisée comme un point sans extension spatiale. Ce n'est qu'à travers l'interaction et l'observation qu'elle acquiert une signification physique en tant qu'entité massive localisée. Par analogie, un trou noir pourrait être interprété comme une région où l'espace et le temps sont localement effacés, bien que sa topologie rende cette disparition imperceptible à l'observateur externe, qui lui attribue nécessairement une masse effective.

Dans cette perspective, un trou noir pourrait être envisagé comme une discontinuité de l'espace-temps, voire comme une ouverture vers le Cosmos multivers. Résultant d'une courbure extrême de l'espace, il constituerait une structure fermée hors espace-temps, réattribuant à l'énergie absorbée des propriétés — ou une absence de propriétés — analogues à celles qu'elle possédait avant l'échelle de Planck.

On peut ainsi comparer les trous noirs à des conduits reliant les phases initiales et finales de l'Univers. Les effets qualifiés de « gravitationnels » qui leur sont associés seraient alors d'une nature distincte de ceux des corps massifs ordinaires, lesquels trouvent leur origine dans des interactions électromagnétiques sous-jacentes relevant de la physique quantique.

À terme, ces structures se refermeraient après avoir absorbé les derniers résidus d'un Univers refroidi, privé de matière et de rayonnement. Dans cet état ultime, où les effets relativistes de l'espace-temps sont lissés, toute chiralité matière-antimatière tendrait à disparaître en l'absence de temporalité. Si l'énergie associée à l'antimatière évolue selon une dynamique distincte, cela conduit à envisager l'existence de trous blancs, ouverts sur un secteur antimatière tout aussi discret. En superposition

89

d'états, trous noirs et trous blancs pourraient alors s'annihiler, rétablissant l'équilibre cosmologique rompu lors du Big Bang.

La masse peut être définie comme la mesure de l'inertie d'un système, c'est-à-dire de sa résistance à toute variation de son état de mouvement. Elle constitue à la fois un indicateur de l'énergie potentielle associée à un corps et de son énergie cinétique en régime dynamique. Elle caractérise également l'intensité des effets gravitationnels subis et produits, ainsi que toute forme d'accélération. Une augmentation du champ gravitationnel ou de l'accélération entraîne une modification du référentiel local, se traduisant par une contraction de l'espace et une dilatation du temps pour tout événement considéré *in situ*.

« Dans toutes mes recherches, je n'ai jamais trouvé de matière. Pour moi, le terme matière implique un paquet d'énergie », aurait déclaré **Max Planck**, l'un des fondateurs de la mécanique quantique. Cette affirmation prend une résonance particulière si l'on considère que, au-delà de l'horizon des événements, la matière, en s'effondrant sur elle-même, semble être convertie en une phase transitoire assimilable à de l'énergie au repos. Un tel état, ne traduisant aucune interaction interne ni échange informationnel, et dans lequel la notion de temps perd toute signification opérationnelle, peut difficilement être interprété comme une occupation effective de l'espace-temps.

Dans cette perspective, la matière retournerait à un état d'énergie sans masse, réalisant une forme exotique de plasma froid, radiatif, sans correspondance directe avec une réalité matérielle compatible avec notre Univers observable. Le trou noir pourrait alors être envisagé comme un objet de nature quantique, au même titre que la particule élémentaire, ici considérée comme un paquet d'ondes intriquées dépourvu de dimensions spatiales définies. L'espace-temps, dans son évolution, constituerait ainsi le contexte d'une transition de phase reliant la particule élémentaire — issue du Big Bang — à la singularité du trou noir, seuil ultime du retour de l'énergie de masse vers un état primordial, annonciateur d'un effondrement final.

À l'instar de la particule élémentaire en interaction, un trou noir actif n'échapperait pas au phénomène quantique de réduction du paquet d'onde. L'attractivité gravitationnelle et la présence d'un disque d'accrétion suggèrent certaines interactions avec un espace-temps dont le trou noir demeurerait cependant distinct. Comme pour une particule observée, présumée initialement en superposition d'états, l'observateur est conduit à attribuer au trou noir — dissimulé derrière son horizon des événements — un état correspondant à une configuration macroscopiquement accessible.

Toute mesure impliquant une décohérence quantique et la destruction de la superposition d'états, nous sommes ainsi amenés à conférer aux trous noirs des propriétés qui ne reflètent pas nécessairement leur nature quantique profonde, décrite formellement par une fonction d'onde. Les caractéristiques attribuées aux trous noirs ont donc essentiellement pour fonction de les intégrer dans le cadre du modèle cosmologique standard, au prix d'une part significative de subjectivité et de spéculation. Cette démarche se manifeste notamment par l'usage récurrent d'une définition fondée sur une équivalence en masses solaires.

A cet égard, plusieurs solutions théoriques ont été proposées :

- des trous noirs massifs en rotation, sans charge électrique (**Kerr**) ;
- des trous noirs massifs, non en rotation et sans charge (**Schwarzschild**) ;
- des trous noirs massifs, non en rotation et chargés (**Reissner–Nordström**) ;
- des trous noirs extrémaux, quasi dépourvus d'équivalent-masse effective, chargés et en rotation maximale (associés à **Stephen Hawking**) ;
- des trous noirs massifs, en rotation et chargés (**Kerr–Newman**).

Les trajectoires des objets et des particules en approche, combinées à leur vitesse initiale et à la vitesse apparente de rotation d'un disque d'accrétion, constituent en principe les principaux indices observationnels de la présence d'un trou noir actif. Ces éléments suggèrent que la majorité des trous noirs seraient en rotation. Une telle conclusion soulève toutefois une difficulté : comment concilier l'idée de rotation avec celle d'un objet ne pouvant être décrit ni en termes d'espace occupé ni en termes d'écoulement du temps ?

L'hypothèse selon laquelle un trou noir constituerait une échappatoire à l'espace-temps pour une fraction de l'énergie qu'il absorbe apparaît profondément contre-intuitive. Elle conduit presque à envisager que ce serait l'Univers lui-même qui, en un sens, serait en rotation autour d'une singularité échappant à toute observation directe. En pratique, seuls l'aire

91

apparente de l'horizon des événements et certains effets gravitationnels indirects demeurent accessibles à la mesure et permettent une caractérisation partielle des trous noirs.

Le modèle de trou noir envisagé ici — dépourvu de dimension spatiale, de temporalité, de moment angulaire intrinsèque et de charge électromagnétique — ne correspond pas à celui d'un corps massif au sens classique. Son pouvoir attractif, analogue aux effets gravitationnels des corps massifs, résulterait du fait qu'il agit comme une pompe à vide, dépouillant progressivement l'espace-temps de toute interaction. Cette dynamique s'inscrirait dans un processus de retour vers un équilibre cosmologique, compatible avec l'hypothèse d'un Cosmos de type multivers.

Un parallèle peut être établi avec la notion d'énergie noire — formalisée par la constante cosmologique — caractérisée par une pression négative et invoquée pour expliquer l'expansion accélérée de l'Univers, bien que sa réalité physique demeure hypothétique.

Toute forme d'énergie franchissant l'horizon des événements d'un trou noir disparaît de l'espace-temps et perd toute temporalité. Ceci pourrait expliquer que, du point de vue interne, passé, présent et futur y soient confondus, les informations s'y superposant sans ordre causal discernable. L'effondrement final y serait déjà accompli, mais resterait dissimulé à l'observateur externe.

Toute tentative d'introspection d'un trou noir se heurte ainsi aux limites fondamentales de l'observation : l'espace-temps constitue le cadre contraignant de toute mesure, et la relativité en fixe les bornes. Il faut reconnaître que la dialectique scientifique peine à formaliser des concepts aussi radicalement contre-intuitifs, largement hypothétiques, et que nous ne disposons à ce jour d'aucun moyen expérimental permettant d'en valider pleinement les implications.

V **De la difficulté à donner une finalité à notre Univers**
(Les repères nous font défaut)

Un point fondamental, souvent négligé, consiste à reconnaître que toute galaxie — et, plus généralement, tout corps stellaire — peut être considérée comme un centre de référence de l'Univers. Employer la notion de centre au sens d'un point médian absolu confère à l'Univers un caractère unique et rejoint implicitement l'idée d'une expansion isotrope à partir d'un point privilégié. À l'inverse, considérer le centre comme un simple point de référence implique l'existence d'une multiplicité de centres équivalents. Le centre de l'Univers se définit alors comme le lieu de l'observation elle-même, sans qu'aucune position ne puisse être considérée comme privilégiée.

Dans cette perspective, l'idée selon laquelle un Univers dépourvu de centre absolu pourrait néanmoins être en rotation globale perd toute signification physique, tant au sens propre qu'au sens conceptuel. En effet, une rotation ne peut être définie qu'en référence à un axe ou à un plan de rotation identifiables, ce qui suppose l'existence d'un repère extérieur ou privilégié, incompatible avec l'hypothèse d'homogénéité et d'isotropie cosmologique.

On pourrait toutefois s'interroger sur la possibilité que l'Univers, sans rotation intrinsèque, masque des vitesses différentielles accrues pour les structures situées à grande échelle. Des mouvements non directement observables, éventuellement orientés dans un même sens ou selon des orientations distribuées, pourraient, si leurs trajectoires apparaissaient circulaires autour d'un axe commun, suggérer l'existence d'un centre effectif de l'espace-temps relatif dans lequel évolue notre Univers. Une telle interprétation semble cohérente avec l'idée d'un Univers issu d'un état singulier, souvent assimilé au Big Bang. Toutefois, cette représentation relève davantage d'une hypothèse renforcée par l'illusion d'une inflation spatiale que d'un constat établi. Elle tente d'inscrire l'évolution cosmologique dans le contexte de la relativité espace-temps, mais demeure spéculative.

Le modèle d'un Univers en expansion globale, éventuellement en rotation, issu d'un point d'énergie infinie, n'est pas retenu ici. Il constitue une construction alternative visant à explorer les implications de certaines

93

observations, sans prétendre s'imposer comme une description exhaustive. La perspective adoptée cherche plutôt à proposer une interprétation susceptible de conférer davantage de cohérence à un modèle cosmologique qui, malgré un consensus étendu, demeure marqué par des insuffisances conceptuelles et des zones d'ombre.

L'énergie potentielle, exprimée en équivalent de masse, est généralement évaluée à partir d'observations croisées des effets gravitationnels. Cette interaction gravitationnelle s'oppose à toute trajectoire rectiligne au sens euclidien et empêche les objets massifs de s'extraire des limites cosmologiques. Bien que l'Univers ne soit pas infini au sens strict, il ne possède aucun bord accessible. La trajectoire ou la vitesse d'un objet n'y changent rien : toute progression demeure contrainte par les champs gravitationnels qui courbent et structurent l'espace-temps.

Ainsi, tout déplacement cosmique se résume à une errance conditionnée par la topologie gravitationnelle de l'Univers. Les itinéraires suivis résultent d'un réseau complexe de courbures locales — étoiles, planètes, galaxies — et de singularités profondes que constituent les trous noirs. Ces trajectoires évoluent, s'entrecroisent et se transforment au fil du temps, donnant à l'Univers l'apparence d'un système fermé, dynamique et dépourvu d'issue externe.

Pour préciser la notion d'absence de bord, rappelons que toute idée de périmètre suppose un contenu et, corrélativement, un contenant. Il en découle plusieurs conséquences :

- **le contenu de notre Univers ne peut être défini qu'en référence à une symétrie au sein d'un système binaire d'univers en symétrie quantique ;**
- **le multivers peut être envisagé à la fois comme constitutif de notre Univers et comme représentant une infinité de couples d'univers symétriques, assumant ainsi un rôle de contenant ;**
- **rapporté à notre Univers, le multivers serait simultanément omniprésent et non localisable, constituant une entité virtuelle excluant toute interaction directe entre systèmes d'univers distincts.**

Cette approche n'entre pas en contradiction avec la vision d'**Albert Einstein**, qui concevait un espace fini mais non borné, souvent représenté comme sphérique ou torique, dans lequel les trois dimensions spatiales sont intégrées à une quatrième dimension temporelle. Pour en saisir l'intuition, considérons un espace sphérique.

En géométrie euclidienne plane, toute ligne brisée fermée définit une figure dont la somme des angles dépend du nombre de côtés. Sur une surface sphérique, cette relation est profondément modifiée : un triangle constitué d'un côté équatorial et de deux demi-méridiens peut couvrir un hémisphère et présenter une somme angulaire de 540°. Des figures à plus grand nombre de côtés peuvent dépasser largement les valeurs euclidiennes correspondantes. Cette propriété illustre la difficulté à transposer nos intuitions géométriques classiques à un espace courbe, dynamique et corrélé au temps.

La théorie du Big Bang suppose un Univers globalement sphérique, dont les limites restent indéfinissables. La relativité espace-temps — dilatation du temps et contraction de l'espace en fonction de la masse et de la vitesse — rend instables et floues les distances à toute échelle. Il devient alors impossible de déterminer une forme, un volume ou une surface globale de l'Univers, tout comme d'établir une chronologie absolue allant de son origine à une éventuelle fin, faute d'une unité de temps indépendante du contexte spatial.

Ceci ne signifie pas que l'Univers, dépourvu de limites « franchissables », soit pour autant en expansion. Einstein a été longtemps réfractaire à l'idée d'une inflation de l'Univers. En cosmologie, la « doctrine » actuelle prône un Univers en expansion accélérée. Notre modèle standard relève d'un consensus général mais non unanime, de scientifiques. Il en a toujours été ainsi, la tendance logique étant de se rallier à l'avis du plus grand nombre disposant de connaissances étoffées sur le sujet et de ne pas faire cas de ce qui remet en cause de façon marginale. L'esprit critique perd alors en partie sa pertinence. C'est là tout le problème, car cette forme d'adhésion qui parait bien naturelle, a souvent montré qu'elle ne faisait qu'entériner des convictions susceptibles pour un certain nombre, d'être remises en cause. L'évolution de nos connaissances sur l'Univers est marquée ainsi d'une longue succession d'erreurs et de croyances restées pour certaines à ce jour, à l'état d'hypothèses. Il suffit pour cela de consulter les ouvrages scientifiques publiés depuis Newton, l'un des premiers physiciens mathématiciens de l'époque moderne. Pourquoi en serait-il

L'énergie ne remplit pas l'espace : elle le structure. L'espace gravitationnel se présente comme un continuum sans dimensions fixes, soumis à des déformations locales permanentes. Sa courbure évolue avec le temps cosmique et pourrait, à terme, se refermer lors d'un effondrement final. Aucune portion d'espace ne peut dès lors servir d'étalon absolu sans introduire une incertitude fondamentale.

Dans l'hypothèse d'un Univers assimilable à une hypersphère, un anti-univers à courbure négative pourrait correspondre à sa face interne. L'image d'un globe recto-verso illustre alors un système binaire d'univers en symétrie. Supprimer toute courbure reviendrait à annihiler cette structure. La trajectoire la plus directe dans un tel Univers suit nécessairement une géodésique. Univers et anti-univers partageraient des propriétés de courbure analogues mais non superposables, en raison d'une chiralité récursive.

Les lois de la géométrie euclidienne — telles que le théorème de Pythagore ou l'axiome des parallèles — décrivent adéquatement notre environnement local, mais deviennent inopérantes dans un espace courbe et dynamique. La géométrie lorentzienne, intégrant relativité et courbure de l'espace-temps, est alors indispensable. Elle permet de relier différents référentiels, sans toutefois rendre pleinement compte de l'évolution non linéaire et fortement couplée des champs énergétiques.

L'approche mathématique adoptée pour intégrer la relativité dans la mesure des phénomènes observés consiste à comparer des référentiels distincts à un instant donné, tout en renonçant à l'hypothèse d'une simultanéité absolue. L'imprécision des mesures ne proviendrait pas tant d'une limitation instrumentale que du caractère intrinsèquement non statique des systèmes physiques : vitesses, masses et positions évoluent en permanence. Dans ce contexte, on peut s'interroger sur la capacité des transformations de Lorentz à rendre compte de manière exhaustive de référentiels ou de conditions interactionnels complexes, soumis à des dynamiques différenciées au sein de champs énergétiques hétérogènes. Un même phénomène peut-il, dans ces conditions, se dérouler de façon rigoureusement identique en des régions

96

distinctes de l'Univers, caractérisées par des distributions d'énergie différentes ?

La géométrie non commutative, pour sa part, privilégie la description de l'état d'un système plutôt que son inscription explicite dans le temps et l'espace classiques. Toutefois, il demeure légitime de s'interroger sur le caractère réellement exhaustif de ces formulations mathématiques particulièrement complexes, dès lors qu'elles prétendent intégrer l'ensemble des effets associés à une relativité dont la reconnaissance demeure historiquement récente. À cet égard, il est significatif de rappeler que certaines équations issues de la relativité générale d'Einstein ne disposent pas encore de solutions analytiques complètes ni d'interprétations pleinement stabilisées.

La géométrie de l'espace-temps se trouve déterminée par la distribution des masses et par les fluctuations des champs d'énergie. La notion classique de point matériel en déplacement cède alors la place à celle d'état physique ou de champ quantique, tandis que le postulat des parallèles propre à la géométrie euclidienne est abandonné. Cette évolution conduit à une redéfinition conjointe des notions d'espace, de temps et de symétrie, et impose l'adaptation des outils mathématiques afin de traiter des grandeurs réputées non commutatives, telles que la position et la quantité de mouvement en mécanique quantique.

L'objectif sous-jacent serait de parvenir à une description unifiée intégrant la gravitation, l'interaction électrofaible et l'interaction nucléaire forte. Une telle géométrie repensée chercherait à articuler, au sein d'un même cadre théorique, la notion d'espace flexible, la relativité de l'espace-temps, la non-commutativité liée à l'ordre de factorisation des observables, ainsi que la chiralité, laquelle rejoint l'idée selon laquelle il n'est pas pertinent de parler de simultanéité absolue pour deux événements distants. À partir de données exprimées en longueurs d'onde pour les distances et de mesures angulaires intégrant la courbure des surfaces, pourrait-on reconstituer l'évolution passée de l'Univers dans un modèle unifié ? **La notion même de « modèle unifié » demeure cependant problématique, tant par son contenu conceptuel que par les représentations intuitives qu'elle suscite, lesquelles ne correspondent probablement pas à la réalité physique visée.**

La chiralité, qui affecte la symétrie entre matière et antimatière, rend en effet délicate l'utilisation des notions d'axe de symétrie ou d'orientation, telles qu'elles sont couramment mobilisées en mathématiques à l'aide des nombres relatifs positifs et négatifs définis par rapport à une origine nulle. Lors de l'annihilation de deux particules associées par une symétrie opposée, celles-ci perdent leur statut de paquets d'ondes massifs. L'énergie est conservée, mais se manifeste principalement sous forme de rayonnement électromagnétique, tandis que l'excédent non porté par ce rayonnement peut conduire à la création d'autres paires particule–antiparticule. Le processus inverse, correspondant à la production de telles paires à partir de photons de haute énergie, peut également se produire sous certaines conditions, constituant une forme transitoire d'intrication radiative.

Ces cycles de création et d'annihilation se poursuivraient jusqu'à l'absorption ultime de l'énergie par des objets gravitationnels extrêmes, tels que les trous noirs, l'hypothèse de trous blancs étant parfois évoquée dans un contexte de symétrie. Au cours de ce processus irréversible, les particules sont susceptibles de changer de nature : ainsi, l'annihilation d'un électron avec son antiparticule peut conduire à la formation d'un couple quark–antiquark. Un tel mécanisme contribuerait indirectement à l'augmentation de la masse effective des noyaux atomiques et, par conséquent, à l'évolution de la concentration de la matière dans l'Univers.

Dans cette perspective, une écriture symbolique du type **particule + antimatière ⇔ rayonnement électromagnétique + production incidente d'autres paires de particules, ne saurait être** réduite à une égalité du type *particule + antimatière = 0*. Cela conduit à remettre en question la pertinence du concept de valeur nulle comme frontière entre quantités positives et négatives en mécanique quantique. Il devient alors envisageable qu'un modèle cohérent décrivant l'origine, l'évolution et le devenir de l'Univers ne puisse s'appuyer ni sur le principe strict d'égalité algébrique, ni sur l'existence d'une valeur nulle. Faut-il, dans ce contexte, renoncer à des identités telles que $+a - a = 0$, ou encore à la commutativité de la multiplication $(ab = ba)$, et même à certaines relations élémentaires comme $a = \sqrt{a^2}$, afin de tenter d'appréhender des dimensions encore inaccessibles de la réalité physique ?

L'algèbre matricielle, par sa nature multidimensionnelle, conduit précisément à ce type de paradoxes apparents. Lorsque ses résultats diffèrent de ceux de l'algèbre ordinaire, ils peuvent être interprétés en termes probabilistes plutôt que déterministes. Dès lors que matière et antimatière sont considérées comme fondamentalement corrélées sans pour autant s'annuler au sens classique, il devient légitime de s'interroger sur l'adéquation du langage mathématique employé pour décrire ces phénomènes.

Ce qui est fondamental, ce sont les relations avec leurs transferts d'information et les structures mathématiques que cela implique.
On a coutume de dire que les mathématiques décrivent l'espace et le temps, alors qu'en réalité, l'espace et le temps ne seraient que des manifestations de structures mathématiques plus profondes.
La réalité n'est pas fondamentalement mathématique et les équations ne font que nous permettre d'entrevoir une réalité fondée sur un espace/temps émergeant mais qui n'a pas sa place en mécanique quantique. Cette vision qui traduit une confusion entre réalité profonde et réalité observationnelle, est loin de faire l'unanimité.
Toute la difficulté dans cette tentative d'aller plus loin avec une approche dématérialisée, sortie de tout contexte spatiotemporel, tient dans le manque de formalisation précise, de prédictions testables, d'ancrage expérimental.
Une mathématique "sans espace-temps fondamental" ne partirait pas de coordonnées, trajectoires, durées mais de notions comme les relations, les transformations, les invariants, les contraintes de cohérence. Imaginer un arrêt du temps, bien que dénué de sens physique, pourrait être aussi une façon d'envisager une possible théorie quantique de la gravitation.
Rappelons que la fonction d'onde n'est pas un objet "dans l'espace" au sens classique. On s'en approche déjà avec la mécanique quantique (non-localité, superposition), certaines formulations de la gravité quantique (structures sans espace-temps fondamental), les réseaux tensoriels et approches informationnelles.
La physique du futur tend vers une vision plus fondamentale mais excessivement abstraite et discrète où les objets se révèlent secondaires tandis que les relations deviennent fondamentales.

En mécanique quantique, les effets liés à l'acte de mesure et à la méthodologie de l'observateur impliquent que l'ordre des mesures influence le résultat obtenu, et donc l'interprétation du phénomène. Contrairement à la physique relativiste classique, l'ordre des événements acquiert ici un rôle déterminant. Les données étant nécessairement factorisées selon un ordre donné, le résultat apparaît comme dépendant d'une interprétation partielle et contextuelle, ce qui se traduit mathématiquement par une non-

99

commutativité des observables (AB ≠ BA). Une telle inégalité suppose que les grandeurs considérées soient représentées par des matrices, chaque produit matriciel intégrant implicitement une hiérarchie dans l'ordre de prise en compte des facteurs.

En mécanique quantique, inverser l'ordre des événements — formulés en termes de transitions ou de mouvements — revient, en un sens, à manipuler la flèche du temps. Toute mesure effectuée modifie l'état du système et influe sur les mesures ultérieures. Cette subtilité mathématique, à l'origine du principe d'incertitude, peut être interprétée comme une tentative visant à extraire la particule, en tant qu'entité isolée, des catégories classiques de temps et d'espace. Néanmoins, dès lors qu'il s'agit de décrire ou de relier des interactions entre particules, la référence au temps et à l'espace demeure inévitable.

La difficulté est accentuée par l'absence d'un formalisme mathématique pleinement abouti pour décrire ce que l'on pourrait qualifier de boucles de rétroaction, dans lesquelles les effets influencent les causes. Comment, dès lors, concevoir un temps qui existerait ou non selon que la particule est engagée dans une interaction ou considérée hors de toute interaction ? C'est dans ce contexte que s'inscrit la constante de Planck, dont on peut se demander si sa valeur ne devrait pas, tendre vers zéro, et si son caractère supposé invariant est réellement fondé. Plus généralement, peut-on identifier quoi que ce soit de véritablement constant, immuable ou statique dans un Univers caractérisé par l'évolution permanente de ses structures et de ses lois effectives ?

Un ensemble de constantes et de paramètres physiques constitue le socle du modèle cosmologique contemporain et fournit des valeurs de référence considérées comme fondamentales en astrophysique. Leur statut épistémologique, leur portée réelle et leur caractère supposément invariant méritent cependant d'être examinés de manière critique.

La constante cosmologique et la constante de Hubble relèvent avant tout de formulations mathématiques destinées à rendre compte de certaines observations à grande échelle. Elles permettent notamment d'introduire, dans les équations du modèle cosmologique standard, un terme interprété comme une force d'expansion accélérée, attribuée à une entité hypothétique communément désignée sous le nom d'« énergie sombre ». La nature physique de cette énergie demeure inconnue, et son assimilation à l'énergie

100

du vide telle que définie en théorie quantique des champs reste problématique, tant les conjectures mobilisées sont différentes.

La constante de structure fine, nombre sans dimension, établit une relation entre la charge élémentaire et l'intensité de l'interaction électromagnétique. Elle ne repose pas sur un fondement théorique explicatif premier, mais constitue un paramètre empirique essentiel pour interpréter de nombreuses observations en mécanique quantique. Sa valeur dépend toutefois explicitement d'autres constantes, en particulier la vitesse de la lumière et la constante de Planck, ce qui soulève la question de son autonomie et de son caractère fondamental.

La constante gravitationnelle, quant à elle, fixe le coefficient de proportionnalité entre masses et distances dans la loi de la gravitation. Elle repose sur des mesures exprimées en unités de masse, de longueur et de temps, supposées invariantes les unes par rapport aux autres. Cette hypothèse implique implicitement l'existence de facteurs de conversion constants entre ces grandeurs, dont le caractère arbitraire et la validité physique peuvent être interrogés, notamment d'un point de vue relativiste où ces unités ne sont pas nécessairement absolues.

Les unités de Planck visent à définir des échelles minimales théoriques de masse, de longueur et de temps, ainsi qu'une limite inférieure de température, réputées non franchissables. Elles constituent un outil de base puissant dans une approche mathématique de la physique fondamentale. Toutefois, les ordres de grandeur qu'elles impliquent apparaissent fortement disproportionnés par rapport aux échelles accessibles expérimentalement, ce qui rend leur intégration directe dans une physique orientée vers l'observation et l'application particulièrement délicate.

La constante de Planck joue un rôle central dans la quantification des phénomènes physiques, en reliant l'énergie à la fréquence. Elle permet ainsi d'attribuer une granularité aux échanges énergétiques. Paradoxalement, les particules élémentaires sont souvent considérées comme dépourvues de dimension physique propre. Cette tension conceptuelle invite à s'interroger sur la signification profonde attribuée à cette constante et sur l'interprétation dans laquelle elle est utilisée.

L'expression de la vitesse de la lumière en kilomètres par seconde suppose implicitement que les unités de longueur et de durée soient invariantes et insensibles aux effets relativistes ou à la dynamique globale de l'espace-temps. Une telle hypothèse revient à considérer que l'évolution de la densité énergétique de l'Univers, y compris dans ce que l'on qualifie de vide, n'aurait aucune incidence sur la propagation des ondes électromagnétiques. Cette affirmation mérite d'être questionnée. En relativité générale, la vitesse de la lumière intervient comme une constante fondamentale ; toute variation de celle-ci impliquerait une révision profonde de la théorie d'Einstein, susceptible de conduire à une nouvelle interprétation de la gravitation et de son rôle dans l'évolution cosmique.

Sans remettre en cause le principe de relativité de l'espace et du temps, on ne peut exclure, sur un plan spéculatif, que la vitesse de la lumière ait pu varier au cours de l'histoire cosmique et puisse continuer à évoluer. Une telle hypothèse aurait des conséquences directes sur la mesure des distances cosmologiques, en particulier pour les objets observés à de grandes distances, donc à des époques reculées. L'idée même d'une expansion de l'Univers devrait alors être réexaminée, ce qui pourrait remettre en question le modèle standard du Big Bang ainsi que les scénarios envisagés pour le devenir de l'Univers.

Par ailleurs, rien n'impose que les constantes dites fondamentales soient universelles au sens strict, c'est-à-dire applicables sans modification à d'éventuels autres univers dans les théories du multivers. Ces constantes sont-elles réellement universelles, ou bien reflètent-elles une physique construite avant tout pour décrire les conditions particulières de notre réalité observable ? La plupart de ces paramètres sont liés entre eux par des relations communes, de sorte qu'une variation de l'un d'entre eux entraînerait nécessairement des modifications corrélées des autres. Leur interprétation repose en outre sur un modèle cosmologique encore incomplet, marqué par de nombreuses incertitudes, hypothèses non vérifiées et tensions internes.

Il est fréquemment avancé que toute modification des constantes physiques conduirait à un univers radicalement différent, voire instable, chaotique ou incompatible avec l'existence même de structures complexes. Cette affirmation, bien que largement répandue, n'est pas démontrée de manière rigoureuse. Si les constantes sont considérées comme invariantes, c'est toujours par rapport à un contexte global implicitement choisi. Or ce contexte, dans un Univers en expansion et en évolution permanente, n'est jamais strictement fixe. Le temps et les distances y sont localement et globalement hétérogènes.

Même pour les constantes sans dimension, affirmer leur invariance ne signifie pas que leur valeur soit absolue. Les grandeurs numériques qui les définissent reposent sur des unités étalon de masse, de longueur et de temps, établies dans un environnement local et contemporain. En tenant compte de la relativité générale, ces unités ne peuvent être considérées comme fondamentalement absolues les unes par rapport aux autres.

Si l'on adopte une conception du cosmos intégrant l'hypothèse d'un multivers, notre Univers cesse d'être un cas unique. Dans cette perspective, il devient pertinent de considérer ces constantes non comme des invariants stricts, mais comme des variables corrélées susceptibles d'évoluer de manière non linéaire au cours du temps cosmique. D'autres univers, caractérisés par des paramètres différents, pourraient suivre des trajectoires évolutives distinctes, sans être nécessairement compatibles avec l'émergence d'observateurs. Une telle approche entre toutefois en tension avec le principe anthropique, défendu par certains courants scientifiques et par de nombreuses traditions philosophiques ou religieuses.

Ces réflexions, bien que particulièrement exigeantes, soulignent avant tout la nécessité de faire évoluer nos modes d'analyse et d'affiner les outils théoriques que sont la physique, la chimie et les mathématiques. Dans une approche idéalement exhaustive, la compréhension d'un événement isolé devrait conduire à retracer l'ensemble des conditions qui l'ont précédé. En pratique, notre compréhension demeure largement confinée à un présent immédiat, ce qui limite notre capacité à appréhender pleinement les interactions entre l'infiniment grand et l'infiniment petit, ainsi que leur inscription dans le temps cosmique.

L'histoire de l'humanité a été jalonnée de transitions majeures — de la préhistoire aux technologies numériques et nucléaires. Appliquée à la connaissance de l'Univers, cette analogie suggère que nous n'en sommes peut-être qu'à un stade encore rudimentaire de compréhension. Toutefois, les perspectives ouvertes par l'intelligence artificielle et les outils computationnels avancés laissent entrevoir de nouvelles capacités d'exploration théorique, non sans poser, en retour, la question de leur influence sur nos modes de pensée et d'interprétation.

Localiser pour décrire

La notion de position devient problématique lorsqu'elle est appliquée à un espace non borné et en évolution permanente. Toute mesure, dès qu'elle est effectuée, perd immédiatement de sa pertinence, sauf à tendre vers des valeurs limites — quasi nulles ou quasi infinies. Pour dépasser cette difficulté, une approche consiste à discrétiser l'espace en une multitude de volumes élémentaires, définis comme aussi petits que possible, afin d'introduire des unités de valeur opérationnelles. Chaque volume est alors supposé correspondre à une quantité minimale d'énergie, identifiée comme un quantum. En deçà de cette unité minimale, aucune description continue ne semble accessible ; on entre alors dans un domaine que l'on peut qualifier d'état discret ou de dimension non directement observable, ouvrant sur un régime encore largement inconnu, parfois associé à l'hypothèse d'un cosmos de type multivers.

La renormalisation apparaît comme un procédé mathématique destiné à éviter l'apparition de valeurs non interprétables — souvent assimilées à des divergences infinies. Cette méthode, fréquemment critiquée, revient en pratique à reformuler un univers sans bord comme un système effectivement circonscrit, au sein duquel aucune grandeur ne peut diverger. La renormalisation constitue ainsi un artifice mathématique efficace, dont la légitimité en tant que description d'une réalité physique demeure toutefois discutée. Certaines structures formelles permettent ainsi d'approcher des phénomènes qui échappent autrement à toute modélisation directe. Dans cette perspective, Paul Dirac défendait l'idée qu'une formulation mathématique pouvait être considérée comme valide, même en l'absence d'une interprétation physique pleinement satisfaisante. Les mathématiques offrent en effet un langage à la fois rigoureux et profondément abstrait. Néanmoins, une conciliation excessive entre pragmatisme formel et abstraction pourrait conduire à perdre de vue une réalité déjà difficile à cerner. Cela invite à envisager l'exploration de voies nouvelles, quitte à remettre en question des fondements considérés comme acquis.

La proposition d'une « pixellisation » de l'espace s'inscrit dans cette logique, en attribuant une structure discontinue aux rayonnements et en rejoignant ainsi la notion de quantification. Les photons, médiateurs de

104

l'interaction électromagnétique, permettent de rendre compte des variations d'énergie que l'on décrirait autrement comme des ondulations se propageant dans l'espace. Si la matière s'est constituée à partir des rayonnements d'un univers primordial, une description corpusculaire conduit à la considérer comme un assemblage d'entités irréductibles. C'est ainsi que les fermions ont été définis comme particules élémentaires de matière. Une telle approche revient toutefois à superposer deux représentations : celle d'un univers dominé par la matière et celle d'un univers fondamentalement constitué de rayonnements.

On peut alors supposer que des interactions non directement observables, se produisant dans un contexte de symétrie, conduisent à percevoir les ondes électromagnétiques sous forme de figures d'interférences, caractérisées par des alternances de maxima et de minima d'intensité. La capacité de ces ondes à s'intriquer au-delà de certains seuils énergétiques, en donnant naissance à des particules de matière, ainsi que leur tendance à être absorbées par des objets gravitationnels extrêmes, explique qu'elles soient également appréhendées sous forme de quanta, en tant que photons. Cette dualité d'observation ne se limite pas aux ondes électromagnétiques : des objets matériels peuvent également manifester des propriétés ondulatoires. La complémentarité onde–corpuscule a ainsi joué un rôle déterminant dans les avancées majeures de la physique quantique.

Cette complémentarité suggère une forme d'équivalence entre le déplacement des particules et la propagation des ondes. De la particule élémentaire aux structures astrophysiques les plus massives, ce que l'on désigne comme matière pourrait, sans altérer sa nature fondamentale, être décrit comme un ensemble de processus de dématérialisation et de rematérialisation. Une telle perspective implique de concevoir l'ensemble des phénomènes physiques comme des transferts d'information résultant d'interactions de champs, essentiellement électromagnétiques. Cela inclut aussi bien les propriétés orbitales et les moments angulaires attribués aux particules, que les mouvements des atomes au sein des molécules, l'organisation des systèmes stellaires, des galaxies et de leurs amas, ou encore les flux de photons caractérisés par des fréquences et des amplitudes de champs électriques et magnétiques couplés.

Les transitions électroniques entre niveaux d'énergie discrets, souvent décrites comme des « sauts » orbitaux, relèvent directement de cette dynamique ondulatoire propre à l'électromagnétisme. Lorsqu'un électron

105

absorbe l'énergie d'un photon et se libère de son atome, il adopte un comportement analogue à celui d'un photon diffracté. Des expériences d'interférence, telles que celles mettant en œuvre des photons envoyés individuellement à travers des dispositifs à fentes, montrent que des figures d'interférences émergent même en l'absence de faisceau continu. Chaque photon peut alors être interprété comme une manifestation ponctuelle d'un champ électromagnétique ayant interagi avec de nombreux systèmes avant l'acte de mesure. L'observation impose une interaction supplémentaire, au cours de laquelle le photon perd son caractère ondulatoire global pour se manifester localement sous une forme corpusculaire, limitée à la durée de l'observation.

La dualité onde–particule conduit ainsi à envisager la matière macroscopique comme résultant d'entrelacs complexes d'ondes. La notion de particule massive apparaît alors comme une construction opératoire liée aux capacités cognitives de l'observateur, adaptée à des échelles où les effets quantiques ne sont pas directement perceptibles. En l'absence de toute interaction de mesure, un électron, comme toute autre particule ou système composite, pourrait être décrit comme fondamentalement ondulatoire. C'est l'interaction avec les ondes électromagnétiques associées à l'acte d'observation qui induit un comportement corpusculaire conforme à nos modes de perception.

Ce que l'on désigne conventionnellement comme une particule ou un objet localisé dans l'espace correspondrait ainsi à un ensemble de paquets d'ondes intriquées, engagées dans des interactions de charges génératrices de champs magnétiques. Ces effets, négligeables à l'échelle atomique, pourraient néanmoins participer à l'émergence des interactions gravitationnelles à des échelles plus vastes. Dans cette perspective, la matière ne constituerait pas une réalité fondamentale, mais une apparence conditionnée par la position de l'observateur au sein du système étudié. Notre perception, essentiellement empirique, nous conduit à matérialiser ce que nos sens appréhendent, alors que la particule pourrait être décrite comme un paquet d'ondes en superposition d'états, dont un seul devient physiquement accessible lors de l'observation.

Les électrons peuvent ainsi être assimilés à des paquets d'ondes stationnaires confinés, dont les interactions au sein de l'atome sont perçues comme un halo probabiliste autour d'un noyau central. Ce noyau constitue lui-même une région de confinement pour d'autres paquets d'ondes

106

stationnaires, associés aux quarks. La stabilité relative des particules composites résulte de l'organisation collective de ces états ondulatoires, indépendamment d'une temporalité classique. Les protons, et dans une moindre mesure les neutrons, jouent un rôle régulateur dans les interactions de charge, leur pérennité étant étroitement liée à la présence des électrons, lesquels ajustent leurs états pour assurer l'équilibre global de l'atome. Cette neutralité de charge résulte principalement de transferts d'énergie continus entre électrons et rayonnements électromagnétiques, ce qui explique la grande diversité des structures moléculaires possibles.

Des expériences montrent par ailleurs que des fermions projetés individuellement produisent des figures d'interférences analogues à celles observées avec des photons. Une description strictement corpusculaire ne permet toutefois pas de rendre compte du caractère apparemment continu et progressif des transformations de la matière, inhérent à sa nature ondulatoire profonde. Cette limitation n'est cependant pas rédhibitoire, dans la mesure où les outils mathématiques de la physique quantique privilégient une interprétation discrète et non lissée des échanges énergétiques.

Dans les phénomènes d'intrication radiative, des amplitudes d'ondes primordiales, dépourvues de toute extension spatiale définie, peuvent se combiner de telle manière qu'elles deviennent indissociables. Elles évoluent alors vers des paquets d'ondes confinés, à la frontière d'un espace-temps dont les propriétés émergent de leurs interactions. La particule de matière apparaît ainsi comme un système stationnaire d'ondes auto-entretenues, interférant de façon continue, tout en interagissant collectivement avec des champs électromagnétiques ouverts et avec d'autres particules.

Dans ces systèmes ondulatoires confinés, la polarisation ne peut être décrite qu'en termes circulaires, sans référence à un plan physique ou à un axe de rotation au sens classique. Le spin constitue alors une représentation formelle de cette dynamique interne intrinsèque, irréductible à une rotation spatiale. Dépourvue d'occupation spatiale au sens classique, la particule élémentaire peut franchir des barrières énergétiques que des structures moléculaires étendues ne peuvent traverser. La matière construite résulte ainsi de l'interaction collective de ces paquets d'ondes, dont les propriétés émergentes dépendent de leurs modes d'interaction, plutôt que de leur individualité.

Curieusement, quelle que soit la direction considérée, l'observation des galaxies lointaines indique qu'elles semblent s'éloigner plus rapidement que les galaxies proches. Cette observation pourrait, à première vue, suggérer une violation de la vitesse limite fixée par la vitesse de la lumière. Toutefois, il est également possible d'interpréter ce phénomène comme un **effet apparent lié à la perspective** : si l'Univers a été créé simultanément dans son intégralité, plutôt qu'à partir d'un point singulier, l'éloignement perçu des galaxies pourrait résulter de la manière dont nous recevons les signaux électromagnétiques (OEM) émis dans le passé. Dans ce contexte, l'Univers, considéré dans sa globalité et en l'absence de référentiel externe, pourrait apparaître comme une singularité dépourvue de dimension quantifiable, sans expansion intrinsèque mesurable.

L'analogie avec un nuage de brume condensant en gouttes de pluie illustre un phénomène de densification sans expansion réelle de l'espace : initialement distribué dans un volume fixe, le fluide se rassemble localement, formant des structures plus concentrées. De manière similaire, l'**agrégation gravitationnelle de la matière** et le **décalage vers le rouge des longueurs d'onde électromagnétiques** (pas uniquement la lumière visible) sont deux phénomènes interconnectés, mais perçus différemment selon l'échelle d'observation. Dans les régions lointaines de l'Univers, correspondant à son passé, l'espace pourrait se trouver dans un état de dépression locale ou de densité réduite, ce qui peut être interprété, à tort, comme une expansion accélérée.

En effet, les galaxies distantes paraissent s'éloigner plus rapidement que les galaxies proches. Cette observation a conduit à l'hypothèse d'une **expansion accélérée de l'Univers**, mais cette interprétation soulève différents problèmes. En considérant le Big Bang comme point de départ de l'Univers et sans inclure la phase d'intrication radiative théorisée ici, l'énergie primordiale aurait été libérée à une vitesse extrêmement élevée. Cette vitesse de diffusion aurait ensuite diminué progressivement jusqu'à devenir négligeable dans l'Univers proche actuel. Cette distribution de l'énergie initiale correspond à la forme en cloche classique décrivant la genèse de l'Univers observable. Ainsi, les observations des confins de l'Univers correspondent à des **états du passé**, où le temps et l'espace différaient de ceux actuels. Les vitesses réelles actuelles des galaxies éloignées, qui échappent à notre observation, pourraient être comparables à celles des galaxies proches.

L'hypothèse d'un Univers en expansion pose également la question du **centre de dilatation**. Si l'Univers n'a pas de centre défini, l'interprétation d'une dilatation exponentielle de l'espace pourrait résulter d'une confusion entre mesures du présent et états passés. L'évolution gravitationnelle concentrant la matière crée une illusion d'expansion, alors que les galaxies suivent des trajectoires dictées par la dynamique locale et la gravitation. Comme l'avait suggéré G. Lemaître, la perception d'un éloignement rapide des galaxies distantes peut être une conséquence de l'évolution concentrationnaire de la matière plutôt que d'une expansion réelle.

Durant les premières phases de l'Univers, après la période d'intrication radiative, la matière était dispersée et peu différenciée. Les effets gravitationnels locaux étaient faibles et les courbures de l'espace négligeables, rendant la relativité espace/temps peu prononcée. Les objets observés aujourd'hui à grande distance, provenant de cette période, semblent donc s'éloigner linéairement et rapidement, alors que les objets proches apparaissent plus lents. L'inverse se produit dans le voisinage d'objets massifs, comme les trous noirs, où la gravité intense induit un ralentissement apparent du temps pour les objets en approche. Ces objets subissent des forces de marée extrêmes, entraînant leur spaghettisation et la perte progressive de propriétés comme la masse, le spin et la charge, pour ne devenir qu'énergie latente. Ces singularités ultimes pourraient alors représenter la phase terminale de l'évolution cosmique, préalable à un effondrement éventuel de l'Univers, oublieux du temps, d'espace et d'observateur.

L'Univers, bien que dynamique, tend à présenter une **homogénéité thermique et matérielle** à grande échelle, ce qui peut réduire le rôle de la constante cosmologique. La distinction entre une constante positive (Einstein) ou négative (théories des cordes) devient alors secondaire. À l'origine, la matière et l'antimatière pouvaient constituer un système binaire d'énergie virtuelle, évoluant en états symétriques et se manifestant aujourd'hui sous forme de signaux électromagnétiques issus de sources multiples et radioconcentriques. Les OEM que nous observons résultent uniquement de leurs interactions avec la matière et entre elles, sous forme d'interférences constructives ou destructives. Ces interactions donnent lieu aux phénomènes de diffraction, réfraction, absorption et dispersion, et définissent, avec la gravitation, l'espace/temps observable.

Les ondes électromagnétiques (OEM) telles que nous les observons ne représentent qu'une partie limitée de phénomènes dont la complexité réelle dépasse nos capacités de détection. Ce que nous percevons comme des ondulations dans un champ d'énergie pourrait en réalité être structuré de manière hiérarchique : chaque front d'onde pourrait être composé de fronts secondaires, eux-mêmes subdivisés en fronts tertiaires, et ainsi de suite. Cette organisation fractale apparente à l'échelle microscopique suggère un Univers entièrement courbé, où le « périmètre » peut tendre vers l'infini alors que le « volume » reste fini.

Bien que l'Univers n'ait pas de bord physique identifiable, il n'existe pas non plus de frontière pour les OEM. Ces ondes ne sont observables que lorsqu'elles interfèrent entre elles par superposition ou interagissent avec la matière via diffraction, réfraction, absorption ou dispersion. Ce sont ces interactions, combinées aux effets gravitationnels, qui définissent l'espace-temps observable et lui confèrent ses dimensions, même si l'échelle globale reste non quantifiable. En l'absence de matière ou de courbure gravitationnelle, les OEM cesseraient de se comporter comme des ondes interférentes et se trouveraient « marginalisées » par rapport à l'espace-temps. Dans ce scénario, elles pourraient quitter l'espace-temps et, sans interactions de charge, leurs champs électromagnétiques cesseraient de se manifester, retrouvant ainsi un état fondamental, non ondulatoire, comparable à l'énergie virtuelle d'avant le Big Bang. Cette énergie retournerait alors à un état latent, définissant ce que nous appelons ici, le **Cosmos multivers**.

Les OEM restent cependant en interaction constante, leurs fréquences, amplitudes et longueurs d'onde évoluant en continu. Un photon peut être interprété comme un point d'interférence insaisissable, ce qui fournit un fondement à la dualité onde/corpuscule. De même, les particules constituant la matière peuvent être décrites comme des corpuscules — points localisés arbitrairement dans l'espace et capables d'interaction — ou comme des ondes, flux d'énergie révélant des interactions en cours. Les phénomènes que nous observons sont le résultat des interférences et des échanges d'énergie ou d'information issus de l'énergie latente initiale activée lors du Big Bang, processus initiateur de l'espace-temps.

Enfin, il est concevable que l'effondrement d'autres binômes d'Univers en symétrie quantique soit lié à cette singularité initiale du Big Bang, qui se trouve ainsi « hors-jeu » par rapport au Cosmos multivers, sans révéler de symétrie à l'état préquantique. Dès lors, il demeure difficile de déterminer s'il existe une succession d'Univers distincts ou si chaque événement cosmique correspond à une manifestation ponctuelle d'un même continuum énergétique.

Les ondes électromagnétiques (OEM) peuvent être considérées comme l'héritage de l'énergie latente initiale qui définit le Cosmos multivers. Elles interviennent comme des médiateurs essentiels dans le processus d'évolution de notre Univers, que l'on peut ordonner selon les étapes suivantes :

1. **Big Bang** : singularité initiale correspondant à une rupture de l'équilibre cosmologique, révélant une symétrie chirale et l'émergence d'un temps sans signification macroscopique.
2. **Intrication radiative et découplage du rayonnement primordial** : formation du rayonnement électromagnétique actuel, avec sa gamme complète de longueurs d'onde. Apparition des particules élémentaires puis des particules composites. Ouverture de l'espace/temps.
3. **Recombinaison** : regroupement des particules composites en noyaux atomiques et association d'électrons, conférant aux atomes une charge neutre assurant leur stabilité relative.
4. **Nucléosynthèse primordiale et stellaire** : formation des noyaux lourds et densification progressive de la matière.
5. **Rassemblement gravitationnel et dépression de l'espace** : conversion progressive de l'énergie cinétique en énergie potentielle de masse, formation des galaxies et regroupement en amas.
6. **Accumulation d'énergie dans les trous noirs supermassifs** : refroidissement global de l'Univers et diminution relative de l'entropie.
7. **Effondrement final des trous noirs** : retour à un équilibre cosmologique, réintégration de l'énergie dans le Cosmos multivers et disparition de l'espace/temps spécifique à notre Univers.

111

La mécanique quantique permet la création et l'annihilation ponctuelle de **paires virtuelles particule/antiparticule** à partir de l'énergie du vide, défini ici comme un champ fluctuant d'énergie, composé d'OEM et porteur de particules libres (quarks, électrons, neutrinos) ainsi que d'atomes et molécules détachés de toute interaction durable. Dans ce vide quantique, les particules et antiparticules peuvent interagir temporairement, donnant l'impression d'apparaître spontanément, avant d'être réabsorbées ou de générer de nouvelles particules de moindre énergie. Ces fluctuations modifient la trame quantique de l'espace/temps.

Dans ce modèle, une **chiralité entre symétries** empêche la majorité des interactions entre particules de symétrie opposée à grande échelle, rendant ces phénomènes largement indétectables. À long terme, particules et antiparticules finiraient confinées et déstructurées dans les trous noirs, représentant la concentration de l'énergie universelle. L'effondrement final traduit l'annihilation ultime des composants de matière et d'antimatière, conduisant à un retour à l'état fondamental du multivers.

Selon Eddington, l'Univers pourrait être né d'une fluctuation minime brisant la symétrie cosmique. Le Cosmos multivers représenterait ainsi une **symétrie latente**, constituant à la fois le point de départ et l'aboutissement de notre Univers.

L'idée d'un **Univers non expansionniste** suggère une homogénéité globale à un instant donné **(toutefois, peut-on parler de simultanéité absolue sans contrevenir à la relativité ?).** Les galaxies paraissent s'éloigner dans toutes les directions, mais sans qu'un centre ou un point initial unique puisse être identifié. Si l'Univers a émergé simultanément à partir de multiples « points », il ne peut être mesuré ou quantifié en termes de volume ou de distance absolue. La notion de dilatation de l'espace devient alors ambiguë, faute d'un référentiel extrinsèque. Comment imaginer un Univers en expansion si l'on considère qu'il ne peut être mesurable ou quantifiable, faute d'indice ou d'unité de mesure extrinsèque susceptible de faire référence?

Les observations des galaxies très lointaines confirment cette perspective. Elles apparaissent jeunes et relativement pauvres en éléments lourds comme le carbone, produit thermonucléaire des étoiles massives ayant évolué et explosé en supernova. N'ayant pu être fabriqué dans les premiers instants de l'Univers, ce carbone est donc moins présent dans les étoiles jeunes que nous scrutons dans le passé le plus lointain. En revanche, dans les galaxies plus proches et donc plus récentes, le carbone est abondant, reflétant l'évolution progressive de la composition chimique de l'Univers. Cette distribution indique que regarder dans le lointain équivaut à observer un passé éloigné, peuplé d'étoiles jeunes relativement pauvres en carbone, sans espoir d'entrevoir une actualité distante qui, à la différence de l'image reçue, serait davantage riche de cet élément.

<h2 style="text-align:center">VI <u>L'Univers joue aux boules</u></h2>

(Un jeu imprévisible sur un terrain aux contours incertains)

Chaque espèce s'est conçue et développée en symbiose avec un environnement de contact. La théorie de l'évolution de Darwin conduit l'homme, en tant qu'espèce dominante, à se considérer comme un événement majeur, prédestiné et incontournable dans l'Univers. Mais, on peut aussi penser plus simplement que le vivant n'est rien d'autre que le produit d'un environnement minéral, solide, liquide, gazeux parvenu à un stade d'évolution propice à l'émergence d'une macromolécule particulière, qualifiée de biologique. Dans ces chromosomes porteurs de gènes, va se dupliquer, s'autoprogrammer et évoluer l'information initialement de nature virale, qui développera la vie. Cette dernière enregistrée dans toute cellule sous forme d'un élément de synthèse à la base de la chimie organique est l'ADN.

Pour réaliser l'architecture plus ou moins pérenne de la matière, les atomes partagent généralement un ou plusieurs électrons par liaison dite covalente. Ils peuvent aussi exercer entre eux, une interaction électrique de faible intensité, nécessaire pour approcher l'équilibre thermodynamique. L'atome d'hydrogène (l'atome le plus répandu dans l'Univers) a la particularité de se lier de façon stable avec certains atomes électronégatifs comme l'oxygène, l'azote et le fluor. Cette liaison hydrogène dans des conditions favorables de température permet de créer des liens intermoléculaires entre l'hydrogène et 3 autres éléments en quantité dans l'univers. Ceux-ci sont l'oxygène, l'azote et le carbone qui a la particularité d'autoriser une grande diversité de liaisons moléculaires. Or ce sont précisément ces constituants avec d'autres éléments plus rares mais indispensables aux cellules tels le phosphore et le souffre qui font les organismes vivants. Les liaisons hydrogène sont à l'origine de ces structures moléculaires en forme de doubles hélices qu'est l'ADN. Cette liaison hydrogène en réalisant notamment avec l'oxygène, la molécule d'eau (qui compte pour 66% du corps humain) serait donc déterminante dans la genèse de la vie.

On ne peut pas dire qu'à un environnement donné, des choix soient laissés à la génétique. Dans cette logique, si l'avènement du vivant dans l'évolution planétaire est bien dans l'ordre des choses avec notamment la photosynthèse et le cycle du carbone, la destinée de l'homme quoiqu'il fasse serait tracée d'avance. Ce sont les rayonnements nés du Big-bang qui après intrications radiatives et partage d'informations, ont permis la formation symbiotique des premiers virus et d'organismes hôtes unicellulaires. Il est à noter qu'un

114

spermatozoïde représenterait à lui seul, sous forme génétique, plusieurs centaines de mégaoctets de données. C'est un condensé de technologie qui est loin d'être à notre portée. Il n'est pas déraisonnable de supposer que des phénomènes quantiques particuliers soient à la base de la chimie du vivant. Ce long processus a conduit à la présence de l'homme sur terre. Malheureusement pour nous, ce sont ces mêmes rayonnements qui provoquent en bonne part, le vieillissement de nos cellules. Mais, il est à craindre que le pire ennemi de l'homme soit en lui. Son ego surdimensionné l'incite à vouloir tout régenter, au besoin par la contrainte et tout s'approprier sans partage. A moins que ce ne soit la vie elle-même dans sa forme la plus rudimentaire, parasitaire à l'intérieur de nos organismes ; une forme virale contre laquelle l'homme serait, un jour, impuissant à réagir. Une fin bien dérisoire pour une humanité qui depuis Einstein plus particulièrement, devrait apprendre à revoir ses comportements, en relativisant toute chose et pas seulement le temps et l'espace ! Sans oublier que notre planète n'a pas, dans l'Univers, le statut particulier que nous lui prêtons et que tous les corps stellaires qui gravitent de concert autour de nous sont autant d'épées de Damoclès sur nos têtes. Les scenarii qui mèneront l'humanité à sa fin, ne manquent pas. Quoiqu'il en soit, pour chacun d'entre nous, pris individuellement, les lendemains n'ont malheureusement pas grand avenir.

Mais comment expliquer que dans l'immensité et l'uniformité de l'Univers, la vie ait pu faire son berceau, de planètes comme la terre ? L'évolution de la matière donne l'impression que celle-ci se complexifie pour mieux se rassembler. Ainsi de façon ponctuelle et plutôt marginale, a pu se développer sur des planètes prédisposée par leur biotope, une biodiversité dont nous faisons partie. L'atome d'hydrogène est à la base des molécules organiques. Ceci explique que les fonds marins avec la présence d'eau (H_2O) aient facilité l'émergence des premières formes de vie à l'état rudimentaire puis unicellulaire. Une partie de ces premiers organismes a quitté le milieu marin par nécessité ou opportunité pour une atmosphère composée aujourd'hui de 21% de dioxygène (O_2). Les rayonnements, réduits aux longueurs d'ondes appropriées du fait de la présence d'une couche atmosphérique, ont apporté à ces proto-organismes, l'énergie que réclamait leur évolution, jouant en quelque sorte, le rôle de catalyseur. Au règne du végétal ainsi installé, est venu se superposer une vie animale qui ne tarda pas à se diversifier et pour certaines espèces à ne plus se satisfaire d'un régime alimentaire strictement végétal. Ainsi s'est construite la chaine alimentaire. Sans doute un besoin constant vers plus de complexification mais aussi de pérennité - évolution

115

inéluctable du vivant - a-t-il conduit une partie de cette population animale, libérée du milieu aquatique, à prélever sur une population d'herbivores. Le comportement instinctif de ces prédateurs évoluera pour devenir de plus en plus conscient et raisonné.

L'organisme humain n'est finalement qu'un assemblage d'hydrogène (10%) et d'oxygène (65%) avec un carbone (19%) en liaison forte avec les 2 premiers composants qui font l'eau. S'y ajoute l'azote (3%) qui contribue à favoriser une covalence durable entre ces divers composants. L'homme qui se situe au sommet de cette chaine alimentaire et s'en distingue par des capacités cognitives développées, en est arrivé au stade actuel de cette évolution, à pouvoir faire des actions réfléchies et organisées. Celles-ci ont la particularité, bien qu'insignifiante à l'échelle de l'Univers, d'aller à l'encontre de l'évolution quasiment programmée sinon « normale » de ce dernier. Cette performance du vivant pourrait s'interpréter comme la finalité, le but ultime de tout ce qui fait l'évolution et pourquoi pas, la raison d'être de notre Univers. Mais reposons les pieds sur terre ! Tout montre que la vie disparaitra comme elle est apparue. C'est écrit dans la genèse de notre planète : la vie reste une parenthèse.

Avant le Big Bang, aucun événement observable ne permettrait de déduire les caractéristiques ultérieures de notre univers. L'analogie avec les systèmes vivants, utilisée ici, a pour seul objectif de faciliter la compréhension d'une singularité initiale et ne doit pas être interprétée comme une causalité biologique ou téléologique. Les notions de hasard, d'inexplicable ou de singularité représentent souvent des réponses heuristiques à des phénomènes dont la cause exacte reste indéterminée. Toutefois, l'idée que l'univers émerge « de rien » qui soit physique n'implique pas nécessairement qu'il succède au néant absolu.

Cette réflexion s'inscrit dans l'hypothèse d'une succession potentiellement infinie de systèmes binaires d'univers en symétrie quantique. Ces univers sont indépendants, non quantifiables en nombre et présentent des caractéristiques proches de celles de notre univers, tout en pouvant différer dans leur développement dynamique. Une chiralité variable pourrait suggérer des processus de déconstruction ou de transformation de ces univers, plus ou moins rapides selon les conditions initiales.

Avant d'aborder plus avant ces hypothèses, il est nécessaire d'examiner les trous noirs supermassifs, objets astrophysiques dont la densité et la

116

compacité rivalisent avec celles des particules élémentaires. Ces structures pourraient représenter à la fois un point d'aboutissement et, éventuellement, un point de départ de dynamiques cosmiques.

Les premiers trous noirs, dits primordiaux, se seraient formés rapidement à partir de l'effondrement gravitationnel de nuages d'hydrogène extrêmement denses présents dans l'univers primitif. Certains de ces trous noirs primordiaux pourraient encore être détectables sous forme d'objets extrêmement lumineux et actifs, notamment via des quasars, mais la majorité reste probablement hors de portée des instruments actuels.

Les trous noirs peuvent fusionner au gré des interactions gravitationnelles, donnant naissance à des objets de masse croissante. Bien que ces événements ne soient pas spectaculairement visibles dans le sens classique, ils représentent l'un des phénomènes astrophysiques les plus énergétiquement extrêmes. La densité d'énergie engendrée modifie localement l'espace-temps de manière significative et génère des flux de rayonnement à très haute énergie, notamment des sursauts de rayons gamma et des rayons X. Ces flux, particulièrement pénétrants, traversent l'espace sans interaction substantielle avec la matière, sauf pour la production de paires électron-positron et éventuellement de neutrinos et antineutrinos (voir chapitre XI).

Compte tenu de la difficulté d'observation directe, il est probable que le nombre réel de trous noirs soit largement supérieur à celui actuellement répertorié. Des interactions entre galaxies, telles que des collisions, peuvent projeter certains trous noirs, qu'ils soient supermassifs ou stellaires, dans le milieu intergalactique. Cette migration n'est pas exceptionnelle et pourrait expliquer la présence de nombreux trous noirs supermassifs non détectés dans l'espace intergalactique. Bien que des limites théoriques, comme la limite d'Oppenheimer-Volkoff, empêchent l'existence durable de trous noirs en dessous d'un équivalent-masse critique, il reste possible qu'ils atteignent des équivalent-masses beaucoup plus importantes que celles estimées initialement.

Un trou noir n'émet pas directement de rayonnement détectable. Cependant, il peut être observé indirectement par la lumière émise par son disque d'accrétion ou via les effets de lentille gravitationnelle. L'intensité lumineuse perçue dépend de la rotation du disque et de l'angle d'observation. Ces observations sont fortement modulées par les

117

perturbations gravitationnelles de l'espace environnant, rendant l'interprétation des images reçues particulièrement complexe.

Il est possible d'envisager, de manière hypothétique, l'état interne d'un **trou noir supermassif** (TNMM) dans un Univers parvenu à un stade avancé de refroidissement. Un tel Univers serait globalement homogène, faiblement structuré et dépourvu de la diversité atomique et particulaire qui caractérise les phases antérieures de l'évolution cosmique. Le contenu d'un TNMM pourrait alors être décrit comme un système extrêmement compact, quasi uniforme, dominé par une concentration maximale d'énergie, sans dynamique interne mesurable et sans modes d'oscillation comparables à ceux de la matière ordinaire.

Dans cette représentation, le TNMM se rapprocherait d'un état exotique assimilable à un plasma radiatif dégénéré, dépourvu de température thermodynamique significative, figé dans une configuration stationnaire. Il s'agirait d'un état sans équivalent connu, caractérisé par l'absence d'évolution temporelle perceptible et par une inertie dynamique quasi totale. Cette description, bien qu'analytique, demeure largement conjecturale et vise uniquement à explorer les conséquences ultimes de l'évolution gravitationnelle de la matière.

À un stade suffisamment avancé de l'évolution de l'Univers, tout apport de matière aux disques d'accrétion des trous noirs serait amené à cesser. En l'absence d'alimentation, les phénomènes associés à ces disques — rayonnements électromagnétiques intenses, émissions de particules relativistes et pertes énergétiques — disparaîtraient progressivement. Dans ce contexte, les trous noirs supermassifs, considérés comme des objets quantiques macroscopiques, ne produiraient plus de rayonnement thermique observable. Les émissions classiquement attribuées aux trous noirs cesseraient non pas en raison d'une modification intrinsèque de ces objets, mais du fait de la disparition de la zone d'accrétion qui rend habituellement leur présence détectable.

La frontière gravitationnelle associée au trou noir, communément désignée comme l'horizon des événements, définit la limite au-delà de laquelle aucune information ne peut être transmise à un observateur extérieur. Toutefois, cette limite effective dépend des paramètres dynamiques des

118

particules incidentes, notamment leur énergie, leur moment angulaire et leur trajectoire. La notion d'un rayonnement de Hawking, souvent associée à une émission propre du trou noir, peut alors être réinterprétée comme une manifestation indirecte de processus énergétiques localisés dans la région périphérique de l'objet, plutôt que comme une propriété thermodynamique intrinsèque du trou noir lui-même. Dans cette lecture, l'évaporation des trous noirs relèverait davantage d'une description effective des échanges énergétiques dans la zone d'accrétion que d'un mécanisme fondamental affectant la structure interne du trou noir.

Le manteau radiatif entourant un trou noir alimenté constitue une région de forte entropie et de haute température effective. Les émissions observées — principalement dans les domaines des rayons X et gamma — ainsi que les jets relativistes expulsés le long des axes de rotation résultent de processus électromagnétiques et magnétohydrodynamiques complexes. Ces phénomènes permettent l'évacuation d'un excès d'énergie angulaire et gravitationnelle, sans pour autant impliquer une dissipation thermique du trou noir lui-même.

Cette interprétation, qui s'écarte de la formulation canonique proposée par **Stephen Hawking**, s'inscrit dans une projection vers un état futur de l'Univers profondément refroidi, distinct de l'Univers observable actuel. Dans un tel régime extrême, les principes classiques de conservation de l'information et d'équivalence thermodynamique pourraient perdre leur pertinence opérationnelle. La matière absorbée par les trous noirs y serait progressivement compactée dans un état froid et transitoire, intermédiaire entre énergie gravitationnelle pure et résidu de plasma primordial, avant un effondrement ultime sur elle-même.

Dans cette perspective, il devient envisageable — bien que spéculatif — d'associer l'effondrement collectif des TNMM constituant un Univers en fin d'évolution à un événement cosmologique de type Big Bang de seconde génération. Cette hypothèse suggère une continuité dynamique entre phases d'expansion et de contraction, sans pour autant s'inscrire strictement dans un cycle d'univers, tel que développé dans certaines traditions cosmologiques anciennes.

L'existence de l'antimatière est aujourd'hui solidement établie sur le plan théorique et expérimental, bien que son observation directe reste limitée à la production fugace d'antiparticules. Les processus d'annihilation matière–

119

antimatière sont bien connus et conduisent à l'émission de rayonnements électromagnétiques de très haute énergie. Inversement, la création d'antimatière nécessite un apport énergétique considérable et n'est réalisable qu'en quantités infinitésimales. Des dispositifs expérimentaux, notamment ceux développés au **CERN**, permettent de confiner temporairement des antiparticules dans des pièges électromagnétiques à très basse température, soulignant le caractère artificiel et non naturel de ces conditions.

La question fondamentale demeure celle du devenir de l'antimatière supposée avoir été produite en quantité équivalente à la matière lors des premiers instants de l'Univers. Si elle n'a pas été annihilée intégralement, une hypothèse consiste à envisager qu'elle évolue dans un domaine d'espace-temps distinct, non directement accessible à nos observations. L'antimatière pourrait ainsi être distribuée en superposition avec la matière ordinaire, tout en restant invisible aux instruments classiques. Une telle répartition permettrait d'interpréter certaines anomalies gravitationnelles observées à grande échelle, sans recourir à l'hypothèse d'une matière noire distincte.

Cette antimatière non observable participerait alors indirectement à ce que l'on désigne comme l'énergie du vide. Les effets gravitationnels mesurés à l'échelle des galaxies ou des amas pourraient ainsi différer de ceux observés à des échelles plus locales, comme celle des systèmes planétaires, en raison de cette composante cachée.

Le modèle cosmologique dit **univers de Dirac-Milne** s'inscrit dans cette logique en postulant une symétrie globale entre matière et antimatière, cette dernière étant repoussée gravitationnellement par la matière ordinaire. L'existence d'une matière noire ou d'une énergie sombre devient alors superflue, et l'Univers peut être décrit sans phase d'inflation majeure, avec un horizon cosmologique sans frontière nette. Cette approche rejoint l'idée développée ici d'une structuration de la réalité cosmique en systèmes binaires d'Univers en symétrie quantique, évoluant de manière largement indépendante.

Comment expliciter plus précisément cette notion d'Univers « sans bord » ? Peut-être en partant de l'idée qu'il nous est difficile d'imaginer un Univers

120

ayant la forme d'un polyèdre, d'un cylindre, d'un cône, d'un tore, d'une bouteille de Klein ou sous toute autre forme géométrique complexe. De façon arbitraire, nous excluons un Univers dont les bords présenteraient une courbure négative.

La configuration à la fois la plus simple et la plus conforme à l'idée d'Univers (qu'il soit ou non en expansion) né d'une singularité, reste la sphère. Nous voyons cette figure géométrique de symétrie parfaite comme possédant un centre unique et un volume circonscrit par une aire courbe tout aussi parfaite. Si la sphère, est l'objet qui présente le plus faible rapport aire/volume, déterminer son aire ou son volume comme localiser son centre rend tout calcul inachevé ou incomplet pour 2 raisons :

- Ière difficulté : le chiffre $\prod$ qui permet de définir le rapport entre le rayon (r) d'une sphère (distance entre surface et centre présumé) d'une part et d'autre part son aire ($4\prod r^2$) ou son volume ($4/3\prod r^3$), est un nombre irrationnel, transcendant qui comporte un nombre infini de décimales (3,141592653589………).
- Seconde difficulté : la relativité espace/temps fait de l'Univers une sorte d'entité aux contours incertains, tout en courbure dont le contenu présente des fluctuations de densité énergétique qui rendent imprécises les mesures.

Des évaluations de distance imparfaites, un facteur $\prod$ qui, quel que soit le degré de précision recherché, n'apporte pas de mesure définitive ! Comment dans ces conditions, positionner un centre à équidistance d'un périmètre insuffisamment déterminé ? Et comment ce périmètre, s'agissant d'un Univers présumé sans bord défini, pourrait-il être considéré comme une limite traçable ? Imaginons pour cela, une forme de sphère appelée espace/temps relativiste, remarquable principalement par deux composants de masse que sont la matière et l'antimatière. Dotons cette sphère de centres multiples, non positionnables et de bords non définis ? Cela démontre la précarité et l'incomplétude de nos mathématiques même les plus évoluées. Ce parallèle avec la sphère n'est qu'un artifice mathématique de plus pour transposer à notre réalité, des phénomènes qui refusent de s'y intégrer.

La symétrie matière/antimatière qui porte sur des particules élémentaires de même nature, se distingue de la symétrie de distribution de charge électrique attribuée à des particules de propriétés différentes et qui confère une certaine stabilité par neutralité de charge à l'atome. Que les électrons restent à bonne distance du noyau, pourrait s'expliquer - si l'on va au fond des choses - par le fait que le nuage électronique de l'atome est susceptible, comme nous l'avons vu, d'être considéré non pas comme un flux de particules de matière mais comme un paquet d'ondes intriquées. Ces ondes formant cohésion sont alors assimilables à un horizon des évènements électriquement chargé. De même, nous pouvons considérer que le noyau atomique réalise un système chargé équivalant, de nature fondamentalement ondulatoire. En qualité de vecteurs d'énergie (voir chap. XVIII), les OEM réalisent la neutralité de charge de la matière construite. Tout porte à croire que l'univers est globalement neutre de charge.

L'Antimatière se définirait comme l'envers, le reflet énergétique caché d'une réalité « palpable » fait de cette matière qui nous est familière.

La particule perçue comme une entité indivise, ne serait qu'un paquet d'onde mais nous pouvons difficilement la considérer comme tel. Devons-nous imaginer l'antimatière en tant que copie conforme de la matière construite (molécules, objets stellaires...) sachant que l'antiparticule, elle aussi, n'est qu'un paquet d'onde dont les propriétés seraient imparfaitement symétriques à celles de sa particule dédiée ? Nous faisons de la matière une réalité tangible autant que subjective. Cette réalité n'appartient qu'à nous dont nous sommes de plus une incarnation en tant qu'organisme vivant. C'est une réalité de surface, une interprétation de ce que nous délivre nos sens dans une logique qui découle de l'apprentissage de connaissances et la satisfaction de besoins dictés par une indicible précarité. Il est à craindre que nous ne soyons pas à ce jour, en capacité d'appréhender et de comprendre une réalité plus complexe qui échappe à notre regard mais aussi à notre intellection. A l'évidence, observer l'antimatière construite, n'est pas aujourd'hui à notre portée.

Nous savons que les OEM non captées par la matière ne cessent d'interférer entre elles. En phases, elles s'additionnent et produisent une onde de plus grande amplitude. En totale opposition de phases, les longueurs d'onde s'harmonisent et aucun pic d'émission n'est plus détectable. Entre ces 2 cas extrêmes, selon leurs particularités d'émission et parcours, les ondes interfèrent entre elles de façon plus ou moins « constructive ou destructrice ».

Que particules et antiparticules s'annihilent totalement (sans produire incidemment de nouvelles particules), dans des conditions d'interférences destructrices non provoquées, supposerait que les ondes, confinées en paquets, qui leurs sont associées :

- ▪ Soient de semblable intensité (même orientation de champ, même amplitude, même fréquence). Ce qui impliquerait un commun partage du temps et de l'espace.

- ▪ Se propagent dans un même champ d'interaction. Ce qui n'est pas le cas, l'antimatière restant sans effets observables

- ▪ Partagent un temps commun, imaginaire pour l'observateur que nous sommes. Cette dernière condition ne sera pleinement remplie qu'au stade de l'effondrement final lorsque les TNMM auront rassemblé la totalité de l'énergie que porte notre Univers

Non satisfaites, ces conditions drastiques représentent ce qui fait la chiralité de symétrie.

La notion de **forces en présence** permet de conférer un cadre d'observation à la transmission et à la transformation d'énergie.

Cette symbolique est née de l'idée que l'énergie « stricto sensu » n'a pas de réalité matérielle définissable. Protéiforme, elle devient difficile à expliciter. Toutefois dans une logique antithétique, nous pourrions dire que l'**énergie** représente les mouvements et interactions de tout ce qui contribue à donner une dimension à un Espace/temps doublement relativiste pour cause de symétrie quantique.

Que deviendrait l'**espace** si le **temps** n'existait pas et inversement. On imagine alors un milieu où rien ne se passe, privé de ce qui fait l'énergie, et donc une impossibilité d'espace. Révélateur d'une rupture de symétrie, le temps est la représentation rapportée à notre symétrie, que nous nous faisons d'une certaine chiralité entre symétries quantiques

VII L'Univers « ressuscité »
(A ne pas prendre au pied de la lettre)

La symétrie quantique postule que les propriétés fondamentales de la matière s'appliquent également à l'antimatière. Tenter de décrire un système binaire d'univers en symétrie quantique en assimilant l'« anti-univers » à une simple image inversée de notre univers (comme un négatif photographique) apparaît insuffisant pour rendre compte de la complexité réelle de ces structures.

Comme sera détaillé au chapitre X, un univers tend à se refroidir en réduisant l'occupation énergétique de l'espace. À terme, notre univers, dans sa phase terminale, se résumerait essentiellement à des trous noirs isolés, correspondant à un état de dépression énergétique maximale. Dans cette configuration, les trous noirs massifs (TNMM) apparaissent très éloignés les uns des autres. Cette apparente distance serait effectivement significative si l'espace environnant conservait une densité énergétique notable, mais à ce stade, l'espace est quasi vidé et ne fournit plus de séparation effective.

Au cours de cette phase ultime, un événement se produirait, échappant à toute description spatio-temporelle, conduisant à l'effondrement simultané de tous les TNMM en un point non localisable. À ce stade, l'espace, dit « vide », est quasiment inexistant et le temps est pratiquement arrêté. Le multivers ne conservant aucune mémoire de ces systèmes binaires d'univers en symétrie quantique (voir chapitre X), il est improbable de retrouver dans le fond diffus cosmologique des traces d'un univers antérieur, contrairement à l'hypothèse proposée par Roger Penrose. L'observation du fond diffus cosmologique implique la réception de photons provenant à la fois de régions lointaines et proches, dont certains ont été réfractés ou déviés par les déformations gravitationnelles de l'espace, compliquant toute interprétation directe.

Si l'on définit le Big Bang comme une singularité « primordiale », l'effondrement final pourrait être considéré comme une singularité « terminale ». Or, une singularité, par définition, est un événement unique, indépendant de tout contexte antérieur ou futur. On pourrait donc également considérer que la véritable singularité n'est pas un événement spécifique, mais l'univers lui-même, émergent de « nulle part » et destiné à y retourner.

Ce scénario, bien que spéculatif, présente l'avantage d'une cohérence et d'une simplicité explicative dans la perspective d'un multivers plausible.

L'instant du Big Bang est caractérisé par une densité et une énergie telles que les quanta ne pouvaient être distingués individuellement. Dans cet état initial, l'univers est homogène et lisse : il n'est pas possible de définir des longueurs d'onde ou de parler de particules, et la notion de temps reste potentielle, non actualisée.

Rapidement, avec les premières intrications radiatives, la matière naissante absorbe une partie de l'intensité du rayonnement cinétique diffus (désigné par la suite comme OEM). Dans un univers en perte de continuité énergétique, la notion de photon corpusculaire devient pertinente. Les phénomènes ondulatoires ne possèdent pas de coordonnées spatiales précises et se décrivent comme des champs énergétiques difficiles à quantifier en termes d'occupation d'espace. En revanche, une particule peut être représentée comme un point en déplacement dans l'espace, ce qui implique de relier espace et temps pour définir sa trajectoire. La dualité onde-corpuscule constitue donc un outil de réflexion permettant de représenter mathématiquement l'espace-temps de l'univers.

Au fur et à mesure que l'univers se refroidit, les fréquences du rayonnement décroissent, les hautes fréquences disparaissant principalement au terme de la phase d'intrication radiative. L'énergie se divise lors de la scission des photons, renforçant la représentation corpusculaire. Dans un univers refroidi, l'énergie portée par les photons, moins perturbée par des champs énergétiques désormais faibles, diminue en fréquence et en amplitude. La vision corpusculaire initiale devient moins appropriée. Si l'on conserve une représentation ondulatoire, les longueurs d'onde sont étirées au point de devenir négligeables, et le relief énergétique de l'espace vide s'estompe progressivement.

Illustrations

Les illustrations qui suivent ne font qu'habiller par l'image, les idées reprises dans le texte mais ne sont pas vraiment transposables telles qu'elles.

Tableau des particules élémentaires du modèle standard

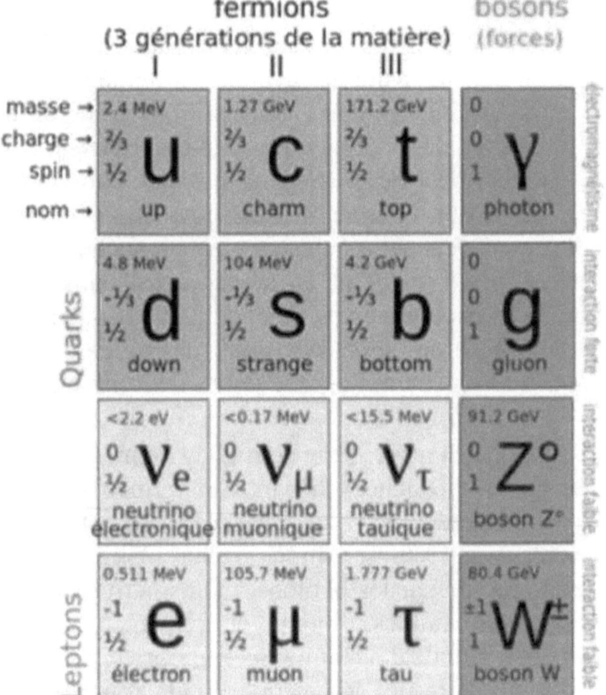

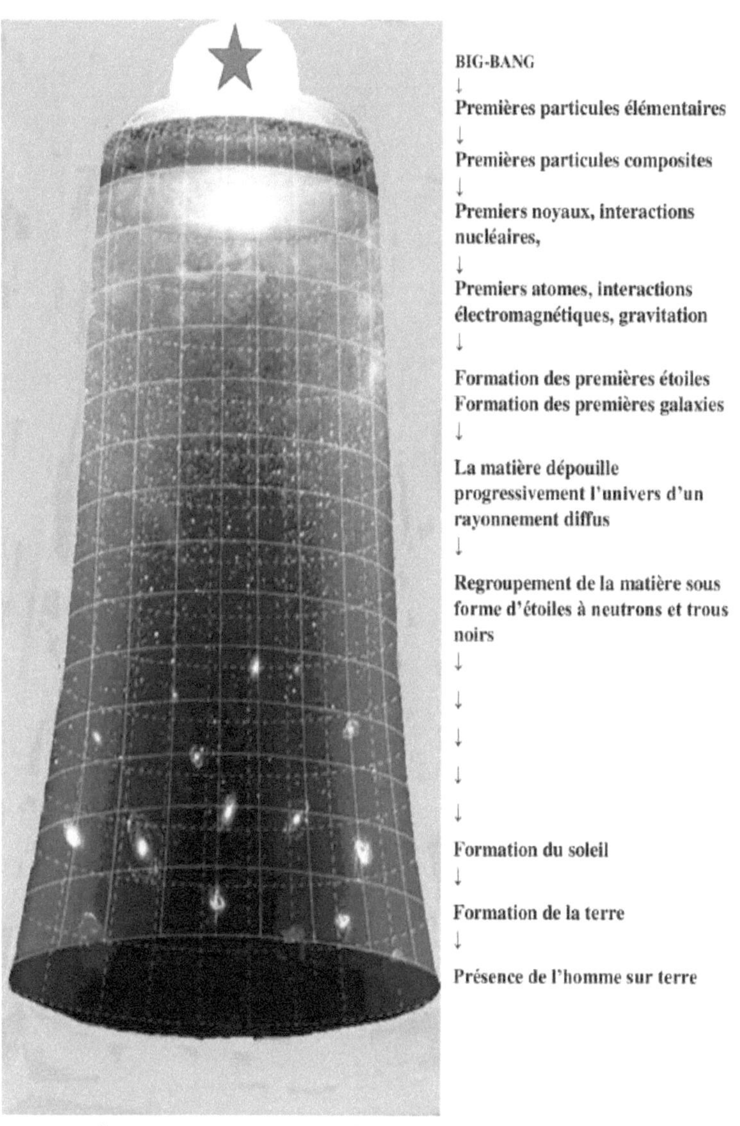

Représentation conforme au modèle standard de l'évolution possible d'un univers imaginé en expansion

127

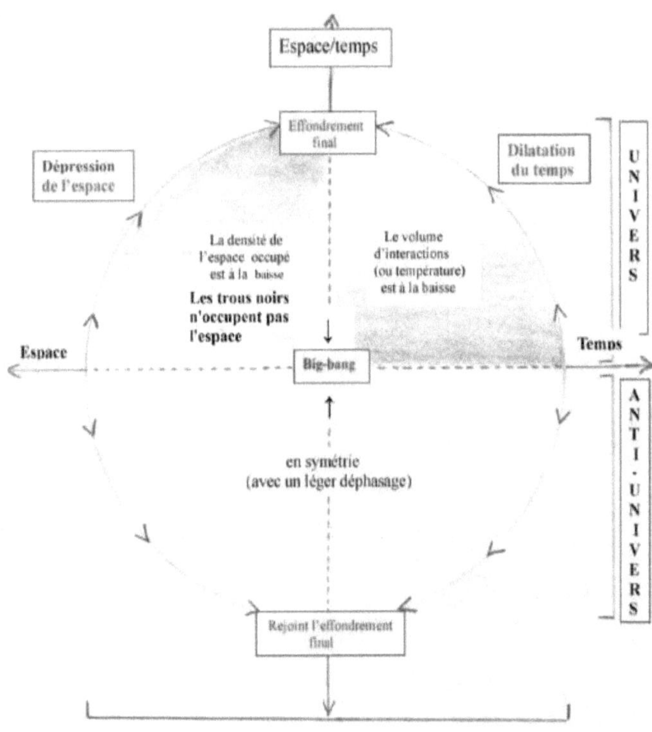

Fluctuations en symétrie de l'Espace/temps conforme à la théorie retenue

← ← ← ←   ←   Cosmos multivers (Equilibre cosmologique).   →   → → → →

↓ autres		↓ autres
Espace/	Big-bang = (**Brisure de symétrie dans l'équilibre cosmologique**)	Espace/
temps	L'énergie primordiale est cinétique, la matière n'existe pas encore	temps
↓	↓	↓

↓

Symétrie gauche   Symétrie droite
(notre Univers)   (l'antimatière dans une « dimension » parallèle)

↓   **Ouverture de l'Espace-temps**   ↓

Dans chaque symétrie, un processus d'enchevêtrement des hautes énergies (intrication radiative)
crée les premières particules et antiparticules de matière en dispersion rétrograde

↓   ↓

Un espace de matière « ordinaire » …   se distingue ….   d'un espace d'antimatière
Notre temps relatif …   ne correspond pas….   au temps imaginaire en symétrie

↓   ←Chiralité et interactions discrètes→   ↓

Un processus de déconstruction s'engage pour un retour à l'équilibre cosmologique
L'énergie cinétique en dispersion, interagit avec la matière.
Elle interagit de même, avec une antimatière inobservable pour cause de chiralité

↓   ↓

Seules subsistent les particules dites élémentaires dont le mouvement et les interactions
autorisent une relative stabilité de l'énergie potentielle crée par intrication radiative

| I | ↓ | I |

L'énergie cinétique des OEM est transformée progressivement en énergie de masse
(conséquence des interactions nucléaires, électromagnétiques et effets gravitationnels).

| D | ↓↓ | D |

Trous noirs méga massifs   Trous « blancs » méga massifs

| E | ↓ | E |

Avec l'arrêt du temps (absence d'interaction) toute chiralité disparaît

| M | ↓ la coalescence des symétries par superposition efface l'espace vide ↓ | M |
| ↓ | TNMM et TBMM s'effondrent : **retour à l'équilibre cosmologique** | ↓ |

←   ←   →   →

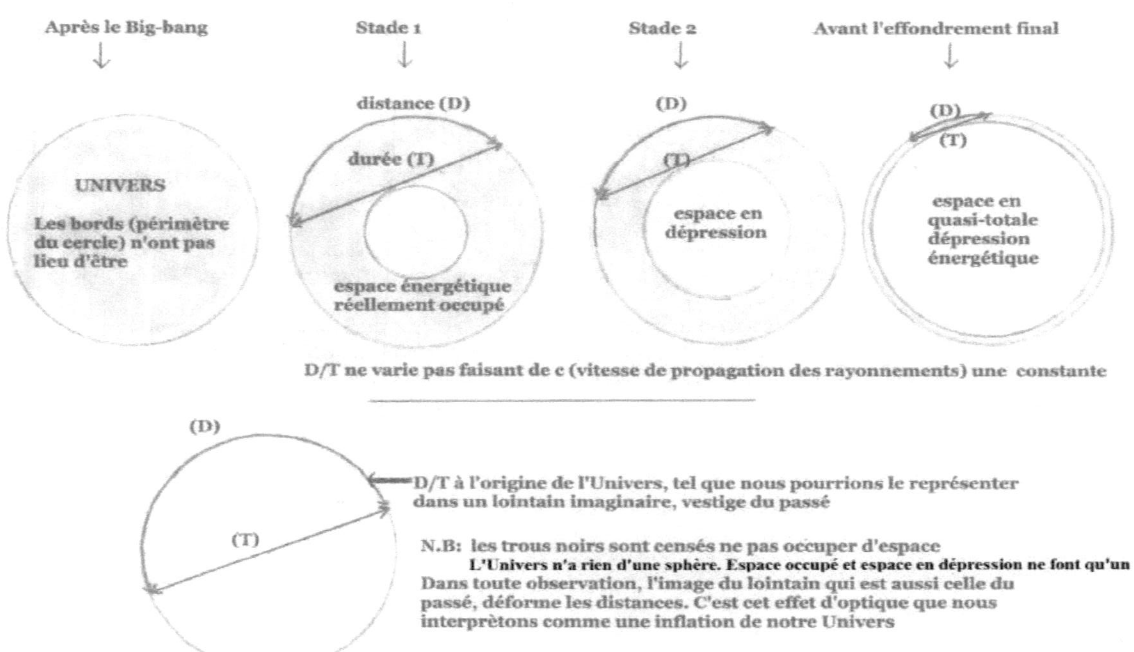

Temps, Espace et Relativité

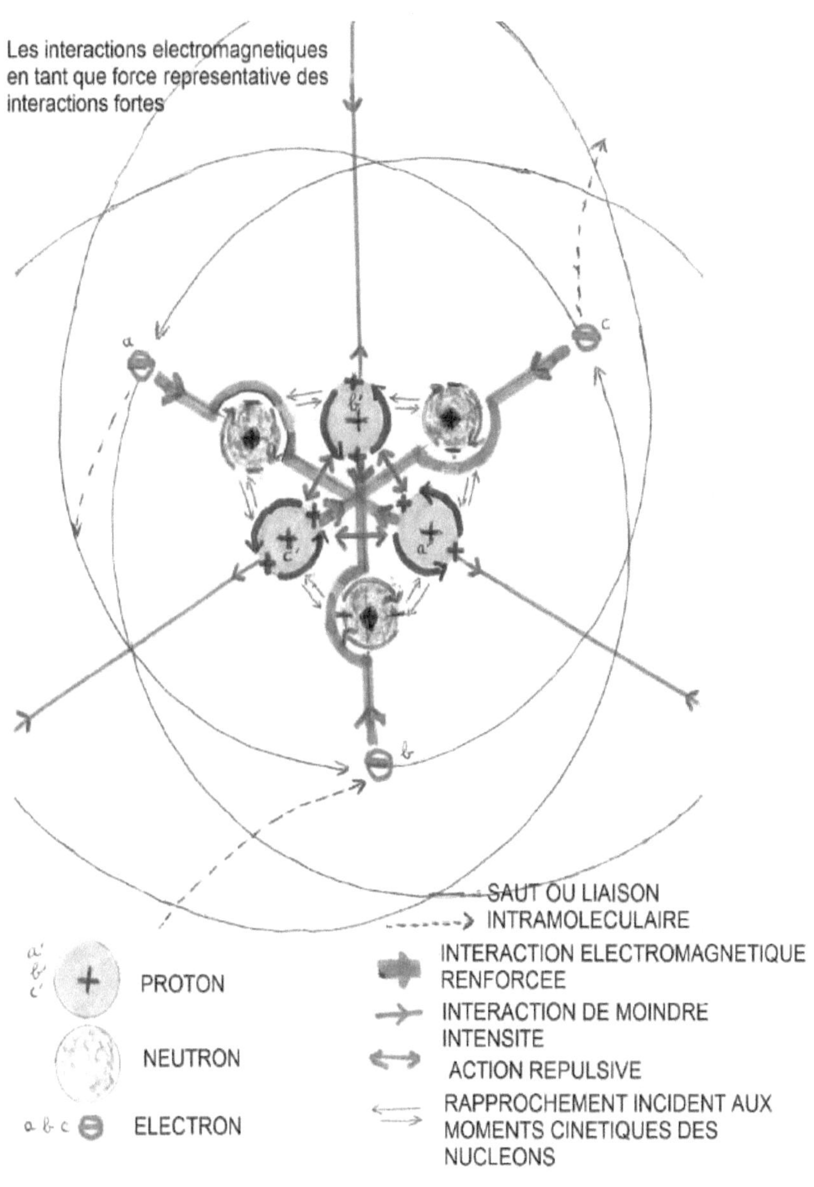

Atome de lithium

ESPACE/TEMPS   ET   SYMETRIE D'UNIVERS

LA PROBLEMATIQUE ACTUELLE
**DANS UN UNIVERS EN
EXPANSION**
LA SYMETRIE EST ABSENTE

↓

68% ENERGIE SOMBRE

HYPOTHETIQUE (!)
(pour justifier de l'expansion apparente de
l'Univers)

AVEC DISPERSION RETROGRADE

DANS UN UNIVERS EN DEPRESSION
*LA SYMETRIE EST PRISE EN COMPTE
POUR SES EFFETS GRAVITATIONNELS*

↓

l'expansion de l'Univers est considérée comme un

effet d'optique /

dû en réalité à la dépression
énergétique de l'espace

27% MATIERE NOIRE SUPPOSEE (!) (pour justifier de la totalité des effets gravitationnels observés)	↑↑↑↑ EFFETS GRAVITA- TIONNELS OBSERVES	**50% ANTIMATIERE/ENERGIE** (effets gravitationnels partagés)
5% MATIERE/ENERGIE CONNUE		**50% MATIERE/ENERGIE APRES REEVALUATION DES MASSES EN PRESENCE**

SOIT 100% DU CONTENU PAR
DEFAUT
DE NOTRE UNIVERS
OBSERVABLE

SOIT 100% DU CONTENU ENERGETIQUE

D'UN UNIVERS EN SYMETRIE
inclus champs électromagnétiques

VIII <u>Une singularité qui n'aurait rien de singulier</u>
(Et qui, hors du temps, se conjuguerait au pluriel)

La notion d'énergie demeure fondamentalement définie à partir de ses manifestations observables : mouvement, transformation de la matière, transfert thermique ou rayonnement. En dehors de ces phénomènes mesurables, l'énergie ne dispose pas d'une définition intrinsèque indépendante de ses effets. Toute tentative de la caractériser autrement se heurte ainsi à la dépendance inévitable à l'observation et à toute prise de mesure.

À toute échelle considérée, de la particule élémentaire aux structures cosmologiques, les manifestations de l'énergie semblent s'inscrire dans un processus global de relaxation vers un état d'équilibre cosmologique. L'hypothèse retenue ici est que tout processus physique admissible participe, directement ou indirectement, à la résorption progressive du déséquilibre initial introduit lors de l'événement cosmologique primordial communément désigné comme le Big Bang. Tout phénomène qui ne contribuerait pas, à terme, à cette dynamique de rééquilibration serait alors exclu du champ des processus physiquement réalisables. Les interactions faibles peuvent dans cette optique, être envisagées comme l'une des expressions fondamentales de cette dynamique d'évolution irréversible.

Sur le plan formel, l'énergie E est quantifiée différemment selon la nature du support physique considéré.

Pour les particules dotées de masse — principalement les fermions — l'énergie totale s'écrit :

$$E = mc^2 + K$$

où m désigne la masse au repos (entendue comme masse intrinsèque indépendante du mouvement), c la vitesse de propagation des ondes électromagnétiques dans le vide, et K l'énergie cinétique associée à la variation de mouvement dans un référentiel donné.

Pour les phénomènes où la masse n'est pas révélée — en particulier dans le cas des ondes électromagnétiques assurant les interactions et la cohésion de la matière — l'énergie est décrite par la relation de Planck :

133

$$E = hf$$

où *h* est la constante de Planck et *f* la fréquence du rayonnement.

Dans le premier cas, s'agissant d'énergie potentielle de masse, la constante est la vitesse de déplacement du photon ($\approx$ 299792 km/s) élevée au carré.

Dans le second cas, de façon plus arbitraire mais judicieusement choisie, la constante est donnée par la formule de Planck (± 6.63 x 10^{-34} j/s). La constante de Planck est censée représenter un certain rapport constaté entre la fréquence d'onde et l'énergie portée par cette même onde. Elle induit que l'énergie d'une particule ne peut être mesurée en dessous d'un certain seuil ainsi défini.

On peut néanmoins se poser la question de savoir si les constantes f et c ne pourraient varier dans le temps de façon significative (voir chap. XVIII).

Ces 2 équations signifient qu'une masse, représentative d'une quantité donnée d'énergie, peut se traduire en termes de fréquences d'ondes par référence à la constante de Planck. **Cette équivalence validerait l'idée de particules considérées comme le produit d'intrications radiatives.**

M x c^2 = h x f n'a de sens qu'en faisant référence à un environnement contextuel fait d'espace (km parcourus) et de temps (secondes écoulées). L'espace/temps est un cadre d'analyse incontournable pour l'observateur que nous sommes. Décrire dans la durée sans faire référence à l'espace semble impossible et inversement. Ceci explique pourquoi nous ne sommes pas en mesure de décrire une antimatière qui ne partage pas le temps qui est le nôtre et occupe une dimension d'espace en quelque sorte parallèle.

Pour revenir à la célèbre formule d'Einstein, E= mc^2 et sans vouloir s'engager plus avant dans le domaine des mathématiques, comment expliquer que le photon, particule dépourvue de masse, soit malgré tout, vecteur porteur d'énergie. En fait, cette équation ainsi formulée, répond au cas particulier d'une particule de masse considérée au repos, sans mouvement c'est-à-dire sortie de tout référentiel gravitationnel et de déplacement. Or, ce cas de figure est purement théorique.

En réalité, E=mc^2 est une formule simplifiée de l'équation $E^2=m^2c^4+p^2c^2$ dans laquelle :

E : est l'énergie portée par la particule ou le corps considéré

M : est la masse au repos ou masse intrinsèque quand la quantité de mouvement (p) est supposée égale à 0.

c : est la vitesse de la lumière

p : est la quantité de mouvement que détient toute particule.

134

Pour une particule sans masse (m = 0), ce qui est le cas des photons représentatifs des OEM, nous obtiendrions avec la formule simplifiée :
E = 0 x c² soit E = 0 alors qu'en partant de la formule générale nous obtenons :
E²=0 x c⁴ + p²c² soit **E=pc** (p étant censé représenter les oscillations de champs électriques et magnétiques se faisant perpendiculairement l'un à l'autre).
Ce résultat est conforme à l'idée que l'énergie des photons, autrement dit des OEM, réside bien dans leur seule vitesse de propagation, traduite en fréquence et amplitude d'ondes. Les OEM apportent, de la sorte, sans transport de matière, de l'énergie additionnelle (cinétique) aux particules de matière. L'énergie/masse de ces dernières varie avec l'apport de mouvement intrinsèque qui leur est ainsi conféré. Si le photon représente une unité de mesure d'énergie associée aux OEM, la particule de masse en tant que paquet d'ondes intriquées peut se comprendre comme une concentration de photons potentiels confinés dans une forme d'unification par contact ou de polarisation circulaire en structure fermée. La particule de masse aurait la particularité de n'être pas plus représentatif d'espace occupé qu'un point qui par définition n'a aucune dimension. En d'autres termes, la masse intrinsèque pourrait se définir comme le niveau d'intrication radiative caractérisant toute particule de matière (voir paquet d'ondes au chap. V).

Une particule observée dévoile un état ramené aux seules propriétés qu'un observateur est en capacité de plus ou moins présupposer avant mesure. Ces propriétés qui sont en réalité prescrites par le choix des outils de mesure et modalités d'observation, relèvent d'une vision réductrice propre à l'observateur. C'est ce qu'on appelle la réduction de paquet d'onde. Elle conduit de façon simpliste mais logique à définir la particule ou tout système observé, en termes de masse, de charge électrique, de spin, de couleur notamment.

Il faut aussi considérer que certaines de ces propriétés qui sont du reste, étroitement corrélées entre elles et interdépendantes, ne peuvent être attribuées à certains types de particules. En effet, les photons n'ont pas de masse, les neutrinos n'auraient pas de charge électrique, les électrons libres n'ont pas de spin, les leptons ne posséderaient pas de charge de couleur (ce terme n'étant pas à prendre, ici, au sens littéral). Ce qui fait les propriétés d'une particule, ne serait-ce pas plutôt, son potentiel à interagir avec toute autre particule en capacité de le faire avec elle ? Or ce potentiel ne peut être déterminé que de façon aléatoire ou statistique, compte tenu du fait que la

135

mécanique quantique qui ne cesse de construire et déconstruire, est pour l'essentiel imprévisible car insuffisamment comprise.

La masse confère une réalité opératoire aux phénomènes observés. Toute observation est nécessairement référée à la matière, et l'observateur comme le système observé partagent une dépendance commune à un état matériel donné.

Les ondes électromagnétiques, dépourvues de masse et de charge, ne présentent pas de symétrie différenciée et interagiraient de manière équivalente avec la matière et l'antimatière. L'énergie qu'elles transportent participe simultanément aux processus de structuration et de déstructuration de l'Univers.

À énergie équivalente, une correspondance formelle existe entre mc^2 et hf, suggérant une substituabilité partielle entre matière baryonique et rayonnement. Toutefois, dans les régimes extrêmes que constituent les singularités cosmologiques — qu'il s'agisse de l'état initial du Big Bang ou d'un état final d'Univers refroidi et annihilé — les constantes c et h, intrinsèquement liées à la notion de temps, perdent leur pertinence descriptive. En l'absence de temporalité, ces états échappent à toute représentation physique conventionnelle et justifient l'usage l'emploi du terme de singularité.

L'énergie extrêmement concentrée lors du Big Bang ne pouvait être régie par des lois physiques inexistantes à l'origine et qui ne s'appliquent qu'à l'Univers postérieur à l'émergence du temps. Les théories développées depuis la relativité et la mécanique quantique demeurent valides dans leur domaine d'application, c'est-à-dire au-delà du mur de Planck. Les unités de Planck servent alors d'outil formel pour délimiter le champ du descriptible, tout en suggérant l'existence d'un régime antérieur de nature virtuelle, reposant sur des symétries quantiques inaccessibles à l'observation mais constitutives de l'Univers observable.

Phase primordiale : Big Bang et émergence des structures physiques

Le Big Bang peut être décrit comme un **événement-limite**, ou plus précisément comme un **non-événement au sens dynamique**, dans la mesure où il ne correspond ni à une transition de phase mesurable, ni à un processus évolutif doté d'une durée définissable. Il constitue l'**instauration simultanée de l'espace et du temps**, rendue effective par l'apparition des premières interactions physiques. Avant cette ouverture, les notions mêmes de changement, de causalité ou de température ne sont pas opérantes.

L'énergie primordiale associée à cet état initial ne présente aucune symétrie différenciée. Les fréquences d'ondes n'y sont pas encore distinguables, leur distribution étant assimilable à un état lissé et indifférencié. Les modalités ultérieures de conservation, de transformation et de structuration de cette énergie détermineront l'ensemble de l'histoire évolutive de l'Univers.

La rupture d'équilibre cosmologique introduite par le Big Bang engendre un champ d'énergie extrêmement élevé, déployé dans un espace encore dépourvu de structure gravitationnelle. Cette énergie, d'intensité incommensurable, peut être interprétée comme une impulsion initiale annonçant l'émergence de l'électromagnétisme, sous la forme d'un rayonnement de très haute énergie, comparable à des rayonnements gamma de fréquences alors inédites. À mesure que l'Univers se déploie, des longueurs d'ondes différenciées apparaissent, ouvrant la voie aux phénomènes d'intrication radiative et, ultérieurement, à la nucléosynthèse primordiale.

L'énergie primordiale ne peut être décrite en termes de température, celle-ci étant une grandeur thermodynamique liée à l'entropie et supposant une temporalité déjà établie. Le temps devient pertinent avec l'apparition des premières intrications radiatives, à partir desquelles se distinguent progressivement quarks, électrons, neutrinos, ainsi que d'autres particules élémentaires aujourd'hui disparues ou encore hypothétiques. Parmi cette diversité initiale, seules subsisteront les particules dont les propriétés et les interactions permettent une stabilité relative de l'énergie potentielle de masse.

Tous les processus imaginables ne sont pas physiquement autorisés. Les interactions et types de particules doivent satisfaire aux contraintes imposées par la rupture de symétrie initiale induite par le Big Bang. La complexité de l'Univers observable résulterait ainsi d'un ajustement fin de paramètres fondamentaux, non arbitraires, mais intrinsèquement liés aux

137

conditions initiales, et en quelque sorte préinscrits dans la dynamique originelle.

Cette contrainte se retrouve dans la description des systèmes atomiques, où le champ électronique est limité à un ensemble discret d'états permis. Ces conditions, loin d'être contingentes, garantissent la stabilité relative de la matière, condition nécessaire à son évolution ultérieure vers un état de déconstruction globale, interprétée ici comme un retour progressif à l'équilibre cosmologique. Cette dynamique pourrait culminer dans un état de concentration extrême de l'énergie, sous une forme excluant toute manifestation autre que celle associée aux trous noirs.

La chaleur constitue un indicateur permettant d'interpréter certains phénomènes primordiaux dans un Univers en cours d'ionisation, c'est-à-dire présentant les premières manifestations de charge. L'énergie primordiale, initialement diffuse, à la fois latente et cinétique, sans masse ni charge définies, est perturbée par l'apparition des intrications radiatives qui engendrent, de manière symétrique, des particules de matière et d'antimatière. L'occupation progressive de l'espace par des particules massives confère à l'Univers une inertie croissante, tout en libérant l'espace dit « vide ».

La chaleur est produite par l'agitation de la matière : un rayonnement, quelle que soit son intensité, ne génère pas de chaleur en l'absence de support matériel. Ainsi s'instaure une évolution irréversible au cours de laquelle l'énergie potentielle, associée aux effets gravitationnels, se substitue progressivement à l'énergie cinétique primordiale.

Les premières interactions s'accompagnent d'une élévation brutale, suivie d'une décroissance progressive de la température. Le rayonnement extrêmement intense interagit avec lui-même et avec la matière naissante, rompant l'uniformité initiale et générant des fluctuations locales d'intensité. Ces fluctuations se traduisent par l'apparition de fréquences associées à des longueurs d'ondes très courtes, révélant une granularité naissante du plasma primordial et une scission de l'énergie de masse en deux états symétriques.

À ce stade, l'espace-temps est opérationnel. La température continue de décroître, tandis que les longueurs d'ondes augmentent inversement à leurs fréquences. Les deux états symétriques de la matière commencent alors à interagir au sein d'un plasma excité, où se distinguent progressivement des courants électriques et des effets magnétiques. Les rayonnements gamma observés aujourd'hui constituent une rémanence indirecte de ces états initiaux, résultant principalement de collisions entre objets astrophysiques à très forte densité énergétique.

Ce plasma ionisé constitue le berceau d'une matière embryonnaire. Les premières particules issues de cet état comprennent :

- des neutrinos et antineutrinos résiduels (voir chap. XIII), jouant un rôle régulateur dans les échanges d'énergie lors des réactions nucléaires ;
- les quarks et antiquarks, constituants fondamentaux des noyaux atomiques ;
- les électrons et positrons, assurant l'équilibre de charge autour des noyaux.

Le plasma primordial associé au Big Bang ne doit pas être confondu avec les plasmas accessibles expérimentalement. Il s'agit d'un état transitoire extrême, distinct tant du plasma de fusion que de celui associé aux trous noirs. Ces états plasmatiques peuvent être interprétés comme des phases de transition marquant le début, l'évolution et la fin de l'Univers.

Le plasma primordial peut être décrit comme une configuration énergétique instable, dépourvue de température significative et excluant toute description corpusculaire classique. Les irrégularités qui s'y développent, sous forme de rayonnements primordiaux, interagissent entre elles et constituent progressivement les ondes électromagnétiques connues. Les intrications radiatives transforment alors cette configuration énergétique en une soupe plasmatique peuplée de primo-particules chargées, embryons des neutrinos actuels et, indirectement, des particules massives.

Lorsque la température atteint un maximum puis décroît, apparaissent des particules de charges opposées, dotées de spins identiques, dans un contexte de symétrie brisée. Après le franchissement du mur de Planck, les interactions électromagnétiques deviennent opérantes : les charges opposées s'attirent, les charges identiques se repoussent, tandis que certaines particules neutres contribuent à la stabilisation globale du système.

139

Avec la poursuite du refroidissement, l'espace et le temps prennent une signification pleinement définie. Les primo-particules évoluent en quarks, électrons et neutrinos. La formation des nucléons précède celle des noyaux atomiques, puis des ions. La nucléosynthèse primordiale marque la sortie du régime plasmatique, relayée ultérieurement par la nucléosynthèse stellaire.

Les électrons interagissent avec les noyaux nouvellement formés, assurant l'équilibre électromagnétique de l'atome. Le regroupement des atomes permet la formation de nuages d'hydrogène et d'hélium, puis de molécules, d'objets stellaires et de galaxies. Les structures à grande échelle ainsi constituées interrogent l'hypothèse d'une homogénéité parfaite de l'Univers.

Conscient du caractère spéculatif de cette description, il convient de rappeler que le modèle cosmologique standard, bien qu'incomplet et débattu, fournit un cadre interprétatif cohérent pour décrire l'environnement cosmique dont nous faisons partie. Un état plasmatique exotique, dépourvu de température significative, pourrait réapparaître dans un Univers refroidi en voie d'effondrement, notamment au sein de trous noirs massifs.

À l'époque actuelle, protons, neutrons et électrons constituent les configurations stabilisées de la matière construite. Les neutrinos, découverts plus tardivement, joueraient un rôle régulateur dans les échanges d'énergie, facilitant certaines interactions quantiques sans perturber la neutralité électrique des atomes. Les photons demeurent les vecteurs fondamentaux des transferts d'énergie, assurant l'équilibre dynamique des forces au sein des atomes et des molécules.

Les interactions électromagnétiques à l'échelle subatomique produisent des effets d'attraction analogues, dans leur manifestation globale, à ceux attribués à la gravitation à l'échelle macroscopique. Cette analogie suggère que la gravitation pourrait résulter, à grande échelle, de la superposition d'interactions quantiques contribuant localement à la neutralité de charge.

Le neutron peut être interprété comme le produit d'une transformation du proton par capture d'un électron et d'un antineutrino. Instables à l'état libre, les neutrons assurent au sein du noyau atomique un rôle de stabilisation, compensant la répulsion électrostatique entre protons. Les électrons, par leurs propriétés de charge et de liaison, sont déterminants dans l'édification de la matière construite.

140

Interactions électron–photon et stabilité de la matière

Lorsqu'un électron absorbe un photon, il acquiert une énergie supplémentaire sous forme d'énergie cinétique, ce qui se traduit, par équivalence masse–énergie, par une augmentation de sa masse effective. Cette acquisition d'énergie modifie l'état quantique de l'électron et se manifeste par une transition vers un niveau énergétique plus élevé. L'électron se trouve alors statistiquement plus éloigné du noyau atomique auquel il est associé, et peut, dans certaines configurations, devenir partagé entre plusieurs noyaux atomiques. Ce partage constitue le mécanisme fondamental des liaisons moléculaires, dans lesquelles un ou plusieurs électrons participent simultanément à la cohésion de plusieurs atomes.

Inversement, lorsqu'un électron émet un photon, il perd une fraction de son énergie cinétique. Cette perte d'énergie se traduit par une transition vers un état quantique de plus basse énergie, correspondant à une orbite plus proche du noyau. Ces processus d'absorption et d'émission illustrent que les interactions atomiques et moléculaires relèvent essentiellement de transferts d'énergie entre états ondulatoires différenciés, organisés autour d'un équilibre global de charge et d'énergie.

L'état stationnaire d'une particule ou d'un atome est généralement défini, dans une approche idéalisée, comme un état d'équilibre ne présentant aucune interaction observable. En pratique, cet état correspond plutôt à une situation dynamique stable, au sein de laquelle des échanges d'informations — au sens quantique — se poursuivent en permanence. Ainsi, un électron décrit des trajectoires probabilistes caractérisées par une distribution spatiale et une vitesse variable, échangeant continuellement des informations avec le noyau auquel il est associé ainsi qu'avec les atomes voisins impliqués dans des forces de liaison.

La stabilité relative des molécules repose sur cette dynamique d'échanges continus. À l'échelle atomique, les électrons interagissent entre eux tout en maintenant des distances moyennes compatibles avec l'équilibre du système. Ils forment collectivement un nuage électronique, structure distribuée et corrélée, couplée à un noyau constitué de quarks globalement porteurs d'une charge opposée. Ce nuage ne correspond pas à des trajectoires classiques individualisées, mais à une superposition d'états quantiques intriqués.

141

Lorsque les atomes se rapprochent, leurs nuages électroniques interagissent par influence électromagnétique, permettant un partage partiel des électrons de valence. Ce partage est à l'origine des liaisons chimiques et conditionne la formation de structures moléculaires stables. Les ondes électromagnétiques jouent un rôle central dans ces processus, en assurant le transfert d'énergie nécessaire aux transitions électroniques, que ce soit par absorption ou émission de photons.

En résumé, les photons, en modulant l'énergie, la vitesse et la distribution spatiale des électrons, rendent possibles les liaisons moléculaires et confèrent à la matière construite une structure relativement pérenne. Dans la perspective développée ici, l'hypothèse selon laquelle les photons pourraient interagir de manière discrète avec l'antimatière n'est pas sans conséquence sur leurs interactions avec la matière, et pourrait influencer subtilement les mécanismes d'échange d'énergie et de stabilité des systèmes atomiques.

Déconstruction autoprogrammée du système binaire d'univers en symétrie quantique

Les ondes électromagnétiques (OEM), en phase de dispersion, d'absorption et de réfraction, perdent progressivement en amplitude. Aux débuts de notre Univers, ces ondes, caractérisées par des amplitudes très élevées et des fréquences importantes, ont continué, durant une période extrêmement brève et à un rythme décroissant, à s'enchevêtrer et à interférer, favorisant la formation de particules élémentaires. Ces particules se sont ensuite assemblées pour former principalement des atomes légers d'hydrogène.

Une fraction de l'énergie cinétique primordiale a ainsi été mobilisée et intégrée à la matière. La température globale de l'Univers décroît continûment. Les OEM manifestent un allongement généralisé de leurs longueurs d'onde, et leur spectre lumineux se décale vers le rouge. Cette observation a inspiré une hypothèse aujourd'hui abandonnée, dite du « vieillissement des photons », élaborée notamment pour soutenir l'idée d'une expansion cosmique sans recourir explicitement à la dynamique de l'espace.

Dans un Univers de plus en plus refroidi, ces photons libres, devenus pauvres en énergie, développeraient des longueurs d'onde radio extrêmement étendues, jusqu'à ce que l'espace, dilaté à l'extrême, paraisse vidé de toute occupation significative. Toutefois, dans l'hypothèse retenue ici, l'énergie totale contenue dans un univers ne subit aucune déperdition réelle. À l'ultime étape de son évolution, cette énergie se retrouverait intégralement consignée dans des TNMM.

La totalité de l'énergie contenue dans un système binaire d'univers en symétrie quantique, à tous les stades de son évolution, pourrait s'exprimer essentiellement comme la somme de :

- l'énergie potentielle mc^2 associée aux masses inertes présentes dans chaque symétrie ;
- l'énergie cinétique $\pm\frac{1}{2}mv^2$ correspondant aux mouvements de l'ensemble de la matière et de l'antimatière ;
- l'énergie cinétique hf portée par les rayonnements électromagnétiques de l'espace dit « vide », interférant entre les deux symétries.

Les masses augmenteraient ainsi progressivement en densité jusqu'à ce que, dans un Univers en fin de vie réduit à la seule présence de TNMM, la matière et l'antimatière déstructurées ne manifestent plus qu'une agitation résiduelle. La constante c, représentant la vitesse de la lumière, tendrait alors à devenir une constante dépourvue de portée physique effective. De même, le niveau moyen des fréquences des OEM évoluerait lentement mais inexorablement vers des valeurs toujours plus faibles, de sorte que la constante de Planck h révélerait à terme une valeur devenue non significative dans ce contexte limite.

Onde et corpuscule, rayonnement et matière constituent ainsi deux représentations d'une même quantité d'énergie. À l'origine de ses constituants quantiques, la matière conserverait l'empreinte d'une symétrie brisée. Cette symétrie serait double. Elle impliquerait, d'une part, des interactions de charge entre particules et antiparticules de même nature, et

143

d'autre part, des interactions de charge, propres à chaque symétrie, entre particules de nature différente.

Ainsi, les antiélectrons porteraient une charge positive, inverse de celle des noyaux constitués d'antiquarks, lesquels présentent des charges élémentaires de signes opposés mais une charge globale négative. L'antimatière serait, comme la matière, globalement neutre. **Cette neutralité de charge, partagée à tous les niveaux d'organisation, permettrait par coalescence progressive des charges un retour vers un équilibre cosmologique initialement rompu.**

Dans le cas de l'électron, celui-ci peut être décrit comme un faisceau d'ondes associé à une orbite plurielle, ou plus précisément à une ellipse fluctuante, maintenue à distance du noyau atomique. L'orbite, censée représenter la trajectoire d'une particule telle que l'électron, constitue essentiellement une représentation heuristique d'un atome à l'état d'équilibre. Rien n'indique que l'électron, en tant que particule localisée, tourne physiquement autour du noyau.

L'électron est lié au noyau selon une configuration déterminée par l'équilibre global des charges de l'atome, lui-même dépendant du contexte moléculaire plus ou moins stable dans lequel il s'inscrit. L'atome devient alors un système distinct et identifiable, manifestant une présence physique que l'on peut situer dans l'espace et le temps de la relativité. À l'inverse, la notion de particule orbitant autour du noyau disparaît dès lors que l'électron est considéré comme un objet quantique délocalisé, insusceptible d'un positionnement précis.

L'espace 3 D représente un cadre de positionnement obligé que nous ne pouvons conceptuellement dissocier d'un temps d'observation aussi court soit-il, pour tout sujet observé. Ce temps qui passe dans un environnement où l'entropie ne cesse de changer la donne, fait que nous éprouvons le besoin de donner une position précise à ce qui serait fondamentalement de nature ondulatoire et donc non véritablement localisable. Nous sommes donc amenés à considérer la particule observée comme s'il s'agissait d'un objet macroscopique avec un comportement classique alors que dans tous les cas, une telle position ne peut être que relative.

Toutefois, l'exigence de neutralité de charge de l'atome impose la présence d'un nombre d'électrons égal au nombre de protons du noyau, ces électrons partageant une synergie sous forme d'orbitales. Celles-ci ne peuvent leur être attribuées de manière définitive, mais résultent de l'instabilité relative des équilibres de charge assurant l'assemblage moléculaire. L'horizon électronique de l'atome, globalement de charge négative, ajuste son intensité en se distribuant sur des orbitales adaptées à la masse et à la configuration de chaque atome.

Le noyau, dont la charge n'est pas uniformément répartie, ajuste sa structure protons-neutrons en cohérence avec les moments cinétiques de l'horizon électronique. Il s'établit ainsi un équilibre fin, gouverné principalement par l'électromagnétisme, résultant d'échanges permanents entre le noyau, le nuage électronique et les atomes voisins.

Par simple effet de charge, l'électron, considéré comme un paquet d'ondes intriquées sans dimension spatiale propre, devrait être attiré vers le proton du noyau qui lui correspond. Or, proton et électron étant tous deux des paquets d'ondes intriquées sans extension spatiale, le point de périgée de l'électron — dont la vitesse dans le vide est proche de celle de la lumière — ne peut se situer qu'au plus près du noyau, sans interaction directe avec celui-ci. Autrement dit, noyau et orbitales électroniques interfèrent mais demeurent spatialement disjoints. Si tel n'était pas le cas, la matière serait instable et l'Univers ne pourrait se structurer durablement.

L'électron quitterait le noyau s'il était dépourvu de masse, à l'image du photon, ou entrerait en collision avec lui s'il possédait un excès de masse, sauf à ajuster en permanence sa vitesse et son périgée orbital. Sa charge est en adéquation avec sa masse, aussi faible soit-elle (environ 1/1850 de celle du proton). D'infimes variations de masse, liées à sa vitesse et à sa trajectoire, lui permettent de maintenir la distance nécessaire au noyau. Ces ajustements énergétiques, assurés par l'absorption ou l'émission de photons, autorisent également l'électron à changer d'atome. Aucun noyau ne lui est affecté de façon définitive. En sautant d'une orbitale à une autre ou en changeant de partenaire atomique, l'électron cesse d'appartenir à l'atome considéré comme entité discrète. Il structure la matière en se déplaçant au sein d'un champ moléculaire en perpétuelle évolution, sa vitesse variant continuellement en fonction de cet environnement.

Le noyau atomique peut être envisagé comme un centre minimaliste de gravité. Il est constitué de quarks regroupés en protons et en neutrons. Les protons portent la charge positive nécessaire à l'équilibre électrostatique avec les électrons, tandis que les neutrons, assimilables à des protons neutralisés par modification de leur structure interne, assurent la compacité du noyau sans affecter la neutralité globale de l'atome.

Le photon, particule dite virtuelle en raison de l'absence de masse au repos, permet de rendre compte des pertes et gains d'énergie des électrons en transportant des quanta d'énergie entre eux.

On peut supposer qu'une phase ancienne de délestage à l'échelle subatomique explique la rareté actuelle des quarks lourds (C, T, S, B), lesquels se seraient fragmentés en quarks plus légers (U et D). De manière analogue, des générations de fermions plus massifs que les neutrinos et les électrons actuels auraient pu peupler abondamment le jeune Univers avant de disparaître.

Des échanges permanents s'instaurent, dictés par la nécessité de préserver l'équilibre fragile de la matière. Protons et électrons, de charges opposées et remarquablement stables en dehors des interactions nucléaires, réalisent actuellement un état d'équilibre transitoire de la matière. Cette phase ne constituerait qu'une étape préalable dans l'évolution cosmique, menant ultimement à un retour vers un équilibre global et à un effondrement final.

Imaginer que les protons conservent une mémoire indélébile de leur histoire depuis l'origine supposerait que le temps ait un sens à l'échelle des particules élémentaires. Or, rien n'indique que cette notion soit pertinente à ce niveau fondamental. Leur histoire ne pourrait de toute façon remonter au-delà de ce que l'on désigne comme le mur de Planck, correspondant aux premières intrications radiatives constitutives de la matière.

Dès lors, étant nous-mêmes constitués de ces particules assemblées en atomes et en molécules, pouvons-nous réellement formuler autrement que par hypothèses ce qui serait à l'origine de notre propre émergence ? Prétendre remonter au-delà de cette singularité, improprement qualifiée de cause première, demeure hautement spéculatif. Pourtant, c'est bien cette tentative qui sous-tend nos notions d'infini, d'éternité, ou encore le recours à des entités métaphysiques destinées à combler les lacunes de notre compréhension.

Si les protons et les électrons présentent une stabilité et une durée de vie possiblement comparables à celle de l'Univers, il n'en va pas de même de l'atome. Celui-ci résulte d'une succession de réactions nucléaires de fusion et de fission à partir de l'hydrogène primordial. Les atomes d'hydrogène ionisés, point de départ de la structuration de la matière, se sont rassemblés en nuages moléculaires appelés régions H II. En se densifiant et en absorbant l'énergie portée par les OEM, ces nuages ont donné naissance aux étoiles.

Ces dernières ont produit, par nucléosynthèse secondaire, les éléments plus lourds, qui ont été en partie dispersés lors d'effondrements stellaires (supernovæ, hypernovae), à l'origine des planètes, des étoiles à neutrons, des trous noirs et des galaxies. Les premiers regroupements massifs de matière, assimilables à des protogalaxies géantes, se seraient ainsi formés à partir de nuages d'hydrogène ionisé particulièrement denses.

L'Univers primordial présenterait une topologie initialement peu différenciée, en l'absence d'effets gravitationnels marqués. Des courants de matière à vitesses relativistes auraient progressivement distingué des régions denses, provoquant une élévation locale de la température et amorçant la formation de ces protogalaxies. En contrepartie, de vastes régions pauvres en matière se seraient développées, dessinant à grande échelle la structure en toile d'araignée observée aujourd'hui. Ces zones ne seraient pas totalement vides et pourraient abriter des trous noirs isolés extrêmement massifs, vestiges d'anciennes galaxies englouties par leur trou noir central.

Les propriétés de l'espace dans l'Univers primordial suggèrent ainsi que ces premières galaxies disparues atteignaient des dimensions sans commune mesure avec celles formées ultérieurement, dans un espace déjà appauvri en gaz et en particules libres. Des galaxies gigantesques, dotées de trous noirs centraux très actifs et alimentés directement par un hydrogène abondant, auraient ainsi pu se constituer rapidement.

À un moment donné de son existence, un atome possède un noyau plus ou moins massif, ce qui conditionne directement son degré de stabilité. La stabilité atomique dépend en premier lieu de la composition du noyau. Les atomes les plus stables sont ceux dont la masse atomique — définie comme la somme des masses des protons et des neutrons — demeure relativement faible. Peu d'isotopes sont stables au-delà d'une masse atomique de 209, et tous les isotopes de masse atomique supérieure à 238 sont instables. Par ailleurs, lorsque le nombre de protons dépasse 82, les interactions nucléaires ne suffisent plus à garantir l'intégrité du noyau. Il en va de même pour les noyaux de masse atomique 43 et 61, pour lesquels aucun isotope stable n'est connu.

Dans ces limites, les isotopes sont en général stables lorsque le nombre de protons et de neutrons est comparable, à quelques exceptions près, comme le béryllium-8, qui joue néanmoins un rôle transitoire dans la nucléosynthèse stellaire des éléments plus lourds, notamment le carbone. De plus, au-delà de 137 protons dans un noyau, il semblerait que celui-ci ne soit plus en mesure de maintenir des orbitales électroniques stables pour plus de 137 électrons, les interactions de liaison devenant alors insuffisantes. L'équilibre de la matière apparaît ainsi comme intrinsèquement fragile.

Les atomes présentent une stabilité accrue lorsque leurs orbitales électroniques sont remplies, comme c'est le cas du deutérium ou du plomb-208. De même, les noyaux atomiques sont relativement pérennes lorsque les « couches » de nucléons sont saturées, ce qui renforce l'énergie de liaison (exemples : hélium-4 et plomb-208, ce dernier étant doublement stable). Il convient toutefois de préciser que la notion de couche quantique employée ici ne doit pas être comprise au sens classique de strates spatiales superposées.

Le neutron n'a d'existence durable que lorsqu'il est confiné au sein d'un noyau atomique, en présence de protons. Cela conduit à considérer que les protons ont besoin de s'associer à ces particules composites électriquement neutres pour se regrouper de manière stable, durable et pour permettre l'augmentation de la masse atomique. À l'exception de l'isotope le plus courant de l'hydrogène, constitué d'un seul proton et d'un seul électron, les noyaux atomiques ne peuvent se former de façon stable sans neutrons.

Se pose alors la question de la très courte durée de vie moyenne du neutron libre — de l'ordre de quinze minutes — comparée à l'extrême longévité du

148

proton. Le neutron est une particule composite constituée de quarks et globalement neutre sur le plan électrique, contrairement au proton, qui porte une charge positive. Alors que l'antiproton possède une charge négative, opposée à celle du proton, l'antineutron présente la même neutralité électrique que le neutron. La corrélation quantique associée à la symétrie, distincte de l'intrication quantique non locale entre particules de même symétrie, ne serait donc pas de même nature pour le couple proton–antiproton que pour le couple neutron–antineutron.

On peut se demander si cette différence de symétrie ne contribuerait pas à expliquer l'instabilité du neutron libre, c'est-à-dire non confiné dans un noyau atomique. Toutefois, cette hypothèse, fondée sur une synergie liée à la symétrie quantique, demeure à élucider.

C'est sur cette base que la matière se structure et se densifie, conduisant à la formation d'étoiles massives, puis d'étoiles à neutrons, avant de se déstructurer finalement sous forme de trous noirs stellaires. L'atome ne cesse de changer de configuration, principalement selon deux mécanismes.

Le premier est la nucléosynthèse, sous l'effet de températures et de pressions élevées régnant au cœur des étoiles massives. Succédant à la phase d'intrication radiative, la nucléosynthèse correspond à la formation d'atomes plus lourds que l'hydrogène. Elle s'opère majoritairement dans les régions centrales des étoiles. Lors d'événements explosifs, cette nucléosynthèse peut produire des noyaux particulièrement lourds, comme le fer-56, l'un des atomes métalliques stables les plus massifs. Une partie de ces éléments lourds, notamment le carbone, l'azote et l'oxygène, est alors projetée dans l'espace et rejoint les particules diffuses du rayonnement cosmique, transportées par les interactions électromagnétiques.

Par ailleurs, ces événements violents — supernovæ et novæ — qui marquent la fin de vie des étoiles massives, fragmentent les atomes et dispersent leur cortège électronique. Les atomes plus légers ainsi produits, principalement l'hydrogène et l'hélium, contribuent à la formation de nouveaux nuages interstellaires.

149

Le second mécanisme est la photodésintégration, qui intervient à des températures de plusieurs milliards de degrés atteintes au sein d'étoiles extrêmement massives. Dans ce processus, les noyaux les plus lourds, soumis à un flux intense de photons de très haute énergie, sont fragmentés en noyaux plus légers.

Au fil de ces cycles dominés par la nucléosynthèse, les atomes légers tendent à devenir de plus en plus rares. À l'instar des particules libres du rayonnement cosmique, la totalité de la matière constituant les corps stellaires finirait par rejoindre les trous noirs d'un Univers en refroidissement progressif.

Les variations de masse s'effectuent par ajustements énergétiques successifs. Des particules dépourvues de charge électrique mais possédant une masse non nulle, les neutrinos électroniques — parfois notés v_e— participent à cet équilibre délicat, en contribuant à la redistribution de l'énergie lors des réactions nucléaires impliquant des transferts de quarks entre neutrons et protons. Dans cette logique de vecteurs d'interaction, des bosons sans charge et sans masse, tels que les gluons pour l'interaction forte et les photons pour l'interaction électromagnétique, jouent le rôle de médiateurs en encadrant ces échanges. D'autres bosons, W et Z, dotés de masses importantes et de charges nulles ou transitoires, interviennent également dans le noyau atomique, rendant compte des processus de délestage et de rééquilibrage associés à l'interaction électrofaible.

L'espace et le temps perdent rapidement leur caractère opératoire en physique quantique, où les interactions entre particules ne peuvent être décrites de manière satisfaisante en termes de trajectoires ou de déplacements. La difficulté réside dans le fait que nous assimilons spontanément ces interactions à des échanges, notion qui implique classiquement une distance parcourue et une durée de transmission de l'information. Pour les transferts de charge, cette difficulté est contournée par l'introduction du photon comme vecteur de la force électromagnétique. Des particules virtuelles, au sens de non directement observables, telles que les gluons, ainsi que les bosons W et Z, sont introduites pour rendre compte respectivement de l'interaction forte et des interactions faibles.

150

En « habillant » ainsi les interactions quantiques, ce formalisme met en scène des vecteurs d'échange — les bosons — sans lesquels, du point de vue d'un observateur soumis aux contraintes de l'espace et du temps, les transferts énergétiques resteraient inconcevables.

Dans une hypothèse de symétrie parfaite entre matière et antimatière, présentes en parts égales, il serait possible de se dispenser de l'introduction d'un nombre aussi important de bosons pour assurer les transferts d'énergie entre particules, ainsi qu'entre particules et antiparticules. Les photons demeureraient les vecteurs de l'énergie du vide et interviendraient dans des interactions de charge non observables entre symétries, ainsi que dans celles participant à l'équilibre de charge de la matière. Les ondes électromagnétiques, propres à chaque symétrie et évoluant dans des « dimensions » distinctes, joueraient alors le rôle de médiateurs discrets de ces échanges. Un tel archétype rejoint celui proposé par la théorie de la supersymétrie, selon laquelle chaque particule possède une particule partenaire associée, en particulier son antiparticule.

Ces interactions potentielles entre particules et antiparticules pourraient être représentées, de manière heuristique, par des objets unidimensionnels assimilables à des fils, rejoignant ainsi certains aspects de la très hypothétique théorie des cordes. Inscrite dans un contexte de Cosmos multivers et de chiralité — envisagés ici comme cause non reconnue — cette représentation fait écho au thème unificateur de la M-théorie.

Dans une approche plus globale, les bosons peuvent être compris comme des agents d'échange discrets opérant à la frontière « osmotique » entre deux symétries quantiques. Les particules, associées à ces bosons, acquièrent alors, du point de vue de l'observateur, la capacité de s'affranchir des distances. La théorie de la supersymétrie viserait, quant à elle, à attribuer à chaque particule élémentaire de matière des propriétés intrinsèques analogues à celles des bosons correspondants. Dans cette perspective, les bosons introduits par le modèle standard apparaîtraient comme un artifice de pensée, nécessaire pour décrire des phénomènes que nous ne savons pas encore expliquer autrement.

151

Fusion et fission nucléaires modifient en permanence nos champs d'observation à toutes les échelles. Ces interactions, qualifiées de faibles, constituent des manifestations spectaculaires d'événements accidentels mais nécessaires, destinés à corriger certains déséquilibres dans l'évolution pré-tracée de l'Univers. Favorables à la cohésion et au rassemblement de la matière, ne pourraient-elles pas résulter d'échanges discrets entre symétries quantiques, conduisant à une raréfaction progressive des éléments lourds à l'état libre et diffus ?

Un moyen de se représenter les forces à l'œuvre dans ce système binaire d'univers en symétrie consiste à leur attribuer une apparence physique compatible avec notre mode de représentation essentiellement cognitif. L'artifice logique retenu consiste à décrire les interactions entre paquets d'ondes intriquées — désignés ici comme particules — à l'aide de notions familières telles que la masse, la charge, la couleur, le déplacement ou les mouvements intrinsèques. À partir de ces critères, les constituants élémentaires de la matière sont classés en quarks, leptons et bosons.

Cette nomenclature répond à une vision analytique de l'Univers, mais la physique quantique suggère que particules et antiparticules, partageant les deux états symétriques d'un même système binaire d'univers, ne possèdent peut-être pas l'existence phénoménologique que nous leur attribuons. Cela n'a rien d'incohérent dès lors que l'on admet que particules et antiparticules s'annihilent lorsqu'elles se rencontrent. Dans cette perspective, tout devient potentiellement virtuel, l'énergie qu'elles représentent étant destinée à retourner à un Cosmos multivers dépourvu de réalité physique propre.

Qu'est-ce que l'énergie ?

Cette interrogation synthétise à elle seule une part essentielle de la problématique de la physique fondamentale. Malgré son usage central, l'énergie demeure difficile à définir de manière ontologique. Elle se manifeste empiriquement sous différentes formes, principalement à travers

152

les rayonnements et champs électromagnétiques, ainsi que par la matière et les champs gravitationnels qui lui sont associés. Ce constat descriptif, s'il permet de classer les manifestations observables de l'énergie, n'éclaire toutefois pas sa nature fondamentale. Dès lors, peut-on envisager une autre orientation permettant d'approfondir notre compréhension de ce principe qui semble à la fois structurer, gouverner l'évolution et, possiblement, conditionner la transformation ultime de l'Univers ?

Les avancées majeures dans ce domaine résultent fréquemment d'exercices de pensée qui s'écartent de schémas idéologiques plus intuitifs. Ces approches, souvent contre-intuitives, conduisent à remettre en question les notions usuelles d'espace et de temps, voire à en suspendre l'usage. À l'échelle de notre expérience ordinaire, la réalité physique est décrite à l'aide de grandeurs telles que la distance, la position, le déplacement, la durée et les échanges d'énergie, c'est-à-dire à travers les catégories de l'espace et du temps. Ainsi, dans l'expression bien connue $E = mc^2$, le terme c^2 renvoie à la vitesse de propagation de la lumière, définie comme un rapport entre une distance parcourue et une durée écoulée.

Cependant, au niveau de la mécanique quantique, et plus particulièrement dans un contexte d'intrication quantique, ces notions semblent perdre leur signification classique. La non-localité observée dans les systèmes intriqués suggère que l'espace et le temps ne constituent plus des paramètres pertinents pour décrire certaines corrélations physiques. L'intrication quantique caractérise un système composé de deux ou plusieurs particules partageant un état commun, à condition que leurs propriétés fondamentales — celles qui définissent leur nature de particules élémentaires — ne soient pas modifiées par une interaction extérieure. Les particules intriquées n'échangeraient de la sorte, ni énergie ni information au sens classique, mais forment un système global dont l'état est corrélé de manière prédéterminée. Cette corrélation peut donner l'illusion d'une interaction instantanée, indépendante de toute contrainte de vitesse, ce qui semble placer ces phénomènes en tension avec les principes de la relativité générale.

À l'échelle macroscopique et supra-atomique, la description de l'Univers repose traditionnellement sur trois principes fondamentaux, qui paraissent cependant mis à l'épreuve dans le contexte quantique :

153

- **le principe de localité**, selon lequel deux objets spatialement séparés ne peuvent interagir instantanément, toute influence étant limitée par la vitesse de la lumière ;
- **le principe de particularisme**, qui attribue à chaque entité physique des propriétés intrinsèques bien définies ;
- **le principe de causalité**, selon lequel tout effet résulte d'une cause antérieure inscrite dans une succession temporelle.

L'existence de systèmes de particules intriquées suggère une forme de non-séparabilité de leurs composants, bien qu'ils soient perçus comme spatialement distants. Cette non-séparabilité semble, a minima, remettre en question le principe de localité, en donnant l'impression que l'espace et le temps ne jouent plus leur rôle structurant habituel.

Une interprétation alternative consiste à supposer que les corrélations observées trouvent leur origine dans un ensemble de propriétés communes acquises lors de la genèse du système. Ces propriétés initiales, héritées d'un état antérieur unique, seraient conservées et partagées par les particules intriquées, indépendamment de leur séparation spatiale ultérieure. Cette hypothèse implique l'existence de variables discrètes non locales, dites *variables cachées*, qui ne sont pas explicitement prises en compte dans la fonction d'onde. Bien que fortement contre-intuitive, cette approche permet de préserver les principes de localité et de causalité en considérant que les violations apparentes des inégalités de Bell — mises en évidence par le paradoxe EPR — reflètent avant tout les limites informationnelles de l'observateur, incapable d'accéder à l'ensemble des paramètres quantiques du système.

Le recours aux variables cachées constitue ainsi un outil destiné à pallier l'impossibilité d'intégrer pleinement l'espace et le temps dans la description quantique. Il conduit à accepter une forme d'indéterminisme apparent, notamment illustré par l'impossibilité de mesurer simultanément la position et la vitesse d'une particule avec une précision arbitraire. Cet indéterminisme traduit moins une absence de détermination physique qu'une incomplétude de l'information accessible. Un système quantique intriqué ne peut alors être décrit de manière satisfaisante à l'aide des catégories classiques d'espace et de temps, si l'on admet que les propriétés intrinsèques des particules ne se définissent pas fondamentalement par leur localisation spatiale ou leur évolution temporelle.

154

Dans cette perspective, les variables cachées jouent le rôle d'un pont entre la physique classique et la mécanique quantique, en atténuant l'indéterminisme quantique et en invitant à repenser la notion d'espace-temps de manière moins restrictive. La particule élémentaire chargée pourrait ainsi être envisagée comme un acteur fondamental, encore mal identifié, dans l'émergence du phénomène gravitationnel, par une modification locale de la structure de l'espace.

Cette approche conduit finalement à remettre en question la vision globale que nous avons de l'Univers. Qu'il s'agisse de l'infiniment petit ou de l'infiniment grand, l'espace et le temps semblent perdre le caractère universel et invariant que nous leur attribuons à notre échelle. On peut alors formuler l'hypothèse que l'énergie, dans sa forme la plus fondamentale, ne dépendrait pas intrinsèquement de l'espace et du temps. Bien que cette idée soit profondément déstabilisante, il pourrait être plus pertinent de considérer qu'en mécanique quantique, espace et temps ne sont plus des entités dissociables, contrairement à ce que suggère notre expérience macroscopique.

À l'échelle des interactions entre particules élémentaires, les notions de localisation, de déplacement et de vitesse perdent leur caractère opératoire lorsqu'elles sont envisagées conjointement. La flèche du temps n'y apparaît plus comme un paramètre prédéfini, l'espace semble perdre sa structure métrique classique, et l'information paraît s'affranchir des contraintes imposées par la vitesse de la lumière. Ce constat, difficilement conciliable avec le principe de causalité tel qu'il fonde notre logique classique, alimente l'idée selon laquelle la mécanique quantique ne relèverait pas d'un déterminisme au sens traditionnel.

Les phénomènes de **superposition d'états**, d'**intrication quantique**, d'**effet tunnel** et de **délocalisation** s'écartent profondément des schémas de pensée issus de l'expérience classique. Leur caractère contre-intuitif suggère que les cadres conceptuels usuels, fondés sur une représentation spatio-temporelle continue et locale, sont soit insuffisants, soit inadaptés à la description des processus fondamentaux. Ces phénomènes conduisent en effet à envisager que les particules élémentaires, telles qu'elles sont décrites par la mécanique quantique, ne se définissent pas intrinsèquement par des coordonnées d'espace et de temps, même si l'extension collective de leurs interactions contribue à faire émerger, à l'échelle macroscopique, un espace-temps structuré. Celui-ci se manifeste alors sous la forme d'un ensemble

155

d'objets massifs interagissant principalement par des effets électromagnétiques et gravitationnels.

Admettre cette conclusion reviendrait toutefois à postuler une incompatibilité fondamentale entre la mécanique quantique des particules élémentaires, encore largement interprétative, et la physique classique ou relativiste, plus accessible expérimentalement, qui décrit le monde macroscopique. Une hypothèse alternative consiste à considérer que l'espace-temps n'est pas fondamental en soi mais représenterait une **propriété émergente** issue de la physique quantique. Dans cette perspective, notre difficulté à concevoir la transition entre l'infiniment petit et le monde matériel observable — qui tend vers l'infiniment grand — serait d'ordre ontologique : notre cognition, façonnée par l'expérience macroscopique, ne serait pas adaptée à la représentation directe de ce processus d'émergence. Cette limitation expliquerait en partie les obstacles rencontrés dans l'élaboration d'un modèle unifié valable à toutes les échelles d'observation.

Les notions de temps et d'espace s'inscrivent ainsi dans une compréhension essentiellement empirique, dépendant du point de vue de l'observateur. On peut alors formuler l'hypothèse selon laquelle le temps et l'espace émergent de la dynamique quantique sous-jacente. Les développements récents de la physique quantique suggèrent en effet que l'entité désignée comme *particule élémentaire* ne possède ni position spatiale déterminée ni temporalité intrinsèque. Les relations de cause à effet prennent alors sens uniquement lorsqu'elles sont transposées dans un contexte macroscopique, où l'espace et le temps apparaissent comme des paramètres effectifs permettant l'observation et la mesure. La notion d'espace-temps, en tant que structure mathématique unifiant espace et temps, conserve ainsi toute sa pertinence, mais uniquement relativement à l'échelle considérée. Il constitue le cadre indispensable à partir duquel se construit notre réalité vécue, compte tenu de nos capacités limitées d'observation et d'analyse.

Dans cette optique, l'espace-temps pourrait être interprété comme la prise de conscience, par un observateur, de sa capacité à intervenir localement sur un environnement perçu comme cohérent et stable dans un intervalle temporel donné. Cette prise de conscience implique nécessairement que tout acte de mesure induit une description partielle et réductrice du phénomène observé. Ce processus est désigné sous le terme de **décohérence quantique**. Il ne s'agit pas d'un défaut de la théorie, mais de la reconnaissance explicite

156

des limites cognitives et instrumentales qui contraignent notre appréhension de phénomènes susceptibles d'être à l'origine de l'Univers, d'en gouverner l'évolution et d'en déterminer le devenir. Par ailleurs, les outils et expérimentaux nécessaires à l'exploration de ces domaines deviennent de plus en plus complexes et difficiles à concevoir et à mettre en œuvre.

De ce point de vue, l'hypothèse d'une **énergie virtuelle** au niveau fondamental, bien qu'apparemment irrationnelle, mérite d'être envisagée. Le recours à des constructions abstraites est déjà largement admis dans d'autres domaines de la pensée, tels que la métaphysique, l'existentialisme ou les systèmes de croyance. Appliqué à la physique, un tel concept pourrait conduire à une réévaluation conjointe du modèle standard des particules et du modèle cosmologique qui en découle.

Toute observation repose sur la référence implicite à un intervalle de temps et à une région donnée de l'espace. Or, en mécanique quantique, les particules semblent s'affranchir des distances au sens classique. Affirmer qu'une particule peut occuper simultanément plusieurs positions, ou qu'une onde peut se propager sans limitation apparente de vitesse — comme le suggèrent l'effet tunnel ou l'effet de Hartman — revient à reconnaître que ces entités ne se conforment pas aux contraintes spatio-temporelles ordinaires. Cette situation entre en tension avec la relativité générale, dans laquelle la notion de simultanéité n'a pas de sens pour des événements spatialement séparés. Lorsque les distances perdent leur signification opérationnelle et qu'aucune observation directe ne peut être solidement établie, les particules élémentaires acquièrent un statut proche de celui d'entités virtuelles.

Dire qu'une particule est potentiellement présente en tout point signifie qu'elle peut changer d'état sans que ce changement puisse être expliqué localement. Cette propriété correspond au principe de **superposition d'états quantiques possibles**, qui autorise des transitions entre configurations symétriques dans un contexte de chiralité non directement observable, sans qu'il soit nécessaire d'introduire des particules supraluminiques hypothétiques telles que les tachyons. Bien que la physique expérimentale, notamment au sein du CERN, permette la création de particules et d'atomes exotiques, ces entités présentent généralement une durée de vie extrêmement brève. Leur instabilité traduit l'absence de rôle structurel durable dans l'Univers observable.

Enfin, l'incapacité à identifier directement les interactions discrètes reliant certaines symétries quantiques conduit à une description probabiliste des phénomènes observés. Faute d'accès à l'ensemble des paramètres sous-jacents, les grandeurs physiques ne peuvent être déterminées que statistiquement. L'incertitude n'apparaît alors pas comme une propriété ontologique nécessaire de la nature, mais comme la conséquence d'une information incomplète sur les mécanismes fondamentaux gouvernant les interactions quantiques.

Univers refroidi

Dans l'hypothèse d'un Univers parvenu à un état thermodynamique extrêmement évolué, dominé par des **TNMM**, la notion de vitesse de la lumière perdrait sa pertinence opérationnelle. Les ondes électromagnétiques auraient été intégralement absorbées par une matière profondément transformée, concentrée au cœur de ces structures, lesquelles ne présenteraient plus d'énergie thermique mesurable. Les degrés de liberté associés aux oscillations atomiques — vibrations, transitions électroniques ou excitations collectives — auraient disparu, les anciens constituants atomiques étant supposés avoir perdu toute individualité en se fondant dans un état global indifférencié. L'Univers atteindrait alors un état critique prolongeant celui qui précédait le découplage électromagnétique.

Dans un tel Univers refroidi, les trous noirs seraient électriquement neutres et ne s'inscriraient plus dans un espace doté d'une énergie de fond structurante. L'espace lui-même, vidé de ses contenus énergétiques effectifs, pourrait être décrit comme une région en dépression énergétique globale, rendant inopérantes les lois physiques classiques fondées sur la dynamique de l'espace-temps. Cette situation conduit à s'interroger sur le caractère universel et immuable des lois physiques : sont-elles valides en tout contexte cosmique, ou seulement dans un domaine restreint d'échelles et de conditions ? Leur complexité excède-t-elle nos capacités de réflexion et observationnelles ?

Il apparaît en effet que certaines interactions fondamentales nous échappent encore, notamment celles susceptibles d'impliquer des variables non locales ou des mécanismes apparentés aux variables cachées. Dans cette
158

perspective, le modèle cosmologique standard se révèle incomplet et insuffisamment cohérent, appelant une extension ou une révision profonde. Plusieurs limitations majeures peuvent être identifiées :

- il ne décrit ni n'explique le Big Bang en tant qu'événement physique fondamental ;
- il repose sur le concept d'espace-temps issu de la relativité sans interroger l'origine même de l'espace et du temps ;
- il ne rend pas compte de l'apparition initiale de la matière ;
- il ne parvient pas à intégrer pleinement la gravitation aux autres interactions fondamentales ;
- il prévoit l'existence de l'antimatière sans expliquer son absence quasi totale dans l'Univers observable ;
- il postule l'existence d'une matière noire dominante sans pouvoir en préciser la nature ;
- il attribue l'expansion accélérée de l'Univers à une énergie sombre hypothétique, introduite par l'ajout ad hoc d'une constante cosmologique (Λ), sans détection directe ;
- il demeure imprécis quant aux scénarios possibles de fin cosmique.

L'état final envisagé ici, correspondant à l'ensemble des TNMM, pourrait être décrit comme une **singularité collective**, assimilable à un rassemblement non localisable d'énergie dépourvue d'intensité mesurable, mais caractérisée par une densité extrême. Dans ces conditions, les particules — si tant est qu'elles aient conservé leur particularisme — pourraient être considérées comme au repos, la dualité onde-particule cessant d'être pertinente. L'Univers et un éventuel « anti-Univers », confinés dans des configurations parallèles de symétries opposées, finiraient par s'annihiler, restituant une énergie indifférenciée à un Cosmos envisagé comme multivers.

Le fait que ces interactions entre symétries soient imparfaitement décrites ne traduit pas nécessairement une incohérence de la nature, mais plutôt les limites de nos capacités d'observation et d'investigation lorsque le changement d'échelle modifie la nature même des phénomènes étudiés. Des interactions discrètes, aujourd'hui inaccessibles, pourraient jouer un rôle déterminant dans les équilibres instables qui jalonnent l'évolution cosmique. Leur prise en compte permettrait d'établir un lien subtil entre l'infiniment petit et l'infiniment grand, deux notions qui ne prennent sens qu'en référence à l'idée d'un **Cosmos multivers.** Dans cette optique, les particules élémentaires de matière, telles que nous les décrivons classiquement, ne constitueraient qu'une manifestation effective et intelligible d'interactions plus fondamentales entre symétries quantiques. Elles seraient l'expression observable d'une structure sous-jacente d'interactions discrètes, inaccessible directement à la mesure.

Ainsi, ce qui est parfois interprété comme une violation de l'universalité de la saveur — notamment pour certains fermions et plus spécifiquement les leptons, qui partagent des propriétés d'interaction similaires tout en différant par leur masse — pourrait être le prolongement observable d'interactions profondes non détectables à notre échelle.

Le mur de Planck marque la limite de l'ère préquantique d'un Univers encore non ionisé et pratiquement irreprésentable. Ce qui précède ce seuil ne peut être décrit ni par la physique quantique ni par la relativité générale, tout comme les interactions discrètes susceptibles de caractériser la frontière entre deux symétries quantiques. Avant l'apparition des premières particules, comme au cœur même de celles-ci, les catégories usuelles de réalité cessent d'être opérantes : les phénomènes deviennent quasi virtuels dans un régime dominé par des interactions non reconnues.

Avant la rupture des symétries conduisant au Big Bang, comme après l'annihilation complète de la matière lors d'un effondrement final, aucun événement ne serait enregistré par le Cosmos dit multivers. Le temps apparaît alors comme une construction relationnelle, indissociable de l'espace et étalonnée par l'observateur humain à partir des fluctuations de la matière perçues comme conflictuelles.

Une théorie aujourd'hui délaissée postulait qu'après une phase d'expansion, l'Univers entrerait en contraction pour aboutir à un Big Crunch. Cette hypothèse retrouve une certaine cohérence si l'on considère que la matière, après une phase de dispersion, pourrait se recomposer sous la forme de TNMM. Ces derniers, dans leur apparente fuite vers l'infini, pourraient être interprétés comme les prémices d'un nouvel épisode cosmique, analogue à un Big Bang, suivi d'une redistribution de matière par reconstitution de trous noirs.

Dans cette perspective, l'idée avancée par **Stephen Hawking**, selon laquelle un trou noir pourrait constituer un passage vers un autre Univers, ne relève pas nécessairement d'une pure spéculation. Si les symétries confondues lors de l'effondrement final engendrent un nouvel état cosmique, il n'est toutefois pas possible d'affirmer que ces événements soient causalement reliés. Il demeure également incertain qu'un tel mode de transition puisse être envisagé autrement que comme une limite notionnelle, dépourvue de signification opérationnelle pour tout observateur ou « voyageur ». Il n'est pas sûr toutefois que ce mode de transport soit apprécié du voyageur qui l'emprunterait sans certitude sur sa destination.

IX Seuils critiques et thermo-activité
(Une histoire de thermomètre, pour un sujet particulièrement chaud)

La thermodynamique fournit un cadre permettant d'estimer les ordres de grandeur des états énergétiques des atomes, en considérant que ces états résultent de phénomènes quantiques sous-jacents. Le **zéro absolu** correspond théoriquement à un état dans lequel un système de particules en interaction atteint une entropie moyenne minimale. Il ne saurait donc être assimilé à une absence totale de température, mais plutôt à une situation limite dans laquelle l'agitation thermique est réduite au minimum compatible avec les principes quantiques. Dans un gaz proche de cet état, les particules sont fortement ralenties, l'ensemble tend vers une configuration stable, et l'énergie cinétique disponible pour les processus d'interaction et de liaison chimique est extrêmement faible.

Toutefois, un gaz dont l'entropie moyenne correspond au zéro absolu n'exclut pas l'existence de fluctuations locales, ou plus précisément de niveaux d'entropie différenciés à l'intérieur du système. Dans un Univers en évolution permanente, il est raisonnable de supposer que ce zéro dit absolu ne possède pas un caractère strictement invariant et pourrait, dans certaines configurations quantiques extrêmes, être redéfini. Le zéro absolu demeure ainsi une température minimale théorique, associée à un état limite où les interactions matérielles sont quasi inexistantes. Ce « vide », bien que dépourvu de matière ordinaire en interaction, n'est cependant pas exempt d'énergie. Les fluctuations du vide quantique autorisent en effet la création transitoire de paires particule–antiparticule à partir de l'énergie rayonnante. Cette dynamique du vide est vraisemblablement dépendante de l'évolution globale de l'Univers.

Si l'on suppose que l'énergie potentielle du vide décroît au cours du temps cosmique, alors la température effective associée à ce vide devrait évoluer de manière corrélée. La température caractéristique du fond cosmique, aujourd'hui de l'ordre de quelques kelvins, n'a cessé de diminuer depuis les phases initiales de l'Univers. Les observations et expériences liées aux condensats de Bose-Einstein confirment qu'à des températures extrêmement proches du zéro absolu, les atomes constituant la matière tendent collectivement vers leur état fondamental de plus basse énergie, voire vers un régime où l'énergie thermique devient négligeable. Dans cette perspective spéculative, un Univers atteignant rigoureusement 0 kelvin

162

correspondrait à un effondrement global, marqué par un collapse généralisé des structures gravitationnelles, incluant les trous noirs.

Dans un Univers en phase terminale d'effondrement, toute région présentant une température significativement élevée aurait disparu. La température du vide, auparavant indicateur local du niveau d'entropie, ne constituerait plus une grandeur mesurable. Les lois classiques de la thermodynamique cesseraient alors d'être opérantes. Il devient par ailleurs légitime de s'interroger sur la pertinence de la notion même de température pour des objets tels que les trous noirs, en particulier au-delà de leur disque d'accrétion. Une particule élémentaire, considérée comme une entité sans extension spatiale propre, ne peut être qualifiée ni de chaude ni de froide, pas plus qu'elle ne peut être dite lumineuse ou sombre. Néanmoins, des grandeurs telles que la température ou l'intensité lumineuse restent, à notre échelle, des indicateurs accessibles du degré d'entropie, d'interaction et d'instabilité d'un système physique.

La notion de **seuil critique**, associée à celle de thermo-activité, constitue un outil pertinent pour décrire l'évolution concentrationnaire de l'Univers et envisager les conditions de son aboutissement final.

- Les particules constitutives de la matière peuvent être envisagées comme issues d'un processus primordial d'intrication d'ondes de très hautes fréquences. Le niveau d'énergie requis pour cette intrication radiative déterminante aurait été atteint au sein d'un plasma initial, isotrope mais instable, annonciateur d'une rupture de symétrie. Dans un intervalle de temps non mesurable, la température de ce plasma ionisé aurait atteint un maximum avant d'entamer une décroissance progressive, permettant la formation des premières structures moléculaires gazeuses.
- Un nuage de gaz, en se densifiant sous l'effet de la gravitation, peut franchir un seuil critique appelé **masse de Jeans**, condition nécessaire à l'effondrement conduisant à la formation d'une étoile. Ce processus implique une élévation de la température interne du nuage. La durée de vie d'une étoile étant inversement corrélée à sa masse, il existe une limite supérieure à la masse stellaire, estimée à environ 150 fois celle du Soleil, au-delà de laquelle les pressions internes rendent la structure instable.
- Après l'épuisement de son combustible nucléaire, une étoile peut évoluer vers l'état de **naine blanche**, persistant tant que sa masse

163

demeure inférieure à un seuil critique d'environ 1,4 fois la masse solaire, connu sous le nom de **limite de Chandrasekhar**. À ce stade, la température résiduelle de l'astre reste élevée, mais sans commune mesure avec celle des phases antérieures.

- Si la masse d'une naine blanche augmente par accrétion, l'objet peut se transformer en **étoile à neutrons**, résidu extrêmement dense issu de l'effondrement gravitationnel du cœur de certaines étoiles massives. Dans ces conditions, la pression est telle que les électrons et les protons se combinent pour former des neutrons. Les interactions fortes qui assurent la cohésion des neutrons subsistent, tandis que la neutralité électrique globale empêche toute interaction électromagnétique de répulsion ou d'attraction entre eux. La densité atteint alors un régime extrême, proche de l'effondrement, dans lequel l'espace entre particules est fortement contracté et les effets relativistes deviennent dominants. Lorsque la masse excède environ 3,2 masses solaires, l'effondrement devient irréversible et conduit à la formation d'un trou noir. De tels objets peuvent également résulter de la fusion de naines blanches ou d'étoiles à neutrons.

- Le seuil critique ultime de densité, envisagé comme fatal à l'Univers, serait atteint lorsque la quasi-totalité de l'énergie primordiale se trouverait concentrée sous forme de **TNMM**, dans un Univers caractérisé par une dépression extrême de l'espace et un ralentissement maximal du temps. Dans ce régime, la notion de température perd sa signification usuelle. Ce zéro « cosmologique » ne doit pas être confondu avec le zéro absolu thermodynamique (-273°), qui correspond en réalité à une température non nulle associée à une agitation résiduelle minimale.

- L'effondrement final rassemblerait alors, en une singularité virtuelle dépourvue de coordonnées spatio-temporelles, l'ensemble de l'énergie d'un système cosmique éventuellement binaire d'univers. Une telle configuration ne peut être décrite en termes thermodynamiques classiques, la notion même de température y devenant inapplicable.

Il existe une autre manière d'associer la notion de **seuil critique** à celle de **thermo-activité** dans la genèse de l'Univers, si l'on postule que le *Cosmos multivers* constitue une entité abstraite, dépourvue de description thermodynamique directe. Le **zéro cosmologique absolu** correspondrait alors à un état excluant toute manifestation électromagnétique. Une telle absence de phénomènes électromagnétiques soulève alors la question de la signification physique de la conductivité dans un régime où ni charges libres ni champs électriques ne sont définissables.

Par cohérence, un Univers primordial, antérieur au mur de Planck et dépourvu d'effets électromagnétiques identifiables, devait présenter ces mêmes caractéristiques : une température non significative et une conductivité sans objet. Toutefois, une élévation infime au-dessus de ce seuil cosmologique aurait suffi à introduire une rupture de cet état idéal. L'apparition d'une conductivité imparfaite se serait alors manifestée dans un plasma primordial opaque, par l'émergence de phénomènes électriques révélateurs des premières intrications radiatives. Cette transition aurait conduit à une diminution progressive de l'opacité de l'Univers, permettant la libération des photons dans un contexte nouveau, dit de recombinaison, couvrant un large spectre de longueurs d'onde.

L'augmentation corrélative de la résistivité et de la température aurait favorisé la différenciation, au sein de chaque symétrie quantique, de formes primitives d'énergie associées à des charges opposées. Dans un plasma initialement quasi homogène, des régions localement plus énergétiques — des points chauds — se seraient multipliées. Cette agitation thermique aurait modifié la dynamique du plasma ionisé. Les transferts d'énergie, notamment sous forme de flux d'électrons, auraient généré des champs magnétiques dont l'intensité, l'orientation et la polarité témoignent de la propagation de phénomènes électriques. Ces champs deviennent d'autant plus marqués que la conductivité du milieu se dégrade. Les ondes électromagnétiques qui subsistent aujourd'hui dans un espace largement occupé par la matière peuvent ainsi être interprétées comme les vestiges d'une énergie primordiale restée sans masse, dont l'intensité s'est progressivement atténuée du fait de ses interactions continues avec la matière.

L'évolution ultérieure de l'Univers semble alors dominée par la densité de masse et par l'intensité des interactions gravitationnelles.

Étoiles classiques
L'effondrement gravitationnel de nuages de gaz issus de la nucléosynthèse conduit à l'activation de réactions de fusion nucléaire et, de manière secondaire, de fission. Ce processus engendre des étoiles couvrant un large

165

spectre de masses, des étoiles de type solaire jusqu'aux supergéantes, dont certaines termineront leur évolution par des explosions de type supernova.

Étoiles à neutrons

À l'issue de ces événements explosifs, il subsiste fréquemment un résidu compact composé essentiellement de neutrons, formés par capture des électrons par les protons. La densité atteinte interdit toute poursuite des réactions nucléaires, stabilisant temporairement l'objet sous la forme d'une étoile à neutrons.

Trous noirs

Lorsque la densité augmente au-delà d'un seuil critique, par accrétion ou fusion, les neutrons peuvent perdre leur individualité effective, leurs constituants fondamentaux cessant de manifester leurs propriétés habituelles. L'objet change alors de nature et peut évoluer vers un trou noir stellaire. De tels objets peuvent également résulter de systèmes binaires d'étoiles compactes ou constituer le noyau de certaines galaxies à un stade avancé de leur formation.

Retour à un état fondamental

Cette évolution conduit à envisager que ce qui fut initialement constitué de particules chargées retrouve, au sein du trou noir, un statut proche de celui de paquets d'ondes cohérents. **Le trou noir pourrait alors être interprété comme une entité quantique globale, analogue à une particule élémentaire, dans laquelle toute notion d'espace vide devient inopérante. Cette analogie conférerait au trou noir un statut en marge de l'espace-temps classique.** Dans un Univers dominé par de tels objets, les notions de chiralité, de séparation matière-antimatière et de causalité temporelle perdraient leur pertinence. Les symétries autrefois distinctes pourraient entrer en coalescence, restituant l'ensemble de l'énergie autrefois en interaction à un état d'énergie latente, associé au Cosmos multivers.

Synthèse thermodynamique

La température minimale concevable demeure ainsi une grandeur essentiellement théorique. Elle correspondrait à l'état d'un système dans lequel la matière, et plus fondamentalement les particules décrites par la mécanique quantique, seraient figées, sans interaction et sans temporalité, dans un espace immuable ne permettant aucune observation significative. Rien n'impose que le seuil de −273,15 °C, extrapolé à partir de l'entropie minimale des gaz idéaux, représente effectivement la température la plus basse possible. La chaleur n'est qu'un indicateur macroscopique de transferts d'énergie entre systèmes. En théorie, une entropie nulle impliquerait l'absence totale de ces transferts. Dans un tel régime, molécules, atomes et particules pourraient retourner, par un processus assimilable à une « évaporation quantique », à un état primordial sans propriétés différenciées, sans interaction et sans déplacement.

Dans un Univers où l'énergie du vide serait inactive, où les photons seraient immobiles et où la matière ne manifesterait aucune interaction, l'espace et le temps cesseraient d'avoir une signification opérationnelle. Hors de tout contexte spatio-temporel, la notion même de température devient indéfinissable, d'autant plus qu'aucun observateur ne pourrait s'y référer.

De manière symétrique, la température maximale concevable est également purement théorique. La **température de Planck** correspondrait à l'état thermique de l'Univers au moment de l'émergence conjointe de l'espace et du temps, immédiatement après l'événement Big Bang. Elle peut être décrite comme celle d'un système soumis à une agitation quantique si extrême qu'il émettrait des rayonnements gamma à des fréquences susceptibles de se superposer. Un tel état échapperait à toute description fondée sur la réduction du paquet d'ondes. L'énergie impliquée conduirait vraisemblablement à un effondrement du système sur lui-même, produisant une singularité située en marge de l'espace-temps. Cette singularité pourrait être assimilée à un trou noir, envisagé ici comme une étape de transition vers un effondrement ultime.

Dans cette approche, la notion de température perd toute pertinence lorsqu'elle est appliquée aux trous noirs, soulignant les limites intrinsèques de nos capacités de réflexion face à l'inobservable. Ces objets, improprement qualifiés de « noirs », dissimulent leur dynamique derrière une frontière sans retour pour l'énergie accrétée. Dès lors, toute projection sur le devenir ultime de l'Univers relève nécessairement d'un choix théorique. Le scénario proposé ici s'inscrit dans cette démarche spéculative assumée, sans prétendre s'y soustraire.

X $\underline{\textbf{E = m c}^2}$ **en clair**
(Une équation qui met en lumière mais n'éclaire pas tout)

On considère la relation $E = mc^2$, où E désigne l'énergie, m la masse au repos — entendue comme la masse corrigée des contributions énergétiques liées aux changements de mouvement — et c la vitesse de propagation des photons dans le « milieu » gravitationnel qui définit l'espace de référence. Cette relation implique qu'une très grande quantité d'énergie est requise pour produire une masse relativement faible : à titre d'ordre de grandeur, 1 gramme de matière correspondrait à environ 25 millions de kilowattheures. Dans cette perspective, les trous noirs peuvent être interprétés comme des concentrations d'énergie d'une ampleur extrême.

Dans certaines conditions, la matière libère une fraction de cette énergie lors de réactions nucléaires, soit par fission — division d'un noyau atomique — soit par fusion — assemblage de noyaux légers en noyaux plus massifs. Ces processus peuvent s'accompagner de signaux compatibles avec l'apparition transitoire d'antiparticules. **Lorsque des particules et leurs antiparticules correspondantes sont mises en présence dans ce contexte, leur annihilation conduit à la conversion intégrale de leur masse en rayonnements de haute énergie, principalement sous forme de photons gamma ou X. Dans cette annihilation, la symétrie d'état disparaît et la masse des deux partenaires est entièrement transformée en énergie. Ce mécanisme constitue l'inverse du processus de création de matière par conversion radiative et intrication quantique.** Il produit essentiellement un flux de photons correspondant à un rayonnement électromagnétique, accompagné, conformément aux principes de conservation de l'énergie et de la charge, de particules secondaires de plus faible énergie.

À l'échelle cosmologique, on postule cependant que le processus inverse — caractérisé par une concentration irréversible de la matière — domine globalement les tendances évolutives. Cette dynamique de regroupement aurait été particulièrement active durant les phases initiales de l'Univers.

En physique des particules, les fermions interagissent par l'intermédiaire de particules de spin entier, telles que les photons et, plus généralement, les bosons de jauge décrits par le modèle standard. Ces bosons peuvent être interprétés comme des médiateurs d'interactions entre états quantiques, y compris entre symétries qui ne sont pas directement accessibles à

168

l'observation. Dans une extension symétrique du formalisme, l'existence d'antiparticules implique celle d'antinucléons et, par extension, d'ensembles plus complexes. Il est alors envisageable que les antimolécules ne soient pas strictement superposables à leurs homologues de matière, en raison d'une chiralité susceptible d'affecter leur organisation atomique.

La distinction entre particules et antiparticules ne repose pas uniquement sur la charge électrique opposée, mais également sur l'empreinte d'une chiralité associée à une dimension temporelle dite imaginaire. Ce temps imaginaire, dépourvu de direction temporelle au sens classique, ne s'inscrit pas dans le temps relatif que nous expérimentons. À l'instar des nombres imaginaires, il échappe à une représentation directe sur une échelle ordonnée. Cette dimension temporelle non reconnue peut être interprétée comme une disparité temporelle entre deux états quantiques par ailleurs symétriques. Une telle chiralité spatiotemporelle rendrait le système formé par ces symétries quantiques à la fois discret et métastable, et orienterait son évolution.

Le spin des quarks et des leptons apparaît comme une propriété difficile à interpréter à partir de nos intuitions macroscopiques. L'analogie d'une rotation intrinsèque — souvent associée au moment magnétique ou à la charge électrique — constitue une image heuristique, mais ne correspond pas à un mouvement mécanique réel. Les dynamiques internes associées aux ondes intriquées qui constituent la particule, et qui déterminent son spin et son hélicité, ne peuvent être décrites dans le cadre de l'espace-temps relativiste classique. Le spin peut alors être interprété comme la manifestation effective de mouvements internes d'ondes confinées sous forme de paquets stationnaires, conférant à la particule un moment angulaire intrinsèque.

Le photon, particule de spin 1 dépourvue de masse et de charge, possède des propriétés de polarisation qui lui permettent d'assurer le transfert d'énergie entre particules chargées. Il joue ainsi le rôle de vecteur d'état dans les interactions électromagnétiques, tant entre particules de matière qu'entre particules et antiparticules. Les photons permettent ces échanges d'énergie dans des systèmes où les fermions, du fait du principe d'exclusion, ne peuvent occuper simultanément un même état quantique. La plupart des fermions ayant un spin demi-entier, ils doivent, à énergie égale, se distinguer par des orientations de spin opposées, condition nécessaire à la stabilité de la matière.

169

Le spin ne relève pas de la géométrie classique. On peut formuler l'hypothèse qu'une propriété encore incomplètement comprise du spin contribue, par ses effets dynamiques, à l'apparition de la charge électrique pour la majorité des particules. Sans cette charge, la constitution de structures matérielles complexes serait impossible, comme l'illustre le cas des neutrinos. Cette propriété fondamentale du spin suffit également à justifier l'existence d'antiparticules de spin identique, conformément au principe de symétrie quantique. Dans les particules composites, les combinaisons de spins rendent les propriétés magnétiques globales moins directement observables que celles des constituants élémentaires.

Bien que non mécanique, le spin définit des moments angulaires intrinsèques et, par conséquent, les champs magnétiques associés aux particules. Il joue un rôle central dans la compréhension des liaisons chimiques, tant entre atomes qu'entre molécules, lesquelles ne possèdent pas de spin au sens strict attribué aux particules élémentaires. Dans cette perspective, le spin et la charge électrique occupent en mécanique quantique une place analogue à celle de la rotation des corps et de la gravitation dans le monde macroscopique.

En mécanique quantique, l'analyse des phénomènes repose sur des notions de masse effective et de probabilité de présence, plutôt que sur des trajectoires définies et des localisations précises. Cette densité de probabilité de présence s'effondre sous le regard de l'observateur dans un contexte retenu d'espace/temps dont il ne peut s'extraire. Cette idée qui peut paraitre fallacieuse, rejoint celle d'intrication quantique s'agissant de particules qui bien que délocalisées forment un système intrinsèquement lié, indépendamment de toute considération spatiale. En physique quantique, le contexte de causalité doit être remplacé alors, par celui de duplicité ou enchevêtrement quantique sans que l'on puisse pour autant faire état de référentiel espace/temps partagé. Une approche probabiliste rend difficile l'établissement d'une transition continue entre la description quantique et notre réalité macroscopique. Le changement d'échelle impose d'abandonner les schémas fondés sur le suivi des déplacements et la localisation spatiale stricte.

À cette difficulté s'ajoute l'impossibilité pratique de distinguer directement l'antimatière, dans la mesure où nous appartenons nous-mêmes à l'une des branches d'une symétrie globale. Si cette symétrie n'était pas discrètement répartie selon des temps différenciés et des espaces que l'on peut qualifier

170

de parallèles, l'Univers observable ne permettrait probablement pas l'émergence d'observateurs capables d'en débattre. Les seuls indices accessibles de cette antimatière résident alors, d'une part, dans certains effets gravitationnels encore inexpliqués (voir chap. XIV sur la matière noire) — souvent associés à la matière noire — et, d'autre part, dans des manifestations ponctuelles observées lors de réactions nucléaires spécifiques.

La relativité générale fait que la description des phénomènes physiques impose d'articuler toute mesure de durée avec des mesures de distance. Le temps et l'espace y sont indissociables et définis conjointement par la structure de l'espace-temps. Toutefois, cette conjugaison n'implique pas nécessairement une évolution strictement parallèle de ces deux grandeurs si l'on adopte l'hypothèse que, à l'échelle cosmologique, le temps tend à se dilater tandis que l'espace se raréfie énergétiquement, notamment par une diminution progressive de l'énergie du vide. Dans cette perspective, la relativité elle-même devient évolutive, dépendant de l'état global de l'Univers. On peut également postuler que deux symétries fondamentales interagissent dans un contexte temporel partagé qui ne correspond pas à notre temps observable, et dans des dimensions spatiales dont l'imbrication demeure inaccessible à l'observation directe.

Au cours des premiers milliards d'années de l'histoire cosmique — l'année étant ici considérée comme une unité de temps relative et non absolue — les premiers trous noirs, associés à des disques d'accrétion extrêmement denses, auraient présenté une efficacité particulièrement élevée dans la captation d'énergie et de matière. Les quasars, principalement observables à de grandes distances et donc à des époques reculées, témoignent de l'existence de galaxies jeunes et très actives dans l'Univers primordial. Ces systèmes rassemblaient, autour d'un trou noir central en forte activité, d'importantes quantités de matière encore largement diffuse, composée majoritairement de gaz et de corps stellaires en cours de formation.

Les nuages d'hydrogène neutre étaient alors chauffés et ionisés avant de s'effondrer sous l'effet de la gravitation à l'approche du trou noir central, ce qui conférait à ces galaxies une luminosité exceptionnelle. Les quasars observés aujourd'hui correspondraient ainsi à une phase d'accrétion intense d'une matière occupant plus uniformément l'espace, alors beaucoup moins

171

structuré qu'à l'époque actuelle. Ces nuages, constitués principalement d'hydrogène et secondairement d'hélium, alimentaient également la formation des premières étoiles. Les éléments lourds issus de la nucléosynthèse stellaire y étaient encore peu abondants, à l'exception de ceux produits lors de phénomènes énergétiques extrêmes tels que les supernovæ, les collisions d'étoiles à neutrons ou l'absorption par des trous noirs. En traversant un espace encore riche en particules libres, jeunes étoiles et objets divers, ces quasars pouvaient accumuler rapidement des quantités de matière considérables, ce qui expliquerait leur taille importante et la relative pauvreté de leur environnement immédiat en étoiles.

Depuis cette époque, la température moyenne de l'Univers décroît continûment, bien que ce refroidissement tende à ralentir avec le temps. Les quasars, aujourd'hui observés comme des vestiges lointains, fournissent une image altérée par l'éloignement des galaxies en cours de formation dans l'Univers jeune. Après avoir concentré une grande partie de leur matière baryonique sous forme d'étoiles et de gaz, ces galaxies ont progressivement perdu en activité, évoluant vers des galaxies elliptiques caractérisées par une forte emprise gravitationnelle mais pauvres en gaz. Une part significative de leur matière initiale se trouverait désormais concentrée au cœur de trous noirs supermassifs. Les galaxies elliptiques apparaissent ainsi relativement dépourvues de régions riches en hydrogène, contrairement aux galaxies spirales ou irrégulières, qui n'ont pas encore converti l'ensemble de leur gaz en étoiles. Les galaxies observées dans l'Univers lointain correspondent davantage à des galaxies spirales dans des états antérieurs d'évolution. Toutefois, la notion même de passé reste délicate à préciser, dans la mesure où la fraction observable de l'Univers pourrait ne représenter qu'une partie limitée de sa totalité. L'âge exact de l'Univers demeure par ailleurs incertain, et toute estimation de sa durée d'existence future relève encore largement de la spéculation.

Si l'on considère globalement l'évolution de l'Univers, plusieurs hypothèses peuvent être formulées :

- La constante c, vitesse de propagation des interactions lumineuses, ne serait pas une constante absolue mais une grandeur évolutive,

172

définie dans un référentiel gravitationnel complexe et changeant, caractérisé par un espace de plus en plus dépressionnaire. Elle apparaîtrait ainsi corrélée à l'âge de l'Univers.

- La masse m évoluerait au sein de chaque symétrie quantique, en fonction de l'état dynamique des systèmes considérés.

- L'énergie totale E serait quantitativement conservée, bien que ses formes d'expression se transforment. L'énergie primordiale latente se convertirait en énergie de masse, chaque atome pouvant être envisagé comme un micro-système dynamique animé de vibrations, d'oscillations, de transitions et d'échanges décrits par l'intermédiaire des particules élémentaires. Toutefois, la conservation de l'énergie ne semble pas impliquer une conservation globale des mouvements, si l'on tient compte de la captation des moments cinétiques par les trous noirs et de l'hypothèse d'une absence de dynamique interne observable en leur sein. À toutes les échelles, l'Univers demeure fondamentalement non statique. L'espace-temps peut alors être compris comme le cadre dans lequel toute variation de mouvement tend à faire converger l'énergie cinétique et l'énergie de masse vers un état indifférencié. L'énergie resterait globalement conservée, qu'elle se manifeste sous forme thermique, mécanique, radiative ou, à l'extrême, sous une forme froide, de masse négligeable et possiblement plasmatique, confinée au cœur des trous noirs.

Une particule composite présente des propriétés émergentes distinctes de celles des particules élémentaires qui la constituent. De même, une molécule possède des caractéristiques propres qui ne se déduisent pas directement de celles des atomes qui la composent. À une échelle plus vaste, les objets stellaires exercent des effets gravitationnels qui ne peuvent être directement reliés, dans une première approximation, aux interactions élémentaires entre particules. Cette discontinuité illustre la difficulté de relier la mécanique quantique aux phénomènes macroscopiques. Elle est renforcée par le dualisme onde-corpuscule, qui impose selon les situations une description tantôt corpusculaire, tantôt ondulatoire.

Un corps massif peut être envisagé comme un enchevêtrement de paquets d'ondes intriquées évoluant dans l'espace et le temps. À

Ramener la matière, quelle que soit l'échelle considérée, à des fonctions d'onde permettrait de dépasser une approche trop compartimentée. Une telle démarche impliquerait une remise en question profonde des fondements du modèle cosmologique standard. Théoriquement envisageable, elle pose cependant des difficultés conceptuelles majeures. En renonçant partiellement à une vision strictement corpusculaire de l'énergie, il deviendrait possible d'appréhender plus finement la superposition d'états en mécanique quantique. Cette superposition, qui ne se limite pas à deux états discrets, implique que particules et antiparticules partageraient en théorie un même ensemble de potentiels états quantiques. Elles ne pourraient toutefois mettre ces états en commun que de manière imparfaite, en raison d'une chiralité associée à des temporalités décalées.

La superposition quantique, étroitement liée à la notion de fonction d'onde, implique qu'une particule puisse être associée simultanément à plusieurs positions et à plusieurs états. Cette idée heurte l'intuition issue de notre expérience macroscopique, fondée sur l'observation de trajectoires. Elle devient plus cohérente si l'on considère la particule non comme un corpuscule localisé, mais comme un paquet d'ondes évoluant dans un espace mathématique complet, tel que l'espace de Hilbert. Une relativité affranchie de la référence directe à la masse ou au corpuscule pourrait intégrer l'idée de présents distants simultanés.

Une particule pourrait alors être décrite comme un nœud d'ondes en vibration, sans occupation effective d'un espace mesurable. Les notions de localité et de séparabilité relèveraient essentiellement de l'analyse de l'observateur et des dispositifs de mesure, conformément à l'intuition développée par Niels Bohr. La localisation spatiale et l'inscription dans la durée sont indispensables à notre représentation du monde observable, mais deviennent inadaptées lorsqu'il s'agit de décrire l'infiniment petit ou l'infiniment grand. En mécanique quantique, il serait nécessaire de faire abstraction, au moins partiellement, des cadres classiques que sont l'espace

174

et le temps, bien que ces notions, non absolues, fondent notre logique relativiste appliquée au monde macroscopique. La relativité ne s'applique pleinement qu'à partir d'échelles où les grandeurs physiques sont mesurables ; il en résulte qu'à l'échelle quantique les phénomènes sont décrits de manière probabiliste, tandis qu'à l'échelle macroscopique ils deviennent relativistes et prédictibles.

La question fondamentale qui en découle demeure celle-ci : où commence le temps et où s'achève-t-il ?

- On peut supposer qu'il prend naissance avec l'Univers, dans le prolongement du Big Bang.
- On peut envisager qu'il s'achève avec des états ultimes de concentration de la matière, tels que ceux associés aux trous noirs supermassifs, annonciateurs d'un effondrement final.
- On peut également considérer que, pour une particule élémentaire, le temps est quasi stationnaire.
- Il reste toutefois que, sans référence au temps, il serait impossible de décrire les interactions mêmes qui fondent l'existence de ces particules.

Si l'on admet que le temps n'a pas de signification propre pour les particules élémentaires, plusieurs questions fondamentales se posent en mécanique quantique : comment distinguer causes et effets, comment définir un sens et une vitesse de déplacement, et comment attribuer une localisation unique à une entité quantique ? Depuis les travaux fondateurs de la physique quantique, notamment ceux de Albert Einstein, Niels Bohr et de leurs contemporains, ces interrogations ont profondément divisé la communauté scientifique. Il apparaît alors nécessaire de s'extraire de l'environnement observable dans lequel nous sommes immergés corporellement et cognitivement, à savoir celui de l'espace et du temps. Or cette représentation mathématique à quatre dimensions constitue précisément le contexte naturel de la matière structurée à l'échelle macroscopique, ce qui explique la difficulté intrinsèque de l'exercice.

Cette contrainte conduit à décrire les phénomènes quantiques essentiellement en termes de probabilités et de distributions de présence, ce qui revient à formuler des prédictions fondées sur des hypothèses plutôt que

175

sur des trajectoires déterministes. Dans cette perspective, on peut envisager que le temps soit une grandeur dépendante de l'échelle d'observation, n'émergeant de manière significative qu'à partir du niveau atomique. Il acquiert alors une pertinence physique avec des interactions électromagnétiques et, plus généralement, des interactions fondamentales qui modifient la structure de la matière organisée.

La difficulté majeure consiste à concilier une physique classique relativiste, formulée en termes d'espace et de temps, avec une mécanique quantique dont les constituants, fortement dématérialisés, semblent affranchis de toute référence spatio-temporelle. À cette échelle, l'ordre même des événements devient ambigu, ce qui a conduit à l'énoncé du principe d'indéterminisme quantique par Max Born. La physique classique, bien que contre-intuitive lorsqu'elle est prolongée vers le domaine quantique, demeure néanmoins reliée à ce dernier. Face à des paradoxes persistants et à des hypothèses longtemps jugées inacceptables, la réflexion scientifique s'est progressivement déplacée vers des niveaux d'abstraction croissants. Dans ce contexte, la notion de virtualité, bien que déroutante, ouvre la voie à de nouvelles interprétations des phénomènes fondamentaux.

La dualité onde-corpuscule illustre la difficulté à penser la physique de l'infiniment petit, qu'il s'agisse des particules de masse décrites comme des paquets d'ondes ou des ondes électromagnétiques envisagées comme des champs. Il devient alors légitime de se demander si des notions telles que la masse, la densité ou même la charge — étroitement liées à une représentation corpusculaire — ne constituent pas avant tout des constructions opératoires. Dans cette optique, masse et charge pourraient être interprétées comme des outils mathématiques permettant de quantifier et de localiser une certaine quantité d'énergie, conformément à la relation issue de la relativité restreinte, $m = E/c^2$.

Le photon, dans cette approche, ne serait pas à concevoir comme un objet ponctuel de dimension infinitésimale, mais comme une quantification d'énergie purement cinétique, principalement observable à travers les transferts d'énergie qu'il opère avec le nuage électronique des atomes. L'attribution d'un caractère corpusculaire au photon demeure néanmoins un artifice utile pour relier certains phénomènes expérimentaux à des mesures exprimées en fréquences et en amplitudes d'onde. Ces fréquences résulteraient des interactions accumulées au cours du temps entre les particules élémentaires et la composante résiduelle du rayonnement

176

primordial ayant échappé aux phases d'intrication radiative. Les fréquences d'onde, dépendantes des propriétés du milieu de propagation, évolueraient ainsi continuellement par échanges d'énergie et d'information avec la matière. Bien que les particules, envisagées comme des paquets d'ondes, puissent présenter des phénomènes de diffraction analogues à ceux de la lumière, leur absence de dimension spatiale définie les empêche de se propager en champ ouvert de manière strictement équivalente aux ondes électromagnétiques.

La notion de masse intervient alors comme un moyen d'intégrer ces paquets d'ondes de façon perceptive, en leur attribuant des caractéristiques compatibles avec notre expérience sensorielle du monde — mouvement, compacité, température ou extension spatiale. Nos capacités cognitives sont en effet façonnées pour interpréter prioritairement l'environnement macroscopique utile à notre survie, ce qui limite notre accès aux fondements ultimes de la réalité physique, malgré l'avancement des connaissances et des technologies.

L'électron illustre cette difficulté: il ne constitue en rien un point localisé dans l'espace, bien que nous le décrivions souvent ainsi. La masse qui lui est attribuée sert essentiellement à quantifier, par le biais d'un formalisme mathématique, l'énergie potentielle associée à son état et l'énergie cinétique liée à ses interactions. Si la masse est comprise comme la signature effective d'un paquet d'ondes, il serait alors plus approprié de décrire le nuage électronique comme un flux ou un champ énergétique structuré par la présence d'un champ central associé au noyau atomique. Ces deux champs, corrélés et interdépendants, prescrivent l'existence de charges opposées. La notion de charge, intimement liée à celle d'énergie-masse, pourrait ainsi résulter de la projection, dans notre environnement physique, d'une symétrie quantique plus fondamentale encore inobservée.

Les particules dites massives ne peuvent atteindre la vitesse de la lumière. Cette limitation ne concerne pas tant leurs composantes ondulatoires internes que l'organisation collective des ondes intriquées qui les constituent, lesquelles interagissent de manière confinée, analogue à un système sans possibilité d'échappement. Les dynamiques internes de ces ondes ne relèvent pas de la relativité classique et ne se définissent pas par rapport à la vitesse limite de propagation lumineuse.

Décrire l'électron comme une particule isolable conduit logiquement à adopter une approche similaire pour les ondes électromagnétiques. Le photon, devenu corpuscule par commodité, représente alors l'unité minimale d'énergie susceptible d'être échangée avec un électron. Dans cette perspective, le nuage électronique d'un atome peut être envisagé comme un faisceau collectif de paquets d'ondes en orbite autour d'un agrégat plus stable de paquets d'ondes complexes formant le noyau. Le champ électronique confine ainsi le noyau atomique de manière analogue à un dispositif de confinement. Pour rendre compte de l'équilibre observé de cette structure, la notion de charges opposées et de polarités s'impose comme une explication opératoire efficace, validée par de nombreuses applications expérimentales.

Un parallèle peut être établi avec la gravitation, qui attire les corps et peut les maintenir en orbite. À l'échelle macroscopique, la gravitation semble toutefois indépendante des effets de charge. Cela n'exclut pas que l'électromagnétisme et la gravitation puissent partager un fondement commun. Un corps astral peut en effet être considéré comme un système ouvert complexe d'interactions électromagnétiques. Les ondes électromagnétiques suivent la courbure de l'espace-temps et contribuent à la modifier lors de leurs interactions avec la matière. À notre échelle, nous interprétons ces effets comme une dilatation de l'espace dit vide, tout en observant que plus un corps est massif, plus il déforme l'espace-temps. Cette interprétation résulte du fait que nous assimilons le temps associé à l'espace lointain observé à notre temps local. **Les effets gravitationnels pourraient ainsi émerger d'un ensemble d'interactions électromagnétiques entre particules chargées. Même lorsque les corps sont globalement neutres, les champs qu'ils produisent ne le sont pas strictement. Les champs électromagnétiques associés à l'énergie de masse et de mouvement constitueraient alors la manifestation macroscopique de ces interactions, contribuant aux effets gravitationnels observés. Dans cette hypothèse, la gravitation aurait une origine fondamentalement quantique (voir chap. XVIII).**

La question centrale demeure celle de la stabilité de la structure atomique : comment un système de paquets d'ondes électroniques en régime oscillatoire fermé peut-il confiner un autre système d'ondes partageant des propriétés analogues au sein du noyau ? L'introduction de charges électriques associées à ces paquets d'ondes fournit un cadre explicatif cohérent, en termes d'équilibre de forces, et permet de modéliser l'émergence de l'espace et du temps à des échelles supérieures à l'atomique. Les notions de masse et de particule servent ainsi à formaliser mathématiquement ce qui pourrait n'être, à un niveau plus fondamental, qu'un ensemble d'ondes intriquées interagissant avec les champs électromagnétiques qui structurent l'espace.

Si toute forme d'énergie correspond à un état sélectionné parmi une infinité d'états possibles, il devient concevable qu'il existe une infinité d'états potentiels d'univers. Le cosmos pourrait alors être envisagé comme une mosaïque virtuelle de systèmes d'univers en symétrie quantique. Chaque acte d'observation impose implicitement des conditions qui sélectionnent certains états quantiques compatibles avec nos conditions d'observation et avec la représentation que nous avons de notre Univers. En définitive, nous n'accédons qu'à une réalité partielle, le plus souvent indirectement, façonnée par notre condition d'organisme vivant cherchant à comprendre une vérité dont l'accès demeure fondamentalement limité.

XI <u>Une absence bien mystérieuse : L'antimatière</u>
(Réellement disparue ou simplement dissimulée à notre regard ?)

Le cœur des étoiles est le siège d'une activité physique intense, indirectement accessible par l'observation de la chaleur produite et des rayonnements électromagnétiques émis. La température et la luminosité constituent ainsi deux manifestations observables d'un même processus fondamental, généralement interprété comme résultant de réactions nucléaires. Celles-ci prennent principalement la forme de la fusion de noyaux légers — essentiellement l'hydrogène et l'hélium hérités des premières phases de l'évolution cosmique — mais peuvent également inclure, selon les contextes, des mécanismes impliquant des noyaux plus lourds.

Ces réactions nucléaires peuvent être envisagées, dans une perspective quantique élargie, comme la conséquence d'interactions rapprochées, discrètes et hautement structurées entre états quantiques symétriques. Toutefois, leurs effets ne nous sont accessibles qu'à travers leur projection dans notre propre symétrie, celui des particules de matière, ainsi que par l'apparition ponctuelle et transitoire d'antiparticules détectables expérimentalement.

Dans ce contexte, plusieurs éléments peuvent conduire à envisager l'hypothèse d'un système d'univers organisés en symétrie quantique.

- L'asymétrie observée entre matière et antimatière dans l'Univers visible conduit généralement à rejeter l'idée d'une symétrie globale entre ces deux formes. Cependant, ce rejet soulève davantage de questions fondamentales qu'il n'en résout, notamment quant à l'origine et à la persistance de cette dissymétrie.
- L'existence hypothétique d'une symétrie quantique susceptible de neutraliser les notions usuelles de temps et d'espace permettrait de concevoir l'émergence et la disparition d'univers au sein d'un contexte plus général, virtuel, où les concepts de finitude et de temporalité perdraient leur pertinence. Une telle approche exclut l'idée d'un néant conçu comme absence absolue.
- Un système binaire d'univers en symétrie quantique autoriserait l'introduction d'une temporalité universelle partagée, ou d'une

180

temporalité imaginaire, distincte du temps relatif propre à notre Univers observable.

- Les déficits apparents de matière (attribués à la matière noire) et d'énergie (attribués à l'énergie sombre) pourraient inviter à réexaminer le rôle potentiel de l'antimatière, à condition de réviser les estimations actuellement admises et leurs interprétations.
- Les grandeurs thermodynamiques telles que la température, la pression et l'intensité énergétique, qui conditionnent l'entropie d'un système, caractérisent toute forme d'énergie. Ces paramètres pourraient constituer le fil directeur d'une reconstruction cohérente de l'histoire cosmique si l'on adopte le schème d'un Cosmos de type multivers.
- Enfin, l'espace-temps qui structure notre Univers observable ne peut, à l'état actuel de son évolution, être confondu avec celui correspondant à sa symétrie quantique opposée. Ces espace-temps, bien qu'indissociables, pourraient évoluer dans des dimensions décalées, superposées ou parallèles, et demeurer en interaction permanente sous une forme d'équilibre dynamique.

En mécanique quantique, le temps ne constitue pas une grandeur directement mesurable au sens classique. Il pourrait plutôt se ramener à une succession continue de redistributions d'états possibles. Les phénomènes de superposition et d'intrication quantiques peuvent alors être interprétés comme l'expression observable d'échanges d'information sans causalité classique clairement définie, au sein de systèmes constitués de paquets d'ondes plus ou moins intriqués et de modes électromagnétiques associés. Les particules élémentaires partagent ainsi des propriétés fondamentales communes et persistantes, qui confèrent à leurs interactions un caractère intrinsèquement non local et difficilement compatible avec l'émergence d'un temps au sens macroscopique.

Dans ces conditions, toute tentative de localisation spatio-temporelle fondée sur la fonction d'onde ne peut être formulée qu'en termes probabilistes. Cette approche pourrait contribuer à expliquer l'absence d'interactions observables directes entre matière et antimatière, celles-ci n'évoluant pas nécessairement dans un même espace-temps. Se pose alors la question de savoir si l'antimatière relève d'une dimension distincte de celle constituant notre réalité physique. Une telle hypothèse demeure difficilement accessible à un observateur composé de matière et inscrit dans un cadre spatio-temporel spécifique. La célèbre remarque attribuée à Einstein — selon

181

laquelle ce que l'homme ignore n'existe pas pour lui — illustre cette limite cognitive.

Ce qui échappe à l'observation directe peut néanmoins être envisagé par extrapolation, à condition que les hypothèses formulées demeurent compatibles avec un ensemble d'observations empiriques robustes. Cela implique également de ne pas remettre en cause, au-delà du nécessaire, la relativité générale et l'architecture du modèle standard des particules, qui constituent à ce jour des fondements indispensables à toute exploration théorique ultérieure. Ces conditions doivent rester des points d'appui, même lorsqu'ils sont prolongés par des hypothèses volontairement audacieuses.

Dans l'hypothèse d'un système binaire d'univers en symétrie quantique, les deux états correspondants ne se superposeraient pas strictement, mais s'imbriqueraient de manière partielle et différenciée, selon une multiplicité de référentiels associés aux particules et aux antiparticules. Ces strates énergétiques en symétrie quantique s'interpénétreraient sans se confondre entièrement à l'état actuel de l'évolution cosmique. Les particules et antiparticules partageraient alors des états complémentaires dans une temporalité conjoncturelle non discernable, évoluant de façon quasi parallèle, avec de légères divergences attribuables notamment à des effets de chiralité.

L'idée que les antiparticules puissent relever d'une dimension distincte de celle de notre réalité est-elle plus contre-intuitive que d'autres concepts aujourd'hui admis, tels que la décohérence, la non-localité, les corrélations quantiques, l'émergence d'un Univers à partir d'un état initial sans structure classique, un espace fini sans bord, les théories des cordes, la matière noire, l'énergie sombre ou encore les approches de gravitation quantique ? Bien que la cosmologie esquissée ici demeure spéculative, elle propose un cadre interprétatif susceptible de répondre à certaines incohérences d'un modèle standard continuellement ajusté. Il convient de rappeler que ce modèle repose non seulement sur des observations instrumentales de plus en plus précises, mais aussi sur des constructions mathématiques, des expériences de pensée et des postulats relatifs à des échelles inaccessibles à l'observation directe.

À ces échelles, la recherche expérimentale atteint ses limites et les formalismes mathématiques deviennent toujours plus abstraits et complexes. La physique théorique se trouve alors engagée dans un processus de rétroaction, où chaque réponse engendre de nouvelles questions et où certaines avancées remettent en cause des acquis antérieurs. Il demeure légitime de s'interroger sur la pertinence des termes employés dans nos équations lorsque celles-ci sont appliquées à des domaines encore non reconnus de la réalité physique. Ces constructions s'appuient sur une perception du réel façonnée par notre statut d'observateur, alors même que nous savons que cette réalité n'est qu'une interprétation conditionnée par nos limitations perceptives et cognitives.

Enfin, concevoir une dimension parallèle dépourvue de représentation physique directe et néanmoins en symétrie avec notre réalité pose un défi majeur. Notre pensée est structurée par un environnement relativiste fondé sur le temps et l'espace tels que nous les expérimentons. Décrire la dynamique de l'infiniment petit et celle d'un Univers dans sa symétrie quantique dépasse sans doute nos capacités actuelles. Une approche analogique peut alors servir de support heuristique. À titre de modèle de pensée, on peut envisager que les particules élémentaires massives, assimilées à des paquets d'onde sans extension spatiale définie, puissent passer, au cours de leur évolution, d'un état de particule à un état d'antiparticule. Une telle possibilité, supposée inhérente à toute particule massive, correspondrait à une superposition d'états symétriques que nous ne sommes pas en mesure de discriminer.

Ces états quantiques seraient alors potentiellement alternatifs, sans impliquer qu'une particule soit simultanément sa propre antiparticule. Une densité énergétique extrême, caractérisée par l'absence d'espace interstitiel et donc de temporalité, pourrait seule conduire à la fusion de ces états symétriques. L'effondrement final d'objets compacts extrêmes dans un Univers refroidi pourrait être compatible avec une telle condition limite.

Si l'on suppose qu'un système binaire d'univers en symétrie quantique évolue vers un état final équivalent à son état initial, ce processus peut être interprété comme un retour global à une configuration antérieure, sans qu'il soit nécessaire d'invoquer un retour au passé au sens relativiste. Une telle hypothèse conduit à envisager que ces deux états partagent une forme de temporalité commune, distincte du temps relativiste propre à notre Univers observable. Cette temporalité, qualifiée ici d'imaginaire ou d'absolue, ne distinguerait ni passé ni futur et ne serait donc pas ordonnée selon une chronologie causale d'événements. Elle pourrait être décrite comme

183

une succession de présents permanents, ce qui est compatible avec le rôle attribué aux forces et aux particules dites virtuelles en physique quantique.

L'existence d'un temps universel partagé pourrait éclairer le comportement particulier de certaines particules faiblement massives ou pratiquement sans masse, telles que les photons et les neutrinos. Dépourvus de charge électrique et de masse au repos significative, ces objets quantiques semblent apparaître et disparaître sans manifester de symétrie observable stable. Les particules virtuelles, entendues ici comme des entités énergétiques intervenant dans les formalismes explicatifs sans être directement observables, pourraient alors être interprétées comme des médiateurs de connexions non reconnues entre deux états symétriques de l'Univers.

L'interprétation dominante en cosmologie postule que la matière et l'antimatière auraient interagi massivement au cours des premières phases suivant le Big Bang, conduisant à une annihilation quasi complète de l'antimatière et expliquant ainsi sa rareté apparente dans l'Univers actuel. Toutefois, une telle hypothèse implique nécessairement une asymétrie initiale entre matière et antimatière, ce qui demeure problématique. L'hypothèse développée ici, fondée sur une symétrie chirale entre univers, propose une alternative à cette difficulté sans supposer une prédominance originelle de la matière. Cette approche dissidente ne résout pas toutes les questions, mais elle tient compte du fait que nos capacités d'observation demeurent intrinsèquement limitées, malgré les progrès constants des instruments et des méthodes.

Il est ainsi envisageable que l'antimatière ne soit pas absente, mais simplement inaccessible à l'observation directe. La matière constituant notre réalité observable agirait alors comme un écran, ne laissant percevoir que ses propres manifestations. Dans cette perspective, les effets gravitationnels attribués à la matière noire pourraient être interprétés comme les effets indirects de concentrations d'antimatière. Ces concentrations interviendraient dans la dynamique gravitationnelle des structures massives, notamment des galaxies et des amas galactiques, en modifiant de manière mesurable les trajectoires orbitales des corps les plus massifs, tels que les trous noirs stellaires et les systèmes galactiques.

L'antimatière se manifeste de manière ponctuelle lors de certaines réactions nucléaires impliquant la matière ordinaire, mais elle ne révèle pas d'interactions nucléaires autonomes, ni d'interactions fortes ou

184

électromagnétiques directement observables. En revanche, des effets gravitationnels non entièrement expliqués pourraient indiquer sa présence discrète. Comme pour la matière, des antiparticules de même charge se repousseraient mutuellement, ce qui limiterait leur regroupement observable. Lorsqu'elle se manifeste, l'antimatière apparaît sous la forme d'antiparticules symétriques des particules correspondantes, de mêmes masses et spins, mais de nombres quantiques opposés.

La relativité générale décrit les effets de la matière baryonique densifiée sur la géométrie de l'espace-temps. Il est plausible que l'antimatière obéisse aux mêmes lois, mais dans un espace-temps chiralement symétrique de celui associé à la matière. Une telle hypothèse permettrait de comprendre pourquoi l'antimatière, bien qu'ayant des effets gravitationnels mesurables, demeure largement inobservable. En astrophysique théorique, l'introduction de dimensions cachées n'est pas inhabituelle ; postuler des dimensions distinctes associées à l'antimatière n'est donc pas plus audacieux que certaines extensions du modèle standard, telles que les dimensions supplémentaires des théories des cordes ou les formulations de type Kaluza-Klein.

Les photons, ouverts aux deux symétries, pourraient jouer le rôle de vecteurs d'énergie assurant des échanges discrets entre matière et antimatière. Dépourvus de masse et de charge, ils pourraient circuler entre symétries quantiques sous forme d'interactions limitées et indirectes.

Les ondes électromagnétiques interagissent entre elles et avec la matière par diffraction, réfraction, absorption et émission. L'absence de phénomènes analogues observés avec l'antimatière pourrait s'expliquer si celle-ci évolue dans une dimension distincte, rendue transparente à nos dispositifs de détection. Une intrication quantique des photons, considérés comme les représentations corpusculaires des ondes électromagnétiques, pourrait autoriser des interactions interprétées comme non locales, conformément au théorème de Bell, mais opérant dans un contexte inaccessible à l'observation directe. Dans ce cas, les effets gravitationnels resteraient les seuls indices indirects de la présence d'antimatière, ce qui aurait conduit à l'idée de matière noire comme entité distincte.

Notre incapacité à percevoir les interactions entre ondes électromagnétiques et une antimatière inobservable s'inscrit dans une limitation plus générale de notre accès à la réalité physique, limitée à un volume fini de l'Univers

185

observable. Cette restriction impose une prudence dans l'interprétation des absences observationnelles.

On peut alors se demander si les observateurs que nous sommes ne seraient pas, à notre insu, impliqués dans les deux symétries. Chaque symétrie interagirait avec elle-même, tout en réagissant indirectement à l'autre par des effets d'écho. Dans la matière ordinaire, les atomes échangent des électrons pour former des molécules par liaison chimique. Des processus analogues impliquant des antiélectrons et des antiatomes sont concevables, sans pour autant constituer une symétrie parfaite au sens géométrique classique. Les particules d'antimatière, bien que non observables directement, seraient de mêmes masses et spins que leurs homologues de matière, et exerceraient des effets gravitationnels sur celle-ci. L'Univers pourrait ainsi être décrit par deux métriques riemanniennes couplées.

Cette porosité entre symétries quantiques autoriserait la coexistence de fonctions d'onde complémentaires, pour lesquelles l'amplitude de probabilité perdrait sa signification usuelle. La distinction entre ondes et corpuscules relèverait alors de modes observationnels appliqués à des processus mathématiques sous-jacents communs. Les corpuscules sont associés à des positions traçables et à des trajectoires définies, tandis que les ondes sont non localisables et se propagent sur des fronts étendus. La fonction d'onde permet de dépasser cette dualité en introduisant une description probabiliste, fondée sur la superposition d'états potentiels.

La fonction d'onde, conçue comme un nuage de probabilités, n'implique pas une incohérence fondamentale, mais traduit une description statistique des phénomènes quantiques. Il est alors légitime de se demander si la présence d'antiparticules inobservables, mais potentiellement en interaction avec leurs partenaires de matière, ne pourrait pas expliquer le caractère apparemment aléatoire des trajectoires observées, notamment dans des expériences telles que celle des fentes de Young. L'antiparticule, bien que non détectée, pourrait influencer indirectement la trajectoire de la particule associée, contribuant ainsi à l'incertitude mesurée et au formalisme statistique de la mécanique quantique (équation de Schrödinger).

La superposition quantique peut être interprétée comme une construction de l'esprit, destinée à rendre compte d'effets discrets attribuables à des antiparticules qui échappent à toute observation directe, hormis lors de manifestations indirectes associées à certaines réactions nucléaires. La difficulté s'accroît dès lors que l'on prend en compte les interactions implicites entre le système observé, l'observateur et les dispositifs de mesure. Si l'on admet que l'antiparticule intervient, directement ou indirectement, dans la détermination de la trajectoire d'une particule — qu'elle lui soit strictement appariée ou non — alors l'idée d'une trajectoire quantique fondamentalement aléatoire ou intrinsèquement indéterminée devient discutable. Une telle hypothèse pourrait contribuer à atténuer une incompatibilité persistante entre mécanique quantique et gravitation, en réintroduisant une forme de corrélation non reconnue entre phénomènes apparemment indépendants.

Une manière heuristique, bien que nécessairement imparfaite, d'illustrer le principe de symétrie quantique consiste à recourir à une analogie optique. *Considérons deux diapositives représentant un même paysage en noir et blanc, sans niveaux intermédiaires de gris. La première est constituée de zones noires sur fond blanc, la seconde de zones blanches sur fond noir, chacune étant l'inversion exacte de l'autre. Si ces deux diapositives sont projetées simultanément à l'aide d'un seul projecteur et superposées sur un même écran, l'image résultante apparaît uniformément noire, le paysage devenant indiscernable. Si l'on utilise désormais deux projecteurs distincts pour projeter les deux diapositives sur un écran unique, les zones éclairées de l'une recouvrent les zones sombres de l'autre, produisant cette fois un écran uniformément lumineux. Dans les deux configurations, la superposition d'images inversées empêche toute reconstitution du paysage initial, dès lors que le mécanisme de superposition demeure caché à l'observateur. Cette analogie suggère que la réalité perçue peut être une projection partielle, résultant de la superposition de structures symétriques dont l'une demeure inaccessible.*

Dans cette perspective, matière et antimatière peuvent être décrites comme une superposition asymétrique de champs multiscalaires en évolution permanente. Une telle configuration empêcherait leur réunion effective avant le terme du processus de déconstruction cosmique de notre Univers. Contrairement à la particule de matière, dont l'existence est révélée indirectement par des interactions correspondant à un état effectivement mesuré, l'antiparticule, évoluant dans une dimension qui lui serait propre, demeure inaccessible à toute forme d'observation, même indirecte. Lorsqu'elle se manifeste néanmoins — généralement sous la forme transitoire de paires particule–antiparticule — elle ne révèle qu'un état

187

possible, strictement symétrique de celui de sa particule associée, et ce de manière extrêmement fugace.

Si l'on admet que l'antimatière a été produite en quantité égale à la matière lors des phases initiales de l'évolution cosmique, elle occuperait alors une place centrale dans la compréhension globale de l'Univers. Pour l'observateur constitué de matière, l'antimatière apparaît absente ou indifférente à la matière ordinaire et au rayonnement électromagnétique de fond qui rend l'Univers observable. Cette absence apparente pourrait toutefois résulter non d'une disparition effective, mais d'une inaccessibilité structurelle. L'antimatière constituerait ainsi un élément fondamental mais voilé de la réalité cosmique.

L'observateur, en tant qu'entité consubstantielle à la matière, est contraint de considérer celle-ci comme la seule réalité physiquement accessible. Cette situation conduit naturellement à interpréter la discrétion de l'antimatière comme la conséquence d'une annihilation quasi totale. Une asymétrie CP est parfois invoquée pour expliquer la prédominance observée de la matière sur l'antimatière, mais cette explication demeure insuffisante pour rendre compte d'un déficit aussi marqué. Tout indique plutôt que l'antimatière ne se manifeste qu'à travers des états quantiques difficilement saisissables, assimilables à des paquets d'onde dont l'évolution ne serait pas strictement symétrique de celle de la matière à l'échelle atomique.

Attribuer à l'antiparticule une charge électrique opposée à celle de la particule correspondante constitue une simplification commode pour formaliser la symétrie matière–antimatière. Cette représentation est cohérente avec l'observation de phénomènes d'annihilation et de création de paires, notamment lors de certaines réactions nucléaires, telles que la désintégration bêta, ou dans des environnements astrophysiques extrêmes, à proximité d'étoiles à neutrons, de trous noirs, ou sous l'influence de champs magnétiques intenses. Les particules de matière ne peuvent s'annihiler entre elles, faute de symétrie adéquate de leurs propriétés ou de leurs nombres quantiques ; il en va vraisemblablement de même pour les antiparticules entre elles. De même, une particule et une antiparticule ne pourraient s'annihiler si elles ne partageaient pas rigoureusement les mêmes caractéristiques de masse et de spin, malgré des nombres quantiques opposés.

L'annihilation, en supprimant les particules impliquées du système quantique considéré, ne détruit pas l'énergie associée à ces particules. Celle-ci est conservée et réémise sous forme de quanta de rayonnement, principalement des photons, susceptibles de présenter plusieurs états de polarisation. Ce processus souligne que la disparition apparente de la matière et de l'antimatière du « paysage quantique » n'est qu'une transformation des modes d'existence de l'énergie, et non une perte effective d'information physique.

La question de l'intrication quantique entre particules de même nature demeure délicate. Une hypothèse interprétative consiste à considérer que ce phénomène pourrait ne pas être fondamental en lui-même, mais représenter l'expression indirecte de corrélations quantiques plus profondes reliant des particules de symétrie opposée, en particulier matière et antimatière. Une telle perspective permettrait d'attribuer un statut physique élargi à l'antimatière, au-delà de sa seule manifestation lors de processus de création ou d'annihilation de paires.

Plusieurs arguments sont avancés dans ce sens.

- Premièrement, le photon, particule sans charge électrique et sans masse au repos, peut être décrit comme une excitation du champ électromagnétique. Lors de certains processus de division ou de conversion, les photons produits présentent des états quantiques corrélés, susceptibles de rester intriqués tant qu'aucune interaction ne vient provoquer une décohérence.
- Deuxièmement, le neutrino électronique, quasi dépourvu de masse et de charge, pourrait également manifester des comportements analogues. Dans l'hypothèse où il serait une particule de Majorana, c'est-à-dire identique à son antiparticule, il constituerait un cas limite renforçant l'idée d'une intrication liée à des symétries internes profondes.
- Troisièmement, l'électron, bien que doté d'une masse non nulle, voit certaines de ses propriétés dynamiques (énergie, impulsion, vitesse effective) dépendre directement de ses interactions électromagnétiques, médiées par les photons. Le fait que des électrons puissent être intriqués

suggère que ces corrélations pourraient être héritées, au moins en partie, des interactions photon-électron elles-mêmes.

L'intrication quantique peut ainsi être interprétée comme une interaction non locale qui ne s'inscrit pas dans la causalité temporelle ordinaire. Elle constituerait la projection, dans un espace-temps relativiste où la simultanéité n'a pas de signification absolue, de corrélations établies dans un niveau plus fondamental de description, que l'on peut qualifier de strictement quantique. Ce niveau ne serait pas directement accessible à l'observation, notamment en raison des mécanismes de décohérence qui masquent la superposition d'états quantiques au profit d'états effectifs compatibles avec une description classique.

Ainsi, en l'absence de toute mesure — c'est-à-dire indépendamment d'un dispositif d'observation — une particule ne posséderait pas de réalité physique déterminée au sens classique, mais seulement un ensemble de potentialités quantiques. La réalité observée émergerait alors comme un résultat interprétatif lié à l'acte de mesure, lequel opère une transposition des phénomènes quantiques vers un cadre spatio-temporel compatible avec la physique relativiste macroscopique. De ce point de vue, la superposition d'états et les corrélations quantiques qu'elle implique confèrent à la mécanique quantique un statut singulier, largement affranchi des références spatiales et temporelles usuelles.

Il est notable que l'intrication quantique ne semble pas se manifester de façon non locale pour certaines catégories de particules, notamment les quarks, dont les interactions fortes conduisent à un confinement permanent au sein des hadrons. Dans ces conditions, l'individualité des constituants élémentaires est en quelque sorte perdue. De même, pour les systèmes composites — atomes ou molécules — les corrélations internes dominantes confèrent au système des propriétés globales qui rendent inopérante la notion d'intrication non locale entre ses composants, au sens où elle s'applique aux particules élémentaires isolées.

Le caractère profondément contre-intuitif de l'intrication quantique explique la difficulté persistante à en proposer une représentation cohérente. Pourtant, ce phénomène constitue un levier majeur pour de nouvelles interprétations de la physique quantique. Des photons intriqués, par exemple, forment un système global dont les propriétés ne sont pas réductibles à celles de ses constituants pris séparément. Bien que leurs états

190

restent corrélés, ils demeurent spatialement séparés et ne sont jamais observables simultanément dans leur globalité. Cette limitation intrinsèque du champ d'observation pourrait masquer des interactions impliquant des photons intriqués hors de portée expérimentale, ainsi que des processus mettant en jeu l'antimatière, supposée ne pas partager le même cadre spatio-temporel observable que la matière.

Dans cette perspective, certains phénomènes — tels que les effets photoélectriques, la création de paires ou les processus de diffusion — pourraient impliquer des corrélations quantiques étendues entre photons distants et des degrés de liberté associés à l'antimatière, demeurant inaccessibles à l'observation directe. L'asymétrie apparente entre matière et antimatière, ou chiralité globale, pourrait ainsi résulter d'un champ d'observation intrinsèquement restreint, incapable d'englober simultanément l'ensemble des symétries impliquées.

Même si des corrélations de type Bell peuvent être mises en évidence pour des états de spin entre atomes dans des conditions expérimentales extrêmement contrôlées — notamment à très basse température — les systèmes atomiques, moléculaires et, a fortiori, macroscopiques semblent naturellement exclus de l'intrication quantique non locale. Cela pourrait s'expliquer par le fait que la matière structurée participe à la définition même de l'espace tel que nous le percevons, alors que la particule élémentaire, en tant qu'entité quantique fondamentale, ne laisse entrevoir aucune structure interne accessible. Ses propriétés — masse, charge, spin, saveur ou couleur — pourraient alors être interprétées comme résultant de relations extrinsèques plutôt que de mécanismes internes observables.

Dans cette optique, seuls les photons, dépourvus de masse et de charge et dotés d'un spin entier, seraient susceptibles de conserver durablement des corrélations quantiques après leur production, en l'absence d'interactions avec des particules massives. Si l'on postule que l'ensemble des photons de l'Univers partage une origine commune et demeure lié par un état fondamental global, alors les corrélations observées ne violeraient pas les inégalités de Bell, mais s'inscriraient dans un contexte non local où l'espace perd sa signification classique. La relativité y apparaîtrait comme une description émergente, limitée aux phénomènes de décohérence.

Difficile de parler d'intrication quantique pour les atomes. Seules, les particules de lumière (photons) qui ont la particularité d'être sans masse,

191

sans charge et de spin entier produiraient, lorsqu'elles se divisent, des photons corrélés dans la durée. Ceux-ci devraient le rester d'autant plus qu'ils n'auront pas été amenés à interagir avec des particules de masse. Si l'on considère que tous les photons de notre Univers ont la même origine et restent liés depuis en raison de leur état fondamental (ils sont représentatifs de l'énergie primordiale non gravitationnelle), les inégalités de Bell ne sont pas violées. Pour les particules de lumière ainsi intriquées, l'espace est en quelque sorte effacé et la relativité est laissée de côté. En mécanique quantique, l'espace devient une donnée incertaine qui n'a plus la signification que nous lui donnons classiquement en termes de déplacement et de localisation.

Ceci nous incite à faire un parallèle avec l'antimatière, celle-ci étant régie par cette même mécanique quantique. L'antimatière posséderait elle aussi, une temporalité « apparente » mais dans un espace non reconnu. Inaccessible à l'observation, l'antimatière serait donc en application d'un principe élargi de non-localité, corrélée de façon discrète et inachevée à sa symétrie. C'est aussi une façon de définir, rapportée à l'intrication quantique, ce qu'est la chiralité consécutive à une rupture originelle de symétrie.

> **Pour résumer, la symétrie quantique (matière/antimatière) serait de façon discrète à la base de la dynamique de notre Univers. Elle relèverait d'un temps virtuel pour nous et qui n'est pas le temps relatif, spatialisé que nous connaissons. Le problème est qu'il en faut moins que cela pour heurter notre compréhension !**

Les considérations précédentes seraient susceptibles d'éclairer certaines anomalies gravitationnelles (cf. chap. XIV). L'exclusion de l'antimatière des modèles cosmologiques usuels a conduit, par défaut, à postuler l'existence de composantes inconnues telles que la matière noire et l'énergie sombre. Toutefois, ces hypothèses, bien qu'opérationnelles sur le plan descriptif, demeurent dépourvues de fondement expérimental direct. Elles répondent davantage à une nécessité de fermeture du modèle qu'à une validation observationnelle.

Dans ce contexte, l'idée d'un Cosmos conçu comme un réservoir d'énergie latente, non manifestée et sans réalité physique directement observable, éventuellement marqué par une rupture de symétrie fondamentale, n'a pas vocation à constituer une explication définitive. Elle vise plutôt à servir de support depensée à l'élaboration d'un paradigme cohérent, capable

192

d'articuler de manière continue les phénomènes microscopiques et cosmologiques. Un formalisme excessivement simplifié risque d'occulter des mécanismes essentiels, tandis qu'un excès de complexité peut conduire à une perte de lisibilité et à des impasses interprétatives.

Concernant la dualité onde-corpuscule, l'approche communément admise consiste à considérer que le caractère ondulatoire ou corpusculaire d'un système quantique dépend du dispositif expérimental et du point de vue de l'observateur. Cette apparente contradiction a conduit à l'introduction du postulat de réduction du paquet d'ondes lors de la mesure. Afin d'atténuer le caractère contre-intuitif de cette dualité, il peut être utile de recourir à une analogie issue de la physique classique, tout en reconnaissant explicitement ses limites.

Ainsi, l'analogie avec les trains de houle océaniques permet d'illustrer certains aspects formels du comportement ondulatoire. Les vagues transportent de l'énergie sans déplacement global de matière, ce qui rappelle, de manière imparfaite, la propagation des excitations du champ électromagnétique. À grande distance ou à grande échelle, la surface de la mer peut apparaître plane, tandis qu'à l'échelle locale, chaque molécule d'eau décrit un mouvement oscillatoire fermé. Inversement, à l'échelle moléculaire, le phénomène global de la houle devient imperceptible. Cette analogie souligne la dépendance des phénomènes observés à l'échelle d'observation, mais doit être strictement limitée à cette fonction illustrative : les ondes quantiques ne correspondent pas à des déformations matérielles localisables dans l'espace et le temps classiques.

Plus généralement, les symétries quantiques peuvent être envisagées comme formant un réseau de corrélations profondes, reliant entre elles différentes composantes de la réalité physique. Les photons et les neutrinos, en tant que particules faiblement ou non chargées et de masse nulle ou quasi nulle, joueraient un rôle privilégié dans la transmission de ces corrélations, notamment dans un contexte de symétrie brisée. Les neutrinos électroniques, en particulier, pourraient être interprétés comme des excitations issues d'interactions relevant du secteur électrofaible, présentant certaines analogies fonctionnelles avec les photons, sans toutefois s'y réduire.

La stabilité relative des structures matérielles repose sur l'établissement d'un équilibre de charge assuré par les liaisons chimiques. Les grandeurs
193

cinématiques et dynamiques — spin, moment orbital, vitesses de translation et de rotation — participent à l'ajustement fin de cet équilibre, dans un espace-temps soumis à des fluctuations permanentes d'origine gravitationnelle. Dans cette perspective, chaque particule pourrait être associée, par symétrie, à une particule correspondante de nombre leptonique ou baryonique opposé. Cette relation de symétrie — assimilable à une inversion de type gauche/droite ou haut/bas — impliquerait, pour les antiparticules, un moment magnétique et un moment cinétique global de sens opposé, conséquence directe de l'inversion de charge.

Ces propriétés permettent de caractériser certaines interactions en mécanique quantique, indépendamment des catégories de la physique classique. Par analogie, l'environnement électronique d'un noyau atomique peut être vu comme une zone de filtrage qui conditionne l'absorption, la diffusion ou la réflexion des quanta électromagnétiques. Certains photons y sont absorbés, d'autres réémis après transfert partiel d'énergie, selon des mécanismes bien établis. La majorité des photons, dépourvus de masse et de charge, ne disposent pas de l'inertie suffisante pour franchir cette barrière électronique et interagir directement avec le noyau. Dans les cas rares où une interaction nucléaire se produit, elle dépend étroitement de l'énergie et de la géométrie d'incidence, et ses effets sur la masse nucléaire restent généralement limités.

Cette situation contraste avec celle des trous noirs, qui absorbent continuellement énergie et matière. Bien qu'inobservables directement, les trous noirs se signalent par des effets macroscopiques non quantiques. Leur comportement présente néanmoins des analogies avec certaines entités quantiques, notamment en ce qui concerne la rétention d'information et l'absence de structure spatiale interne accessible. Lorsqu'une particule est absorbée par un trou noir, les corrélations quantiques non locales qu'elle entretenait avec d'autres systèmes semblent disparaître du champ observable. Le trou noir accumule de l'énergie sans occupation spatiale au sens classique, ce qui suggère que la région d'espace-temps qui lui est associée pourrait être interprétée comme une construction effective, modifiant la topologie globale de l'Univers.

Dans ces conditions, les notions de pression, de compacité ou même d'entropie deviennent problématiques lorsqu'elles sont appliquées à des entités pour lesquelles l'espace non occupé semble exclu. La particule élémentaire, décrite comme un paquet d'ondes, possède formellement des

194

propriétés analogues à celles de la lumière. Or, à la vitesse de propagation de la lumière, le temps propre tend vers une limite nulle, ce qui rend indissociables les notions de temps et d'espace occupé. La particule élémentaire se situerait ainsi à la frontière de l'espace-temps et pourrait être envisagée comme un objet limite entre notre Univers observable et un cadre cosmique plus large.

De manière analogue, le trou noir ramène toute forme d'énergie absorbée à un état fondamental, ce qui pose la question du sens même de l'entropie en son sein. Dans cet environnement extrême, le temps et l'espace perdent leur signification opérationnelle en termes de localisation et de déplacement.

Il en résulte que l'espace-temps pourrait être interprété comme transitionnel, intermédiaire entre deux régimes limites : celui de la particule élémentaire et celui du trou noir. Cette situation rend particulièrement difficile leur intégration dans un modèle cosmologique unique, dès lors que l'espace-temps constitue une condition incontournable de toute observation. L'espace/temps demeure néanmoins indispensable pour décrire les interactions de la matière structurée et rendre compte, du point de vue de l'observateur, de l'évolution de l'Univers.

Bien que dépourvues de dimensions spatiales et temporelles significatives, particules élémentaires et trous noirs s'inscrivent, pour l'observateur, dans l'espace interstellaire. Cette absence de dimension n'est pas fondamentalement plus problématique que celle du point géométrique, couramment utilisé sans difficulté majeure. Ce ne sont donc pas ces entités elles-mêmes qui se manifestent directement, mais les effets de leurs interactions avec la matière à l'équilibre de charge, depuis l'échelle atomique jusqu'aux structures macroscopiques. À l'intérieur d'un trou noir, les distinctions entre particules, bosons et forces fondamentales perdent leur pertinence, alors même que ces interactions représentaient l'essentiel de l'énergie associée à la masse des corps absorbés. L'énergie ainsi captée peut être considérée comme temporairement indisponible, placée dans un état latent.

Cette réflexion conduit, dans l'hypothèse plus générale d'un système cosmique en symétrie quantique, à envisager une extension du principe de conservation de l'énergie.

195

XII <u>Un modèle standard qui n'explique pas tout</u>
(Et est toujours en recherche de nouvelles particules !)

Le développement qui suit s'appuie sur le tableau des particules élémentaires présenté en annexe, tableau qui demeure susceptible d'être discuté dans le cadre d'une éventuelle révision du modèle standard. Ce chapitre rappelle, à titre de synthèse, les fondements de l'astrophysique contemporaine, envisagée ici dans une continuité avec la mécanique quantique.

Les particules élémentaires de première génération, les plus légères et les plus stables, constituent l'essentiel de la matière ordinaire. Il s'agit des quarks *up*, des quarks *down* et de l'électron. Les quarks *up* et *down* s'assemblent pour former les nucléons — protons et neutrons — qui constituent le noyau atomique. Cette structuration repose sur l'interaction forte, caractérisée par une attractivité intense et de très courte portée. Le neutrino électronique se distingue par l'absence de charge électrique et par une masse extrêmement faible (cf. chap. XIII). Ces propriétés en font une particule singulière, susceptible, selon certaines hypothèses, d'adopter un comportement effectif assimilable tantôt à celui d'une particule, tantôt à celui d'une antiparticule.

Les particules élémentaires de troisième génération se caractérisent par des masses et des énergies élevées. Elles comprennent les quarks *top* et *bottom*, le lepton *tau* et le neutrino tauique. Ces particules sont instables et se désintègrent rapidement, après leur création, en particules plus légères appartenant aux générations inférieures. Leur existence semble ainsi principalement liée aux conditions énergétiques extrêmes de l'Univers primordial.

Entre ces deux extrêmes se situe la seconde génération, composée de particules de masse intermédiaire : les quarks *charm* et *strange*, le muon et le neutrino muonique. Les hadrons contenant des quarks *charm* ou *strange* (mésons, kaons, pions, etc.) sont instables et se désintègrent via l'interaction faible, en produisant notamment des neutrinos et des antineutrinos. Cette hiérarchisation en générations traduit une organisation de la matière selon des niveaux croissants d'énergie équivalente à la masse.

196

Un atome est généralement constitué d'un noyau regroupant protons et neutrons, autour duquel se distribue un nuage électronique. Chaque proton et chaque neutron est un hadron composé de trois constituants fondamentaux : les quarks. Ceux-ci ne sont pas observables isolément et doivent être considérés comme des degrés de liberté élémentaires, porteurs de charges fractionnaires et d'énergie quantifiée. Les quarks *up* possèdent une charge électrique de +2/3, tandis que les quarks *down* portent une charge de −1/3. Les autres variétés de quarks, plus massives (*c*, *s*, *t*, *b*), ont pu être présentes à certaines étapes de l'évolution cosmique, mais leur instabilité les a rendues transitoires à l'échelle de l'Univers actuel.

La masse atomique correspond à la somme des masses des protons et des neutrons contenus dans le noyau. Afin de rendre intelligible la description des phénomènes physiques, il est d'usage d'introduire une distinction conventionnelle entre :

- le **régime quantique**, correspondant aux particules élémentaires, dont le caractère est partiellement virtuel et non directement observable ;
- le **régime observable**, celui de la matière baryonique construite, formée d'atomes et de molécules ;
- un **régime intermédiaire**, comprenant les particules composites (protons, neutrons, mésons) et les nuages électroniques, qui assurent la transition entre le quantique et le macroscopique. Cette séparation permet de distinguer analytiquement les interactions électromagnétiques, nucléaires faibles et fortes, sans prétendre à une frontière ontologique stricte.

Mais pourquoi 3 quarks pour faire un nucléon ? *On pourrait se dire – en considérant que ce n'est qu'une image - que chacun des 3 quarks représente une des 3 dimensions nécessaires pour définir l'espace: hauteur, largeur, profondeur (ou pourquoi pas, une dimension du temps : passé, présent, futur). Ainsi 2 quarks serait insuffisants car ils réaliseraient alors une surface plane et 4 quarks ne correspondraient pas à l'idée d'un volume en 3D. Un triplet de quarks s'avère de fait nécessaire et suffisant. Le hasard veut que l'on attribue arbitrairement, une couleur à chacun des 3 quarks en l'occurrence le bleu, le vert et le rouge. Curieusement, il se trouve que ces 3 couleurs confondues donnent du blanc. Par ailleurs, cette couleur blanche qui n'en est pas vraiment une, réalise la synthèse de toutes les couleurs du prisme associées aux différentes intensités d'énergie. Evidemment, c'est*

197

primaire (tout autant que ces 3 couleurs), mais nous retrouvons une certaine logique parfois décousue qui nous est propre !

Les quarks apparaissent ainsi comme des entités dépourvues de dimensions spatiales accessibles et ne se prêtent pas aisément à une description en termes de trajectoire ou de durée de vie au sens classique. Cette caractéristique explique en partie pourquoi les concepts relativistes usuels s'appliquent difficilement à leur dynamique interne.

Un proton est constitué de deux quarks *up* et d'un quark *down*, ce qui lui confère une charge électrique globale positive. Sa masse est d'environ 938 MeV.
Un neutron est constitué d'un quark *up* et de deux quarks *down*, ce qui lui confère une charge électrique nulle, pour une masse d'environ 939 MeV. La très faible différence de masse entre proton et neutron — de l'ordre de 1 MeV —, bien que minime, joue un rôle déterminant dans la stabilité de la matière et dans les processus de nucléosynthèse, conditionnant la formation d'atomes plus complexes que l'hydrogène.

Un atome stable est électriquement neutre : il contient autant de protons que d'électrons, ces derniers portant une charge opposée. Dans une interprétation spéculative, l'électron peut être envisagé comme une particule élémentaire fonctionnellement apparentée aux quarks, mais affranchie de la contrainte de confinement, ce qui lui permet de se détacher du noyau et de participer à la formation de liaisons chimiques. Cette capacité est à l'origine de l'assemblage des atomes en molécules et, plus largement, de la structuration de la matière.

Les muons et les leptons tau, bien que de même charge et de même nature que l'électron, possèdent des masses nettement supérieures. Leur instabilité et leur désintégration rapide les inscrivent dans une logique évolutive comparable à celle des quarks lourds (c, s, t, b), aujourd'hui absents de la matière ordinaire. Leur existence atteste néanmoins de la richesse du spectre des états possibles de la matière dans des conditions énergétiques extrêmes.

Le photon, en tant que particule dépourvue de masse au repos, se propage le long de trajectoires nulles et ne possède pas d'inertie propre au sens classique. Il n'interagit donc qu'avec ce qui se trouve sur sa trajectoire effective. Toutefois, cette trajectoire peut être déviée par les déformations gravitationnelles de l'espace-temps, conformément aux prédictions de la relativité générale.

Cette propriété conduit à plusieurs types d'interactions physiquement remarquables.

Interactions photon–électron

Lorsqu'un photon interagit avec un électron lié à un atome, il peut être absorbé par celui-ci. L'électron acquiert alors une énergie supplémentaire, ce qui se traduit soit par un passage vers un niveau d'énergie plus élevé, soit par son éjection de l'atome : c'est l'effet photoélectrique. Inversement, lorsqu'un électron perd de l'énergie, il peut émettre un photon et rejoindre un état d'énergie inférieur.

Dans le cas de photons gamma de très haute énergie, une partie de l'énergie cinétique associée au rayonnement peut interagir indirectement avec le noyau atomique. Lorsque cette interaction n'entraîne pas l'absorption complète du photon, l'énergie excédentaire peut être convertie en énergie de masse par création de paires particule–antiparticule, principalement des paires électron–positon. Le positon, antiparticule de l'électron, s'annihile rapidement au contact d'un électron environnant. L'énergie ainsi transitoirement libérée est classiquement décrite, dans le schéma des interactions faibles, par l'intervention de bosons intermédiaires, notamment le boson Z, dont la masse effective reflète l'énergie engagée dans le processus.

Interactions photon–noyau atomique

Plusieurs cas peuvent être distingués :

- Lorsqu'un photon gamma d'énergie au moins égale à 1,022 MeV interagit avec le champ d'un noyau sans être absorbé, il peut se transformer en une paire électron–positon. Après annihilation de cette paire, deux photons de 511 keV sont émis dans des directions

199

opposées, conformément à la conservation de l'impulsion. Ces photons demeurent corrélés, formant un système intriqué. Ce type de processus contribue à la dégradation progressive de l'énergie des rayonnements électromagnétiques au contact de la matière.

- Lorsque l'énergie du photon est suffisamment élevée pour être absorbée par le noyau, celui-ci peut changer de configuration interne. Il peut notamment se produire un processus photo-nucléaire dans lequel un proton est converti en neutron, analogue à une capture électronique induite par un apport énergétique externe.
- Dans certaines conditions extrêmes, un proton peut rencontrer un antiproton. Leur annihilation ne conduit pas à une disparition de l'énergie, mais à sa redistribution sous forme de particules intermédiaires, classiquement décrites par les bosons W, vecteurs des interactions faibles. Ces bosons, à l'instar du boson Z, rendent observables des processus autrement inaccessibles à l'observation directe.
- Lors d'une désintégration bêta, un neutron se transforme en proton par conversion d'un quark *down* en quark *up*. Pour préserver la neutralité de charge globale, l'atome peut capturer un électron libre, tandis qu'un antineutrino électronique est émis. Cet antineutrino transporte une fraction infime de l'énergie du processus sans modifier la parité de charge.

Ces mécanismes concourent à une redistribution continue de l'énergie dans l'Univers : l'énergie électromagnétique de haute fréquence tend à se transformer en énergie de masse ou en rayonnements de plus basse fréquence. À long terme, cette dynamique suggère un Univers dominé par des ondes électromagnétiques résiduelles de très grande longueur d'onde, faiblement interactives, progressivement absorbées sous l'effet des champs gravitationnels.

Particule, onde et champ de probabilité

Lorsqu'une particule est décrite comme un paquet d'ondes, elle ne peut plus être assimilée à un point localisable dans l'espace. La notion de position précise devient incompatible avec une description ondulatoire, laquelle ne peut s'exprimer qu'en termes de probabilités de présence. La particule doit alors être comprise comme un champ d'énergie spatialement étendu, dont les frontières ne sont ni nettes ni fixes.

Afin de rendre cette abstraction plus accessible, il est possible de recourir à une représentation imagée, explicitement reconnue comme non physique.

Aussi, une façon de concevoir en termes reconnus, le champ d'énergie d'une particule serait de la comparer à une bulle d'influence localisable, sans dimension délimitable et d'autant plus remarquable que l'on considère sa partie la plus central en données de masse. Cette « bulle-paquet d'ondes » serait habillée de toutes les couleurs de l'arc en ciel, en proportions censées décliner les informations de charge, intensité, saveur, spin...caractérisant toute particule. Un musicien préférerait se référer, sans doute, aux harmonies, sonorités musicales et nombre de décibels. Une autre particularité de cette bulle-énergie serait de pouvoir, tel le caméléon, modifier ses couleurs et fusionner ou se scinder en bulles plus petites.
L'anti bulle-énergie se distinguerait par des couleurs du prisme « complémentaires ou inversées ». De sorte que rassembler 2 bulles-énergie symétriques en une seule, reviendrait en mélangeant leurs caractéristiques, à les effacer en tant que telles comme 2 bulles de savon irisées qui se percutent. Ainsi disparaissent du paysage, les couleurs de l'arc en ciel, une fois confondues.
Les « bulles » d'influence évoquées ici ne correspondent pas à des entités physiques au sens usuel et ne s'inscrivent pas dans l'espace qui constitue notre milieu d'observation. Elles doivent être comprises comme une représentation heuristique de structures quantiques abstraites, dépourvues de localisation spatiale et indépendantes des notions classiques de distance.
. Ces bulles quantiques qui n'ont pas la perception du temps, symboliseraient le passage obligé ou mode d'accès permettant de sortir d'un système binaire d'univers en symétrie, par « le bas ». Le monde quantique déboucherait de la sorte, sur le Cosmos multivers.
Ce que nous pourrions appeler de la téléportation quantique, n'est autre qu'un processus d'échanges discrets entre une symétrie droite (choix arbitraire) non reconnue et une symétrie gauche qui serait la nôtre.
Cette symbolique gauche/droite dans un Univers de bulles, n'est qu'une allégorie. Et parler ici de latéralité n'est pas véritablement approprié.
Assimilées à des nœuds ou des bulles d'énergie (chap. IX) ou remplacées par des cordes, les particules restent dans tous les cas insaisissables.

201

Nous pouvons les approcher d'une autre manière, en ne considérant que les forces de liaison. *La particule pourrait, de la sorte, se comparer aux points d'attache de maillons de calibres divers, dans un enchevêtrement de chaînes dépareillées, particulièrement élastiques. Ces maillons, qui n'en ont pas pour autant la forme oblongue, peuvent s'ouvrir, s'assembler, s'étirer et se refermer les uns sur les autres, en autant d'interactions. L'Univers n'a alors plus rien d'une mousse de savon en expansion.*

Sans réalité physique, de tels maillons pourraient, faute de mieux, se définir comme des apparentés « D- branes », pour reprendre un terme déjà utilisé, ou pour marquer la différence, comme des « maillons/branes ».

Cette idée d'énergie sous forme de maillons assemblés, entrelacés à tous niveaux et présents en symétrie, nous éloigne quelque peu du modèle cosmologique standard que nous avons adopté. Ce n'est bien sûr, là aussi, qu'une image de plus mais toutes ces métaphores permettent d'habiller de façon acceptable, des phénomènes qui n'ont pas d'équivalent dans notre réalité quotidienne. Ainsi, nous évitons d'avoir recours au concept de paquet d'ondes ou faisceau de paquets d'ondes si difficile à intégrer et développé ici.

Dans l'état actuel des connaissances, tout modèle cosmologique repensé demeure nécessairement partiellement spéculatif et ne peut prétendre à une validation expérimentale complète. Le modèle standard lui-même repose sur des hypothèses efficaces, mais incomplètes. Le présent travail s'inscrit explicitement dans cette perspective exploratoire : proposer des pistes de réflexion cohérentes, capables d'articuler mécanique quantique, cosmologie et symétries fondamentales, sans revendiquer un statut définitif.

XIII <u>Furtives et d'une discrétion exemplaire</u>
(Des particules insignifiantes qui s'affranchissent des frontières)

La masse inerte est ici interprétée comme l'expression de l'énergie cinétique totale associée à un ensemble d'ondes quantiques intriquées, confinées sous la forme d'un paquet d'ondes constituant une particule se déplaçant à vitesse constante. Toute variation de l'état de mouvement — qu'il s'agisse d'une accélération ou d'une décélération — implique nécessairement un apport ou un retrait d'énergie. L'acquisition d'énergie cinétique supplémentaire accroît alors la capacité inertielle de la particule et modifie sa trajectoire initiale. Par ailleurs, accélérer revient à augmenter l'énergie cinétique globale du système, ce qui se traduit par une augmentation effective de la masse inertielle. Il est bien établi que des quantités d'énergie considérables sont requises pour produire une variation même marginale de cette masse inertielle.

Cette relation soulève une difficulté fondamentale : comment un corps matériel pourrait-il acquérir suffisamment d'énergie cinétique pour approcher la vitesse de la lumière, alors que l'augmentation continue de sa masse inertielle s'oppose de plus en plus efficacement à toute accélération supplémentaire ? À cette contrainte relativiste s'ajoute une limite gravitationnelle : au-delà d'un certain seuil de masse critique, un corps cesse de pouvoir maintenir son intégrité structurelle et s'effondre sous sa propre gravitation. Un tel effondrement conduit le plus souvent à la formation d'une étoile à neutrons.

Or, le neutron libre possède une durée de vie moyenne de l'ordre de quinze minutes. Il convient donc d'expliquer pourquoi les neutrons sont stables lorsqu'ils sont intégrés au noyau atomique, et pourquoi une étoile à neutrons peut constituer une structure macroscopiquement stable sur des échelles de temps cosmologiques. Une piste consiste à rapprocher la force nucléaire forte et la gravitation, en postulant qu'elles pourraient être deux manifestations d'un même mécanisme fondamental lié à des effets de charge, compris dans un sens élargi.

Au sein du noyau atomique, les quarks de charges opposées interagissent par l'intermédiaire de l'interaction électromagnétique, tout en étant confinés par la force forte. De manière analogue, dans une étoile à neutrons, les électrons sont capturés par les protons lors de processus de capture électronique (souvent assimilés à une forme de désintégration bêta inverse), conduisant à la transformation des protons en neutrons avec émission d'antineutrinos. Les atomes y sont détruits en tant que structures distinctes, et la neutralité globale de charge est maintenue. Cette conversion généralisée des protons en neutrons met fin aux réactions nucléaires classiques et marque une étape avancée dans l'évolution concentrationnaire de la matière dans l'Univers.

L'étoile à neutrons ainsi formée présente une stratification en densité énergétique : la pression augmente vers les couches internes, tandis que des champs magnétiques intenses persistent à la surface. Dans de nombreux cas, cette configuration ne constitue qu'un état transitoire. Lorsque la masse de l'objet dépasse un seuil critique — estimé à une valeur supérieure à une dizaine de masses solaires — l'effondrement gravitationnel se poursuit et conduit à la formation d'un trou noir.

Dans ce contexte, seules des particules de masse extrêmement faible, telles que les neutrinos, peuvent se déplacer à des vitesses proches de celle de la lumière. Leur faible masse et leur absence de charge électrique les rendent peu sensibles aux champs gravitationnels ordinaires et réduisent considérablement la probabilité d'interactions avec la matière traversée.

Bien que situés aux extrêmes du spectre des masses — les neutrinos d'un côté, les trous noirs de l'autre — ces deux objets présentent suffisamment de caractéristiques communes pour justifier l'hypothèse de leur rôle central dans l'évolution cosmique. **Le neutrino primordial pourrait représenter une forme embryonnaire de la matière, antérieure aux particules baryoniques actuelles,** tandis que les trous noirs supermassifs constitueraient l'aboutissement ultime de l'effondrement de la matière baryonique dans un Univers refroidi en fin d'évolution.

À l'instar du photon, le neutrino peut être envisagé comme un vecteur d'échange entre différentes symétries quantiques. Tous deux ne sont accessibles à l'observation que de manière indirecte, par les effets qu'ils induisent sur la matière : diffusion, diffraction, réfraction ou photosynthèse pour les ondes électromagnétiques, et interactions nucléaires faibles pour les neutrinos. Ces derniers peuvent néanmoins être détectés indirectement par l'émission de radiation Tcherenkov lorsqu'ils interagissent avec des molécules d'eau.

Dépourvus de charge électrique, les neutrinos contribuent à l'ajustement énergétique des systèmes nucléaires sans altérer leur neutralité de charge, de manière analogue au rôle des photons dans les échanges d'énergie. Lors des désintégrations bêta, ils emportent la part d'énergie, de quantité de mouvement et de spin qui ne peut être attribuée ni à l'électron ni au nucléon final, assurant ainsi la conservation globale des grandeurs physiques. Une représentation heuristique consiste à les envisager soit comme des électrons ayant perdu leur charge électrique au cours d'une interaction nucléaire, soit comme des photons gamma ayant acquis une masse infinitésimale tout en cédant une partie de leur énergie cinétique lors d'un processus de capture électronique.

En raison de leur masse extrêmement faible, l'essentiel de l'énergie des neutrinos est porté par leur mouvement, leur vitesse étant proche de celle de la lumière. Ils semblent être parmi les particules massives les plus abondantes de l'Univers. Bien qu'ils puissent changer de masse effective par oscillation entre différentes générations, ou « saveurs », ils ne semblent ni disparaître ni se désintégrer complètement. Leur faible interaction avec la matière et avec la force nucléaire forte les rend sensibles uniquement aux champs gravitationnels les plus intenses, capables de modifier leur énergie équivalente à la masse.

Ces interactions peuvent conduire à des phénomènes d'oscillation, par lesquels un neutrino électronique se transforme en neutrino muonique, puis tauique, et inversement. Cette propriété autorise l'hypothèse de l'existence d'états intermédiaires moins stables, ainsi que de neutrinos plus massifs, vestiges possibles des premières phases de nucléosynthèse cosmique.

Cette multiplicité d'états explique en partie la difficulté historique à détecter et caractériser les neutrinos. Ils semblent évoluer dans une superposition de niveaux énergétiques, rendant délicate la distinction nette entre neutrino et antineutrino. Il est envisageable que le neutrino puisse se manifester tantôt comme particule, tantôt comme antiparticule, sans pouvoir toutefois adopter simultanément ces deux statuts. Tous les neutrinos observés présentent une hélicité gauche, c'est-à-dire une projection négative de leur spin sur la direction de leur mouvement. Si l'on admet qu'une particule massive peut, en principe, présenter les deux hélicités, l'absence d'hélicité droite observée pourrait indiquer que celle-ci appartient à une symétrie quantique complémentaire, associée aux antineutrinos.

La désintégration d'un neutron libre illustre cette conservation globale : un neutron se transforme en proton, électron et antineutrino, sans disparition de matière ou d'énergie, mais par simple réorganisation des termes de l'interaction.

Si les particules et antiparticules sont généralement décrites comme possédant même masse, même spin, charge opposée et hélicité inversée, il est probable que la symétrie sous-jacente soit plus complexe qu'une simple inversion de ces paramètres. Le neutrino, en raison de sa neutralité électrique, pourrait s'adapter à la symétrie quantique la plus appropriée pour accompagner les processus impliquant les électrons dans les interactions nucléaires.

Les neutrinos de très haute énergie, bien que moins nombreux, sont produits lors des événements astrophysiques les plus violents, tels que les supernovae, hypernovae et les processus se déroulant à proximité de l'horizon des événements des trous noirs. Ces phénomènes s'accompagnent d'un rayonnement gamma intense. À l'inverse, des réactions nucléaires élémentaires, comme la formation du deutérium à partir de deux noyaux d'hydrogène, ne produisent que des neutrinos de très faible énergie.

Les fusions d'étoiles à neutrons ou d'étoiles à neutrons avec des trous noirs se manifestent par des sursauts gamma, mais aucune émission de neutrinos n'y a été détectée, ceux-ci ne pouvant s'extraire des champs gravitationnels extrêmes générés lors de ces événements.

En résumé, les neutrinos, à l'instar des photons, sont supposés traverser discrètement les deux symétries fondamentales de la matière et de l'antimatière, jouant un rôle de médiateurs dans leurs interactions. À ce titre, ils participeraient au processus global de transformation et de déconstruction progressive de l'Univers.

Peut-on considérer que les particules de matière actuelles, en particulier les fermions, aient émergé dès les premiers instants de l'Univers sous leur forme définitive ? En cosmologie, une telle hypothèse apparaît peu probable : les processus fondamentaux se déploient généralement à travers des transitions progressives, impliquant des états intermédiaires successifs. Il est donc légitime d'envisager un scénario évolutif dans lequel des particules primitives auraient précédé l'apparition des fermions observables

Dans cette hypothèse, le neutrino primordial serait assimilable à une structure minimale constituée d'ondes quantiques intriquées, dépourvue de charge électrique et ne présentant pas encore de symétrie interne marquée. Il aurait ainsi pu constituer la première forme de particule massive issue du Big Bang. Une fraction de ces primo-neutrinos aurait continué à interagir avec le rayonnement extrêmement énergétique dominant les premières phases de l'Univers. Soumis à un environnement saturé d'énergie, certains d'entre eux auraient pu participer à des processus de transformation conduisant progressivement à l'émergence des particules élémentaires chargées et de leurs antiparticules constituant la matière actuelle.

Avant la formation des premiers noyaux d'hydrogène et d'hélium, ces neutrinos primitifs peuvent être interprétés comme des états précurseurs des quarks et des électrons, ainsi que de leurs homologues d'antimatière. Ils constitueraient ainsi une origine commune à la matière et à l'antimatière. Contrairement au photon, qui ne présente pas de structure de masse ni de charge et dont la symétrie est essentiellement liée à l'interaction électromagnétique, le neutrino, en raison de sa masse non nulle et de sa neutralité électrique, pourrait dissimuler une symétrie quantique spécifique encore imparfaitement comprise. Cette singularité le distingue nettement des autres particules élémentaires connues.

Des observations indirectes associées à des phénomènes astrophysiques extrêmes, tels que certaines hypernovae, suggèrent l'existence de neutrinos atteignant des énergies exceptionnellement élevées, de l'ordre de plusieurs centaines de téraélectronvolts. Il est alors raisonnable de supposer que, dans l'Univers primordial, des neutrinos aient pu atteindre des niveaux énergétiques bien supérieurs encore, potentiellement de plusieurs milliards de téraélectronvolts. Ces neutrinos ultra-énergétiques, aujourd'hui disparus ou devenus indétectables, auraient pu jouer un rôle déterminant dans l'émergence de l'électromagnétisme et des premières particules élémentaires chargées.

Durant cette phase initiale, relativement brève à l'échelle cosmique, les neutrinos nouvellement formés auraient interagi entre eux et avec le rayonnement diffus ambiant, donnant naissance aux premières particules chargées libres, identifiables comme une primo-génération de quarks et

207

d'électrons. Ces particules élémentaires primitives, initialement dispersées et fortement énergétiques, se seraient progressivement assemblées à mesure que l'Univers se refroidissait, conduisant à la formation de protons, de neutrons et de nuages d'électrons. L'association des nucléons avec leurs électrons périphériques aurait alors permis la constitution des noyaux atomiques, éléments structurants fondamentaux de la matière.

La nucléosynthèse primordiale, contrôlée par la diminution progressive de la température, n'a pu produire que des noyaux légers. Elle a conduit principalement à la formation d'atomes d'hydrogène, d'hélium et, en quantités bien moindres, de lithium, chacun accompagné de ses isotopes les plus stables. Les éléments plus lourds sont apparus ultérieurement au sein des étoiles, par nucléosynthèse stellaire. La condensation des nuages d'hydrogène enrichis en hélium et lithium a pu s'opérer grâce à la présence d'électrons de liaison, qui ont permis de compenser la répulsion électrostatique entre noyaux positifs.

Au cours de l'évolution cosmique, les neutrinos primitifs ont nécessairement perdu une grande partie de leur énergie initiale, en raison des innombrables interactions nucléaires entre protons et neutrons, ainsi que des interactions électrofaibles ayant jalonné l'histoire de l'Univers. La force faible, en impliquant étroitement neutrons et neutrinos, a favorisé la pérennité des protons en grande quantité. Un neutron libre, s'il n'est pas intégré dans un noyau atomique ou une étoile à neutrons, est en effet instable et se transforme spontanément en proton. Dans ce contexte, les primo-neutrinos ultra-énergétiques n'occupent plus de place identifiable dans le modèle actuel des particules élémentaires, qui se limite essentiellement à trois générations de fermions.

À l'époque actuelle, les réactions nucléaires produisent majoritairement des neutrinos électroniques de faible énergie. Certaines interactions plus énergétiques peuvent toutefois engendrer, de manière incidente, des neutrinos muoniques et tauiques plus massifs, ainsi que des leptons chargés instables correspondants — muons et taus — caractérisés par une durée de vie très courte. Ces leptons lourds, appartenant aux deuxième et troisième générations, se désintègrent en cédant une partie de leur énergie et donnent naissance à des électrons légers de première génération. Ce sont ces particules de première génération — électrons, quarks up et quarks down — qui assurent la stabilité relative et la structuration de la matière ordinaire observée aujourd'hui.

Cette organisation n'exclut pas l'apparition transitoire ou localisée de structures instables nécessaires à l'équilibre global, telles que des particules composites, des atomes ou des molécules dites « exotiques », impliquant des particules de générations plus lourdes.

Enfin, l'évolution du rayonnement électromagnétique, caractérisée par un allongement continu des longueurs d'onde et une diminution des fréquences, implique une réduction progressive de la capacité de ces rayonnements à assurer des transferts d'énergie suffisants pour maintenir l'équilibre de charge entre particules massives dans l'Univers primordial. Cette évolution contribue à expliquer la structure atomique actuelle et l'équilibre de charge observé entre les fermions de première génération dans l'Univers baryonique contemporain.

XIV <u>Matière noire et énergie sombre</u>

(Tout s'éclairerait s'il s'avérait qu'elles n'ont pas de raison d'être)

Rappelons quelques chiffres faisant référence et qui, confrontés aux observations les plus récentes, font blocage.
L'Univers serait constitué de :

- 68 à 69 % d'énergie sombre de nature inconnue

- 26 à 27% de matière noire de forme inconnue

- 5 % de matière baryonique identifiée

Ces estimations admises par une majeure partie de la communauté scientifique conduisent actuellement, à une impasse car les 2 premiers composants présumés qui ne sont pas des moindres, font défaut à l'observation directe.

Notre appréciation des énergies en présence, ne dénoterait-elle pas une démarche à la fois trop simpliste et par trop restrictive, reposant d'une part sur la conviction que notre Univers serait en expansion et d'autre part que l'antimatière aurait majoritairement disparu ?

<u>Avant toute chose, ramenons ces chiffres à leur juste valeur</u>
Dans cette répartition qui représenterait la totalité du contenu formant notre Univers, nous additionnons de l'énergie à de la matière. Même s'il existe une forme d'équivalence entre énergie et matière ($E = mc^2$), comment comprendre que l'on puisse mettre en pourcentage dans une même équation, x% d'énergie noire avec x% de matière noire ? Energie et matière ne sont pas des termes substituables tels quels, dans ce type d'approche.
D'autre part, s'agissant de la matière baryonique (5%), la masse représente la capacité d'inertie. Mais l'essentiel de cette énergie de masse n'est pas inhérente aux particules élémentaires assemblées. L'énergie résiduelle intrinsèque des particules assemblées pour faire la matière construite, ne serait que de 1%. Les autres 99% résideraient dans l'énergie cinétique qui contribue à l'édification de la matière et dans les forces de liaison. Il s'agit principalement de la force forte considérée ici comme la résultante d'interactions électromagnétiques rapprochées dans un milieu confiné représenté par le noyau atomique. Y contribuent également pour partie, les forces électromagnétique et nucléaire faible qui participent à la cohésion des atomes et corrigent les déséquilibres.

Ce que nous pensons connaître de notre Univers repose sur ce qui est ouvert à nos observations ou découle de ces dernières. Compte tenu de certaines anomalies observationnelles, il semblerait que cette partie qui nous est accessible plus ou moins directement ne représente que 5% du contenu en matière/énergie de notre Univers. Une supposée matière dite noire estimée à 27% et une plus qu'hypothétique énergie dite sombre estimée à 68% sont censées constituer le reste du contenu énergétique de notre Univers.

On peut déduire de ce qui précède que sorties de toute interaction nucléaire ou de liaison (les 99%), les particules considérées essentiellement en tant qu'objet quantique isolé (au repos) ne représentent que 1% de 5% soit 0.05% du contenu de notre Univers. Mais qu'en est-il si nous abandonnons l'hypothèse d'un Univers constitué pour l'essentiel de matière noire mystérieuse et d'énergie sombre inconnue ?

Une particule peut être décrite comme un **état physique** qui ne se prête pas à une caractérisation en termes de densité ou de volume d'occupation de l'espace. Dans cette perspective, la particule élémentaire demeure un **objet formel**, dont l'existence est médiatisée par des théories et des dispositifs de mesure. Les grandeurs qui lui sont attribuées — masse, charge électrique, spin, énergie — ne décrivent pas un objet matériel étendu, mais constituent des **paramètres opératoires**, introduits afin de rendre compte des résultats expérimentaux. Elles traduisent ainsi un certain degré de « virtualité » au sens où elles n'impliquent pas nécessairement une réalité spatiale classique.

Le spin, en tant que grandeur discrète, ne peut être interprété comme une rotation mécanique de la particule sur elle-même. En effet, une entité dépourvue d'extension spatiale définie ne saurait être décrite à l'aide de propriétés cinématiques issus de la physique macroscopique, tels que la rotation propre autour d'un axe ou la localisation précise dans un volume donné. De la même manière, le spin ne se laisse pas réduire à une simple propriété géométrique associée à une symétrie spatiale classique.

L'orientation du spin propre à chaque type de particule élémentaire peut dès lors, être envisagée comme résultant d'un **état de polarisation interne**, associé à une dynamique en boucle. Le spin doit alors être compris non comme une rotation intrinsèque, mais comme l'expression d'un **moment magnétique intrinsèque**. Il représenterait le moment angulaire effectif associé à l'ensemble cohérent des ondes intriquées qui constituent la

211

particule de matière. Combiné aux mouvements orbitaux et aux déplacements relatifs des particules en interaction rapprochée, le spin participe à la détermination de leurs propriétés électromagnétiques observables.

Ce rendu apparent de rotation qu'est le spin résulterait ainsi des **interactions internes** au sein de systèmes d'ondes fermés. Toutefois, la description formelle d'un paquet d'ondes demeure plus complexe que celle d'une entité strictement corpusculaire, en raison du caractère fondamentalement évanescent et contextuel des mesures quantiques. Cette difficulté explique qu'en pratique, et par souci d'efficacité descriptive, la physique quantique fasse fréquemment appel à la notion de corpuscule, bien qu'elle constitue une approximation idéologique.

Dans une approche plus spéculative, la particule élémentaire de matière présente plusieurs analogies avec le trou noir, considéré comme une étape ultime de l'évolution de la matière :

- ni l'une ni l'autre ne peuvent être assimilées à des corps au sens d'objets complexes et étendus ;
- elles ne sont pas caractérisables par des notions thermodynamiques usuelles telles que le chaud ou le froid ;
- toutes deux peuvent être envisagées comme des concentrations d'énergie ou des configurations limites de paquets d'ondes, la particule élémentaire correspondant à un état initial, et le trou noir à un état final de l'évolution cosmique ;
- bien que l'on parle de champs comme espaces potentiels d'interaction les concernant, ni la particule élémentaire ni le trou noir ne constituent en elles-mêmes des représentations de l'espace, même si, par changement d'échelle, elles s'y trouvent intégrées ;
- enfin, toutes deux peuvent être considérées comme dépourvues de temporalité propre, bien qu'elles s'inscrivent dans un processus global de transformation que nous interprétons comme le temps.

Une différence majeure réside toutefois dans la **charge électrique**, laquelle, à l'échelle de l'atome, tend à se neutraliser pour la particule de matière, contrairement au trou noir. Cette propriété, remarquable à l'échelle quantique, peut être interprétée comme un **substitut de symétrie**, conservant la mémoire d'une symétrie antérieurement brisée. La charge électrique confère à la particule sa « volatilité » en mécanique quantique et rend possible l'interaction avec les ondes électromagnétiques, interaction qui se manifeste notamment par leur captation par les corps massifs. Dans cette optique, il est envisagé qu'à une certaine échelle, la force électromagnétique puisse constituer la source effective des phénomènes gravitationnels.

Dès lors, si la particule, envisagée comme un paquet d'ondes replié sur lui-même, ne contient pas d'espace libre, et si, à l'autre extrémité du processus de déconstruction, le trou noir se situe hors de l'espace-temps classique, la notion même d'espace devient problématique. On peut alors être conduit à considérer l'espace non comme une entité fondamentale, mais comme un **cadre d'observation**, nécessaire à notre représentation et à notre compréhension des phénomènes qui, de la particule élémentaire aux trous noirs, structurent l'évolution de l'Univers.

La matière noire constitue, en l'état actuel des connaissances, une **hypothèse explicative** destinée à rendre compte des vitesses orbitales anormalement élevées observées pour les étoiles au sein des galaxies, ainsi que pour les galaxies elles-mêmes à l'intérieur des amas galactiques. En l'absence de preuve directe de son existence, cette composante de masse postulée, mais demeurant non détectée, peut également être interprétée comme le symptôme d'une **évaluation incomplète des masses réellement impliquées** ou d'une compréhension encore imparfaite des mécanismes gravitationnels à grande échelle, dont l'origine pourrait excéder les limites du modèle cosmologique standard.

Les estimations de la densité moyenne de masse de l'Univers reposent sur la compilation des masses des galaxies, de leurs amas et d'un fond diffus de particules. Il convient toutefois de distinguer la **masse lumineuse**, déduite des émissions électromagnétiques, de la **masse dynamique**, inférée à partir des effets gravitationnels observés. Le constat récurrent est que la somme des masses évaluées par des méthodes classiques demeure souvent significativement inférieure à la masse totale requise pour expliquer la dynamique gravitationnelle des systèmes considérés.

213

Il existe sans conteste une corrélation entre les émissions électromagnétiques d'un corps et sa masse, sa densité et sa composition. Toutefois, ce lien devient inopérant dans le cas des trous noirs, dont les émissions observables ne sont pas intrinsèques, mais dépendent de l'activité de leur disque d'accrétion. L'intensité de ces émissions ne saurait donc constituer un indicateur fiable de l'équivalent-masse propre au trou noir.

Par ailleurs, les mesures astrophysiques agrègent des signaux issus d'événements très anciens, observés à de grandes distances, et des phénomènes plus proches dans le temps et l'espace. Cette superposition soulève la question de notre capacité à corriger correctement, par application des lois relativistes, les déformations induites par les effets conjoints de la gravitation et des champs électromagnétiques traversés par les signaux au cours de leur propagation. Il apparaît dès lors que notre aptitude à déterminer avec précision la masse des grandes structures cosmiques, et a fortiori celle de l'Univers dans son ensemble, demeure limitée, d'autant plus que la fraction réellement accessible à l'observation reste indéterminée.

L'apparente insuffisance de matière pourrait s'expliquer, au moins en partie, par l'existence de populations non ou faiblement lumineuses insuffisamment inventoriées, telles que les étoiles à neutrons, les trous noirs isolés ou en systèmes binaires, ainsi que les naines brunes. À cela pourraient s'ajouter des nuages d'hydrogène de faible densité, neutres ou ionisés, distribués de manière inhomogène dans l'espace. Des trous noirs extragalactiques isolés, évoluant dans des régions pauvres en gaz, auraient une forte probabilité d'être dépourvus de disque d'accrétion, ce qui les rendrait particulièrement difficiles à détecter. Leurs effets gravitationnels, relativement confinés, ne se manifesteraient alors que par des distorsions spatiales ténues, principalement observables par effet de lentille gravitationnelle sur des objets d'arrière-plan. Or l'exploitation systématique de cet effet s'avère complexe en raison de la multiplicité des corps stellaires situés le long des lignes de visée, ce qui limite la détection des trous noirs autres que les plus massifs.

On peut également supposer que l'espace intergalactique, bien qu'apparaissant largement vide, soit occupé par des baryons et des particules élémentaires très dispersés, difficilement détectables individuellement. Cette composante diffuse contribuerait à l'effet de masse global et interviendrait dans le maintien d'une température plancher, empêchant celle-ci d'atteindre le zéro thermodynamique absolu. À cela s'ajoutent de

214

vastes structures de gaz diffus et de molécules lourdes, associées aux régions centrales galactiques, susceptibles de modifier le potentiel gravitationnel local. Enfin, les résidus cosmiques communément désignés comme poussières d'étoiles, majoritairement composés de carbone et de silicium, proviennent de l'éjection des couches externes d'étoiles en fin d'évolution. Bien que peu lumineuses, ces poussières contribuent de manière non négligeable au contenu massique des galaxies. Les bulles de Fermi représentent également une quantité non négligeable de gaz diffus et de molécules lourdes, centrés de part et d'autre de l'axe de rotation de la galaxie. Ces bulles modifient vraisemblablement le poids gravitationnel de la région centrale de celle -ci. S'y ajoutent les résidus cosmiques errants qualifiés de poussières d'étoiles et constitués en bonne part de carbone et silicium. Ces poussières « lourdes » sont ce qu'il reste d'étoiles comme notre soleil et qui arrivées en fin de vie se refroidissent, perdent en luminosité pour finalement éjecter dans l'espace leur couche externe.

Il n'est par ailleurs pas établi que la masse apparente d'un trou noir soit strictement proportionnelle à sa taille effective, laquelle pourrait croître moins rapidement que la masse qui lui est attribuée. Cette hypothèse trouve un appui dans deux types d'observations. D'une part, l'analyse gravitationnelle de galaxies naines ou pauvres en étoiles suggère la présence de trous noirs centraux présentant un rapport masse-taille particulièrement élevé. Ces galaxies, souvent anciennes, pourraient avoir vu leur trou noir central accrétant progressivement une fraction significative de la masse environnante. La détermination précise de la masse et du contenu énergétique d'un tel objet, à partir de seules mesures gravitationnelles, demeure toutefois incertaine. Contrairement aux étoiles, un trou noir ne se prête pas à une définition classique de la densité, ce qui rend ses propriétés physiques difficiles à quantifier. Il apparaît dès lors inapproprié de considérer les trous noirs comme de simples corps stellaires, ceux-ci pouvant relever d'un régime physique fondamentalement quantique, malgré leur taille apparente. D'autre part, lors de la fusion de deux trous noirs, la taille du trou noir résultant peut donner l'impression d'une perte de masse. Cependant, dans la mesure où un trou noir n'occupe pas l'espace au sens classique, la densité d'énergie du système final ne devrait pas être inférieure à celle des trous noirs initiaux, même si une partie de l'énergie est libérée sous forme de rayonnement gravitationnel au cours de l'événement.

Dans tous les cas, l'équivalent-masse du trou noir supermassif situé au centre d'une galaxie semble insuffisante, à elle seule, pour assurer la cohésion globale de la structure galactique. Il est alors envisageable que les forces gravitationnelles cumulées de l'ensemble des corps constituant la galaxie produisent un **effet collectif amplificateur**. Cette attractivité résultante serait d'autant plus marquée dans les galaxies actives et contribuerait à renforcer l'attraction exercée sur les régions périphériques, bien que les mécanismes précis de ce phénomène demeurent difficiles à isoler.

Un autre aspect susceptible d'affecter l'interprétation des observations concerne la distribution spatiale des effets gravitationnels dans un système sphérique ou quasi sphérique. L'intensité de ces effets n'est pas nécessairement uniforme à la surface ou dans l'environnement du système, et peut varier selon que l'on considère les régions polaires ou équatoriales. Dans les galaxies, la distribution aplatie des corps orbitant majoritairement dans un plan perpendiculaire à l'axe de rotation confère au champ gravitationnel une extension privilégiée dans le plan équatorial. Cette configuration pourrait contribuer à expliquer la stabilité relative des corps situés en périphérie des galaxies actives, malgré les vitesses élevées observées, et à limiter leur dispersion.

Enfin, il convient de noter que les gaz situés à proximité du centre galactique sont généralement plus chauds et plus denses que ceux des régions externes. Leur agitation thermique accrue implique un contenu énergétique plus élevé. La masse déduite à partir du rayonnement de ces gaz chauds peut ainsi apparaître sous-estimée, ce qui contribue potentiellement aux écarts observés entre masse lumineuse et masse dynamique.

Plus l'observation se porte vers des régions éloignées de l'Univers, plus elle correspond à l'exploration de phases anciennes de son évolution. Il est donc cohérent de constater, dans ces observations, un déficit apparent de matière aujourd'hui non directement observable, cette matière ayant pu se structurer et se densifier au cours d'époques plus récentes. Ce décalage reflète essentiellement le temps nécessaire à l'information issue d'un événement lointain pour parvenir jusqu'à l'observateur.

Bien que les ondes électromagnétiques se propagent localement à la vitesse de la lumière, leur trajectoire effective, du point de vue de l'observateur, n'est pas rectiligne dans un espace relativiste, hétérogène et affecté par des

216

variations du potentiel gravitationnel. Il est ainsi plausible que la lumière émise par une galaxie située à une distance d'un million d'années-lumière ait nécessité un temps supérieur à un million d'années, mesuré dans le référentiel de l'observateur, pour être détectée. En outre, les ondes de différentes longueurs d'onde ne suivent pas nécessairement des trajectoires identiques. Le rayonnement reçu ne correspond donc ni strictement à celui qui a été émis dans le passé, ni à une superposition exacte des effets gravitationnels associés à la source au moment de l'émission.

À titre de rappel :

- une année appartenant à un passé cosmologique lointain ne saurait être directement assimilée à une année mesurée dans les conditions actuelles de l'Univers ;
- les champs d'énergie traversés par les ondes électromagnétiques émises il y a plusieurs millions d'années ont interagi continûment avec celles-ci. Outre les effets gravitationnels des corps rencontrés, ces ondes ont été soumises à l'influence de multiples sources de rayonnement. Les amplitudes, pics d'émission et fréquences du rayonnement fossile ne peuvent ainsi fournir qu'une extrapolation partielle et nécessairement imprécise de l'état initial de l'Univers.

Il en résulte que l'image enregistrée correspond à un passé déformé, que nous rapportons inévitablement à un espace-temps référant à notre présent local. L'Univers observé aux limites de l'horizon cosmologique a connu des transformations majeures depuis l'instant auquel correspond cette « image instantanée », prise à une époque où ses propriétés différaient profondément de celles de l'Univers proche.

Les galaxies lointaines apparaissent ainsi déformées, plus chaudes et marquées par une activité thermonucléaire intense. Ces galaxies, appartenant à une phase où la dilatation temporelle était moindre, semblent présenter des vitesses de rotation et de déplacement excessivement élevées. Cette impression résulte du fait que des vitesses mesurées dans un passé ancien sont rapportées à une échelle temporelle actuelle, ralentie par l'évolution ultérieure de l'Univers. Les corrections appliquées à ces observations reposent alors davantage sur des hypothèses que sur des paramètres fermement contraints, ce qui peut conduire à une surestimation des vitesses d'échappement, calculées dans un contexte de référence nécessairement local.

Dans les phases anciennes de l'Univers, l'espace était plus densément peuplé de rayonnements de forte intensité, tandis que la matière demeurait plus diffuse, avec une population plus réduite de naines blanches, d'étoiles à neutrons, de trous noirs et d'autres corps stellaires à forte densité de masse. Les vitesses relatives de rotation y étaient vraisemblablement plus élevées. Or la rotation rapide d'un astre, en accentuant la déformation locale de l'espace-temps, modifie ses effets gravitationnels. Les vitesses que nous observons aujourd'hui relèvent donc de l'histoire ancienne de ces systèmes. Si l'image reçue pouvait être actualisée, il est probable que l'on constaterait une diminution progressive des vitesses de dispersion et de rotation au cours du temps.

De nombreux paramètres nécessaires à une correction rigoureuse de ces effets nous échappent encore. Il est légitime de s'interroger sur notre capacité réelle à prendre en compte de manière adéquate le « vieillissement » global de l'Univers.

Si la lumière met un temps fini pour nous parvenir, altérée par l'ensemble des interactions rencontrées au cours de sa propagation, la gravitation constitue en revanche un phénomène universel qui affecte globalement toutes les régions de l'Univers. De portée théoriquement illimitée, elle pourrait définir, à grande échelle, un référentiel moyen espace-temps, indépendant du mélange entre passé et présent propre au domaine de l'observable. Un tel référentiel, résultant d'un lissage des effets gravitationnels, serait représentatif de l'évolution globale de l'Univers et pourrait constituer un indicateur de son âge, sans pour autant fournir les moyens opérationnels d'en déterminer précisément la durée de vie.

Un parallèle a été proposé avec les ondes électromagnétiques, en postulant que les déformations de l'espace-temps associées à la gravitation se manifestent sous forme d'ondes gravitationnelles. Ces déformations deviennent perceptibles lorsque des corps très massifs interagissent violemment, produisant des perturbations mesurables de la structure de l'espace-temps.

Cette interprétation en termes d'ondes spécifiques aux effets gravitationnels constitue une réponse cohérente. Toutefois, il semble plus approprié de parler de déformation de l'espace-temps que de propagation d'ondes analogues aux ondes électromagnétiques. Contrairement à ces dernières, les ondes électromagnétiques subissent les déformations gravitationnelles de

218

l'espace interstellaire, tout en y contribuant indirectement par les champs magnétiques associés aux phénomènes électriques. Les perturbations gravitationnelles ne peuvent donc être assimilées sans réserve à des ondes se propageant dans un milieu au sens classique.

Nous pourrions procéder par analogie avec un plan d'eau fermé (notre Univers) soumis à une pluie fine et régulière. L'impact de chaque goutte de pluie (toute masse stellaire) marque la surface d'une auréole qui se propage (les effets gravitationnels) en cercles concentriques s'atténuant avec la distance. Vu dans son entier, de très haut, le plan d'eau montre un relief à peine frémissant (assimilable à l'espace dit vide en dépression) présentant le même aspect de surface partout au même instant.

La vitesse minimale requise pour qu'un objet se libère de l'influence gravitationnelle d'un corps décroît avec la distance qui les sépare. Cette relation, bien établie pour un corps isolé, devrait toutefois être nuancée lorsqu'il s'agit d'un **système gravitationnel complexe** dont la masse est distribuée de manière hétérogène, comme c'est le cas pour les galaxies. À mesure que l'on s'éloigne du centre galactique, la quantité de masse située entre le point considéré et ce centre augmente, du fait de la présence cumulée d'étoiles, de gaz et d'autres composantes diffuses. Cette masse n'est ni ponctuelle ni uniformément répartie, mais organisée selon une distribution globalement concentrique.

Une telle configuration implique que la force gravitationnelle exercée en périphérie d'une galaxie devrait être plus importante que celle produite par une masse équivalente concentrée en un point unique au centre, où réside le trou noir supermassif. Dans ce contexte, les vitesses élevées des étoiles situées aux confins galactiques peuvent donner l'impression qu'elles sont sur le point d'échapper au potentiel gravitationnel de leur galaxie. Il est néanmoins probable qu'une fraction de ces étoiles possède effectivement une vitesse suffisante pour quitter le halo galactique, sans pour autant disparaître du paysage cosmique, puisqu'elles peuvent être capturées ultérieurement par une galaxie voisine.

L'augmentation de la vitesse d'un corps se traduit par une croissance quadratique de son énergie cinétique. La question se pose alors de savoir si

219

la **capacité gravitationnelle** d'un corps en rotation rapide évolue de manière corrélée. La combinaison de la gravitation et de la rotation confère à la plupart des corps stellaires une forme quasi sphérique, avec un aplatissement aux pôles induit par les effets centrifuges. Cette déformation suggère que l'intensité du champ gravitationnel n'est pas strictement isotrope et qu'elle pourrait être renforcée dans le plan équatorial. Cette dynamique, observable à toutes les échelles — de l'atome aux amas galactiques, en passant par les pulsars, certaines étoiles à neutrons effectuant plus de mille rotations par seconde — pourrait modifier les effets gravitationnels ressentis dans le plan de rotation des galaxies. Ces contributions gravitationnelles additionnelles seraient vraisemblablement atténuées dans les galaxies âgées, peu actives, moins peuplées et thermiquement plus froides.

Les estimations de masse des galaxies et de leurs amas reposent en grande partie sur l'analyse de leurs spectres, affectés à la fois par les effets de lentille gravitationnelle et par les propriétés de l'espace traversé par les signaux lumineux. L'image ainsi reçue correspond à un vestige d'un espace-temps local ancien. Il n'est donc pas surprenant que les masses déduites de ces observations s'avèrent insuffisantes pour expliquer les vitesses de rotation des étoiles situées à la périphérie des galaxies lointaines.

L'introduction de particules hypothétiques faiblement interactives, communément désignées comme Wimps, a constitué une tentative de résolution adaptée à ce déficit de masse. Ces particules seraient caractérisées par l'absence d'interactions électromagnétiques détectables, n'émettant ni n'absorbant de rayonnement, leur seule manifestation étant leur contribution gravitationnelle. Cette hypothèse soulève toutefois la question de savoir si ces entités exotiques ne constitueraient pas, sous une autre formulation, une manière détournée d'évoquer une antimatière échappant à l'observation directe.

La facilité avec laquelle l'hypothèse des Wimps a été adoptée rappelle celle ayant précédé la découverte du neutrino. Toutefois, à la différence des Wimps, le neutrino avait été prédit théoriquement avec des propriétés bien définies, puis confirmé expérimentalement. Le cas des Wimps diffère en ce qu'ils sont introduits de manière largement empirique, en réponse à des écarts observés dans les prédictions de la relativité générale. L'existence d'un neutrino dit stérile, dépourvu d'interactions autres que gravitationnelles, a également été envisagée, mais cette hypothèse reste dépourvue de fondements expérimentaux solides.

La matière noire apparaît ainsi comme une **solution par défaut** destinée à rendre compte d'effets gravitationnels mal compris, mis en évidence dans la majorité des galaxies. Les masses identifiables et cumulées de toutes les composantes observables de ces structures en rotation s'avèrent insuffisantes, n'expliquant qu'environ 20 % des effets gravitationnels déduits des vitesses orbitales périphériques. La matière noire témoigne donc avant tout de notre incapacité actuelle à recenser exhaustivement l'ensemble des contributions massiques pertinentes.

En l'absence des moyens instrumentaux nécessaires pour réviser ces estimations de manière rigoureuse, il est toutefois possible d'examiner les conséquences d'une hypothèse alternative. Si, par exemple, la fraction de matière identifiée était portée arbitrairement de 5 % à 16 %, tout en conservant l'hypothèse d'environ 68 % d'énergie sombre, la fraction requise de matière noire serait ramenée à 16 %, soit une valeur comparable à celle de la matière ordinaire identifiée. Une telle répartition suggérerait alors que la matière dite noire pourrait correspondre à une antimatière présente en proportion équivalente, contribuant de façon discrète aux effets gravitationnels après réévaluation à la hausse de la masse des galaxies.

L'antimatière se concentrerait donc préférentiellement dans les régions de forte densité de matière, en particulier au voisinage des galaxies et des trous noirs. Présente en arrière-plan des interactions assurant la symétrie globale, elle se manifesterait indirectement à partir d'une certaine échelle d'observation, chaque symétrie quantique ressentant les effets additionnels de sa symétrie opposée.

Certaines approches récentes proposent même l'existence d'un univers parallèle, en interaction avec le nôtre, dans lequel la matière noire correspondrait à une forme d'antimatière appartenant à un « anti-univers » demeurant inaccessible à l'observation directe. Exclure a priori l'antimatière ou lui dénier toute influence gravitationnelle conduit alors à multiplier les hypothèses autour d'une matière noire insaisissable.

Évoquer la matière noire revient en effet à postuler l'existence d'une entité que nous ne sommes pas en mesure de nous représenter concrètement, ni même de confirmer expérimentalement. À l'inverse, l'antimatière constitue

221

une réalité physique bien définie, observée ponctuellement lors de collisions de particules, et dont la présence à grande échelle dans l'Univers demeure théoriquement attendue. L'analyse des déformations de l'espace-temps que la matière observable ne suffit pas à expliquer devrait logiquement permettre d'identifier l'origine des phénomènes responsables. Toutefois, si la matière noire correspond en réalité à de l'antimatière située dans une autre dimension de l'espace-temps, sa localisation n'impliquerait pas nécessairement son accessibilité observationnelle.

L'énergie sombre, parfois assimilée à une énergie du « vide », constitue une hypothèse dont le statut ontologique demeure aussi incertain que celui de la matière noire. Elle est introduite afin de rendre compte de la dispersion accélérée des galaxies dans un Univers généralement décrit comme en expansion. Par référence au modèle cosmologique standard, cette composante représenterait environ les deux tiers du contenu énergétique total de l'Univers.

Sur le plan formel, l'introduction de l'énergie sombre conduit à la nécessité d'une constante cosmologique, notée Λ, apparaissant comme un terme supplémentaire dans les équations du champ gravitationnel. Cette constante ne correspond pas, à l'origine, à une entité physique identifiée, mais à un paramètre mathématique destiné à modéliser un effet interprété comme une expansion globale de l'espace. Elle est associée à l'hypothèse d'une énergie inconnue exerçant une influence opposée à celle de la gravitation. L'énergie sombre constitue ainsi une hypothèse logique permettant de satisfaire l'interprétation d'une inflation de l'espace.

Historiquement, la constante cosmologique fut introduite par **Albert Einstein** afin de maintenir un Univers statique, en compensant l'attraction gravitationnelle et en évitant un effondrement global. Il est toutefois admis qu'Einstein lui-même doutait de la nécessité physique de ce terme, y voyant davantage un artifice formel qu'une réalité fondamentale, notamment après l'émergence des solutions cosmologiques dynamiques proposées par Friedmann. Le renoncement ultérieur à cette constante peut être interprété comme la reconnaissance de son caractère provisoire, masquant une incapacité plus profonde à expliquer ce qui sera ultérieurement interprété comme une fuite des galaxies.

Dans cette perspective, il est proposé de substituer à l'idée d'une expansion de l'Univers celle d'une **diminution progressive de la densité énergétique de l'espace dit « vide »**. Une telle approche conduit à s'intéresser non à l'expansion géométrique de l'espace, mais à l'évolution de son contenu énergétique. Parler de densité revient alors à considérer la transformation de l'énergie primordiale latente en matière baryonique à l'issue d'une phase d'intrication radiative, ainsi que la captation irréversible des différentes formes d'énergie par les trous noirs.

L'Univers apparaîtrait dès lors comme un système non statique, mais dont la dynamique ne relèverait pas nécessairement d'une inflation réelle de l'espace. L'effet d'expansion serait avant tout un **effet observationnel**, issu de la redistribution et de la concentration progressive de l'énergie et de la matière. Cette interprétation conduit à privilégier une dynamique énergétique à caractère concentrationnaire, marquée par un rassemblement croissant de la matière et une augmentation locale de la densité, dynamique qualifiée ici de « dispersion rétrograde ».

Si l'on interprète la constante cosmologique comme une énergie du vide, celle-ci pourrait alors référer à un vide qui n'est pas dépourvu de contenu, mais qui constituerait un cadre d'interactions discrètes impliquant deux dimensions chirales de l'espace-temps, révélatrices d'une symétrie quantique fondamentale. Dans cette optique et rejetant l'idée de symétrie quantique, la constante cosmologique deviendrait nécessaire. Interprétée comme la manifestation d'un état non observable de particules de matière en symétrie opposée, elle cesserait d'être une constante universelle pour devenir une grandeur variable, ajustée à l'évolution concentrationnaire de l'Univers.

L'évolution cosmique pourrait alors se décrire par un appauvrissement progressif des galaxies en gaz, l'effondrement d'étoiles, la fusion d'astres et leur incorporation dans des trous noirs stellaires ou galactiques. Parallèlement, l'espace dit vide se dépouillerait de ses champs d'énergie, tandis que la population de trous noirs ne cesserait de croître. Une telle évolution conduirait à un espace-temps de plus en plus lissé, tendant vers un état non-multi-référentiel, dans lequel les notions mêmes d'espace et de temps perdraient progressivement leur signification opérationnelle.

Dans cette lecture, l'énergie sombre apparaît comme une **réponse par défaut** à un phénomène interprété comme une expansion accélérée de

223

l'Univers, fondée principalement sur l'analyse du rayonnement de supernovæ lointaines présentant un fort décalage vers le rouge. Ces observations reposent nécessairement sur un référentiel local, choisi comme base d'interprétation. Dès lors, même corrigées, il est légitime de s'interroger sur la pertinence des mesures issues d'images fortement déformées d'un passé cosmologique lointain, fondamentalement différent de notre environnement proche.

Dans l'hypothèse d'une dispersion rétrograde n'impliquant pas d'inflation réelle de l'Univers, l'énergie sombre perd son caractère nécessaire et la constante cosmologique peut être abandonnée. L'impression d'un ralentissement de l'expansion, parfois évoquée dans certains modèles, pourrait être interprétée soit comme une diminution progressive de l'énergie sombre, soit comme la conséquence de la disparition graduelle de l'antimatière, laquelle, à l'instar de la matière, terminerait son cycle baryonique au sein des trous noirs. Dans cette phase ultime, non réversible, l'antimatière perdrait ses propriétés de masse et se dissocierait d'un espace-temps qui se viderait progressivement de l'énergie qu'il contient, donnant l'illusion d'une expansion.

Si l'on admet que l'Univers ne se dilate pas réellement, ni la matière noire ni l'énergie sombre ne s'imposent comme des composantes nécessaires. La quantité de matière baryonique dans notre symétrie d'Univers est alors estimée à partir des effets gravitationnels observés, supposés corrigés des distorsions liées aux lentilles gravitationnelles et aux perturbations de propagation, corrections dont la fiabilité reste incertaine. Il devient alors envisageable que les effets gravitationnels mesurés soient imputables à parts égales à deux symétries quantiques opposées.

L'expansion cosmique, la matière noire et l'énergie sombre peuvent être simultanément écartées, de même que la constante cosmologique, au profit d'un modèle fondé sur la symétrie. L'Univers serait alors constitué de manière équilibrée de matière et d'antimatière, en proportions égales, interagissant de façon discrète au sein d'un champ partagé d'ondes électromagnétiques. **Nous faisons ici un sort à l'expansion, à la matière noire ainsi qu'à l'énergie sombre et abandonnons la constante cosmologique dans un contexte de symétrie. Qui pourrait s'en plaindre ?**
Pour finir, l'Univers serait donc constitué de 50% de matière et 50% d'antimatière en interactions discrètes dans un champ partagé d'OEM.

<h3 style="text-align:center">XV <u>Inflation ou dispersion rétrograde ?</u></h3>

(Une simple question de point vue mais qui reste déterminante)

Si le modèle de l'expansion cosmique permet d'interpréter de manière cohérente un certain nombre d'observations, il soulève néanmoins plusieurs difficultés quant à sa validité et à sa portée explicative.

Premièrement, comment rendre compte du fait qu'un Univers supposé en expansion, et dont l'observation repose essentiellement sur des signaux issus d'un passé extrêmement lointain, présente une température remarquablement homogène à grande échelle ? Un défenseur du modèle expansionniste pourrait objecter que la portion observable de l'Univers ne constitue vraisemblablement qu'une fraction infinitésimale de sa totalité. Dans cette hypothèse, les éventuelles hétérogénéités thermiques existeraient à des échelles bien supérieures à notre horizon observationnel, rendant les variations de température localement indétectables.

Deuxièmement, l'expansion suppose une singularité initiale de dimension quasi nulle, antérieure à l'existence même de l'espace. Il apparaît dès lors légitime, au regard de l'état actuel de l'Univers et des phénomènes observables à différentes échelles, de chercher à estimer le taux d'expansion et, par extension, l'âge du cosmos. Toutefois, cette démarche se heurte à de sérieuses   incohérences.
Le scénario expansionniste standard postule une phase initiale d'expansion extrêmement rapide, suivie d'un ralentissement progressif corrélé à la diminution de la température moyenne de l'Univers. Certaines hypothèses vont jusqu'à envisager une expansion initiale supérieure à la vitesse de la lumière. Une telle proposition pose problème au regard des principes relativistes, qui lient étroitement espace et temps dès les premières phases d'intrication radiative et selon lesquels la vitesse de propagation des photons dépend de l'état énergétique de l'espace qu'ils traversent. Dans cette perspective, la vitesse de la lumière pourrait être interprétée comme un indicateur de l'état de structuration — ou de déconstruction — de l'Univers, et donc indirectement de son âge. Elle acquiert ainsi le statut de constante effective pour des événements rapprochés dans le temps, sans pour autant constituer nécessairement une borne absolue à l'échelle cosmologique.

Après la phase initiale d'intrication radiative, l'Univers primitif était caractérisé par une forte densité de particules libres, distribuées de manière relativement homogène. Dans ce milieu diffus et opaque, les particules primordiales ont progressivement commencé à s'agréger. Ce processus a conduit à la formation des premières structures composites, puis des premiers atomes et des premières molécules. Durant cette période, l'absence d'effets gravitationnels significatifs impliquait une évolution temporelle relativement uniforme, ou « lissée ». L'électromagnétisme jouait alors un rôle prépondérant dans l'organisation de la matière, favorisant la constitution de vastes ensembles moléculaires. En se différenciant progressivement, ces ensembles ont laissé apparaître des régions de plus en plus appauvries en matière. L'impression d'un temps « accéléré » dans ces régions de faible densité peut être reliée à l'émergence locale de courbures de l'espace, inexistantes auparavant, et qui modifient les propriétés temporelles. Ces premiers regroupements ont donné naissance à des galaxies primordiales de faible masse, mais de dimensions particulièrement étendues, sans commune mesure avec les galaxies observées dans l'Univers proche actuel.

Le concept d'espace-temps constitue une représentation théorique dans laquelle la gravitation, en modifiant la géométrie de l'espace, influence directement le déroulement du temps. La contraction des longueurs spatiales — interprétée comme un resserrement de l'espace vide — associée à une dilatation temporelle — le ralentissement apparent de l'écoulement du temps — conduit à concevoir un Univers caractérisé par une pluralité de référentiels. Chaque événement possède ainsi son propre cadre spatio-temporel. Cette approche correspond à la relativité générale, laquelle intègre l'invariance de la vitesse de la lumière dans tous les référentiels inertiels, principe hérité de la relativité restreinte.

La vitesse de la lumière acquiert de ce fait un statut central. Si son invariance locale à un instant donné ne semble pas remise en cause, plusieurs interrogations subsistent : pourquoi constitue-t-elle une limite infranchissable pour toute entité matérielle ? Et comment justifier sa valeur numérique précise ? Ces questions renvoient au statut des postulats, entendus comme des principes non démontrés mais nécessaires à la construction mathématique de théories dont l'efficacité prédictive est avérée, sans pour autant leur conférer un caractère universel absolu.

L'hypothèse explorée ici repose sur le niveau énergétique de l'espace qualifié de « vide ». La relativité, fondée sur la distinction entre observateur et objet observé, perdrait de sa pertinence si l'Univers était appréhendé dans sa globalité. Dans un tel contexte non relativiste et global, l'évolution dépressive de l'énergie associée à l'espace interstellaire deviendrait un facteur déterminant de la vitesse de propagation des ondes électromagnétiques. Il en résulterait une vitesse de la lumière variable au cours du temps, dépendante d'un espace multi-référentiel dont la densité énergétique décroît progressivement. La relativité générale devrait alors être reconsidérée comme une théorie indexée sur l'évolution dynamique de l'Univers lui-même.
Dans cette optique, la vitesse observée d'un signal lumineux pourrait rester constante dans un référentiel local, tout en apparaissant variable lorsqu'elle est rapportée à un schème externe plus global. Cette apparente constance masquerait une évolution sous-jacente liée à l'appauvrissement énergétique de l'espace dit vide.

Dans cette perspective, l'Univers jeune, dont nous percevons aujourd'hui la lumière en provenance des galaxies les plus éloignées, aurait traversé une phase particulièrement instable, caractérisée par un taux d'agitation ou de dispersion rétrograde nettement supérieur à celui observé actuellement. Le creusement énergétique de l'espace y aurait été plus rapide, tandis que les effets gravitationnels locaux demeuraient relativement faibles. Cette combinaison de facteurs conduit à l'impression que l'Univers se dilate d'autant plus rapidement que l'on observe des régions plus éloignées. En effet, plus l'observation porte sur des distances cosmologiques importantes, plus les objets semblent s'éloigner à grande vitesse, parfois au point de suggérer des vitesses apparentes supérieures à celle de la lumière.

Une telle observation entre en tension avec l'invariance du rapport distance/temps associé à la propagation des ondes électromagnétiques, qui ne devrait être dépassé par aucun corps. Elle paraît également contradictoire avec l'idée selon laquelle l'appauvrissement continu de l'espace en énergie, consécutif au regroupement de la matière, devrait favoriser un rapprochement progressif des structures sous l'effet de la gravitation. Dans un espace dont la densité énergétique décroît, l'intensification des interactions gravitationnelles conduirait en effet, à terme, à des phénomènes de fusion plutôt qu'à une dispersion indéfinie.

227

En réalité, ce ne sont pas les objets du passé eux-mêmes qui s'éloignent de plus en plus rapidement, mais bien l'image que nous en recevons. Cette image correspond à un signal véhiculé par les ondes électromagnétiques (OEM), en particulier la lumière visible, émise ou réfléchie par l'objet observé. L'impression selon laquelle ces signaux pourraient dépasser la vitesse de la lumière, fixée localement à environ 300 000 km/s, s'explique par le fait qu'une seconde mesurée dans le référentiel temporel du passé observé ne correspond pas nécessairement à une seconde de notre temps présent.

Autrement dit, si le temps propre du référentiel de l'objet observé s'écoulait à un rythme plus rapide, par exemple deux fois plus rapide que le nôtre, alors la distance parcourue par la lumière durant une unité de temps locale serait, dans ce référentiel, proportionnellement plus grande. Ce décalage, caractéristique de la relativité entre espace et temps, n'implique pas pour autant un allongement réel des distances lorsque nous observons des régions relevant d'un passé lointain. Toutefois, toute mesure reste nécessairement rapportée à notre propre référentiel temporel, ce qui introduit une distorsion inévitable dans notre appréciation des vitesses et des déplacements. Les effets observés relèvent ainsi davantage d'une interprétation biaisée que d'une dynamique effective des objets concernés. *Nous sommes un peu comme le voyageur égaré en plein désert aux heures les plus chaudes et qui voit par effet de convection, les particularités du paysage déformées à des distances qu'elles n'ont pas.*

Cette fuite apparente et accélérée des galaxies peut conduire à postuler qu'après une phase initiale de forte expansion, celle-ci aurait ralenti avant de connaître un nouvel accroissement. Indépendamment de la confusion inhérente entre présent et passé, une telle hypothèse soulève la question de l'origine de l'énergie nécessaire à ce regain supposé d'expansion. En l'absence de mécanisme clairement identifié, la réponse communément proposée repose sur l'existence d'une forme d'énergie non détectable et de nature inconnue. Cette entité hypothétique, introduite pour préserver la cohérence du modèle, a été désignée sous le terme d'« énergie sombre ».

Par ailleurs, cette vision inflationniste de l'Univers ne permet pas de déterminer si l'expansion actuelle se poursuivra indéfiniment ou si elle finira par ralentir, voire s'inverser. Dans ce dernier cas, l'Univers entrerait dans une phase de contraction globale, conduisant à un état final symétrique de l'état initial, communément désigné sous le nom de Big Crunch. Bien que ce scénario évoque un effondrement global, le mécanisme récessif envisagé diffère de celui proposé dans l'approche développée ici.

Dans ces conditions, il apparaît légitime de reconsidérer l'idée d'expansion cosmique, d'autant plus qu'en astrophysique, une interprétation apparemment évidente ne constitue pas nécessairement une vérité établie.

À l'instant du Big Bang, photons et particules primitives étaient indiscernables, faute de propriétés intrinsèques clairement différenciées. Les premiers électrons seraient apparus à la suite de transitions d'état affectant certaines primo-particules, elles-mêmes supposées dériver d'un abondant fond de primo-neutrinos. Ce n'est qu'à partir de cette différenciation que les premiers atomes d'hydrogène — constitués d'un noyau formé de quarks assemblés et d'un électron — puis d'hélium, dans leurs configurations les plus stables, ont pu se former. La constitution de vastes nuées de gaz, suivie de l'émergence de corps stellaires plus ou moins denses et chauds, a constitué une étape préalable indispensable à la formation des trous noirs, considérés ici comme une phase ultime de ce processus d'évolution.

Il convient de souligner que l'hypothèse expansionniste s'accorde difficilement avec l'idée d'un Univers dépourvu de périmètre, de centre et de frontière définis, et donc sans volume global mesurable. Aucun ensemble plus vaste ne peut servir de référent externe à notre Univers. Dans ces conditions, la notion même d'une unité de mesure susceptible de valider une dilatation de l'espace pose problème : comment mesurer l'expansion d'un tout qui ne s'inscrit dans aucun contenant ?

L'énergie issue du Big Bang n'a pas vocation à demeurer uniformément répartie. Chaque concentration d'énergie associée à une particule élémentaire peut être interprétée comme l'amorce locale d'une dépression énergétique de l'espace. Cette tendance s'accentue lorsque les quarks s'assemblent en hadrons, puis lorsque le nombre de particules regroupées augmente. À mesure que la matière se concentre, la dépression énergétique de l'espace environnant s'intensifie, pouvant donner l'illusion d'une force répulsive globale, sans qu'un référentiel clair permette de définir par rapport à quoi cette répulsion s'exercerait.

229

Afin de rendre intelligible la coexistence apparente de deux dynamiques opposées — attraction gravitationnelle et dispersion rétrograde — il est possible d'évoquer, à titre strictement analogique, les systèmes biologiques. Les organismes vivants constituent des structures hiérarchisées résultant de l'assemblage de molécules, de cellules différenciées et d'organes spécialisés, organisés selon des fonctions complémentaires. Ces structures se développent, se reproduisent et se maintiennent à partir d'un modèle génétique précis, l'ADN.
Si la chimie organique permet d'expliquer certains mécanismes récurrents, de nombreuses interactions demeurent difficiles à identifier. Elles interviennent pourtant dans cet assemblage hautement structuré de particules, qui prélève, sélectionne et élimine en permanence les constituants nécessaires à la persistance du vivant. La quantité considérable d'énergie requise pour former et maintenir un organisme complexe impose en outre des conditions environnementales et thermiques extrêmement contraignantes.

Cette analogie n'a de valeur que par la difficulté comparable à identifier les causes profondes d'interactions qui semblent, à première vue, difficilement conciliables. De la même manière que la vie émerge d'un équilibre instable entre organisation et dissipation, la gravitation des corps et la dispersion rétrograde peuvent être envisagées comme les deux aspects indissociables d'un même processus fondamental. Issue des premiers rayonnements, la vie — simple assemblage particulier de molécules — demeure paradoxalement vulnérable aux effets destructeurs de ces mêmes rayonnements. Elle ne se maintient qu'en se reproduisant, privilégiant la transmission d'un modèle génétique plutôt que la prolongation indéfinie de l'individu. Chaque génération revient ainsi, sous une forme renouvelée, à un point de départ commun. De façon analogue, l'Univers pourrait se succéder à lui-même au sein d'un continuum de systèmes en symétrie quantique, sans conserver de mémoire explicite de ses états antérieurs. Dans cette extrapolation, chaque « génération » cosmique constituerait un retour fonctionnel à un état initial.

Ce que nous observons de l'Univers relève nécessairement d'un passé plus ou moins lointain. La composition actuelle et effective de l'Univers n'est accessible qu'à l'échelle d'un présent de proximité immédiate. Une part importante de la matière, formée et agrégée postérieurement à l'époque que nous observons dans le lointain, échappe donc à nos estimations globales.

230

Peut-on réellement extrapoler la masse totale d'un Univers aux dimensions inconnues à partir d'un échantillon d'observations locales ? De surcroît, l'observation fondée sur des OEM issues du passé ne permet pas de déterminer directement l'état présent des régions éloignées. Des nuées interstellaires et des matières diffuses, souvent peu visibles, brouillent ou occultent les signaux reçus. À cela s'ajoutent les déformations de l'espace-temps induites par les effets de lentille et de cisaillement gravitationnels. Le caractère intrinsèquement obsolète des données issues du lointain contribue ainsi à minimiser l'apparente insuffisance de matière dans notre voisinage cosmique, rendant moins manifeste la nécessité d'une matière noire hypothétique à petite échelle.

Nous ne disposons aujourd'hui d'aucun moyen d'actualiser directement les informations provenant de régions cosmologiques éloignées. Constater les transformations survenues depuis l'émission des signaux observés supposerait de pouvoir accéder au présent propre de ces régions, ce qui ne sera envisageable, le cas échéant, que dans plusieurs milliards d'années. Et même alors, les problèmes de décalage temporel subsisteraient. Si l'on admet que l'Univers ne possède ni centre, ni bord, ni volume mesurable, et que toute mesure doit être corrigée d'effets relativistes évolutifs, il devient évident que les notions d'inflation ou d'expansion cosmique demeurent des concepts ouverts, loin d'avoir livré toute leur portée explicative.

XVI <u>Comprendre plus précisément les effets gravitationnels</u>
(Un phénomène qui attire, avant toute chose, la curiosité)

Une approche de la mécanique quantique qui ignorerait les structures supra-atomiques — molécules, corps stellaires, galaxies et agrégats macroscopiques de matière — rendrait particulièrement difficile l'appréhension des notions de relativité du temps et de l'espace. Réciproquement, une compréhension de la relativité générale détachée des processus quantiques fondamentaux serait tout aussi incomplète. La situation serait analogue à celle d'une connaissance du solfège dissociée de toute expérience des phénomènes acoustiques.

Le fait qu'une particule de matière puisse, dans certaines conditions, s'annihiler lors de sa rencontre avec sa particule symétrique constitue un point de convergence entre mécanique quantique et physique relativiste. La gravitation, en favorisant les processus de rassemblement de la matière, pourrait établir les conditions propices à de telles confrontations extrêmes, conduisant, dans une perspective spéculative, à un effondrement global de l'Univers. **Elle apparaît dès lors indissociable d'une description quantique qui, de son côté, encadre cette évolution aux échelles les plus élémentaires.**

La relativité formulée par **Albert Einstein** repose sur un cadre déterministe visant à prédire la trajectoire d'un corps à partir des distorsions de l'espace-temps induites par la présence d'autres masses. À l'inverse, la mécanique quantique adopte une description probabiliste : la fonction d'onde n'y fournit pas une position unique, mais une distribution d'amplitudes de probabilité associées aux positions possibles d'une particule. Ces deux modes de localisation apparaissent a priori incompatibles, alors qu'ils poursuivent un objectif commun : rendre compte des interactions fondamentales gouvernant l'évolution de l'Univers.

Ces options théoriques s'appuient sur des principes qui semblent difficilement conciliables. Il en va de même pour l'association, ici proposée, entre un Univers non borné et l'hypothèse d'un Cosmos multivers virtuel. L'ambition de cet essai est précisément de dépasser cette frontière apparente entre, d'une part, les lois physiques établies et les interprétations issues de systèmes observés et validés expérimentalement, et, d'autre part, des constructions logiques plus spéculatives, situées en marge des paradigmes

232

dominants. L'unification de l'électromagnétisme et de la gravitation, ainsi que la mise en relation cohérente de l'espace et du temps, constituent des conditions nécessaires à l'élaboration d'une théorie unifiée envisagée ici sur un mode exploratoire.

La gravitation demeure l'un des principaux points de tension de l'astrophysique contemporaine. Justifie-t-elle pour autant l'introduction d'une particule hypothétique dédiée, le graviton ? La force gravitationnelle incarne avant tout la dynamique d'assemblage de la matière à toutes les échelles. Son origine pourrait ne devenir intelligible qu'en examinant les structures les plus profondes de l'espace subatomique, où les champs de force joueraient le rôle de référentiels espace-temps au sein d'une « dimension » quantique.

Décrire le mouvement d'un corps revient essentiellement à analyser les variations de sa trajectoire induites par les effets gravitationnels qu'il subit et qu'il engendre, y compris lors d'interactions violentes telles que les collisions. À titre illustratif, l'expérience attribuée à **Galilée** suggère qu'un boulet de canon et une plume, lâchés simultanément dans un champ gravitationnel uniforme et en l'absence d'atmosphère, atteindraient le sol au même instant. Cette formulation est cependant idéalisée : la masse plus élevée du boulet introduit un effet gravitationnel supplémentaire, certes négligeable, mais inexistant pour la plume. Il en résulte que l'inertie d'un corps est en permanence modifiée, tant en vitesse qu'en direction, et que les trajectoires orbitales, à quelque échelle que ce soit, ne sont jamais des cercles ou des ellipses parfaites, comme l'illustre le problème des systèmes à trois corps ou plus.

Gravitation, densité de matière et intensité des OEM

La courbure de l'espace induite par la gravitation modifie continuellement le mouvement des corps, affectant leurs trajectoires, leur organisation spatiale et, dans un contexte relativiste, leurs propriétés effectives de masse et de densité. Sur Terre, relativement au centre de gravité planétaire — région où les effets gravitationnels se compensent mais où la densité moyenne est maximale — les matériaux de plus faible densité se trouvent à plus grande distance : les océans sont situés au-dessus des roches, et l'atmosphère, encore moins dense, s'étend au-delà des liquides. Et les gaz (atmosphère), encore moins denses, sont plus distants que les liquides.

La majorité des corps stellaires présentent un mouvement de rotation propre. Ce mouvement n'est pas uniformément distribué dans leur structure interne : il engendre des zones de cisaillement entre couches, accompagnées de gradients de température et de densité. Dans les planètes telluriques, les régions de surface sont généralement plus froides que les zones internes. Dans les étoiles, telles que le Soleil, les réactions thermonucléaires, combinées aux effets de densité, peuvent conduire à des maxima de température situés dans des couches intermédiaires.

La gravitation peut ainsi être décrite comme une dynamique de contraction des distances, d'autant plus prononcée que l'on se rapproche du centre d'inertie d'un corps massif. À l'inverse, lorsque l'on change d'échelle et que l'observation porte sur des régions de plus en plus éloignées, les distances semblent s'allonger, avec l'impression que les objets lointains s'éloignent d'autant plus rapidement qu'ils sont distants. Cette impression résulte du fait que nos observations ne corrigent pas directement les effets relativistes affectant les mesures de distance et de temps.

Par analogie, lorsqu'un véhicule s'éloigne, les ondes sonores qu'il émet s'étirent. On peut toutefois reformuler la situation en considérant non le mouvement du véhicule, mais l'allongement effectif du parcours, si celui-ci devenait de plus en plus sinueux. De manière comparable, l'observation du lointain — donc du passé — implique un trajet de l'information dont la complexité relativiste nous échappe en grande partie.

Dans cette perspective, ce ne serait pas nécessairement la galaxie observée qui s'éloigne, mais la distance qui nous en sépare qui apparaît étirée en raison d'une temporalité passée s'écoulant plus rapidement que la nôtre. Dans un Univers plus jeune et moins structuré gravitationnellement, les photons constituaient les référents d'un temps effectif plus rapide. Les distances observées aujourd'hui nous paraissent donc accrues, non parce que nous partageons ce même référentiel temporel, mais parce que nous restons ancrés dans le temps propre d'une région de l'Univers déjà fortement « creusée » par la gravitation.

Dans cet Univers passé, les effets gravitationnels globaux étaient plus faibles, et la courbure de l'espace moins prononcée. Bien que l'Univers soit, à grande échelle, isotrope et homogène, il n'est ni statique ni immuable. Le fait que le temps du passé nous apparaisse s'écouler plus rapidement conduit à l'impression que la vitesse de la lumière augmente lorsque l'on observe des régions de plus en plus lointaines. Les galaxies et les corps stellaires confèrent ainsi à l'espace-temps sa flexibilité par les effets gravitationnels qu'ils induisent, ce qui se traduit par un allongement progressif des longueurs d'onde issues du passé.

Ce phénomène, couramment interprété comme un effet Doppler, a conduit à l'idée que l'on pourrait remonter le temps et estimer l'âge de l'Univers. Il a également inspiré l'hypothèse du vieillissement des photons, laquelle, bien que partielle, s'inscrit dans une représentation non expansionniste de l'Univers.

Le rayonnement fossile (RFC), souvent invoqué comme un argument en faveur du scénario du Big Bang, ne valide pas pour autant l'existence d'une singularité ponctuelle initiale dépourvue de volume. S'il témoigne d'un passé dense et énergétique, il n'implique pas nécessairement une expansion des galaxies les unes par rapport aux autres. Une telle interprétation néglige l'évolution de la courbure de l'espace « vide » et sous-estime le rôle central de la relativité générale dans la description de l'évolution cosmique.

En d'autres termes, les rayonnements qui nous transmettent l'image d'objets ou d'événements lointains sont des OEM issus du passé. Leur propagation à travers des régions d'espace-temps de plus en plus différenciées les affecte d'autant plus qu'elle s'étend sur de longues durées. L'allongement observé des longueurs d'onde est alors interprété comme un accroissement des distances, alors qu'il résulte aussi de la double variabilité — locale et cumulative — du temps et de l'espace, telle que formalisée par la relativité générale.

Un trou noir, dans lequel l'énergie est confinée à un degré extrême, pourrait se distinguer de tout autre objet astrophysique par l'absence de strates de densité différenciées. Tout ce qui franchit le disque d'accrétion ne subsisterait plus que sous forme d'énergie, privée d'interactions classiques, dans un état limite assimilable à un plasma radiatif dépourvu de masse effective, de viscosité et de gradients internes, du fait d'une homogénéité

énergétique quasi parfaite. Cet état ne saurait toutefois être qualifié de «
liquide » au sens physique usuel, la densité d'énergie atteignant des valeurs
incompatibles avec les états de la matière que nous savons caractériser.

L'aspect macroscopique d'un trou noir suggère un objet inerte, stable et
dépourvu d'activité interne observable, bien que la destination finale de
l'énergie qu'il absorbe demeure inconnue. En l'absence de données
observationnelles directes, son état intrinsèque reste inaccessible. Sa
position, en marge de l'espace-temps tel que nous l'expérimentons, pourrait
ne plus permettre de distinguer des états analogues au « supersolide » ou au
« superfluide », et ne correspondre à aucune catégorie physique familière.

La particule élémentaire — envisagée comme un paquet d'ondes — destinée
à franchir l'horizon d'un trou noir, pourrait-elle aussi relever d'une
indétermination d'état comparable. Cette ambiguïté, assimilable à une
superposition d'états possibles, pose la question de son origine. Pour la
particule élémentaire comme pour le trou noir, le processus de décohérence
pourrait ne pas s'appliquer, dans la mesure où ces systèmes échappent à
toute représentation physique directe. Il en découle qu'aucune fonction
d'onde, au sens opératoire habituel, ne saurait décrire exhaustivement ni une
particule élémentaire isolée, ni un trou noir. Il s'agit dans les deux cas de
systèmes de nature quantique, fermés à l'introspection expérimentale et
irréductibles à une description phénoménologique classique.

Nous pouvons qualifier des états tels que solide, liquide, gazeux ou
plasmatique parce qu'ils sont observables et caractérisables
expérimentalement. En revanche, nous ne disposons d'aucune information
solide permettant d'imaginer ce que sont, fondamentalement et
intrinsèquement, un trou noir ou une particule élémentaire en tant qu'objets
quantiques ultimes.

À l'intérieur d'un trou noir, les structures atomiques seraient déconstruites.
L'énergie y atteindrait un maximum dans un état assimilable à un désordre
figé. De manière analogue aux conditions supposées de l'Univers
primordial, les photons médiateurs de l'interaction électromagnétique ne s'y
distingueraient plus des autres composantes énergétiques. Le trou noir
pourrait alors être compris comme un corps noir au sens strict, dépourvu de
rayonnement thermique propre, hormis celui provenant de son disque
d'accrétion et des jets relativistes qu'il émet. Il peut également être envisagé

comme un puits sans retour, sans dimension spatiale ni temporalité définissable, dans lequel toute structure retourne à un état primordial.

Néanmoins, du point de vue de l'observateur, le trou noir n'est pas dissociable de notre espace-temps, puisqu'il se manifeste indirectement par des phénomènes d'accrétion, d'émission de jets et par des effets de lentille gravitationnelle. Dans ces conditions extrêmes, la relation $E = mc^2$ perd sa portée opérationnelle, faute de paramètres mesurables permettant de distinguer masse, énergie et référentiels spatio-temporels.

Matière et antimatière seraient appelées à se confondre dans un état virtuel restauré, où les grandeurs de Planck comme les lois physiques actuelles cesseraient d'avoir un sens opératoire. Dans cet état ultime, énergie cinétique, matière, espace et temps ne seraient plus différenciés, suggérant l'absence de réalité physique intrinsèque du Cosmos multivers.

Cette singularité finale restituerait au Cosmos multivers l'énergie qu'elle contenait. Il est alors envisageable qu'un nouveau système binaire d'Univers, en symétrie quantique, puisse émerger ailleurs, indépendamment de toute relation causale directe entre effondrements et Big Bangs successifs. Dans cette perspective, il n'existerait pas de continuum unique, mais une multiplicité non dénombrable de couples espace-temps disjoints.

Gravitation, espace et temps dans un contexte de symétrie

Les deux états symétriques envisagés partageraient une temporalité qui ne correspond pas à celle de notre expérience physique. À défaut de représentation directe, on peut proposer une analogie avec une image réfléchie et décalée dans un système de miroirs non coplanaires : l'image n'est pas accessible au champ visuel direct, mais elle réagit de manière strictement corrélée au modèle, à un délai près correspondant au temps de propagation de la lumière.

Toute particule possède une antiparticule associée. Dans leur symétrie propre, l'une et l'autre peuvent être envisagées comme issues d'ondes

237

intriquées, dont les fluctuations et oscillations traduiraient un déséquilibre cosmologique fondamental. L'atome constitue, dans cette optique, la représentation minimale accessible de ces agrégats de paquets d'ondes, bien qu'il n'en soit qu'une manifestation dérivée.

Pour illustrer cette relation, particules et antiparticules peuvent être comparées à deux lignes discontinues de propriétés complémentaires, parallèles et fermées sur elles-mêmes, dont les segments se compensent mutuellement. En l'absence d'un léger décalage de symétrie — une chiralité résiduelle — ces deux lignes se confondraient en une seule trajectoire continue, neutralisant toute distinction observable.

Les fermions, à l'exception des neutrinos de masse quasi nulle, portent des charges électriques qui permettent l'assemblage relativement stable de la matière. Ainsi, le couple proton-électron peut subsister durablement, hors événements nucléaires majeurs. De tels événements se produisent notamment lors de l'effondrement gravitationnel d'une supernova, laissant derrière elle une étoile à neutrons. Dans ce processus, les protons sont convertis en neutrons par capture électronique, avec émission de neutrinos et de positrons, assurant la conservation des charges et des équilibres énergétiques.

L'étoile à neutrons, comme tout objet de masse élevée, attire la matière environnante, laquelle est progressivement neutronisée. Rien n'indique toutefois que ces objets soient parfaitement homogènes. Des zones de convection et des irrégularités de charge pourraient subsister, autorisant la présence de quarks lourds (strange, charm, bottom, top). Les interactions entre ces régions non uniformes pourraient produire des émissions de rayons X et gamma. Contrairement à un trou noir, le champ gravitationnel d'une étoile à neutrons est insuffisant pour confiner ce rayonnement, qui nous parvient sous forme de signaux périodiques alignés sur l'axe magnétique de l'étoile : ces objets sont alors observés comme des pulsars.

L'étoile à neutrons peut ainsi être décrite comme un trou noir inachevé. Elle se distingue toutefois par l'émission de rayonnement détectable et par l'absence d'un disque d'accrétion dominant. Sa rotation rapide et le décalage de ses pôles magnétiques structurent ces émissions.

Pour des masses comprises entre environ 1,4 et 3,2 masses solaires, électrons et protons s'assemblent en neutrons stables. Au-delà de ce seuil,
238

les structures composites se désagrègent, fusionnent, et l'énergie retrouve un état primordial, froid et indifférencié, caractéristique des trous noirs. Une porosité accrue de la zone de transition entre symétries quantiques pourrait alors expliquer l'apparition de paires particule–antiparticule, observées lors de l'émission de jets à haute énergie par certains trous noirs galactiques.

Les limites de la gravitation

Des expériences mettant en jeu deux plaques conductrices très rapprochées montrent que l'espace qui les sépare tend à être appauvri en particules libres — notamment en électrons — et en ondes électromagnétiques (OEM), en particulier les photons. Ce phénomène suggère que la matière peut, en prélevant de l'énergie sur ce que l'on qualifie communément de « vide », induire un rapprochement extrêmement faible mais réel avec la matière environnante. Il en résulte une augmentation locale de la densité énergétique des corps, corrélée à une dépression de l'espace à l'échelle intra-atomique, intermoléculaire et interstellaire.

En contrepoint, la répulsion coulombienne entre noyaux atomiques de même charge positive, médiée par le partage et l'échange d'électrons, s'oppose à ces rapprochements et empêche la fusion spontanée des structures atomiques et moléculaires. Cette interaction électromagnétique constitue ainsi une limite effective à l'effondrement gravitationnel de la matière ordinaire.

La gravitation, en augmentant localement la densité énergétique, engendre un accroissement de l'agitation moléculaire, accompagné d'une élévation de la température. L'énergie extraite de l'espace se manifeste alors transitoirement sous forme thermique. À l'échelle atomique, et plus encore dans les processus de fusion nucléaire, l'atome peut être envisagé comme un système fortement dépressionnaire, qui tend à dépouiller l'espace environnant de son énergie. Cette dynamique est amplifiée à l'échelle moléculaire, puis macroscopique.

239

La gravitation est généralement appréhendée comme un phénomène associé à la masse. Cette propriété des corps stellaires confère à l'espace-temps son caractère flexible et dynamique. À l'inverse, le fait que les particules élémentaires ne semblent pas occuper l'espace au sens classique donne l'impression qu'elles n'en modifient pas les propriétés de la même manière que les objets massifs. Il en résulte une incompatibilité apparente à relier, d'une part, la gravitation qui structure l'espace-temps en relativité, et, d'autre part, les interactions électromagnétiques et nucléaires qui fondent la mécanique quantique et semblent, quant à elles, faire abstraction de l'espace-temps.

Cette tension n'empêche toutefois pas d'envisager un rapprochement entre ces interactions fondamentales, notamment par leur intégration à la force électromagnétique, considérée ici comme un vecteur unificateur possible.

La gravitation ne s'exprime pleinement qu'à l'échelle des étoiles. Au-delà d'un certain seuil de densité, la répulsion électrostatique entre noyaux atomiques devient insuffisante pour contrebalancer les pressions gravitationnelles cumulées. Ces dernières résultent de l'intensification des interactions internes aux noyaux lors des processus de fusion nucléaire, interactions que l'on peut assimiler, dans cette approche, à une manifestation effective de la force dite forte. Lorsque cet équilibre est rompu, l'effondrement gravitationnel conduit à la formation d'un trou noir, souvent à l'issue d'une hypernova. Dans un tel objet, atomes et molécules, privés de l'espace indispensable à toute interaction ou déplacement, cessent d'être identifiables en tant que structures distinctes.

Afin de résoudre l'apparente contradiction entre une gravitation omniprésente et l'idée d'un Univers en expansion, et pour expliquer l'origine de la masse, l'existence d'une nouvelle particule a été postulée : le boson de Higgs. Celui-ci est supposé conférer une masse à des bosons qui en seraient initialement dépourvus, permettant ainsi l'apparition de bosons massifs intermédiaires. Ces derniers rendraient possible, indirectement, l'attribution d'une masse aux fermions, en fonction de la nature de leurs interactions électromagnétiques et nucléaires.

Dans cette perspective, la masse des particules de matière serait expliquée par l'existence de particules vectrices de force adaptées, capables de rendre compte des variations de masse et de densité jusque-là difficiles à interpréter. Le boson de Higgs serait ainsi invoqué pour justifier la cohérence et la synergie du monde des particules élémentaires.

Cependant, si une particule de matière peut être décrite comme une fonction d'onde de probabilité, la notion même de masse pose question. La masse, associée à la gravitation, est généralement interprétée comme l'expression de l'inertie, c'est-à-dire la résistance d'une particule à toute variation de vitesse ou de direction. Était-il alors nécessaire de postuler l'existence d'une particule supplémentaire pour expliquer cette propriété ?

Une telle approche néglige le fait que l'espace dit « vide » n'est pas vide. Indissociable du temps, l'espace constitue un contexte émergent issu de la mécanique quantique, accessible à l'observation macroscopique. Ce vide apparent dissimule une énergie considérable, sous forme de fluctuations et de paires potentielles particule–antiparticule. L'espace-temps peut ainsi être vu comme un macrocosme événementiel où l'énergie du vide se manifeste de manière atténuée.

Dans cette optique, la masse pourrait être comprise comme une manifestation indirecte d'interactions discrètes entre deux états symétriques de la matière. La masse d'une particule serait alors l'expression observable d'un paquet d'ondes intriquées, en interaction potentielle avec sa symétrie. En l'absence d'antimatière, la matière ne pourrait manifester de masse, et peut-être même ne pourrait-elle exister. Le boson de Higgs pourrait alors être interprété comme une formalisation des effets de l'antimatière sur la matière, rendant compte de la résistance des corps aux changements d'état de mouvement.

Le vide spatial contient également des particules libres, des neutrinos, ainsi qu'un enchevêtrement de champs électriques et magnétiques. Il n'est donc pas neutre vis-à-vis des interactions observées. La relativité générale repose précisément sur l'idée de référentiels multiples et évolutifs, où aucune grandeur n'est absolue. Cette occupation dynamique de l'espace interstellaire pourrait suffire à expliquer l'émergence d'un effet de masse, d'autant plus marqué que les particules sont agrégées en atomes, molécules puis corps stellaires.

À grande échelle, cet effet se manifeste sous la forme de la gravitation, laquelle détermine localement la structure mathématique de l'espace et du temps. La notion de masse apparaît alors comme un paramètre de mesure

241

destiné à rendre compte des effets de l'énergie du vide sur la matière, en attribuant cette propriété aux particules élémentaires. Ce qui est valable à l'échelle microscopique l'est également pour les corps stellaires, dont l'effondrement gravitationnel marque les limites d'un processus structurant la dynamique de l'Univers.

Le boson de Higgs pourrait ainsi être ramené à une entité analogue à un neutrino reconfiguré, de masse élevée, extrêmement instable, conférant par sa présence une masse aux autres particules. Toutefois, il ne permettrait d'expliquer qu'une fraction infime de la masse observée et n'apporterait pas d'éclairage déterminant sur la nature de la gravitation. Son existence repose sur des observations indirectes délicates, susceptibles d'interprétations orientées.

Dépourvu de charge, de spin et de moments cinétiques ou magnétiques intrinsèques, ce boson, non observable directement, est invoqué pour expliquer notamment les transferts de masse lors des collisions de particules. On peut alors se demander s'il ne s'agit pas avant tout d'une hypothèse élégante, élaborée pour répondre à des difficultés persistantes de concevoir autrement.

Cette interrogation invite à un parallèle avec d'autres particules hypothétiques, comme le neutralino, issu de la supersymétrie. Cette théorie, en quête d'achèvement, propose une symétrie étendue qui remet en question le rôle même des bosons en tant que vecteurs de force.

Il est dès lors légitime de s'interroger sur la multiplication de particules postulées dans les extensions du modèle standard. Si cette démarche a souvent été fructueuse, elle peut également constituer une réponse par défaut face à des phénomènes mal compris. Le champ de Higgs, tel qu'il est décrit, évoque un milieu ambiant dans lequel baigneraient les particules, rappelant l'ancienne hypothèse de l'éther destinée à caractériser le vide spatial.

On peut enfin envisager que la masse ne soit pas une propriété intrinsèque de la matière, mais une propriété émergente issue de l'intrication radiative primordiale entre particules et antiparticules. Une chiralité de symétrie encore non reconnue pourrait alors rendre compte non seulement de la masse, mais de l'ensemble des propriétés distinctives des particules de matière, lesquelles n'existeraient que par référence à l'antimatière.

242

Il apparaît clairement que la physique de l'infiniment petit est aujourd'hui en quête de rapprochement.

Dans le modèle standard, le champ de Higgs est supposé interagir avec les particules élémentaires afin de conférer une masse aux particules composites subatomiques que sont les hadrons, ainsi qu'aux nuages électroniques qui leur sont associés. Toutefois, il est bien établi que l'essentiel de la masse d'une particule composite provient de l'énergie de liaison entre ses constituants élémentaires. Ces forces de liaison contribuent à la masse des hadrons, des noyaux, des atomes, des molécules et, par extension, de tous les objets astrophysiques, des planètes aux amas galactiques. Le boson de Higgs ne peut donc, à lui seul, rendre compte de l'origine globale de la masse.

Or, la compréhension de la masse constitue un enjeu central. Elle est même fondamentale, car elle conditionne la possibilité de lever le caractère apparemment contradictoire et contre-intuitif de la mécanique quantique, en établissant un lien avec les effets gravitationnels qui structurent l'espace-temps relativiste. Autrement dit, la question de la conciliation des quatre interactions fondamentales dans une théorie unifiée demeure ouverte, mais pourrait perdre de sa pertinence, formulée autrement.

L'hypothèse d'une intrication radiative, envisagée ici comme principe constitutif de la particule élémentaire conçue comme un paquet d'ondes infrangible, conduit à postuler l'existence d'une force de liaison d'intensité très élevée et de portée extrêmement courte. Cette force assurerait l'intégrité et la stabilité interne de la particule. Il devient alors légitime de s'interroger sur les raisons pour lesquelles une telle force, intrinsèque à la particule élémentaire et confinée à la « dimension » quantique, serait sans effet sur les phénomènes non quantiques que nous décrivons classiquement en termes d'écoulement du temps et de déplacement dans l'espace.

Dans cette perspective, la masse et les moments d'inertie ne seraient que des manifestations observables, pour l'observateur macroscopique, de forces internes non reconnues qui structurent et maintiennent les paquets d'ondes constituant les particules élémentaires. Ces forces intrinsèques, communes à la particule et à l'antiparticule, échappent à toute description spatio-temporelle, puisque les propriétés fondamentales des particules élémentaires ne relèvent ni du temps ni de l'espace. **Rejeter l'hypothèse de l'intrication radiative conduit alors à introduire un champ d'énergie omniprésent — en l'occurrence le champ de Higgs — censé remplir l'espace et s'opposer au déplacement des particules. On peut dès lors se demander si le boson de Higgs ne répond pas avant tout à la nécessité de préserver la cohérence interne d'un modèle standard en manque de cohérence.**

La mécanique quantique repose en partie sur des postulats et des conventions. C'est notamment le cas de l'introduction de bosons inobservables directement, mais jugés nécessaires pour rendre compte de phénomènes autrement difficiles à expliquer. Il devenait alors logique, d'attribuer une masse à certains de ces bosons — en particulier les bosons W et Z — en lien avec la nature des interactions étudiées. Certains d'entre eux présentent même une charge électrique, ce qui soulève la question de savoir si ces propriétés ne sont pas introduites pour répondre aux exigences du formalisme.

Le boson Z, proche parent du photon et doté d'une durée de vie extrêmement brève, permet de modéliser la désintégration des paires lepton–antilepton et quark–antiquark. Le boson W, tout aussi éphémère, est considéré comme l'agent médiateur des interactions électrofaibles entre quarks et leptons et intervient dans les processus de fusion nucléaire. L'existence de ces bosons, qui n'ont jamais été observés directement, conserve un caractère spéculatif, bien qu'elle soit solidement ancrée dans une cohérence mathématique visant à introduire des vecteurs de force intermédiaires entre particules élémentaires.

Ces bosons s'imposent dans la mesure où ils permettent de modéliser des transitions fugaces, notamment celles associées au changement de saveur des quarks, processus attribué à l'interaction faible, laquelle peut être unifiée à l'électromagnétisme à certaines énergies.

244

Le photon et le gluon sont les deux bosons du modèle standard qui se distinguent par l'absence de masse et de charge. Ils sont associés respectivement à l'interaction électromagnétique et à l'interaction forte, cette dernière étant elle-même susceptible d'être reliée à l'électromagnétisme. Le champ de Higgs, transparent à ces deux bosons, pourrait alors être interprété non comme un milieu inertiel universel, mais comme une zone d'échange spécifique entre particules et antiparticules, située à la frontière de deux symétries quantiques d'Univers.

Les bosons peuvent ainsi être considérés comme des entités quantiques, convenues, destinées à représenter les échanges d'énergie ou d'information entre particules. Même si le boson de Higgs a pu exister comme particule de masse élevée, il ne se manifeste aujourd'hui que de façon fugace et indirecte lors de collisions de haute énergie, telles que celles réalisées au **CERN** en 2012. Les accélérateurs modernes permettent en effet de produire artificiellement des particules exotiques extrêmement instables, qui n'existent que transitoirement et traduisent des déséquilibres locaux de forces.

Il reste alors à comprendre pourquoi le boson de Higgs posséderait une masse propre, alors même que sa fonction supposée implique que la masse ne soit pas une propriété intrinsèque des particules isolées, mais un effet contextuel. Sauf à donner à cette énigmatique particule, une interprétation différente et non entrevue par qui tient la plume, c'est souvent en utilisant de tels raccourcis qu'aux limites de l'abstrait, les choses rentrent dans le cadre que nous voulons leur donner.

La cohésion des quarks est assurée par l'interaction forte. Il pourrait être tentant d'y voir l'origine ultime de la gravitation. Il est en effet établi que cette interaction augmente en intensité lorsque les quarks, généralement assemblés par groupes de trois, semblent s'éloigner les uns des autres. Cette force de rappel pourrait s'expliquer par le fait que les quarks sont des entités hors du temps, et que les nucléons qu'ils composent n'occupent pas un espace où une séparation effective serait possible.

Pour les photons, considérés comme des représentations corpusculaires sans masse des ondes électromagnétiques, le temps n'existe pas en tant que grandeur de durée, et l'espace ne revêt pas le sens usuel que nous lui attribuons. Cela suffirait à expliquer que les particules dotées de masse, conçues ici comme des paquets d'ondes intriquées synthétisés, soient elles-

245

mêmes en marge de l'espace-temps. Ce qui est hors du temps devient alors spatialement virtuel, ce qui rend compte de l'impossibilité expérimentale de « briser » une particule élémentaire.

Cette situation n'exclut pas que, par changement d'échelle, la mécanique quantique finisse par s'inscrire dans l'espace-temps de la relativité, à partir du niveau atomique. Dans cette hypothèse, la gravitation deviendrait un phénomène d'origine quantique émergente. Le noyau atomique pourrait alors constituer le seuil à partir duquel la gravitation commence à devenir significative, en dépouillant l'espace de l'énergie du vide.

L'énergie du vide, portée principalement par les ondes électromagnétiques libres, représente en effet un potentiel de masse considérable selon la relation $E/c^2 = m$. À grande échelle cosmique, cette énergie, au même titre que la matière, pourrait être progressivement absorbée par une population croissante de trous noirs, contribuant à la dynamique ultime de l'Univers.

Tentative de mise en relation entre interaction électromagnétique et gravitation

Dans l'approche proposée ici, l'interaction électromagnétique — considérée conjointement avec l'interaction faible dans le cadre de l'unification électrofaible — est envisagée comme pouvant, à un niveau fondamental, englober également les effets attribués à l'interaction forte. Cette hypothèse s'inscrit dans une perspective unificatrice spéculative, qui ne correspond pas à l'état actuel des modèles standard, mais cherche à en proposer une lecture alternative.

L'énergie transportée par les photons peut, conformément au principe d'équivalence masse–énergie, être formellement associée à une masse équivalente. Dans cette perspective, la masse n'est pas interprétée comme une propriété intrinsèque et primitive, mais comme une grandeur relativiste émergente, traduisant le degré d'intrication et de cohérence radiative de paquets d'ondes constituant les particules dites massives. Les systèmes

246

matériels macroscopiques seraient alors compris comme des ensembles complexes de tels paquets d'ondes en interaction.

Sur cette base, il est postulé que la gravitation associée aux corps matériels trouverait son origine dans l'état collectif d'intrication des ondes qui constituent la matière. Ces ondes, à l'origine, seraient de même nature que celles décrites ici sous le terme d'« OEM », considérées comme vectrices de l'interaction électromagnétique. La distinction entre rayonnement et matière résulterait alors d'un régime d'organisation différent d'ondes de même composante fondamentale.

Lorsque ces ondes électromagnétiques sont absorbées ou médiées par des particules massives chargées, en particulier les électrons, il se forme des champs électriques. Ceux-ci traduisent des transferts d'énergie entre charges et se décrivent par des lignes de champ dont la géométrie dépend de la configuration des charges : lignes ouvertes dans le cas de charges de même signe, lignes fermées reliant des charges de signes opposés. L'intensité des courants électriques ainsi générés dépend de la quantité d'énergie extraite des atomes par interaction entre le rayonnement incident et les électrons, comme dans l'effet photoélectrique.

Un point central de la réflexion concerne l'association systématique entre champs électriques et champs magnétiques. Contrairement aux champs électriques, les champs magnétiques ne réalisent pas directement de travail énergétique sur les charges. Leur intensité locale dépend néanmoins de la valeur du courant électrique et de la distance à celui-ci. Le magnétisme est alors interprété non comme une source d'énergie autonome, mais comme une manifestation géométrique résultant du mouvement collectif et du moment angulaire intrinsèque (spin) des électrons circulant entre atomes et molécules sous forme de courant.

Dans cette hypothèse, les champs magnétiques correspondraient à une modification locale des propriétés de l'espace-temps induite par ces courants. À partir d'un certain seuil d'échelle et de cohérence collective, ces distorsions pourraient produire des effets analogues à ceux décrits par la gravitation. La gravitation ne serait donc pas une interaction fondamentale indépendante, mais l'expression macroscopique d'effets électromagnétiques quantiques intégrés dans une description géométrique de l'espace-temps.

247

Cette interprétation conduit à considérer la gravitation comme une conséquence émergente d'un magnétisme omniprésent associé aux interactions de charges, dans l'hypothèse où la symétrie quantique globale jouerait un rôle structurant. L'hypothèse de chiralité matière–antimatière, impliquant des particules et antiparticules de charges opposées, renforce l'idée que les effets gravitationnels, dans chaque secteur de symétrie, reposeraient fondamentalement sur des champs magnétiques correspondants.

Dans ce type de réflexion, un champ magnétique peut être décrit comme le résultat d'une déformation locale de l'espace sous l'effet d'un courant électrique traversant un milieu de conductivité finie. Cette déformation modifierait les trajectoires des corps sans qu'il soit nécessaire d'invoquer une force au sens newtonien. Les champs électromagnétiques et les effets gravitationnels seraient ainsi deux manifestations, à des échelles différentes, d'une même capacité de la matière et du rayonnement à altérer les propriétés géométriques de l'espace-temps.

La relativité générale ayant établi que l'espace et le temps ne sont pas des entités absolues, cette lecture suggère que la gravitation pourrait, en dernière analyse, être reliée à des phénomènes relevant de la mécanique quantique et des interactions de charges. Elle propose ainsi un prolongement quantique interprétatif de la description géométrique classique de la gravitation.

Concernant l'antimatière, il est cohérent de supposer qu'elle puisse générer des courants électriques à partir de particules de charge opposée, telles que les positrons. Bien que les interactions directes entre antiparticules restent largement inaccessibles à l'observation expérimentale, les champs magnétiques associés à l'antimatière devraient, dans cette hypothèse, contribuer à modifier les propriétés de l'espace de manière analogue à ceux produits par la matière ordinaire. Cela pourrait se traduire par des effets extrêmement faibles de polarisation des ondes électromagnétiques, se manifestant sous forme de perturbations spatiales difficiles à détecter.

À très grande échelle, de telles perturbations pourraient affecter la structure filamenteuse de la matière cosmique, en induisant de légères variations de champ se traduisant par des oscillations infimes de ces filaments. Une telle observation supposerait toutefois l'accès à un secteur de l'Univers actuellement non observable, où l'antimatière serait spatialement ou dimensionnellement séparée.

248

Enfin, une analogie formelle renforce cette tentative de rapprochement: de même que la masse gravitationnelle des corps électriquement neutres détermine leur interaction gravitationnelle, les charges électriques et les courants déterminent les champs magnétiques dans l'interaction électromagnétique. Les deux types d'interaction partagent la propriété de modifier les caractéristiques de l'espace. La loi de Coulomb, comme la loi de la gravitation newtonienne, fait intervenir une dépendance en inverse du carré de la distance, suggérant une structure mathématique commune. Bien que les effets électromagnétiques tendent à se neutraliser à grande distance, ils demeurent, comme la gravitation, de portée théoriquement infinie.

Dans une interprétation plus conventionnelle, les effets gravitationnels peuvent être compris comme résultant de l'organisation collective de la matière. Les particules constituant les objets célestes, en se liant par interactions électromagnétiques et nucléaires, réduiraient localement les degrés de liberté de l'espace dit vide. Chaque particule pourrait alors être interprétée comme une singularité locale de l'espace-temps, analogue, à une échelle extrême, à une dépression gravitationnelle. Cette déformation, décrite par la relativité générale, se manifeste par une contraction des longueurs et une dilatation du temps à proximité des masses, effets perçus par un observateur extérieur comme une attraction gravitationnelle. De même, un corps soumis à une accélération prolongée peut acquérir une inertie effective accrue, produisant des effets assimilables à une augmentation de masse gravitationnelle.

Synthèse sur l'origine électromagnétique de la gravitation et les limites des cadres théoriques actuels

Dans la perspective développée ici, l'interaction gravitationnelle est envisagée non comme une force fondamentale indépendante, mais comme un phénomène émergent résultant, à un niveau profond, des interactions électromagnétiques qui assurent, en mécanique quantique, la cohésion du noyau atomique et l'équilibre global des charges au sein de l'atome.

La matière étant constituée de particules portant des charges positives et négatives, la neutralité électrique apparaît généralement réalisée aux échelles atomique, moléculaire et macroscopique. Toutefois, cette neutralité globale n'implique pas l'annulation stricte et instantanée des effets associés aux distributions de charges. Il est alors postulé que l'ensemble des charges positives et l'ensemble des charges négatives constituant un corps pourraient exercer, séparément et simultanément, une influence électromagnétique collective extrêmement faible sur les constituants chargés d'autres systèmes matériels. Bien que cette interaction soit de portée théoriquement infinie, son intensité décroît rapidement avec la distance, la rendant indétectable à grande échelle. Néanmoins, cumulée et intégrée sur des volumes macroscopiques, elle pourrait contribuer de manière fortement diluée aux déformations de l'espace-temps attribuées à la gravitation.

Dans ce même mode interprétatif, l'interaction nucléaire forte est envisagée comme une manifestation intranucléaire spécifique de l'électromagnétisme, adaptée à des conditions extrêmes de confinement et d'énergie. Cette interaction, qui garantit la stabilité relative des noyaux atomiques, pourrait, par extrapolation, être associée aux effets attractifs observés à l'échelle macroscopique, décrits en relativité générale comme une courbure de l'espace-temps. Cette hypothèse établit ainsi un lien continu entre interaction électromagnétique, interaction forte et phénomènes gravitationnels.

L'électromagnétisme, interaction de nature intrinsèquement quantique, est alors interprété comme un principe structurant fondamental à l'origine des notions mêmes d'espace et de temps. Dans cette optique, la mécanique quantique et la gravitation ne seraient pas fondamentalement incompatibles. Leur apparente disjonction résulterait principalement d'un changement d'échelle et de contexte. Les descriptions issues de la relativité générale deviendraient alors inadaptées pour rendre compte des phénomènes quantiques, sans que cela n'invalide leur efficacité phénoménologique à grande échelle.

Cette coexistence de théories performantes mais pas nécessairement reliées, a conduit à l'introduction de divers éléments hypothétiques destinés à préserver la cohérence formelle des modèles. Parmi ceux-ci figurent notamment :

– l'hypothèse d'une matière noire non observable directement,
– celle d'une énergie sombre de nature inconnue,
– l'introduction d'une singularité initiale de densité infinie comme origine de l'Univers,
– l'idée d'une expansion cosmique indéfinie,
– la disparition inexpliquée de l'antimatière,
– le recours à des modèles théoriques encore incomplets tels que la théorie des cordes ou la gravitation quantique à boucles,
– des conjectures partiellement étayées concernant les trous noirs,
– et la notion de particules élémentaires indivisibles associées à des particules médiatrices d'interactions.

L'accumulation de ces hypothèses suggère la possibilité que notre compréhension actuelle de l'Univers soit, pour une part significative, incomplète ou biaisée. La position même de l'observateur impose une description de la réalité limitée par les conditions de mesure, de perception et de représentation propres à notre échelle d'existence, comme l'histoire des sciences l'a montré à plusieurs reprises.

Malgré l'abondance de pistes théoriques concernant l'évolution cosmique, les tentatives visant à unifier l'ensemble des interactions fondamentales dans une théorie cohérente restent limitées. Il est alors légitime de s'interroger sur l'adéquation de nos méthodes et outils d'exploration. Bien que la gravitation, l'interaction électrofaible et l'interaction forte soient décrites par des procédés mathématiques distincts, il apparaît peu probable qu'elles ne partagent pas, à un niveau fondamental, des mécanismes communs.

Dans le scénario cosmologique standard, la phase initiale assimilée au Big Bang, décrite comme une singularité sans température définie, est suivie par une phase de nucléosynthèse caractérisée par des températures extrêmement élevées. Dans ces conditions, l'interaction forte se distingue d'une interaction unifiée plus globale, qualifiée d'électrofaible. La baisse progressive de la température conduit ensuite à une différenciation de cette interaction électrofaible en interaction faible et interaction électromagnétique. Inversement, dans des environnements de pression et de température extrêmes, les distinctions entre interactions électromagnétique et faible tendent à s'estomper, contrairement à l'interaction forte, qui demeure confinée au noyau atomique. Cette particularité suggère que la force forte résulte d'interactions de charge intrinsèques et spécifiques au

251

domaine nucléaire. Il est alors envisageable qu'au-delà d'un certain seuil d'énergie et d'échelle, les trois interactions se confondent en une interaction unique.

Bien que les analogies classiques entre structure atomique et systèmes planétaires soient aujourd'hui reconnues comme inadéquates, la gravitation peut néanmoins être envisagée comme un phénomène d'origine quantique, relevant en principe d'une théorie quantique des champs. La difficulté majeure réside dans la conciliation de cette idée avec la description des particules comme entités dépourvues d'étendue spatiale, et avec l'existence de singularités telles que le Big Bang ou l'effondrement gravitationnel final. En revanche, toute interaction observable implique nécessairement l'implication spatio-temporelle.

Ce paradoxe souligne les limites intrinsèques de notre représentation de la réalité, fondée sur des mesures d'espace et de temps et sur des phénomènes observables, tout en faisant abstraction de secteurs non accessibles, tels que l'antimatière. Les entités ou processus ne disposant pas de référents spatio-temporels observables demeurent à l'état d'hypothèses. Prendre en compte des objets n'existant qu'à l'état potentiel, comme les particules élémentaires avant mesure, se heurte aux fondements mêmes de notre mode de description. Cette difficulté se manifeste notamment dans l'impossibilité de déterminer simultanément, à un instant donné, la position exacte et la vitesse d'une particule, révélant ainsi les limites fondamentales de toute représentation classique de la réalité quantique.

XVII <u>Une gravitation qui prend effet à la racine du temps</u>
(D'origine quantique, elle dessine la topologie de l'Univers)

Si l'on adopte comme postulat que l'énergie révélée lors du Big Bang s'est manifestée à partir d'une multiplicité de points de libération simultanés, il n'est pas nécessaire d'introduire la notion classique d'expansion métrique de l'espace, ni celle d'une vitesse de fuite associée. L'évolution de l'Univers ne s'interprète plus alors prioritairement en termes d'éloignement cinématique des objets, mais comme un ensemble continu d'interférences, d'échanges et d'interactions énergétiques. L'Univers peut alors être considéré comme globalement fini, sans que sa dimensionalité effective soit strictement définie, et régi par des corrélations non locales reliant l'ensemble de ses constituants.

Dans cette perspective, un système binaire d'univers en symétrie quantique opposée peut être interprété comme un processus de substitution énergétique : la conversion progressive d'une énergie primordiale latente en une énergie potentielle structurée, porteuse de symétrie quantique. L'énergie initialement libérée lors du Big Bang, assimilable à une énergie cinétique fondatrice et préfigurant les OEM, se distribue de manière uniforme dans un continuum espace-temps qu'elle contribue elle-même à définir. Cette dynamique est perçue comme une expansion apparente, ou plus précisément comme une dispersion rétrograde : un processus de diffusion qui demeure néanmoins globalement contenu par la structure même du système.

À l'inverse, l'énergie potentielle agit comme un facteur de cohésion. Elle favorise l'agrégation de la matière et la capture des rayonnements, phénomène que nous interprétons, à notre échelle descriptive, comme la gravitation. L'expansion apparente et la gravitation apparaissent ainsi comme deux manifestations complémentaires d'un même mécanisme sous-jacent, difficile à conceptualiser directement : une dépression énergétique associée à l'espace communément qualifié de « vide ».

Si ce schéma est valide pour une symétrie donnée, il doit l'être également pour sa symétrie opposée. Les effets conjoints de dispersion et de rassemblement, regroupés sous le terme de dispersion rétrograde, pourraient alors résulter d'interactions discrètes entre deux symétries quantiques indissociables et complémentaires. La gravitation cesse d'être un

253

phénomène fondamental isolé pour devenir l'expression macroscopique de ces échanges inter-symétriques.

Certaines particules jouent un rôle particulier dans ce dispositif. Les bosons sans masse ni charge, tels que les photons, ainsi que les gluons envisagés comme leur transposition dans le domaine des interactions fortes, sont généralement considérés comme dépourvus de symétrie quantique propre. D'autres particules, comme les neutrinos, de masse extrêmement faible et électriquement neutres, sont parfois supposées porter simultanément les deux symétries. Ces caractéristiques leur confèrent le statut de vecteurs privilégiés pour d'éventuels échanges « osmotiques » entre symétries quantiques.

Ainsi, à un certain seuil d'énergie, l'absorption d'un photon par un électron peut conduire à l'apparition d'un antiélectron (positon). La rencontre de ces deux particules de symétrie opposée conduit alors à leur annihilation quasi immédiate, accompagnée de l'émission d'un rayonnement gamma d'énergie équivalente. De manière analogue, les neutrinos révèlent leur symétrie associée, sous la forme d'antineutrinos, lors de certaines interactions nucléaires spécifiques.
Des collisions à haute énergie entre nucléons peuvent également engendrer l'apparition transitoire d'antiprotons et d'antineutrons, donnant lieu à des processus d'annihilation via des mésons de durée de vie extrêmement brève, modifiant localement la composition du noyau atomique. Dans ce contexte, photons et neutrinos peuvent être interprétés comme des médiateurs majeurs, capables de franchir les frontières entre symétries.

Évolution dynamique de la dispersion

Aux premiers instants de l'Univers, la dispersion rétrograde des particules peut être représentée comme l'ensemble des trajectoires plus ou moins infléchies au sein d'une multitude de champs d'énergie imbriqués, dépourvus de dimensions fixes. Progressivement, sous l'effet cumulatif des interactions gravitationnelles, les directions de déplacement tendent à devenir de plus en plus tangentielle par rapport à des centres énergétiques dominants. Cette évolution se traduit par des trajectoires de plus en plus courbes dans un espace dit vide dont la densité énergétique décroît continuellement.

Une telle dynamique pourrait suggérer, par extrapolation, une régression globale de l'Univers vieillissant vers un état de type Big Crunch, conçu comme l'inverse temporel du Big Bang. Toutefois, cette interprétation ne doit pas être retenue dans son acception classique, car elle ne rend pas compte de la complexité des mécanismes énergétiques et métriques à l'œuvre.

Paradoxe de l'expansion apparente

L'expansion apparente de l'Univers se manifeste à travers un paradoxe observable. D'une part, nous percevons de vastes régions apparemment vides, parsemées d'amas de matière semblant s'éloigner les uns des autres. D'autre part, nous constatons que la matière tend à se regrouper de façon croissante, atteignant localement des densités extrêmes qui conduisent à des changements de régime physique. Nous savons également que la dispersion initiale ne peut s'être maintenue après l'apparition de particules massives, et que l'intensité énergétique des OEM décroît au cours du temps.

L'impression d'augmentation des distances pourrait alors résulter non d'une expansion effective de l'espace, mais de l'accroissement de la masse équivalente des trous noirs et de la densification progressive des corps stellaires destinés à s'effondrer gravitationnellement. Cette évolution induirait une forme de pression négative sur l'espace interstellaire, conduisant l'observateur à interpréter les phénomènes sans ajuster correctement l'échelle d'analyse. À l'instar des galaxies, les trous noirs, de plus en plus nombreux et massifs, semblent s'éloigner mutuellement. Cette expansion apparente pourrait ainsi n'être qu'une illusion liée à l'appauvrissement énergétique progressif de l'espace-temps, l'énergie — sous toutes ses formes — étant progressivement captée par une population croissante de structures gravitationnellement dominantes.

Si l'Univers ne peut être assimilé strictement à un trou noir, son évolution pourrait néanmoins converger vers un état global analogue, résultant de la fusion ultime de l'ensemble des trous noirs, formant une singularité à l'échelle de l'Univers lui-même.

Limites observationnelles et métrique de l'espace

Formulée autrement, l'expansion apparente pourrait découler de propriétés de la métrique de l'espace que nous ne maîtrisons que partiellement. Ce scénario reste compatible avec la relativité générale, laquelle prévoit que la gravitation déforme l'espace-temps et contraint les déplacements à suivre des trajectoires géodésiques. Ces trajectoires, cependant, ne correspondent pas nécessairement à l'intuition d'un mouvement de fuite dans un Univers ne présentant aucune échappatoire matérielle.

La détermination des propriétés intrinsèques d'un objet, et notamment de sa masse, dépend en pratique de sa distance à l'observateur. La méthode des parallaxes, fondée sur la position de la Terre à six mois d'intervalle, constitue l'outil le plus direct pour mesurer ces distances, mais sa précision décroît rapidement avec l'éloignement des objets. De plus, la ligne de visée ne peut être assimilée à une droite : le rayonnement analysé a été continuellement dévié par la courbure de l'espace et a interféré avec d'autres émissions, de manière constructive ou destructive.

L'homogénéité apparente de l'Univers à grande échelle peut ainsi donner l'illusion que les images observées appartiennent à notre réalité actuelle et ont voyagé sans altération significative. Or, le spectre lumineux d'une étoile provient essentiellement de ses couches externes. Si l'analyse spectrale permet d'inférer la composition et l'évolution globale de l'astre, elle ne garantit pas que les informations issues des régions les plus profondes soient intégralement accessibles. La question demeure donc ouverte quant à la capacité réelle de ces observations à révéler la nature des processus physiques qui se déroulent au cœur des objets astrophysiques.

La spectrométrie constitue un outil central pour l'estimation du déplacement et de la distance des objets astrophysiques. Elle s'appuie notamment sur l'utilisation d'indicateurs de distance servant de références, appelés *chandelles standards*. Le principe consiste à comparer la magnitude apparente observée d'un objet à sa magnitude absolue supposée connue, après correction des effets instrumentaux et environnementaux. Cette méthode est notamment appliquée aux étoiles supergéantes présentant des variations régulières de luminosité, telles que les céphéides, dont les cycles sont considérés comme suffisamment stables pour servir d'étalons cosmologiques.

Toutefois, il n'est pas certain que la magnitude absolue théorique, déduite à partir de données locales et contemporaines, corresponde effectivement à la luminosité intrinsèque qu'une étoile distante possédait à l'époque où le rayonnement que nous observons a été émis. La magnitude mesurée reste, par définition, une magnitude apparente, affectée par les milieux traversés, les champs gravitationnels rencontrés et de multiples phénomènes d'interaction avec l'environnement cosmique. Se pose alors la question de notre capacité réelle à corriger de manière fiable l'ensemble de ces effets, en particulier pour les objets les plus éloignés.

Cette incertitude est encore renforcée dans le cas des supernovæ, dont les pics de luminosité servent également de repères de distance. L'interprétation de ces signatures lumineuses suppose une connaissance précise des mécanismes physiques, des durées caractéristiques et des conditions initiales propres à chaque événement. Or, ces paramètres demeurent partiellement indéterminés, ce qui limite la robustesse des reconstructions fondées sur ces observations. Il n'est pas non plus démontré que les relations établies pour l'évaluation de la luminosité absolue des céphéides proches soient extrapolables sans biais aux chandelles standards les plus lointaines.

Nous savons par ailleurs que la gravitation déforme l'espace-temps et, par conséquent, les distances elles-mêmes. La question se pose de savoir si cette déformation est correctement prise en compte dans les méthodes actuelles d'estimation cosmologique. Il est permis de craindre que, dans ce contexte, la relativité générale soit appliquée de manière simplifiée, voire réduite à une approximation insuffisante pour des évaluations à très grande échelle.

La ligne de visée astronomique, souvent amplifiée par des effets de lentille gravitationnelle, correspond en réalité à une remontée dans le temps. Elle ne peut être assimilée à une trajectoire rectiligne, même si l'Univers donne l'impression, à très grande échelle, d'évoluer lentement et de manière homogène, sans phénomènes locaux immédiatement discernables. Cette apparente régularité rend cependant l'interprétation de son évolution d'autant plus délicate.

Cette difficulté rejoint une hypothèse largement admise selon laquelle un Univers dépourvu de centre privilégié et de frontières définissables ne devrait présenter, globalement, aucune disparité majeure. À l'inverse, si l'on postule que notre Univers est né d'un point singulier et qu'il est en expansion continue, il peut sembler paradoxal qu'il apparaisse partout similaire, même après correction des anomalies locales. Cette objection conduit à envisager, comme retenu ici, que la dynamique de l'Univers n'implique pas nécessairement une expansion au sens strict.

Lorsque l'on parle d'expansion, on suppose implicitement un changement du volume occupé par l'Univers. Une telle notion implique que l'on puisse inférer les propriétés globales de l'Univers à partir de la seule partie observable. Or, cette extrapolation devient problématique si l'on admet que l'Univers ne représentait initialement, lors du Big Bang, qu'un point non localisable, dépourvu de référentiel spatial. L'évolution d'un tel état initial vers une géométrie à courbure fermée, sans limites clairement définies, relève davantage d'un postulat que d'une conclusion étayée par des données observationnelles directes, et ne constitue pas en soi une démonstration.

Se pose alors une question centrale : comment l'Univers, dans les limites de l'observable, peut-il donner l'impression d'être globalement homogène et isotrope, alors même que nous savons qu'il évolue continuellement, et que ce que nous observons résulte d'un mélange entre un présent de proximité et un passé lointain ? L'Univers devait nécessairement présenter des états différents dans ce passé que nous tentons de reconstituer en observant ses confins. Avant d'y répondre, il convient de s'interroger sur la signification de la partie observable de l'Univers au regard d'un ensemble total dont nous n'avons aucune représentation directe.

Cette réflexion conduit inévitablement à imaginer que l'Univers relativiste posséderait des dimensions lui conférant un volume, et donc des limites. Toutefois, il n'est pas possible de déterminer si ces propriétés évoluent, ni par rapport à quel référentiel elles pourraient être définies. Dès lors, considérer l'Univers comme un objet doté d'une forme géométrique précise devient problématique, puisqu'il est censé ne posséder ni centre identifiable, ni bord mesurable.

La dynamique espace-temps de l'Univers repose sur la relativité. Lorsque l'on affirme que l'Univers est homogène, cette affirmation ne concerne en réalité que sa partie observable, et associe des événements issus d'époques

258

très différentes. Comment, dès lors, l'image complexe reçue des confins d'un Univers plus jeune pourrait-elle être identique à celle que nous avons d'un Univers plus proche, et donc plus récent ? La reconstitution de l'histoire cosmique à partir de ces images temporellement décalées, altérées et déformées, demeure intrinsèquement incertaine.

L'hypothèse d'homogénéité, selon laquelle l'Univers évoluerait de la même manière en tout point, soulève alors deux questions fondamentales. D'une part, comment les événements les plus éloignés — vestiges d'un passé accessible uniquement aux confins de l'Univers observable, voire au-delà — pourraient-ils être reliés à la dynamique locale actuelle sans reconstituer l'ensemble de l'évolution passée de l'Univers ? D'autre part, puisque le temps n'est pas une grandeur absolue, comment des événements situés dans des référentiels distants pourraient-ils être considérés comme reliés, et plus encore comme simultanés ? Ces interrogations ne remettent pas en cause le principe général de causalité, lequel demeure compatible avec la théorie relativiste de la gravitation, mais en soulignent les limites interprétatives à grande échelle.

Une particularité de la gravitation est que l'on peut la considérer comme s'exerçant partout selon les mêmes lois fondamentales, dans des conditions globalement comparables, malgré sa dépendance inverse au carré de la distance. À des échelles très supérieures au macroscopique, il devient envisageable de considérer que la gravitation anime l'Univers de manière relativement uniforme, lorsque l'on prend en compte l'ensemble de ses effets cumulés.

La gravitation peut alors être interprétée comme la manifestation du relief énergétique de l'Univers. Toute concentration de masse modifie localement la structure de l'espace-temps et agit comme un puits énergétique, susceptible d'influencer toute forme d'énergie présente dans un voisinage étendu. Cette influence peut conduire à la capture ou à la déviation de l'énergie incidente, selon les conditions locales. Cependant, cette représentation en termes de puits gravitationnels disséminés dans l'Univers demeure partielle. Elle peut être remplacée par une vision plus globale, dans laquelle l'Univers tout entier serait assimilable à une structure énergétique unique, orientée vers un niveau plus fondamental, éventuellement associé à un multivers sous-jacent.

259

Dans l'Univers, les dynamiques dominantes semblent favoriser les systèmes présentant la plus forte concentration d'énergie dans le plus faible volume accessible. Cette prédominance peut être interprétée non comme une « loi du plus fort » au sens métaphorique, mais comme la conséquence physique du rôle joué par la densité d'énergie. Un corps ou un système doté d'une énergie fortement concentrée exerce une influence déterminante sur son environnement, notamment à travers les interactions gravitationnelles.

Une question fondamentale demeure alors ouverte : la matière attire-t-elle intrinsèquement la matière, ou bien cette attraction apparente résulte-t-elle d'une évolution progressive des propriétés dynamiques du vide quantique ? Dans cette seconde hypothèse, l'espace interstitiel, continuellement privé d'une partie de son énergie, verrait ses caractéristiques évoluer de telle sorte que les structures matérielles semblent se rapprocher, tandis que les longueurs d'onde qui s'y propagent s'allongent. L'expansion apparente de l'espace pourrait ainsi être corrélée à un appauvrissement énergétique du vide, plutôt qu'à une augmentation effective de son étendue géométrique.

L'évolution cosmique, marquée par les effets gravitationnels, peut alors être interprétée comme un processus quantique global visant à corriger une chiralité associée à une symétrie initialement brisée. Cette dynamique jouerait le rôle d'un mécanisme d'ajustement intrinsèque, par lequel l'Univers tendrait vers un état d'équilibre symétrique. Pour étayer cette hypothèse, plusieurs considérations peuvent être avancées.

- Premièrement, les fermions peuvent être décrits comme des paquets d'ondes en régime de vibration stable, constituant des systèmes fermés et durables.
- Deuxièmement, ces paquets d'ondes seraient issus d'intrications radiatives apparues aux premiers instants de l'Univers, lorsque les densités d'énergie du plasma primordial rendaient possibles de telles corrélations quantiques.
- Troisièmement, l'intensité des rayonnements initiaux n'étant plus suffisante aujourd'hui, ces intrications radiatives ne peuvent plus se reproduire de manière significative.
- Quatrièmement, le rayonnement résiduel, essentiellement de nature cinétique et correspondant aux OEM actuellement libres, est progressivement capté par la matière déjà constituée.

260

- Cinquièmement, ce processus conduit à une conversion continue de l'énergie cinétique — associée aux OEM et caractéristique de l'espace dit vide — en énergie potentielle, incarnée par les structures matérielles qui composent les astres. Les phénomènes thermiques, mécaniques, chimiques, électriques et nucléaires observés peuvent être interprétés comme les manifestations de cette conversion énergétique.
- Sixièmement, les atomes peuvent être considérés comme des microsystèmes ouverts, capables de fédérer des paquets d'ondes élémentaires pour former des structures moléculaires plus complexes.
- Enfin, ces processus d'agrégation entraînent une augmentation de la densité de masse des corps et, corrélativement, une accentuation de la dépression énergétique de l'espace environnant, communément qualifié de vide.

La gravitation apparaît dès lors, comme un phénomène fondamentalement quantique, plutôt que comme une interaction strictement géométrique ou classique. Cette idée rejoint, par certains aspects, les tentatives théoriques développées dans le cadre de la gravitation quantique à boucles. Dans cette approche, l'espace est décrit comme un champ constitué de quanta élémentaires d'espace, assimilables à des pseudo-particules, conférant à l'espace une structure discrète et énergétiquement modulable. La gravitation devient alors l'expression quantifiée de cette structure, au prix toutefois d'une mise à l'écart explicite des trois interactions fondamentales décrites par le modèle standard.

La quantification de l'espace sous la forme d'unités élémentaires indivisibles, non directement observées mais supposées capables d'interagir avec la matière, soulève de nombreuses interrogations. Cette hypothèse conduit néanmoins, comme développé ici, à envisager un Univers globalement fini, et n'exclut pas l'existence de régions ou de composantes de l'espace-temps associées à l'antimatière.

La gravitation quantique à boucles repose principalement sur une construction mathématique et sur des considérations statistiques. Son caractère fortement contre-intuitif conduit à s'interroger sur son statut : constitue-t-elle une théorie physique pleinement étayée ou un cadre formel exploratoire ? Cette approche est notamment dérivée d'une équation de champ particulière, l'équation de Wheeler–DeWitt, qui cherche à unifier la mécanique quantique et la relativité générale en éliminant explicitement la notion de temps tout en redéfinissant celle d'espace. La complexité de cette

261

formulation rend son interprétation délicate et sa validation expérimentale particulièrement difficile.

Dans la perspective développée ici, l'intégration, aux propriétés classiques des particules — telles que la masse ou la charge — d'interactions discrètes gouvernées par une symétrie quantique opposée pourrait permettre de rendre compte des phénomènes gravitationnels sans recourir à ce type d'équation de champ globale. Une telle approche viserait à réconcilier les descriptions quantiques et relativistes à partir de mécanismes interactionnels locaux, tout en conservant une continuité avec les phénomènes observables.

XVIII <u>Unir la gravitation aux 3 forces fondamentales</u>
(Pari ou défi ?)

Ce chapitre aborde des notions susceptibles de susciter des difficultés de lecture en raison de leur niveau d'abstraction et de la complexité des idées mobilisées. Il convient donc d'en préciser explicitement les hypothèses et les enchaînements logiques.

Les atomes stables, qu'ils soient légers ou lourds, présentent une neutralité électrique globale. Cette neutralité résulte de l'équilibre entre un noyau atomique globalement chargé positivement et un cortège d'électrons de charge négative. Dans l'hypothèse développée ici, le noyau atomique est considéré comme le siège effectif de la gravitation. En l'absence d'électrons assurant un rôle d'écran et de médiation, les noyaux atomiques se repousseraient mutuellement du fait de leurs charges positives. Les électrons, liés aux noyaux par interaction électromagnétique, interviennent ainsi comme des éléments régulateurs dans les interactions interatomiques.

Les électrons sont attirés par les noyaux en raison de leur charge opposée et peuvent absorber l'énergie apportée par les photons, ce qui conditionne leur état énergétique. Leur mouvement orbital n'est pas à interpréter comme une trajectoire classique, mais comme une manifestation de leur inertie quantifiée, qui les maintient à une distance moyenne du noyau compatible avec l'équilibre de l'atome. Cette configuration n'est pas figée : les électrons peuvent, dans certaines conditions, être transférés d'un noyau à un autre, ce qui fonde les phénomènes de liaison chimique. En l'absence de conditions d'équilibre adéquates, un électron ne peut se maintenir durablement au sein d'un système moléculaire.

Dans les interactions entre noyaux et électrons, les grandeurs dynamiques des particules (vitesse, orientation du moment cinétique, orbitales, spin) sont continuellement ajustées. Ce réglage permanent, analogue à un système dynamique auto-stabilisé, assure la cohésion des atomes et leur capacité à s'assembler en structures moléculaires stables. Il ne s'agit pas pour autant d'un comportement intentionnel ou réfléchi de la matière, mais d'un jeu d'influences réciproques régi par les lois des interactions fondamentales. Tout déséquilibre tend à être compensé par les mécanismes d'interaction disponibles, notamment par l'interaction faible dans certains processus de réajustement.

263

Le modèle cosmologique actuellement admis repose sur l'existence de quatre types fondamentaux d'interactions, distincts par leur portée et leur intensité, mais possiblement reliés par une structure commune.

<u>L'interaction nucléaire forte</u>, la plus intense connue à ce jour, présente des caractéristiques attractives qui évoquent, par analogie, certains effets de la gravitation, bien qu'elle s'exerce exclusivement à l'échelle du noyau atomique. De portée extrêmement courte, elle agit principalement entre les constituants élémentaires du noyau. Cette interaction, bien que distincte de l'interaction électromagnétique, présente des similitudes formelles suffisantes pour suggérer l'existence de propriétés partagées, hypothèse qui sera discutée ultérieurement.

L'interaction forte assure la cohésion des quarks au sein des nucléons, où ils sont regroupés de manière stable par trois. Elle est décrite, dans le modèle théorique actuel, par l'échange de gluons, entités sans masse ni charge électrique, introduites comme médiateurs indispensables à la modélisation de ce phénomène. Les quarks assemblés en baryons forment ainsi une structure indissociable : toute tentative d'isoler un quark entraîne une réorganisation immédiate du système sous l'effet de l'interaction forte, empêchant son existence libre.

À l'échelle des très hautes énergies, au-delà des limites définies par les conditions de Planck, les processus primordiaux ayant jalonné l'évolution de l'Univers ont conduit à la différenciation progressive de quatre interactions fondamentales : l'interaction électromagnétique, responsable des phénomènes liés aux charges électriques ; l'interaction forte, garantissant la stabilité relative des noyaux ; l'interaction faible, intervenant dans les processus de transformation nucléaire ; et l'interaction gravitationnelle, gouvernant l'attraction des masses à grande échelle. Il demeure toutefois légitime de s'interroger sur l'existence d'un lien profond entre ces interactions, envisagées comme des manifestations différenciées d'une dynamique sous-jacente commune.

Dans cette perspective spéculative, le gluon pourrait être interprété comme une expression de l'interaction électromagnétique dépourvue de tout référentiel spatio-temporel classique, confinée à l'intérieur des hadrons et aux interactions entre leurs constituants. À l'instar du photon, le gluon ne possède pas d'antiparticule, ce qui serait cohérent si l'on considère qu'il représente une forme interne et neutralisée de l'interaction

264

électromagnétique, assurant la cohésion du noyau tout en participant indirectement à la neutralité globale de l'atome.

Une question fondamentale demeure : pourquoi les quarks n'acquièrent-ils une existence stable que lorsqu'ils sont assemblés par trois au sein d'un nucléon ? Toute tentative de séparation conduit à une contrainte imposée par l'interaction forte, qui restaure immédiatement une configuration liée. On peut alors formuler l'hypothèse que la présence effective ou virtuelle d'antiquarks, et une forme de perméabilité osmotique aux ondes électromagnétiques entre matière et antimatière, participeraient à l'émergence de l'interaction forte.

En chromodynamique quantique, les quarks sont dotés de propriétés supplémentaires, dites « couleurs », introduites pour formaliser leur complémentarité et la stabilité de leurs assemblages. La combinaison de ces couleurs et des charges électriques rend les quarks pratiquement indissociables au sein d'un nucléon. Rien n'interdit, d'envisager une multiplicité étendue de ces propriétés internes, enrichissant le spectre des particules connues. Si l'on applique un raisonnement symétrique aux antiparticules, dotées d'anti-couleurs, la superposition des deux symétries conduirait à un état globalement neutre, ou « incolore », traduisant une forme d'équilibre fondamental entre matière et antimatière (*pour rester sur cette image « riche en couleur)*.

L'interaction faible intervient à différents niveaux de l'organisation de la matière en modifiant certaines propriétés intrinsèques des quarks. Elle se manifeste sous forme de processus localisés, qui peuvent être interprétés comme des mécanismes de réajustement d'instabilités apparaissant dans l'équilibre atomique, équilibre qui est habituellement assuré par l'interaction électromagnétique. À certains niveaux d'énergie, l'interaction faible et l'interaction électromagnétique cessent d'être distinguables et se décrivent alors au sein d'une force unifiée, celle de l'interaction électrofaible. Cette convergence suggère une continuité entre les forces fondamentales, analogue à celle qui est postulée ici entre l'électromagnétisme et l'interaction forte.

L'interaction faible est principalement responsable des transformations nucléaires au cours desquelles un neutron est converti en proton, ou

265

inversement. Sa portée et son intensité dépendent de la nature des noyaux concernés, et donc indirectement de leur masse et de leur structure interne. Les phénomènes de fission et de fusion nucléaire conduisent ainsi à la désintégration ou à la recomposition d'atomes, dont la cohésion est classiquement attribuée à l'interaction forte. Dans l'hypothèse développée ici, cette interaction forte est interprétée comme la résultante d'interactions électromagnétiques internes, conférant au noyau atomique sa stabilité.

Les électrons, en quittant temporairement les atomes qui les ont captés, assurent les liaisons de voisinage entre atomes, permettant la formation des molécules. Toutefois, lorsque des électrons sont arrachés à un atome à la suite de collisions avec des particules libres, notamment issues de la radioactivité alpha, la neutralité électrique de l'atome est rompue. La perte d'un électron, non compensée par la perte d'un proton, rend alors l'atome instable. Un état comparable apparaît lorsque, au sein du noyau, un proton se transforme en neutron à la suite de la capture d'un électron, phénomène associé à la radioactivité bêta. Dans ces deux situations, l'atome est dit ionisé. L'interaction faible intervient alors comme un mécanisme correctif, opérant par le biais des processus radioactifs afin de restaurer certaines instabilités de charge que l'électromagnétisme ne compense pas directement.

La cohésion entre protons et neutrons au sein du noyau peut être perturbée et rétablie selon plusieurs mécanismes.

Dans le cas de la fission ou de la scission nucléaire, plusieurs processus sont observés :

- Lorsqu'un neutron est libéré du noyau, il se désintègre en un proton, un électron et un antineutrino selon un processus de désintégration bêta. Le rayonnement β correspond alors à un flux de charges négatives constitué d'électrons, traduisant une conversion entre symétries opposées.
- Lorsqu'un noyau lourd devient instable, il peut se scinder en noyaux plus légers et plus stables, tels que le noyau d'hélium composé de deux protons et de deux neutrons. Ce processus correspond à la désintégration alpha, et le rayonnement α est alors un flux de charges positives constitué d'ions lourds.
- Enfin, l'excès d'énergie libéré lors de ces désintégrations est fréquemment évacué sous forme de photons de très haute énergie,

correspondant au rayonnement gamma, de nature purement électromagnétique, dépourvue de masse et de charge.

À l'inverse, les processus de fusion nucléaire consistent en l'assemblage de noyaux légers. Dans les étoiles, des noyaux d'hydrogène fusionnent pour former du deutérium, lequel participe ensuite à la formation de noyaux d'hélium et d'éléments plus lourds. La maîtrise de la fusion nucléaire offrirait une source d'énergie abondante et faiblement polluante, en dehors des contraintes liées à la capture de neutrons par les structures environnantes. La difficulté majeure réside dans l'initiation et le maintien de la fusion de noyaux de deutérium et de tritium au sein d'un plasma confiné par de puissants champs magnétiques, sous des conditions extrêmes de température et de pression, de l'ordre de cent cinquante millions de degrés. À ce jour, aucun autre procédé que le confinement magnétique ne permet d'envisager un tel contrôle. Le défi technologique consiste alors à concevoir des matériaux et des systèmes de refroidissement capables de préserver durablement l'intégrité des infrastructures. Le projet ITER s'inscrit dans cette perspective ambitieuse et pourrait constituer, s'il aboutit, une étape déterminante dans l'histoire énergétique et technologique de l'humanité. Il resterait toutefois à en rationaliser les coûts, à maîtriser les effets thermiques globaux et à gérer le remplacement et la dépollution des enceintes irradiées.

L'humanité sait aujourd'hui exploiter l'énergie issue de la fission nucléaire et envisage sérieusement celle issue de la fusion. On peut dès lors s'interroger sur la possibilité théorique d'exploiter l'énergie résultant de la coalescence ou de la désintégration matière–antimatière. Si une telle perspective n'est pas interdite par les principes fondamentaux connus, ses modalités pratiques de mise en œuvre demeurent, à l'heure actuelle, hors de portée technologique.

Les médiateurs de l'interaction faible sont des bosons massifs, notés W et Z, dont l'existence est liée à la nature même de cette interaction. Leur rôle est principalement de permettre une description quantifiée et cohérente des processus impliqués. Ces particules vectrices adopteraient les états quantiques les plus favorables à leur interaction avec l'ensemble des particules concernées.

267

Il apparaît que l'interaction faible agit préférentiellement sur les particules dites gauches et, de manière corrélée, sur les antiparticules dites droites. La symétrie CP, associée à une invariance par inversion miroir et conjugaison de charge, n'est donc pas strictement conservée dans ce type d'interaction, notamment lorsque des antineutrinos sont impliqués. Cette violation de symétrie peut être interprétée comme la conséquence d'une chiralité fondamentale gouvernant l'interaction faible.

L'interaction électromagnétique se manifeste de façon particulièrement évidente à l'échelle atomique. Elle regroupe l'ensemble des interactions nécessaires à l'équilibre des charges électriques entre particules. Bien que de portée relativement courte, ses effets confèrent à l'atome et à la matière une stabilité durable. La gravitation, quant à elle, prolongerait ces effets sans limitation de portée, en s'exerçant de manière continue à grande échelle. Dans l'hypothèse développée ici, l'atome constituerait le point d'origine de la gravitation, même si les ondes électromagnétiques ne possèdent pas de masse gravitationnelle. En arbitrant les interactions de charge à l'origine présumée de la gravitation, l'électromagnétisme permettrait ainsi d'envisager un modèle unificateur reliant la physique quantique à la physique relativiste classique.

Le médiateur de l'interaction électromagnétique est le photon, quantum de lumière sans masse ni charge, ce qui lui permet d'assurer des échanges neutres entre particules et antiparticules. La symétrie entre ces dernières jouerait un rôle déterminant dans l'origine des charges électriques portées par les particules massives.

Les photons issus de l'annihilation d'une paire électron–positon peuvent, dans des conditions appropriées, être reconvertis en cette même paire de particules. Dans l'Univers primordial, ces processus correspondaient à des niveaux d'énergie considérablement plus élevés que ceux associés aux photons appauvris de l'Univers actuel. Bien que l'interaction électromagnétique soit de nature quantique, ses implications relativistes suggèrent qu'elle puisse être associée aux effets gravitationnels. Les liaisons covalentes, résultant des transferts d'électrons entre atomes, permettent l'assemblage de la matière sous forme moléculaire. Les interactions entre

268

électrons et champs magnétiques qui en découlent pourraient ainsi contribuer indirectement aux effets gravitationnels, lesquels se traduisent par une dilatation du temps et une contraction des longueurs, conduisant au rapprochement apparent des objets distants.

Enfin, on peut formuler l'hypothèse qu'une antimatière potentielle, non directement observable, interagit avec la matière ordinaire. Cette interaction supposerait l'existence d'une symétrie chirale discrète, relevant d'une superposition d'états de la matière dans une dimension spatio-temporelle parallèle, décalée mais indissociable de notre réalité observable. Toute interaction impliquant des échanges d'énergie et de charge entre particules, antiparticules et symétries quantiques, ces processus pourraient modifier la topologie de l'espace dit vide. Les interactions quantiques de charge entre ces symétries, bien qu'inaccessibles à l'observation directe, pourraient ainsi participer aux mécanismes responsables du rapprochement gravitationnel des corps.

L'interaction gravitationnelle, comme cela a été exposé précédemment, se manifeste par une déformation de l'espace et agit sans limitation de portée, conférant à l'Univers une topologie dynamique et évolutive. La distribution de la matière dans l'espace, en fonction des masses en présence et des distances qui les séparent, détermine l'intensité locale des effets gravitationnels. À l'échelle des atomes et des molécules, ces effets sont négligeables et demeurent pratiquement indétectables. La gravitation devient en revanche manifeste à l'échelle des objets astrophysiques. Toutefois, elle ne saurait être considérée comme un phénomène exclusivement macroscopique : des processus de rapprochement et de structuration de la matière se produisent à toutes les échelles.

Ainsi, dans l'Univers primordial, des nuages d'atomes d'hydrogène et d'ions, correspondant aux régions HI et HII, ont évolué vers des structures moléculaires plus complexes. Cette évolution s'explique par le partage des électrons entre plusieurs noyaux, phénomène par lequel les champs électroniques assurent les liaisons interatomiques et l'assemblage progressif des molécules. Ces interactions de transfert et d'équilibrage de charges relèvent de l'interaction électromagnétique, laquelle rejoint l'interaction faible à très haute énergie réalisant ainsi l'unification électrofaible.

269

La fusion nucléaire, en augmentant le nombre de nucléons dans les noyaux atomiques, accroît la masse de ces derniers et, par voie de conséquence, le nombre d'électrons associés à l'atome. Ce processus contribue à la densification progressive de la matière et au regroupement de structures de plus en plus massives. Il devient alors possible de rendre compte de la formation d'objets stellaires de masse croissante, tels que les étoiles et les planètes, dont l'évolution ultime peut conduire, pour les plus massifs, à la formation de trous noirs. Dans cette perspective, la gravitation pourrait être interprétée comme un mécanisme émergent, d'origine quantique, découlant fondamentalement des interactions électromagnétiques.

La mécanique quantique remet profondément en question les intuitions classiques. Avant toute mesure, une particule est décrite par une fonction d'onde représentant une superposition d'états possibles. Toute modification de l'état quantique d'une particule peut affecter instantanément les propriétés d'autres particules avec lesquelles elle a partagé une histoire commune, ces particules demeurant intriquées au sein d'un même système quantique. Deux particules issues d'un même processus de scission, qu'il soit récent ou ancien, peuvent ainsi conserver des états corrélés indépendamment de la distance qui les sépare. Par ailleurs, l'état quantique d'une particule n'est pas défini de manière intrinsèque avant l'acte de mesure, et peut correspondre à plusieurs valeurs potentielles, la mesure sélectionnant un état compatible avec le contexte expérimental et l'interprétation de l'observateur.

Sur la base de ces principes, considérons deux objets célestes éloignés l'un de l'autre. Comme les atomes qui les constituent, ces corps sont globalement neutres sur le plan électrique, bien qu'ils soient composés de particules élémentaires porteuses de charges positives et négatives en proportions égales. Supposons maintenant que ces deux corps massifs, notés A et B, partagent des particules demeurées intriquées malgré leur séparation spatiale. Une telle situation n'est pas exceptionnelle en dynamique quantique. **Une particule X appartenant au corps A, dont l'état est corrélé à celui d'une particule Y du corps B, pourrait alors se trouver engagée dans des interactions électromagnétiques avec des particules du corps B présentant des charges opposées. Réciproquement, la particule Y partagerait les propriétés et les interactions de la particule X au sein du corps A.**

La gravitation ne se présente pas nécessairement comme une force propagée par un échange de particules au sens classique, même si l'on est tenté d'introduire un boson médiateur pour en rendre compte. Les effets gravitationnels des corps massifs modifient la géométrie de l'espace, ce qui influe sur la propagation des ondes électromagnétiques et génère des fronts de déformation perçus comme des ondulations de l'espace-temps. Ce phénomène peut donner l'illusion de l'existence d'ondes gravitationnelles analogues aux ondes électromagnétiques, ainsi que celle d'une particule associée, sur le modèle du photon.

C'est dans cette logique qu'a été proposé l'idée de graviton, conçu comme le boson vecteur de l'interaction gravitationnelle. Toutefois, son introduction repose davantage sur une analogie formelle que sur une validation expérimentale, et son existence demeure hautement spéculative.

L'architecture globale de l'Univers semble reposer principalement sur la présence des ondes électromagnétiques et sur le rôle de cette énergie cinétique transportée par des particules sans masse, les photons. En interagissant avec la matière, ces ondes participent à une évolution progressive vers des états de concentration accrue de la matière. Les ondes électromagnétiques régulent, à l'équilibre, les interactions de charge qui assurent la stabilité relative des atomes, des molécules et des structures stellaires. Toutefois, en s'associant de manière interactive à la matière constituée, elles réduisent localement l'énergie disponible du vide. Il en résulte des régions d'espace-temps plus ou moins dépressionnaires, donnant l'impression d'une courbure des trajectoires suivies par les ondes et les corps matériels. Cette interprétation peut être comprise comme un effet géométrique émergent, difficile à distinguer d'un effet de force au sens classique.

Dans cette optique, l'interaction forte, souvent rapprochée de l'interaction électromagnétique par certaines de ses propriétés, pourrait elle-même relever d'interactions de charge entre quarks, ainsi qu'entre protons et neutrons. Les gluons, introduits comme agents de cohésion des noyaux atomiques, deviendraient alors des constructions théoriques superflues. Les effets gravitationnels et l'interaction forte apparaîtraient dès lors comme des manifestations secondaires de l'électromagnétisme, de la même manière que l'interaction faible est déjà intégrée dans l'idée de force électrofaible. La gravitation ne serait ainsi pas une force fondamentale au sens strict, mais la résultante collective d'interactions électromagnétiques modifiant localement l'énergie du vide et la géométrie de l'espace-temps.

La densité énergétique de l'espace peut être décrite comme présentant des variations locales, perceptibles par un observateur distant sous la forme de déformations. Cette description dépend toutefois du point de vue adopté. En relativité générale, toute contraction de l'espace s'accompagne d'une dilatation corrélative du temps. Pour un observateur situé localement dans la région concernée, ces effets se compensent de telle sorte que les lois physiques et les mesures locales demeurent inchangées. Dès lors, la question se pose de savoir s'il est rigoureusement pertinent de qualifier ces phénomènes d'ondes gravitationnelles.

Ce que l'on désigne couramment sous le terme d'ondes gravitationnelles peut être décrit plus précisément comme des déformations dynamiques de l'espace-temps, perçues sous forme d'ondulations géométriques. Les effets gravitationnels associés à un corps massif conduisent, du point de vue d'un observateur éloigné, à une contraction apparente des distances. Toutefois, cette contraction est indissociable d'un ralentissement du temps, de sorte que le rapport entre distance parcourue et durée mesurée demeure invariant.

Les émissions d'ondes électromagnétiques très énergétiques produites lors d'événements astrophysiques extrêmes, tels que les supernovæ, les fusions d'étoiles à neutrons ou de trous noirs, ont contribué à imaginer l'existence d'ondes gravitationnelles. Dans cette interprétation, il s'agirait en réalité d'ondulations marquées de l'espace-temps, assimilables à des perturbations isobariques, qui accompagnent les événements cataclysmiques et influencent les trajectoires des ondes électromagnétiques associées.

272

En se propageant à travers l'Univers, ces perturbations de l'espace-temps interfèrent entre elles et modifient localement la propagation des ondes électromagnétiques. Les sursauts gamma observés lors de phénomènes violents ont ainsi pu suggérer l'existence d'un rayonnement gravitationnel spécifique. Toutefois, les déformations gravitationnelles de l'espace-temps, qui constituent le cœur de la relativité générale, ne sont ni réfléchies ni absorbées par la matière de la même manière que les ondes électromagnétiques. Elles ne présentent donc pas nécessairement les caractéristiques ondulatoires classiques définies par une fréquence ou une longueur d'onde, ce qui rend leur assimilation directe aux ondes électromagnétiques discutable.

Une constante universelle, notée G, est introduite afin de quantifier l'intensité de l'interaction gravitationnelle en fonction du produit des masses et de l'inverse du carré des distances. Cette formulation reste toutefois une approximation, dans la mesure où elle ne peut intégrer l'ensemble des contributions gravitationnelles incidentes dues à la présence de tous les corps, proches ou lointains, qui agissent simultanément. Ces influences concurrentes ne peuvent être rigoureusement prises en compte, de sorte que les résultats obtenus, bien que significatifs, demeurent nécessairement approximatifs, en particulier pour les systèmes très étendus.

À partir des atomes d'hydrogène, produits majoritairement lors de la nucléosynthèse primordiale, et de l'hélium stable, les réactions thermonucléaires ont progressivement engendré des éléments plus lourds. Cette évolution chimique et nucléaire a créé les conditions d'une dynamique cosmique globale, dont la gravitation constitue l'expression macroscopique.

Lorsqu'un objet est lâché depuis une certaine hauteur, il tombe vers le sol. Cette chute peut être interprétée comme une diminution progressive de la distance séparant l'objet de la surface terrestre. En l'absence d'atmosphère, ce mouvement ne serait pas freiné. Un observateur immobile à la surface du sol ne chute pas, mais ressent en revanche une force dirigée vers le bas, équivalente à une accélération constante. Cette situation est analogue à celle d'un observateur situé dans un référentiel en accélération uniforme, comme à l'intérieur d'un véhicule spatial en propulsion constante. On peut alors considérer que le sol et l'objet lâché tendent à se rapprocher mutuellement, ce rapprochement étant interprétable comme une

273

*dynamique de concentration ou de densification de la matière à l'échelle
planétaire. Ce phénomène, valable en tout point de la surface terrestre, peut
être compris comme une manifestation locale des processus globaux de
structuration de la matière.*

Le modèle standard de la physique repose sur l'identification de quatre
interactions fondamentales. Cette classification, bien que cohérente et
opérationnelle, peut néanmoins être questionnée quant à son caractère
fondamental ou arbitraire. La principale difficulté réside dans l'absence
apparente de lien direct entre la gravitation et les trois autres interactions.
Cette situation change toutefois si l'on adopte l'hypothèse selon laquelle une
symétrie quantique plus profonde permettrait de requalifier la gravitation, et
si l'on considère que l'interaction forte, interprétée ici comme une
émanation de l'interaction électromagnétique, initie les premiers effets
gravitationnels associés aux corps matériels.

Chercher à intégrer la gravitation comme une quatrième force au sein d'une
théorie unifiée peut conduire à une certaine confusion. La gravitation ne
correspond pas à une force au sens usuel, mais à une dynamique de l'espace-
temps lui-même. Sous cet angle, les descriptions issues de la relativité
générale et celles de la physique quantique trouvent un point de
convergence.

La diversité apparente des interactions fondamentales pourrait résulter
d'une symétrie brisée associée à une chiralité fondamentale. Cette rupture
de symétrie se traduirait par la diversité des propriétés observées — masse,
charge, spin, couleur, dynamique — et par la complexité des interactions,
ainsi que par la multiplicité des entités particulaires recensées. Dans une
perspective ultime, un état d'effondrement final pourrait effacer ces
disparités.

L'interaction électromagnétique et la gravitation partagent la propriété que
leurs effets décroissent avec l'inverse du carré de la distance. Leur
différence essentielle réside dans l'échelle à laquelle elles s'exercent et dans
le fait que la gravitation modifie la géométrie de l'espace-temps, ce qui
impose de redéfinir les distances et l'écoulement du temps par changement
de coordonnées.

La distinction entre champ électromagnétique et champ gravitationnel pourrait alors être en partie formelle. Le champ électromagnétique décrit un espace où l'énergie cinétique peut s'échanger avec la matière, et se manifeste par des ondes en interférence dans un régime dispersif complexe. Le champ gravitationnel, quant à lui, décrit un espace où l'énergie tend à être absorbée par la matière, conférant à l'Univers une topographie dynamique qui façonne les champs d'énergie associés à l'espace dit vide.

À des températures supérieures à 10^{31} K, telles que celles qui caractérisaient l'Univers primordial, les interactions électromagnétique, forte et faible ne se distinguaient pas de manière significative. Les forces nucléaires et les effets gravitationnels auraient émergé progressivement avec la formation des premières excitations quantiques constituant la matière. Les interactions nucléaires se seraient manifestées lors de la nucléosynthèse primordiale, tandis que les effets gravitationnels deviendraient observables avec l'assemblage des premières structures moléculaires.

Dans cette perspective, la gravitation apparaît comme un phénomène incident, émergent des premiers processus d'effondrement localisés de l'hydrogène ionisé, des isotopes de l'hydrogène et des électrons libres. Ce processus lent et continu, guidé par l'interaction électromagnétique, est à l'origine de la matière structurée. Il conduit à la formation des molécules, puis des objets stellaires, des planètes et des étoiles. Bien que clairement perceptible à l'échelle macroscopique, la gravitation serait ainsi l'expression transposée des interactions quantiques de charge, sans lien direct immédiatement observable avec celles-ci.

Un champ gravitationnel peut être comparé, par analogie, à certains phénomènes dynamiques observés en atmosphère, dans lesquels la formation de zones de pression élevée induit, par compensation, des régions de pression plus faible. Cette analogie suggère que la distribution de l'énergie de masse dans l'Univers évolue selon une dynamique de concentration progressive. La matière tendrait ainsi à se regrouper et à se densifier, au détriment de régions de l'espace caractérisées par une énergie du vide de plus en plus faible. Dans cette perspective, l'antimatière, si elle existe sous une forme difficilement observable, participerait à cette dynamique globale et pourrait se manifester indirectement par des effets gravitationnels additionnels, aujourd'hui attribués à la matière noire.

275

Une autre interprétation retenue ici repose explicitement sur le rôle potentiel de l'antimatière. Sa présence « en miroir » de la matière ordinaire conduirait à distinguer la masse gravitationnelle, déduite des effets d'attraction mesurés, de la masse inertielle, définie comme la résistance d'un corps à l'accélération. À partir d'un certain seuil de densité de matière, la masse gravitationnelle effective pourrait ne plus croître proportionnellement à la masse inerte. Une telle dissociation contribuerait à expliquer l'anomalie observée dans les courbes de rotation des systèmes astrophysiques en rotation, notamment les galaxies et les amas galactiques, où les vitesses orbitales périphériques apparaissent supérieures aux prédictions issues de la dynamique newtonienne classique.

La théorie proposée par Milgrom, connue sous le nom de dynamique newtonienne modifiée, constitue également une alternative à l'hypothèse de la matière noire. Elle reprend, sous une autre forme, l'idée d'une modification des lois dynamiques à faible accélération, sans toutefois faire intervenir l'antimatière. L'absence de ce référent soulève néanmoins une difficulté: sans introduire une composante supplémentaire du contenu énergétique de l'Univers, il devient délicat de justifier une modification fondamentale de la relation entre masse et accélération, telle qu'elle est formulée dans la seconde loi de Newton.

Trois interactions fondamentales et leurs médiateurs

Dans le modèle standard, trois interactions sont décrites à l'aide de bosons médiateurs. Les photons assurent la description des interactions électromagnétiques. Les gluons, interprétés ici comme une forme particulière de l'interaction électromagnétique confinée au noyau atomique, rendent compte des interactions dites fortes. Les bosons W et Z interviennent dans les interactions faibles, leur masse importante traduisant l'inertie nécessaire à la gestion des processus de transformation nucléaire.

Ces bosons, également désignés comme vecteurs d'interaction, sont supposés être émis et absorbés par les fermions, c'est-à-dire les particules constitutives de la matière. Ils ne sont pas observés directement, mais constituent un outil adapté permettant de décrire les interactions autrement que par une action instantanée difficile à formaliser. Les fermions eux-mêmes ne sont accessibles à l'observation qu'à travers les effets mesurables

276

qui leur confèrent notamment une masse. En interagissant par l'émission ou l'absorption de bosons, les fermions acquièrent les variations de mouvement et les transformations que l'on observe expérimentalement.

Les bosons sont ainsi conçus comme des marqueurs des échanges entre fermions, classés en quarks et leptons. Toutefois, une question demeure ouverte : les bosons sont-ils des entités physiques fondamentales à l'origine des mouvements des fermions, ou bien des constructions théoriques introduites pour rendre compte d'interactions préexistantes entre ces fermions ? À l'échelle actuellement accessible, l'analyse s'arrête aux fermions, décrits comme des paquets d'ondes possiblement intriqués, sans qu'il soit possible d'en explorer la structure interne. L'hypothèse de sous-structures plus fondamentales, telles que les préons, reste purement spéculative et n'apporte, à ce stade, aucun éclairage supplémentaire sur la nature ultime de la matière.

Notre description du réel repose ainsi sur un ensemble de particules permettant de représenter des interactions autrement imperceptibles. Ces entités constituent un langage formel destiné à rendre intelligibles des phénomènes énergétiques et dynamiques sous-jacents.

Vers une unification par changement d'échelle

Les interactions électromagnétique et faible peuvent être corrélées au sein d'un cadre unifié. Bien que leurs médiateurs respectifs, photons et bosons W et Z, présentent des propriétés distinctes, cette distinction disparaît lorsque l'énergie atteint des valeurs supérieures à environ 100 GeV. Dans ce régime, les bosons W et Z perdent leur masse effective, convertie en énergie cinétique, et se comportent comme des excitations électromagnétiques. On parle alors d'interaction électrofaible.

Par analogie, il est proposé que la gravitation et l'interaction forte puissent relever d'un mécanisme commun. Gluons et gravitons constitueraient alors des habillages théoriques d'un même phénomène de rassemblement de la matière, issu d'échanges discrets entre deux symétries quantiques complémentaires de l'Univers. Cette interaction pourrait être qualifiée de dynamique « nucléo-gravitationnelle ». Toutefois, si l'on admet que l'interaction forte, tout comme la gravitation, est une manifestation émergente de l'interaction électromagnétique, la distinction entre ces forces devient essentiellement une question d'échelle.

L'hypothèse selon laquelle l'électromagnétisme, tel qu'il s'exerce au sein du noyau atomique, serait à l'origine de la gravitation, permettrait de réduire certaines incohérences du modèle standard. La matière ne peut persister et se structurer que dans un contexte d'équilibre global des charges. Les ondes électromagnétiques jouent un rôle central dans cet équilibre, en régulant et en neutralisant les interactions de charge à toutes les échelles.

En générant des courants électriques et des champs magnétiques, les ondes électromagnétiques suggèrent que l'interaction forte pourrait être interprétée comme une forme d'électrodynamique nucléaire indispensable à la stabilité des atomes. Par changement d'échelle, les effets gravitationnels pourraient alors être compris comme une électrodynamique cosmique, opérant sur des distances et des masses considérablement plus grandes.

La stabilité relative des noyaux atomiques pourrait ainsi être expliquée sans recourir nécessairement à l'hypothèse de bosons de liaison spécifiques, tels que les gluons. Bien que ces derniers soient postulés sous huit formes distinctes, ils n'ont jamais été observés directement. Dans une approche alternative où l'interaction forte est assimilée à l'interaction électromagnétique, la cohésion du noyau reposerait sur les interactions entre quarks de charges opposées mais globalement positives, confinés dans un volume stabilisé par une enveloppe d'électrons de charge négative.

Les neutrons, dont le nombre détermine l'isotopie et la stabilité relative des éléments chimiques, participeraient également à cette cohésion interne du noyau. Dans cette perspective, la structure nucléaire résulterait d'un équilibre dynamique d'interactions électromagnétiques internes, plutôt que de l'action d'une force fondamentale distincte.

1. Hypothèse de cohésion des quarks au sein du proton

On peut formuler l'hypothèse selon laquelle un proton serait décrit comme un système composite constitué de deux quarks *up* de charge électrique positive et d'un quark *down* de charge négative. Ces constituants posséderaient chacun un spin intrinsèque et participeraient à un état collectif baryonique résultant d'un mouvement interne non observable directement.

Dans cette représentation spéculative, les quarks ne seraient pas localisables selon des trajectoires définies, mais engagés dans une dynamique interne assimilable à une rotation virtuelle globale du système, sans référence explicite à un écoulement temporel mesurable à cette échelle. Il ne s'agirait donc pas d'un mouvement classique, mais d'un état quantique stationnaire caractérisé par des grandeurs conservées (spin total, charge, énergie), sans que le détail du mouvement interne puisse être observé ou décrit en termes orbitaux classiques.

2. Hypothèse de cohésion des quarks au sein du neutron

Sur un modèle analogue, le neutron peut être envisagé comme un système composé de deux quarks *down* de charge négative et d'un quark *up* de charge positive. Là encore, la cohésion du système serait assurée par une dynamique quantique interne non localisable, décrite par un état global baryonique, sans qu'il soit pertinent de parler de trajectoires individuelles ou de rotation classique.

Cette description reste volontairement qualitative et spéculative, et vise essentiellement à proposer une image cohérente du confinement des quarks, sans prétendre se substituer à la description formelle fournie par la chromodynamique quantique.

3. Hypothèse de cohésion entre protons et neutrons au sein du noyau

Les protons, porteurs d'une charge électrique positive, sont soumis à une répulsion électrostatique mutuelle. La présence de neutrons au sein du noyau atomique permet néanmoins la stabilité de l'ensemble nucléaire. Les neutrons, électriquement neutres, contribuent à la cohésion du noyau en

279

intervenant comme médiateurs des interactions nucléaires fortes, sans introduire de répulsion coulombienne supplémentaire.

On peut proposer une interprétation qualitative complémentaire, selon laquelle chaque électron d'un atome serait associé à un proton spécifique, participant ainsi à l'équilibre global des charges. Dans cette perspective spéculative, le proton associé à un électron donné serait statistiquement positionné, en moyenne, à l'opposé du centre du noyau par rapport à la région de probabilité maximale occupée par l'électron correspondant. La présence des neutrons ferait alors écran à l'attraction électrostatique directe entre ce proton et l'électron, contribuant indirectement à la stabilité nucléaire.

Cette description permettrait d'interpréter la différence de comportement observée entre l'atome d'hydrogène et les atomes plus complexes. Le noyau de l'hydrogène, constitué d'un unique proton et dépourvu de neutrons, ne bénéficie pas de ce mécanisme de médiation. Il en résulte une plus grande facilité de transition entre l'état fondamental et l'état ionisé, ce qui se manifeste astro-physiquement par la formation de régions d'hydrogène ionisé (régions H II). On peut également considérer que l'atome d'hydrogène présente une propension accrue à l'excitation et à l'établissement de liaisons, du fait de cette structure nucléaire minimale.

4. Fonction d'onde, localisation et stabilité de l'atome d'hydrogène

En mécanique quantique, l'électron est décrit par une fonction d'onde qui interdit toute localisation ponctuelle. Cette fonction d'onde s'étend sur l'ensemble de l'orbitale associée à l'état quantique considéré. En pratique, les équations exactes ne sont résolubles analytiquement que pour des systèmes à un seul électron, ce qui limite les descriptions mathématiques rigoureuses à l'atome d'hydrogène.

Compte tenu de la vitesse relativiste de l'électron et de la faible probabilité d'interaction directe avec le noyau, les collisions électron–noyau sont extrêmement rares. Lorsqu'un tel événement se produit, il peut correspondre à un processus de conversion impliquant l'interaction faible, modifiant temporairement la nature des particules en présence. Dans le cas de l'hydrogène, ces processus conduisent statistiquement à un retour à l'état initial, ce qui contribue à la remarquable stabilité de cet atome.

Il convient de rappeler que l'annihilation n'est possible qu'entre deux particules de propriétés opposées relevant de symétries conjuguées (matière/antimatière). Deux particules de même symétrie ne peuvent s'annihiler et ne font que diffuser ou échanger de l'énergie.

5. Primauté de l'aspect ondulatoire et dualité onde-corpuscule

L'Univers peut être envisagé comme fondamentalement ondulatoire, bien que notre description repose sur la dualité onde-corpuscule. Les ondes de grande longueur d'onde se manifestent clairement comme des phénomènes ondulatoires, tandis que les ondes de haute fréquence et de forte amplitude sont perçues, au plan observationnel, comme des entités corpusculaires.

Une particule massive peut ainsi être interprétée comme un paquet d'ondes fortement intriquées, de grande amplitude et de haute fréquence. Cette intrication rend l'aspect ondulatoire difficilement accessible à l'observation indirecte, ce qui explique la prédominance de la description corpusculaire dans le domaine macroscopique. C'est précisément cette nature ondulatoire sous-jacente qui permet à des particules telles que l'électron de présenter des phénomènes de diffraction, analogues à ceux observés pour les ondes électromagnétiques.

Cette interprétation rejoint l'hypothèse de l'onde associée formulée par **Louis de Broglie** et formalisée mathématiquement par la fonction d'onde introduite par **Erwin Schrödinger**.

6. Information quantique, observation et émergence de la réalité

La dualité onde-corpuscule traduit avant tout une limite de notre accès à l'information quantique. Confronté à un espace-temps relativiste et aux effets gravitationnels, l'observateur construit une réalité fondée exclusivement sur des informations mesurables, exprimées en termes de

281

position, de trajectoire et de durée. Cette construction est en tension avec les concepts de superposition, d'intrication et de non-localité.

L'information quantique décrivant les états possibles d'une particule élémentaire est à la fois locale et non locale. Cette propriété devient moins paradoxale si l'on considère la particule comme un paquet d'ondes intriquées, pour lequel les notions classiques d'espace et de temps ne sont pas pertinentes. En revanche, lorsqu'un grand nombre de particules s'assemblent en systèmes complexes (atomes, molécules, corps macroscopiques), l'information devient progressivement localisable et compatible avec une description causale classique.

7. Particule, mesure et rôle de l'observateur

On peut proposer, à titre heuristique, d'assimiler une particule à une cavité quantique fermée contenant une quantité finie d'énergie. Les ondes intriquées qui constituent cette énergie ne sont plus distinguables individuellement par leur fréquence ou leur amplitude. Lors de certaines interactions, notamment faibles, ce paquet peut se recomposer en plusieurs particules de moindre énergie, sans violation du principe de conservation de l'énergie.

La particule ne manifeste à l'observation qu'un état particulier, déterminé par un contexte expérimental donné. Les autres états potentiels demeurent inaccessibles. Toute mesure impose un cadre spatio-temporel qui est étranger à la description intrinsèque de la particule. Ainsi, la superposition d'états n'a pas d'équivalent direct dans le monde macroscopique, comme l'illustre la célèbre expérience de pensée du chat de Schrödinger.

Les procédures de mesure sélectionnent implicitement certaines propriétés (position, vitesse, spin), et l'observateur, par son interaction même avec le système, construit un environnement quantique spécifique. Il en résulte une réalité observée qui n'est pas indépendante du dispositif expérimental.

8. Limites cognitives et spéculation scientifique

282

Enfin, le temps, l'espace et la relativité ne se révèlent à nous que par des échanges observables et traçables. Dépourvu de repères intuitifs, l'esprit humain est peu adapté à une mécanique quantique fondamentalement non intuitive. Toute spéculation s'inscrit nécessairement dans un ensemble de réflexions hérité de notre condition biologique, de nos capacités cognitives limitées et de nos outils d'observation imparfaits.

Ces contraintes n'invalident pas l'effort théorique, mais rappellent que toute représentation de la mécanique quantique demeure une construction partielle, dépendante de notre position d'observateurs situés, et soumise à des limites structurelles encore largement incomprises.

----

1. Description probabiliste des particules et portée de la fonction d'onde

La description précise du comportement d'une particule élémentaire constitue une difficulté fondamentale. En l'absence d'une trajectoire définissable au sens classique, la mécanique quantique recourt à la fonction d'onde, qui fournit une représentation mathématique d'un état quantique assimilable à un paquet d'ondes. Cette représentation ne décrit pas une réalité déterministe, mais un ensemble d'états possibles, chacun étant affecté d'une probabilité.

La fonction d'onde issue de l'équation de **Erwin Schrödinger** s'applique à des particules de matière non relativistes et rend compte de leur évolution temporelle en termes probabilistes. Par commodité, on peut associer à une particule une longueur d'onde caractéristique moyenne, bien que celle-ci ne corresponde pas à une onde monochromatique unique.

Cependant, cette approche rencontre une limite fondamentale : lorsque la masse et la vitesse d'un corps augmentent — autrement dit lorsque son énergie totale devient importante — la longueur d'onde associée décroît fortement. Dans ce régime, l'aspect ondulatoire devient inobservable. Pour un corps macroscopique, la multiplicité des mouvements internes et la superposition de longueurs d'onde extrêmement courtes rendent toute description ondulatoire impraticable. Il en résulte que, à l'échelle macroscopique, la superposition d'états et l'interprétation probabiliste peuvent être négligées, ce qui explique la difficulté lorsqu'on tente de relier la mécanique quantique à notre expérience quotidienne.

2. Hypothèse d'un univers fondamentalement ondulatoire

L'effet de masse conférant à la matière un aspect corpusculaire masquerait un univers fondamentalement constitué d'ondes sous différentes formes : ondes électromagnétiques « libres », paquets d'ondes intriquées correspondant aux particules, assemblages de ces paquets dans des configurations stables de charge (atomes), puis structures moléculaires plus complexes.

Cette perspective éclaire la relation masse-énergie formulée par **Albert Einstein**, dans laquelle la vitesse de la lumière intervient comme constante fondamentale, caractéristique de l'énergie cinétique portée par les ondes électromagnétiques en espace libre.

L'énergie totale d'un corps en mouvement peut être interprétée comme la somme de plusieurs contributions :

- l'énergie cinétique confinée sous forme de paquets d'ondes intriquées, correspondant aux particules constitutives du corps au repos ;
- l'énergie cinétique associée à la vitesse de déplacement du corps et à ses mouvements internes ;
- l'énergie de liaison assurant la cohésion du système, à laquelle participeraient les ondes électromagnétiques, interprétées ici comme une composante active de l'énergie du vide.

3. Masse, rayonnement et énergie

L'énergie cinétique croît comme le carré de la vitesse : doubler la vitesse d'un corps revient à multiplier par quatre son énergie cinétique, et donc sa masse relativiste. Dans cette perspective, masse et rayonnement apparaissent comme deux expressions transposables d'un même contenu énergétique.

L'énergie demeure cependant un concept abstrait, protéiforme et non directement observable. Elle ne se manifeste qu'à travers l'état particulier sous lequel elle est révélée par un dispositif expérimental ou un contexte d'interaction donné.

Les variations d'énergie observées lors des transitions électroniques — souvent décrites comme des sauts d'orbitales — peuvent être interprétées comme résultant de variations de la distribution de charge et de la structure interne du noyau. Ces phénomènes reflètent des équilibres dynamiques plutôt que des mouvements orbitaux au sens classique.

4. Rôle des neutrons et limites de la description classique

Les neutrons possèdent un moment magnétique non nul, associé à une structure interne complexe, ainsi qu'une masse légèrement supérieure à celle des protons. Leur neutralité électrique et leur capacité d'agrégation en font des constituants essentiels de la stabilité nucléaire. En participant aux interactions nucléaires, ils assurent la cohésion du noyau, notamment dans les noyaux complexes tels que celui du lithium.

À cette échelle, la physique classique semble inopérante. Les notions d'espace et de temps ne peuvent être mobilisées de manière intuitive pour décrire les processus internes aux nucléons. Il est toutefois remarquable que les grandeurs énergétiques utilisées pour caractériser ces systèmes (joule, électronvolt) demeurent définies par rapport à une unité de temps. Ce recours au temps constitue un artifice mathématique indispensable à la formalisation, mais il introduit un caractère seulement apparent de relativité dans la mécanique quantique.

5. Électrons, champs électromagnétiques et stabilité de la matière

L'électron peut être décrit comme l'expression quantifiée de flux électriques fermés associés au noyau atomique. Ces flux engendrent des champs magnétiques dont l'intensité dépend à la fois de l'énergie nucléaire et de celle impliquée dans les liaisons chimiques. Ces champs contribuent à la stabilité des atomes et à la cohésion des molécules.

Selon la robustesse de l'équilibre de charge ainsi réalisé, certains atomes présentent une grande stabilité (comme l'hydrogène ou le fer), tandis que d'autres, tels que l'uranium, sont intrinsèquement instables.

Les électrons excités par interaction avec des photons jouent un rôle central dans l'édification de la matière atomique et moléculaire. Les liaisons chimiques résultent de la mise en commun ou de l'échange d'électrons entre atomes, comme l'illustre la formation de molécules simples telles que le chlorure de méthyle. Les associations homogènes de molécules compatibles sont généralement stables, tandis que les associations hétérogènes reposent sur des interactions non covalentes de faible intensité (interactions électrostatiques, liaisons hydrogène ou halogène).

6. Vers une unification électromagnétique des interactions

Si l'on admet que la force nucléaire forte peut être interprétée, dans une approche spéculative, comme une manifestation complexe d'interactions électromagnétiques de charge, il devient envisageable d'étendre ce raisonnement à la gravitation, sans contrevenir formellement à la relativité générale. Gravitation et électromagnétisme partagent en effet une dépendance inversement proportionnelle au carré de la distance.

Dans cette perspective, la gravitation, dominante à grande échelle, prendrait le relais d'une force électromagnétique qui se manifeste principalement à l'échelle subatomique et qui est rapidement neutralisée par les équilibres de charge. Bien que considérablement plus faible, la gravitation pourrait alors être interprétée comme une conséquence à portée illimitée de l'électromagnétisme.

7. Rôle des ondes électromagnétiques et statut des bosons

Les ondes électromagnétiques, qui constitueraient l'essentiel de ce que l'on appelle le vide autour de la matière, pourraient interagir avec les particules selon plusieurs modalités :

- en contribuant à la force nucléaire forte, représentée dans le modèle standard par le gluon ;
- en intervenant dans la force nucléaire faible, médiatisée par les bosons W et Z, lesquels se confondent avec l'électromagnétisme à haute énergie en réalisant l'interaction électrofaible.

On peut aussi considérer que ces bosons que nous associons à des interactions nucléaires, n'ont d'autre réalité que d'habiller des phénomènes que nous sommes en mal d'interpréter autrement.

Les ondes électromagnétiques interagiraient de manière symétrique avec la matière et l'antimatière. En l'absence de photons, aucune interaction entre symétries quantiques ne serait possible. Le rayonnement électromagnétique apparaîtrait ainsi comme le vecteur énergétique fondamental, omniprésent et intemporel, qui structure l'évolution de l'Univers.

L'électromagnétisme se présenterait donc comme la force fondamentale unique, les autres interactions n'en constituant que des manifestations dérivées à différentes échelles d'énergie et d'organisation.

Approche ondulatoire de la gravitation fondée sur la dualité onde-corpuscule

En mécanique quantique, toute entité matérielle — particule élémentaire, atome ou molécule — peut être décrite à l'aide de fonctions d'onde. La matière organisée résulte alors de la superposition et de l'interférence de ces ondes à différentes échelles. Dans les systèmes liés, ces interférences sont majoritairement constructives, ce qui favorise la stabilisation et la concentration d'énergie.

287

Plus un objet est massif, plus le nombre d'ondes associées à ses constituants est élevé, et plus la capacité d'interférence globale du système augmente. Dans cette perspective, les objets massifs devraient être associés à des longueurs d'onde très courtes et à des amplitudes élevées. Or, de tels objets ne présentent pas un rayonnement électromagnétique proportionnel à l'énergie qu'ils concentrent. Cette observation conduit à formuler l'hypothèse selon laquelle une part significative de cette énergie serait confinée sous forme de structures internes non rayonnantes, susceptibles de modifier l'environnement spatial du système.

Les effets gravitationnels des corps stellaires pourraient ainsi être interprétés comme la manifestation macroscopique de cette organisation ondulatoire interne, sans qu'il soit nécessaire d'introduire de nouvelles particules spécifiques. La gravitation émergerait alors comme un effet collectif lié à la distribution et à la rétention d'énergie ondulatoire dans les systèmes massifs.

Rayonnement caractéristique et dissimulation de la nature ondulatoire de la matière

Tout objet matériel émet un rayonnement qui lui est propre. Ce rayonnement n'est pas monochromatique : il correspond à une superposition de fréquences multiples, partiellement cohérentes, ce qui rejoint le principe de l'onde associée formulé par **Louis de Broglie**. La longueur d'onde associée à un objet décroît lorsque sa masse augmente ou lorsque sa vitesse relative par rapport à l'observateur devient significative.

Les particules de matière, interprétées comme des paquets d'ondes intriquées formant des systèmes fermés, peuvent être envisagées comme des structures retenant une partie de l'information et de l'énergie qu'elles portent. Cette rétention rend le rayonnement global de l'objet difficile à analyser et contribue à masquer, à l'échelle macroscopique, le caractère fondamentalement ondulatoire de la matière.

Ainsi, la description corpusculaire dominante ne serait pas le reflet d'une réalité intrinsèque, mais le résultat d'un filtrage observationnel lié à la complexité et à la cohérence interne des systèmes matériels.

Flux énergétiques globaux et cas des objets extrêmes

On peut formuler l'hypothèse selon laquelle tout corps matériel reçoit, en moyenne, davantage d'énergie qu'il n'en émet, sous des formes variées : ondes électromagnétiques, particules libres et matière constituée. Cette tendance générale soulève la question du comportement des objets les plus denses, tels que les trous noirs.

Un trou noir ne rayonne pas directement de manière classique ; le rayonnement observé provient essentiellement de son disque d'accrétion. L'énergie qu'il accumule ne s'inscrit pas dans l'espace-temps tel qu'il est accessible à nos instruments et à notre perception du réel. Dans ce contexte, les notions de fréquence, de longueur d'onde ou de transmission d'information perdent leur pertinence opérationnelle. Les trous noirs peuvent alors être interprétés comme des états limites, révélateurs des insuffisances de nos descriptions actuelles et marquant un point de rupture dans la structuration observable de l'Univers.

Gravitation comme phénomène global de déformation de l'espace-temps

La déformation de l'espace associée aux effets gravitationnels peut être envisagée comme un phénomène global, affectant simultanément l'ensemble de l'Univers à toutes les échelles, dès lors que l'on fait abstraction des particularités locales. L'attraction gravitationnelle résulte d'une contraction de l'espace corrélée à une dilatation du temps, conformément à la description relativiste.

La gravitation apparaît ainsi comme une dynamique topologique fondamentale, structurant l'Univers à grande échelle. Cette interprétation s'inscrit dans la continuité de la relativité générale formulée par **Albert Einstein**, tout en ouvrant la possibilité d'une lecture complémentaire.

289

Hypothèse d'émergence électromagnétique de la gravitation

Un pas supplémentaire consisterait à considérer que la gravitation représente, à l'échelle macroscopique, la résultante cumulative de l'ensemble des effets liés aux rayonnements électromagnétiques. Ces rayonnements, sous des formes multiples, assurent les transferts d'énergie, les processus d'interaction et les mécanismes d'agrégation décrits par la mécanique quantique.

Dans cette perspective spéculative, la gravitation ne constituerait pas une interaction fondamentale indépendante, mais l'expression à grande échelle de phénomènes électromagnétiques sous-jacents, moyennés et intégrés sur l'ensemble des structures matérielles de l'Univers. Une telle approche viserait à concilier la description quantique des interactions microscopiques avec la dynamique gravitationnelle macroscopique, sans remettre en cause les acquis essentiels de l'astrophysique contemporaine, mais en les replaçant dans un cadre unifié de réflexion.

XIX L'Univers soupçonné de confondre Temps et Espace
(Au risque de paraître sur ce point, quelque peu confus)

Le photon contribue de manière significative aux ambiguïtés qui entourent les notions de temps et d'espace. Notre pensée physique s'organise en effet

290

simultanément autour de la durée des phénomènes et de leur inscription spatiale. Dans ce contexte, il est apparu nécessaire de modéliser ce quantum d'énergie, dépourvu de masse au repos, selon une double description : ondulatoire, lorsqu'il est envisagé comme rayonnement se propageant, et corpusculaire, lorsqu'il est traité comme une entité localisée capable d'interagir ponctuellement avec la matière.

L'énergie transportée par les photons est ainsi décrite tantôt comme un rayonnement délocalisé, associé à un effet de champ non strictement circonscrit dans l'espace et évoluant dans le temps, tantôt comme un quantum d'énergie individualisé, susceptible d'être localisé lors d'un processus d'interaction. Cette dualité descriptive reflète moins une contradiction intrinsèque qu'une limitation dans nos capacités de réflexion.

Un point fondamental doit alors être souligné : le temps et l'espace ne constituent pas des grandeurs indépendantes au sens strict, bien que nous les traitions fréquemment comme telles dans les formulations mathématiques et les discours théoriques. Lorsque l'on s'écarte de l'idée galiléenne d'un temps universel et d'un espace homogène et isotrope, l'espace devient une structure dynamique apte à rendre compte, à grande échelle, des effets gravitationnels observés. Cette description impose néanmoins un découpage des événements, indispensable à leur analyse, mais qui introduit une dépendance explicite au référentiel et à la durée d'observation. Les unités de mesure en résultant intègrent alors des variations de coordonnées spatiales dans un temps qui n'a plus de caractère universel.

Dans cette perspective, l'espace peut être compris comme un champ gravitationnel à géométrie variable. Une fois corrigé des effets gravitationnels locaux, cet espace fluctuant permettrait de représenter les phénomènes observés, notamment les variations de position, au moyen de trois dimensions spatiales orthogonales et de deux orientations temporelles opposées. Toutefois, il demeure incertain que l'ensemble des implications de la relativité espace-temps soit pleinement pris en compte, tant les phénomènes qu'elle implique sont complexes. Le temps apparaît alors comme un paramètre relativiste traduisant une dynamique plus fondamentale, renvoyant in fine à la structure de l'espace.

Inversement, en introduisant les notions de passé, de présent — nécessairement fugitif — et de futur, l'espace peut être envisagé comme l'expression tridimensionnelle de l'écoulement du temps. Cette approche
291

conduit à s'interroger sur la possibilité que l'espace-temps traduise une dégradation progressive d'un état primordial commun, initialement intemporel, partagé par l'ensemble des particules élémentaires. Cet état, que l'on peut rapprocher de l'intrication quantique généralisée, aurait relié les premières entités élémentaires sans considération de distance, avant l'émergence des interactions nucléaires et électromagnétiques. L'espace-temps représenterait alors une phase de transformation de cette intrication initiale, susceptible de conduire, à terme, à un effondrement global de l'Univers et à un retour vers un état fondamental.

Dans cette hypothèse, l'espace-temps tel qu'il est décrit par la relativité générale constituerait une manifestation macroscopique émergente d'une dynamique quantique sous-jacente, inaccessible dans ses fondements à un observateur nécessairement inscrit dans un contexte de temps spatialisé. L'espace fournirait ainsi un « milieu » d'observation dérivé d'une temporalité indispensable à notre appréhension d'une entropie croissante, conduisant à l'effondrement des structures matérielles, notamment sous des formes extrêmes telles que les objets compacts gravitationnels.

Une interprétation alternative consiste à considérer l'espace comme une représentation tridimensionnelle de la flèche du temps. Le présent pourrait alors être assimilé à un état ponctuel, sans extension dynamique, tandis que le futur correspondrait à une succession orientée de tels états, et le passé à une succession analogue dans la direction opposée. Cette spatialisation du temps offrirait une tentative de conciliation entre les effets gravitationnels décrits par la relativité et une mécanique quantique plus fondamentale, mais largement dissimulée dans les structures profondes de l'Univers.

La question du temps se pose alors différemment pour les particules élémentaires constituant la matière. Bien qu'une particule massive puisse être considérée comme immobile dans un référentiel donné, elle n'est jamais réellement au repos : elle est soumise en permanence à des accélérations résultant d'interactions locales, et sa vitesse varie continuellement selon le référentiel choisi. L'énergie cinétique associée à ces variations s'ajoute à une énergie intrinsèque acquise lors d'une phase d'intrication initiale. Cette énergie intrinsèque est interprétée comme l'énergie de masse de la particule considérée au repos dans un référentiel invariant, et s'exprime classiquement par la relation $E = mc^2$.

292

Cependant, la présence du terme c^2 introduit implicitement une référence au temps, ce qui remet en question la notion même de repos absolu. Ce paradoxe peut être interprété comme la prise en compte de dynamiques internes, de nature radiative, associées au moment cinétique intrinsèque acquis lors de la phase d'intrication. Ces dynamiques conféreraient aux particules leurs propriétés fondamentales, telles que la masse, la charge électrique et le spin, du moins dans le cadre d'une interprétation étendue inscrite dans l'espace-temps. En l'absence de tout référentiel externe, l'expression $E = mc^2$ pourrait alors être rapprochée de la relation $E = h\nu$, bien que cette dernière fasse elle aussi intervenir une grandeur temporelle.

Les catégories de passé, de présent et de futur, correspondant respectivement à une information perçue comme irréversible, accessible ou indéterminée, relèvent avant tout d'une chronologie cognitive. Elles pourraient néanmoins être enracinées dans la structure même de l'Univers. La notion de temps devient en effet problématique lorsqu'elle est appliquée à un Univers dont l'origine et la fin échappent à toute référence temporelle externe. Le temps apparaît ainsi trop relatif pour être considéré comme une propriété fondamentale ; il est étroitement lié aux capacités de perception, de mémoire et d'anticipation d'un observateur. Sans ces capacités, permettant d'établir des relations causales entre observations distinctes, la notion même d'espace perdrait sa signification opérationnelle.

Dans cette optique, la mécanique quantique pourrait constituer le point d'émergence d'un temps paramétré par les limitations propres à l'observation, tandis que la cosmologie des trous noirs en représenterait le point d'effacement, là où toute temporalité liée à un observateur cesse d'être pertinente. L'espace-temps apparaîtrait alors comme une construction émergente, associée à une prise de conscience et à une modélisation mentale de phénomènes fondamentalement dépourvus de dimensions mesurables et de temporalité intrinsèque.

Le temps serait ainsi une variable extrinsèque à la particule élémentaire, dérivée de son inscription dans un contexte espace-temps. Son émergence serait liée aux variations de vitesse et, plus généralement, aux modifications de l'énergie cinétique résultant des interactions locales. Le temps deviendrait alors un indicateur de ces variations dynamiques.

Enfin, se pose la question du temps pour les particules dépourvues de masse, en particulier les photons. Bien qu'ils subissent des déviations apparentes

293

de trajectoire dues à la courbure de l'espace-temps, les photons ne manifestent pas d'accélération au sens propre, ce qui justifie leur absence de masse. Pour ces quanta du champ électromagnétique, le temps propre n'a pas de signification. Leur énergie est décrite par la relation $E = h\nu$, laquelle, bien qu'elle fasse intervenir une fréquence et donc une grandeur temporelle, permet de rendre compte des interactions qu'ils entretiennent avec les particules massives et les champs.

Le temps des événements peut être considéré comme une grandeur émergente d'un espace tridimensionnel au sein duquel aucun état ne peut être strictement immuable. Dans cette perspective, le temps ne préexiste pas aux phénomènes, mais apparaît conjointement à l'ouverture de l'espace et des interactions, comme le suggère l'hypothèse d'une phase initiale d'intrication radiative précédant l'individualisation des grandeurs spatiotemporelles. En revanche, rien n'indique que cette variable temporelle soit applicable aux propriétés intrinsèques, fondamentales et pérennes des fermions constituant la matière, pas davantage qu'à celles de leurs antiparticules ou des photons associés à l'électromagnétisme. Le temps, tout comme l'espace, résulterait ainsi des premières interactions quantiques plutôt que d'être une propriété primitive des entités élémentaires.

Le temps s'impose à l'observateur local en tant que paramètre nécessaire à toute mesure, toute analyse et toute mise en relation causale des phénomènes, en ce qu'il confère une profondeur à un espace d'événements. Toutefois, lorsque l'on considère des échelles tendant vers l'infiniment petit, cette notion semble progressivement perdre sa pertinence opérationnelle. La physique subatomique paraît ainsi se soustraire à la conception intuitive du temps comme succession ordonnée et continue d'états, ce qui implique que l'ordre des événements à cette échelle ne soit pas nécessairement prédéterminé.

L'espace-temps pourrait alors être interprété comme une construction inhérente à la présence d'un observateur interagissant avec un système. C'est ce cadre spatiotemporel qui, à l'échelle macroscopique, conduit à attribuer une apparence corpusculaire, associée à l'idée de masse, à des phénomènes dont la nature profonde demeure quantique. Ce procédé de représentation, bien que réducteur, rend possible une description intelligible de l'architecture et de l'évolution de l'Univers. Ainsi, affirmer qu'un proton

294

se compose de trois quarks constitue une approximation utile, mais extrêmement simplifiée, d'un système bien plus complexe. De même, la représentation du noyau atomique entouré d'un cortège d'électrons relève d'un modèle schématique qui masque la nature profondément non classique des interactions en jeu.

Les interactions subatomiques, comme celles qui président à la formation des molécules, reposent avant tout sur des corrélations quantiques. Ces corrélations, non perçues directement comme telles, produisent l'illusion de déplacements spatiaux et suggèrent des relations causales, lesquelles sont associées à une continuité temporelle. Le rôle de l'observateur apparaît alors déterminant : c'est son intervention, et l'état de conscience qui l'accompagne, qui impose le recours à l'idée d'espace/temps, laquelle demeure néanmoins pleinement pertinent dans un contexte macroscopique.

La question de la dimensionalité de l'espace mérite dès lors d'être réexaminée. Le représenter comme un espace à trois dimensions définies par trois vecteurs orthogonaux revient à négliger à la fois les déformations gravitationnelles mises en évidence par la relativité et l'indétermination fondamentale qui affecte toute localisation et tout mouvement en mécanique quantique. Dans un Univers dépourvu de centre et de frontière définissable, où des géodésiques initialement parallèles peuvent converger, il devient difficile de limiter l'espace à trois coordonnées arbitraires. La définition géométrique d'une région d'espace doit alors intégrer simultanément :

- la possibilité de superposition d'espace-temps associés à la matière et à l'antimatière,
- la chiralité liée aux symétries fondamentales,
- les effets relativistes de la structure spatiotemporelle.

Admettre que l'espace et le temps ne puissent être rapportés à aucune propriété intrinsèque des particules élémentaires, pas plus qu'au macrocosme envisagé ici comme un Cosmos multivers sans réalité physique directement accessible, complique considérablement l'interprétation cosmologique. Cela conduit à s'interroger sur la pertinence d'un modèle reliant une singularité initiale supposée à une échéance finale tout aussi singulière, envisagée comme un effondrement global.

En physique quantique, deux particules ayant été corrélées à un moment donné demeurent potentiellement liées par cette corrélation passée. La superposition d'états et l'intrication quantique conduisent ainsi à une remise en question du principe de causalité classique et de la notion de temps linéaire. La matière, en se structurant et en se dissociant de sa symétrie initiale, configure l'espace et définit une orientation temporelle. Certaines formulations de la théorie quantique des champs suggèrent que les antiparticules pourraient être décrites comme se propageant selon une orientation temporelle opposée à celle des particules. Une interprétation alternative consiste à considérer qu'elles évoluent dans un présent quantique permanent, en dehors de l'irréversibilité temporelle propre au monde macroscopique constitué de matière.

Parler d'une dimension distincte pour l'antimatière, en symétrie chirale avec la matière, relève bien entendu d'une approche de pensée. Toutefois, cette image rend compte du fait que les antiparticules, lorsqu'elles se manifestent, semblent émerger d'un vide quantique au sein duquel évoluent également les ondes électromagnétiques, avec lesquelles elles interagissent de manière discrète.

La condition humaine correspond à un état particulier de la matière, ce qui impose l'intégration conjointe des notions de temps et d'espace dans toute réflexion portant sur les symétries quantiques. S'il n'est pas pertinent de parler de direction du temps pour une particule ou une antiparticule prise isolément, l'espace et le temps acquièrent néanmoins une signification spécifique à l'échelle de la matière structurée.

L'espace et le temps peuvent alors être considérés comme des grandeurs vectorielles indissociables, permettant, au moyen de raisonnements logiques et de formalismes mathématiques, de décrire des phénomènes résultant de l'interaction d'une multitude de champs d'énergie au sein d'un Univers sans bord ni centre. L'idée de symétrie quantique associée à une chiralité spatiotemporelle, parfois formulé comme l'existence d'univers en miroir, offre un cadre théorique élargi. En postulant une intrication radiative à l'origine des particules de matière, et en considérant celles-ci comme des ensembles d'ondes intriquées dépourvues de dimension physique intrinsèque, il devient envisageable d'établir un lien entre l'infiniment petit et l'infiniment grand.

Dans cette approche, la particule envisagée comme un système stationnaire fermé dissimule des variables indissociables et non discernables, précisément parce qu'elles ne se rapportent ni à l'espace ni au temps. Elle ne peut être appréhendée qu'à travers ses interactions observables, auxquelles sont associées des grandeurs physiques telles que la charge, la masse, la vitesse ou le spin, définies par leur capacité à intervenir dans des processus d'interaction.

Les ondes électromagnétiques, et en particulier la lumière, semblent se propager dans un régime où le temps est pratiquement figé. Dans l'hypothèse d'un espace totalement dépourvu de particules massives, la célérité de la lumière deviendrait infinie, rendant inopérantes les notions mêmes d'espace et de temps. Sans référentiel spatiotemporel et donc sans observateur possible, l'Univers tel que nous le concevons n'existerait pas. Cette extrapolation permet d'esquisser le concept d'un Cosmos multivers, fondamentalement inaccessible à toute description mathématique fondée sur des grandeurs mesurables.

Si les ondes électromagnétiques se propagent à vitesse constante, pourquoi n'en serait-il pas de même pour les particules de matière ? Celles-ci doivent être comprises comme des paquets d'ondes dont les dynamiques internes ne sont pas directement mesurables. Ces mouvements intrinsèques déterminent notamment le spin et confèrent à la particule des propriétés analogues à celles d'un gyroscope tridimensionnel. La conservation des moments angulaires qui en résulte engendre une stabilité dynamique se traduisant, à l'échelle macroscopique, par la masse inertielle.

Enfin, la perception subjective du temps chez l'être humain peut être interprétée comme une conséquence de l'activité énergétique globale mise en jeu. Un individu en situation de faible activité perçoit l'écoulement du temps différemment d'un individu soumis à une activité intense ou à un stress élevé. Cette variation s'explique par le traitement différencié des informations et des événements par les circuits neuronaux, illustrant une fois encore le caractère non fondamental du temps, étroitement dépendant des conditions d'observation et de traitement de l'information.

À l'échelle strictement quantique, le temps ne semble pas constituer une variable pleinement pertinente. Il commence toutefois à émerger avec les premières interactions qui, depuis les structures atomiques élémentaires,

297

conduisent progressivement à l'édification de la matière organisée. La notion de réduction — ou d'effondrement — de la fonction d'onde correspond à une formalisation mathématique par laquelle un état particulier est attribué à une particule. Cet état ne doit pas être interprété comme une propriété intrinsèque révélée, mais plutôt comme une sélection compatible avec le contexte d'observation, c'est-à-dire avec le référentiel espace-temps dans lequel s'inscrit nécessairement l'observateur.

La réduction de la fonction d'onde, généralement postulée comme aléatoire, se comprend plus aisément s'agissant de systèmes comportant un grand nombre de particules, où les corrélations quantiques deviennent statistiquement indiscernables. Elle ne peut cependant être formulée de manière pleinement relativiste, ce qui conduit à écarter, ou du moins à affaiblir, la notion de localité. La fonction d'onde apparaît ainsi comme une description incomplète dès lors qu'elle échoue à intégrer de manière cohérente les interactions quantiques non locales dans une spatiotemporalité relativiste. Il en résulte une dissociation entre l'Univers macroscopique, structuré par l'espace-temps de la relativité, et l'univers non relativiste de la mécanique quantique, dans lequel la particule ne se manifeste qu'au travers d'états implicitement sélectionnés par l'acte d'observation. Cette discontinuité remet en question l'idée d'un modèle unifié au sens classique, souvent séduisante mais probablement trompeuse.

Se pose alors la question de la possibilité même d'observer des entités dépourvues de temporalité, de dimension et de localisation spatiale. C'est précisément cette difficulté qui conduit à envisager des phénomènes contre-intuitifs tels que la superposition d'états et la non-localité quantique. **Il convient de rappeler qu'avant la phase de nucléosynthèse, lorsque la matière n'était pas encore structurée sous forme atomique, ni le temps ni l'espace ne pouvaient revêtir le sens opérationnel que nous leur attribuons aujourd'hui.**

Dans cette perspective, le temps apparaît avant tout comme un comparateur, permettant de relativiser les interactions au sein de la matière construite. En l'absence de structures matérielles stables, la notion de temps devient difficilement définissable. Rapporté au concept d'éternité, une fraction de seconde comme un milliard d'années perdent d'ailleurs leur pertinence descriptive. De même, toute mesure spatiale devient peu représentative face aux extrêmes que constituent l'infiniment petit et l'infiniment grand. La notion d'espace-temps se révèle ainsi mal adapté aux notions d'infini, d'éternel ou d'intemporel.

Paradoxe du déplacement dans l'espace

Il est établi qu'aucune information ni aucune énergie ne peuvent se propager plus rapidement que la vitesse de la lumière. Toutefois, selon le référentiel de l'observateur et celui du phénomène observé, la durée associée à un événement peut être perçue comme autorisant des vitesses apparentes excédant cette limite. Cette situation découle du fait que le temps ne peut être étalonné de manière identique en tout point de l'espace-temps.

Cette observation conduit à s'interroger sur le caractère fondamental de la vitesse de la lumière considérée comme constante dans un Univers où aucune grandeur ne semble véritablement absolue. La densité ou le degré d'occupation de l'espace pourrait ainsi jouer un rôle analogue à celui d'un régulateur de vitesse. Les effets gravitationnels des corps massifs, en contraignant conjointement l'espace et le temps, imposeraient une limite à la propagation de toute forme d'énergie, y compris celle des ondes électromagnétiques.

Paradoxe de l'occupation de l'espace

Pour une particule composite considérée hors interaction, comme pour un trou noir au-delà de son disque d'accrétion, le temps perd toute signification opérationnelle, ce qui induit une absence de localisation spatiale définissable. Si le temps cesse d'être pertinent à l'intérieur des trous noirs et au cœur des particules élémentaires, il demeure néanmoins indispensable à la compréhension de la majorité des phénomènes observables.

Entre ces deux extrêmes — particules élémentaires et objets gravitationnels compacts —, les positionnements spatiaux et la chronologie des événements restent entachés d'imprécision, en raison de la nature élastique du temps tel qu'il est mesuré par un observateur confronté à des changements d'échelle considérables. Le présent, conçu comme une interface entre un passé révolu et un futur indéterminé, demeure par essence insaisissable. **Le temps pourrait alors être interprété comme une manifestation perceptive d'une chiralité non reconnue, révélatrice d'un système binaire d'univers en symétrie quantique.**

La perception du temps et des distances dépend étroitement du référentiel inertiel considéré. Le temps tend à s'effacer lorsque l'espace localement accessible semble se contracter, autrement dit lorsque les distances effectives à parcourir diminuent. Réciproquement, l'espace paraît se replier sur lui-même lorsque le temps se dilate, comme c'est le cas à proximité d'objets massifs tels que les étoiles à neutrons ou les trous noirs, ou encore lorsque le temps cesse d'être une variable pertinente, comme pour les ondes électromagnétiques se propageant à la vitesse limite.

Lorsque l'on change de référentiel, les unités de mesure usuelles — seconde et kilomètre — varient de concert. La dilatation du temps associée à la contraction des distances sous l'effet de la gravitation illustre le caractère fondamentalement relativiste du temps, qui témoigne de la topologie variable de l'espace. Il en résulte que deux événements mesurés comme simultanés dans des référentiels distincts ne peuvent être considérés comme tels de manière absolue. Sans invalider le principe de causalité, cette situation introduit un paradoxe difficile à résoudre, même au moyen du formalisme mathématique.

Il en découle qu'il n'existe qu'un présent effectif : celui associé à notre environnement immédiat. L'Univers observable se présente dès lors comme une mosaïque d'images dégradées de passés plus ou moins lointains, dont l'analyse a permis de reconstruire une partie de son histoire. En revanche, extrapoler son devenir à partir de ces vestiges demeure une entreprise fortement limitée, comparable aux incertitudes inhérentes aux prévisions météorologiques.

Par souci de simplification, nous tendons à négliger le fait que la courbure de l'espace et l'absence de référentiel universel rendent illusoire toute tentative de positionnement absolu dans un espace fluctuant. De même, l'absence de temps universel invalide toute mesure visant à établir une simultanéité ou une durée absolue entre des événements distants. L'introduction de dimensions spatiales supplémentaires ou la localisation du temps, comme dans certaines approches théoriques contemporaines, constituent des constructions mathématiques cohérentes mais demeurent dépourvues de portée physique vérifiable.

Dans le paradigme cosmologique développé ici, les hypothèses suivantes sont avancées :

- L'espace-temps émergerait d'un Cosmos multivers dépourvu de temporalité — donc sans histoire — et de dimension spatiale — donc sans réalité observable pour un observateur inscrit dans un cadre relativiste.
- Ce Cosmos multivers pourrait néanmoins se manifester indirectement au cœur même de l'espace-temps.
- L'annihilation d'un binôme d'univers en symétrie quantique entraînerait la restitution de l'énergie correspondante au Cosmos multivers, hors de toute description spatiotemporelle.

Un système binaire d'univers en symétrie quantique peut être envisagé comme un épiphénomène fermé, résultant de processus internes à un Cosmos multivers dépourvu de propriétés physiques définissables. Ce Cosmos multivers, privé de dimensions spatiales, de temporalité et de toute mesurabilité, ne relèverait pas d'une réalité accessible à l'observation ou à l'expérimentation. Il n'est pas surprenant que cette hypothèse évoque, par analogie, des représentations anciennes d'une entité fondatrice immatérielle, posée comme origine de toute chose sans pour autant posséder de manifestation physique directe. Cette analogie, bien que culturellement suggestive, ne constitue toutefois ici qu'un rapprochement formel, sans portée explicative ou causale. *Notre situation est comparable à celle du poisson dans son bocal, incapable d'imaginer ce qui se passe en dehors d'un milieu ambiant restreint dont il ne peut se détacher physiologiquement.* Dans le modèle cosmologique standard, la mécanique quantique ne présente pas de lien formellement établi avec les phénomènes gravitationnels, tandis que la relativité générale demeure difficilement conciliable avec les principes fondamentaux de la théorie quantique. En dessous d'une certaine distance minimum (longueur de Planck : environ $1{,}6 \times 10^{-35}$ mètre) l'espace parait ne plus avoir de sens et nos lois physiques cessent de fonctionner.
Il en est de même avec la température de Planck (environ $1{,}417 \times 1032$ K).

301

La relativité générale, qui décrit l'espace et le temps, et la mécanique quantique, qui décrit le monde des particules, s'avèrent alors incompatibles.

L'un des obstacles majeurs réside dans le recours incontournable aux notions de temps et d'espace, qui structurent chacune de ces théories de manière incompatible. L'observateur se trouve alors dans une situation analogue à celle d'un système immergé dans son propre milieu de référence, incapable d'en concevoir un extérieur auquel il ne peut physiquement accéder. Toute tentative de description est ainsi conditionnée par des contraintes intrinsèques au type d'observation.

Si une observation directe de l'Univers avait été possible dans les instants qui ont immédiatement suivi le Big Bang, elle n'aurait vraisemblablement livré aucune information exploitable quant à son évolution ultérieure. De manière symétrique, une immersion hypothétique dans un Univers refroidi et dilué, réduit à la seule présence d'objets compacts extrêmes tels que des trous noirs ou des résidus de matière noire massive, ne permettrait pas davantage de reconstituer les conditions initiales de son émergence. Dans un tel état, toute trace informationnelle du passé aurait disparu, rendant impossible l'accès à une mémoire cosmologique exploitable.

La situation actuelle présente néanmoins une singularité remarquable : elle réunit des conditions physiques favorables à l'apparition de systèmes biologiques complexes, capables d'autorégulation et de représentation abstraite. L'humanité dispose ainsi de la faculté d'observer des vestiges dégradés d'un passé cosmologique partiel et de formuler des projections limitées vers un avenir proche. Cette capacité demeure toutefois contrainte par des moyens d'investigation nécessairement finis, non neutres vis-à-vis des systèmes observés, et soumis à des biais instrumentaux et conceptuels. L'accès aux conditions initiales de l'Univers comme à son devenir ultime semble ainsi devoir rester, pour une durée indéterminée, du domaine de la modélisation théorique et de l'exercice intellectuel. Il est par ailleurs probable que les conditions physiques propices à la vie terrestre disparaissent avant que des réponses définitives puissent être formulées et validées expérimentalement.

Dans cette perspective et avec une pointe de cynisme, nous pourrions dire qu'avec sa capacité d'analyse formatée à sa mesure, un pragmatisme formaté par des capacités cognitives restreintes et sa logique intuitive procédant par déduction, l'homme reste le témoin abusé et crédule, de phénomènes « en trompe l'œil ».

XX <u>Le temps poserait-il problème au regard de la relativité ?</u>
(Devons-nous ignorer l'espace comme nous avons invalidé l'éther ?)

Le temps ne possède probablement pas la réalité physique autonome que l'on lui attribue spontanément. Il constitue une composante indissociable de la structure espace-temps. Toutefois, si le temps n'est pas une entité physique indépendante, il convient d'étendre cette conclusion à l'espace lui-même dans le cadre de la théorie relativiste de la gravitation, où toute description des phénomènes dépend du référentiel de l'observateur. Considérés séparément, l'espace et le temps apparaissent alors comme des conditions d'observation, élaborées afin de rendre intelligibles des phénomènes discrets et interactifs relevant essentiellement de la physique quantique, en particulier ceux associés à l'énergie décrite par des états de superposition. Ces constructions se révèlent surtout adaptées à l'observation de phénomènes se manifestant à des échelles de grandeur accessibles à notre expérience.

Dans un Univers où toute entité finit par interagir avec d'autres, la mesure du temps se trouve déterminée localement par les masses en interaction. La masse peut être interprétée comme l'expression globale des mouvements intrinsèques et combinés des constituants élémentaires des systèmes physiques. Dans cette perspective, le ralentissement du temps observé dans les champs gravitationnels ou à grande vitesse s'interprète comme la conséquence de l'augmentation ou de la composition des vitesses internes et relatives. Le fait que le degré d'occupation de l'espace par l'énergie et la matière soit corrélé à une forme de « plasticité » du temps confère un contexte relativiste aux interactions gravitationnelles responsables de l'agrégation progressive des particules massives.

Les dispositifs de mesure qui permettent d'établir une chronologie des événements et de décrire les déplacements dans l'espace ne sont pas spontanément perçus comme relatifs. Par commodité cognitive, l'observateur tend à leur attribuer une portée universelle. Or, l'observateur fait partie intégrante, quoique marginale, d'un système d'une complexité extrême : l'Univers. Son jugement est nécessairement conditionné par un environnement local restreint, qui ne permet pas une appréhension directe du système dans sa globalité. En outre, la réalité macroscopique semble en décalage avec la description quantique, laquelle paraît ignorer la distinction classique entre passé, présent et futur, et remettre en cause la notion même d'espace à travers des phénomènes tels que la non-localité et la superposition d'états.

La superposition d'états et l'intrication quantique constituent ainsi deux propriétés fondamentales, mais déstabilisantes, de la physique quantique. Elles révèlent les fondements d'une physique des particules dont l'élaboration demeure récente à l'échelle de l'histoire des sciences. La difficulté persistante à articuler cette physique avec la physique classique et relativiste conduit à envisager l'étude de l'Univers essentiellement comme une question d'échelle et de point de vue. Cette approche interprétative repose inévitablement sur des choix et des hypothèses de convenance, même lorsqu'elles sont étayées par des formalisations mathématiques rigoureuses. Il n'est donc guère surprenant que le modèle cosmologique standard, confronté à de nombreuses limites explicatives, fasse l'objet de remises en question croissantes.

Dans ce contexte, il peut être pertinent de dépasser les arcanes déjà complexes de la physique quantique et de la relativité classique pour s'interroger sur une dimension plus fondamentale de l'espace-temps : celle décrivant d'éventuelles interactions discrètes entre deux symétries quantiques situées à la frontière d'un Cosmos multivers. Une telle hypothèse demeure spéculative, mais vise à rendre compte de propriétés émergentes difficilement conciliables avec les modèles théoriques actuels.

L'interrogation sur la nature du temps et de l'espace conduit à considérer que ces notions pourraient résulter en grande partie de l'activité de l'observateur lui-même. Le temps et l'espace porteraient ainsi l'empreinte des structures cognitives et des référentiels propres à l'observateur pensant. Les durées que nous jugeons longues ou courtes sont systématiquement rapportées à des cycles familiers, tels que la rotation terrestre, la révolution de la Terre autour du Soleil ou la durée moyenne d'une vie humaine. De la même manière, les échelles extrêmement brèves, comme la microseconde ou le temps de Planck, sont interprétées à partir de cadres de référence qui restent anthropocentrés. Rapportées à l'évolution globale de l'Univers, ces durées extrêmes apparaissent tout aussi négligeables les unes que les autres. Ce constat relativise profondément notre perception de l'écoulement du temps et rappelle la position marginale de l'observateur dans l'Univers, malgré sa prétention à en déterminer l'origine et le devenir ultime.

La démarche scientifique consiste à localiser les phénomènes, à établir des relations de causalité et à relativiser les descriptions afin de les intégrer dans

305

des modèles cohérents et, idéalement, exhaustifs. L'espace-temps de la relativité générale prend forme à partir des phénomènes quantiques liés aux interactions fondamentales, et s'impose pleinement avec l'émergence des effets gravitationnels des structures massives. Le temps est une grandeur propre à chaque observateur : bien que la succession des événements puisse sembler localement invariante, elle demeure relative dès que l'on change de référentiel.

Il s'ensuit que le temps local ne peut être considéré comme absolu. Il est raisonnable de supposer qu'il évolue en corrélation avec la dynamique globale de l'Univers, notamment avec la redistribution et la concentration de l'énergie et de la matière. L'espace, quant à lui, constitue la trame permettant de localiser les événements observés et de décrire les déplacements. De façon analogue, le temps peut être défini comme un paramètre permettant d'évaluer les vitesses et d'établir des relations de cause à effet. Toutefois, lorsque la localisation spatiale devient indéterminée, le temps semble pouvoir être envisagé indépendamment de l'espace, ce qui évite de se confronter directement à la question de la plus petite distance mesurable, associée à la longueur de Planck.

Dans cette optique, la longueur de Planck peut être interprétée comme un artefact mathématique destiné à discrétiser l'espace, afin de rendre possible la localisation de particules idéalisées comme des points sans dimension. Par ailleurs, l'intrication quantique, en faisant abstraction de notions classiques de déplacement, remet en cause nos repères fondamentaux que sont le temps et l'espace. Le temps, tel qu'il est utilisé en physique, doit être spatialisé pour être formalisé mathématiquement. On peut alors se demander si une autre manière de le percevoir, indépendante de sa traduction spatiale, pourrait suffire à décrire des événements corrélés de manière non locale.

Enfin, si le temps est considéré comme irréversible, les événements le sont également, et toute conséquence devient la cause d'un événement ultérieur. Cette vision doit toutefois être nuancée si l'on suppose que l'évolution globale de l'Univers est entièrement déterminée depuis son état initial. Dans ce cas, un état final inéluctable pourrait être vu comme étroitement corrélé à l'état initial, au point de brouiller la distinction stricte entre causes et effets. Une telle corrélation pourrait même être interprétée, de manière spéculative, comme l'émergence d'un système secondaire d'univers en symétrie quantique. Cette hypothèse conduit à remettre en question le caractère fondamentalement unidirectionnel du temps, malgré l'image fournie par l'entropie dans le monde macroscopique.

Il est généralement admis que le temps constitue la quatrième dimension d'un espace perçu comme tridimensionnel. Il est toutefois possible de formuler l'hypothèse selon laquelle les dimensions véritablement fondamentales seraient celles associées à l'existence de deux symétries quantiques distinctes. La cinquième dimension d'espace-temps introduite par Theodor Kaluza pourrait être interprétée non comme une dimension spatiale supplémentaire au sens classique, mais comme une représentation formelle d'une dimension cachée, traduisant l'existence d'une symétrie quantique opposée, inaccessible à l'observateur et dépourvue de réalité phénoménologique directe.

Les interactions entre particules et antiparticules, si elles s'opèrent au sein d'une telle dimension discrète et immanente aux échanges entre symétries quantiques, échappent largement à toute possibilité de mesure directe. Rien ne semble alors pouvoir être corrélé de manière immédiate à notre réalité macroscopique. L'observateur humain, par nature pragmatique, se situe dans un référentiel dominé par les interactions gravitationnelles de la matière, tel que décrit par l'espace-temps relativiste d'Albert Einstein. Ce référentiel masque pour l'essentiel les interactions relevant d'éventuelles symétries quantiques complémentaires.

Dans un exercice de pensée intégrant cette dimension cachée, la description de l'Univers s'en trouverait profondément modifiée. L'évolution cosmique pourrait alors être interprétée comme un processus de déconstruction progressive ou de retour vers un état d'équilibre cosmologique, susceptible d'être compris comme une forme de réversibilité du temps. Dans cette perspective, le temps apparaîtrait comme une grandeur émergente, résultant d'une illusion spatiale propre à un observateur confiné dans une seule symétrie quantique. Cette hypothèse se heurte néanmoins à notre inclination naturelle à rejeter toute symétrie quantique qui remettrait en cause l'espace familier dans lequel s'inscrit notre expérience sensible, espace où l'antimatière semble absente et où l'interprétation des phénomènes repose sur une logique d'occupation matérielle à laquelle nous participons en tant qu'entités physiques.

307

Il a été établi que la gravitation, en redistribuant l'énergie et en raréfiant localement ce que l'on désigne comme l'espace « vide », modifie la topologie de l'espace-temps. Les notions de distance et de durée doivent dès lors être appréhendées différemment selon le référentiel considéré. Cette relativité se manifeste de façon particulièrement marquée à proximité d'un trou noir : pour un observateur distant, une horloge approchant l'horizon des événements paraît voir son rythme ralentir indéfiniment. L'horloge ne cesse de fonctionner qu'au moment où elle franchit cet horizon, c'est-à-dire lorsqu'elle est irréversiblement déconstruite.

Le caractère relativiste du temps conduit à envisager que la structure dépressionnaire de l'espace-temps influe sur la propagation des ondes électromagnétiques. Les unités de mesure de distance et de durée utilisées pour exprimer la vitesse de propagation de ces ondes ne peuvent donc être supposées invariantes à l'échelle cosmologique. La relativité impose ainsi de tenir compte des transformations successives de l'Univers qui altèrent l'image du passé observé à grande distance.

Tel que prescrit par la relativité générale, un observateur situé à la surface de la Terre mesure un temps qui s'écoule plus lentement que celui d'un corps situé à une altitude plus élevée, par exemple au sommet d'une montagne. Affirmer que l'espace et le temps sont relatifs revient à reconnaître que les unités de mesure dépendent du référentiel de chaque observateur. En théorie, cette relativité peut conduire à une inversion apparente de l'ordre des événements, selon les conditions de masse, d'accélération et de champ gravitationnel affectant l'observateur et le système observé.

Deux situations types permettent d'illustrer ces effets, en contradiction avec l'intuition issue de la physique newtonienne.

<u>Dans un premier cas</u>, un système B se sépare d'un système A, comme une fusée quittant la Terre ou l'enveloppe externe d'une étoile se détachant de son cœur lors d'une explosion. Initialement, A et B constituent un système unique. La séparation implique un transfert d'énergie de A vers B, dont une partie est convertie en chaleur, augmentant ainsi la masse effective de B. Ce processus rompt la symétrie initiale entre A et B. L'accélération de B doit excéder les effets gravitationnels exercés par A, lesquels décroissent avec la distance. Bien que leurs temps propres initiaux coïncident, l'observateur associé à A perçoit le temps de B comme ralenti, tandis que B perçoit le temps de A comme s'écoulant plus rapidement.

Dans un second cas, deux corps ou structures astrophysiques A et B, incapables de résister aux effets gravitationnels qu'ils exercent l'un sur l'autre, entrent en collision. Le rapprochement conduit à une fusion partielle de leurs énergies, accompagnée d'une conversion de masse en chaleur et d'une addition de leurs champs gravitationnels. Ce processus, caractéristique de l'évolution cosmique, rétablit une forme de symétrie entre A et B. Leurs temps propres initiaux se confondent alors, tandis que le temps du système fusionné A+B apparaît ralenti dans un espace dont la courbure s'accentue. Ce phénomène explique notamment l'allongement apparent de la durée de vie de certaines particules en interaction avec le champ gravitationnel terrestre, ainsi que le décalage gravitationnel vers le rouge du spectre lumineux observé.

Le paradoxe des jumeaux illustre de manière emblématique ces effets relativistes. Deux jumeaux ayant évolué dans des référentiels distincts peuvent, en théorie, se retrouver dans un même référentiel avec des âges différents. Le jumeau voyageur, pour revenir à son point de départ, doit fournir une énergie comparable à celle dépensée à l'aller, convertissant une partie de sa masse inertielle en énergie cinétique et exploitant éventuellement les courbures de l'espace induites par des champs gravitationnels rencontrés. Lors de cette phase de retour, le jumeau resté sur Terre apparaît alors, du point de vue du voyageur, comme soumis à une accélération, ce qui modifie à nouveau la perception relative du temps. Cette situation peut être assimilée à une forme de ralentissement temporel prolongé, rendant concevables des voyages interstellaires dans des durées propres limitées, sous réserve de contraintes physiques sévères liées aux rayonnements et aux variations de gravité.

La superposition des notions de temps et d'espace implique que la distance ne peut être définie indépendamment de la courbure de l'espace-temps. Une augmentation de la courbure dans une région dépressionnaire de l'espace correspond, pour un observateur distant, à une diminution équivalente du temps mesuré. Il est donc nécessaire de corriger les durées et les distances observées en tenant compte des effets gravitationnels et inertiels affectant les systèmes étudiés, comme cela est pratiqué pour le fonctionnement des systèmes de positionnement par satellites.

L'Univers peut ainsi être décrit comme un ensemble de régions présentant des dépressions énergétiques de profondeur variable, en interaction permanente. Chacune de ces régions constitue un centre gravitationnel doté de son propre référentiel spatio-temporel, participant à la dynamique globale de l'espace-temps.

Dans un Univers où aucun système ne peut être considéré comme strictement isolé, tout phénomène observé devrait, en principe, être décrit relativement à un environnement gravitationnel étendu. Une telle exigence implique cependant la prise en compte d'un nombre considérable de paramètres, dont beaucoup ne sont ni mesurables ni contrôlables. Il en résulte une incertitude structurelle quant à la portée et à la précision des mesures effectuées, incertitude qui limite nécessairement la validité universelle des résultats obtenus.

La difficulté s'accroît dès lors que l'on considère que deux régions distinctes de l'espace ne peuvent partager un même contexte spatio-temporel global. Dans ces conditions, la notion de simultanéité perd toute signification absolue : les événements associés à ces régions ne peuvent être dits simultanés qu'au sein d'un référentiel commun, strictement local. Le temps, ainsi différencié selon les lieux et les conditions gravitationnelles, ne peut être considéré comme une grandeur universelle. Cette absence d'uniformité temporelle peut être interprétée comme la manifestation d'une chiralité associée à des symétries quantiques distinctes.

La chiralité matière/antimatière place la mécanique quantique en tension avec l'espace-temps classique qui structure notre expérience macroscopique. De son côté, la relativité rend compte des effets gravitationnels de la matière à grande échelle tout en excluant toute simultanéité globale pour des événements n'appartenant pas au même référentiel. Chiralité quantique et relativité convergent ainsi vers un même constat : le temps ne possède aucun caractère absolu. Le temps auquel nous avons accès ne reflète que les phénomènes compatibles avec notre capacité de perception et d'interaction. Cette situation peut être interprétée comme la sélection d'un état particulier parmi une superposition d'états possibles pour la matière observée en interaction, tandis que l'antimatière ne se voit attribuer aucun état phénoménologique reconnu dans notre schème de référence.

310

Décrire l'Univers dans un présent immédiat pose une difficulté majeure. L'Univers se manifeste comme une succession continue d'événements reliés par des relations logiques, causales ou collatérales. Une description plus adéquate nécessiterait probablement une révision profonde du vocabulaire usuel : les notions d'objet, de matière, de position ou de structure gagneraient à être remplacées respectivement par celles d'état, de rayonnement, de champ d'influence ou de processus, tandis que la masse pourrait être comprise comme une mesure du niveau d'énergie.

Localiser un système dans l'espace revient à le situer dans un temps qui lui est propre, distinct de celui de l'observateur. Réciproquement, circonscrire un événement dans le temps revient à le localiser dans un espace qui lui est spécifique et qui ne coïncide pas nécessairement avec l'espace-temps de référence de l'observateur. La relativité repose précisément sur cette interdépendance de l'espace et du temps, considérés comme deux variables corrélées au sein d'un contexte multidimensionnel dépendant du référentiel local.

Afin d'illustrer cette interdépendance, il est possible de recourir à une représentation géométrique simplifiée, fondée sur des notions élémentaires de plans et d'angles. Cette approche, bien que schématique, permet de dégager certaines propriétés structurelles de l'espace-temps.

Considérons, dans un premier temps, une particule idéalisée comme un point sans dimension évoluant dans un espace supposé vide.

– Un point unique, pris isolément et hors de tout contexte d'interaction, ne peut être décrit par des coordonnées spatiales. En l'absence de toute relation possible, la notion d'espace perd sa signification, et celle de temps devient également dépourvue de fondement, faute d'évolution ou de changement mesurable.

– Deux points considérés comme seuls éléments d'un système ne peuvent être définis que l'un par rapport à l'autre. Leur relation géométrique se réduit à un segment de droite, figure unidimensionnelle qui ne permet aucune mesure absolue en l'absence d'un étalon de longueur. Tant que ces deux points ne se confondent pas, l'espace se limite à cette relation linéaire, sans qu'aucun changement observable ne puisse être attribué à un écoulement du temps. Dans ce cas, il n'est pas pertinent de parler d'espace-temps.

– Trois points réunis en système définissent un triangle inscrit dans un plan, réalisant ainsi un espace bidimensionnel. La position de chaque point ne peut être déterminée qu'en référence aux deux autres, par les rapports de distance et les angles formés. Dans un tel espace plat, toute variation des angles ou des longueurs peut être interprétée comme une évolution du système. Toutefois, cet espace reste incomplet : il est dépourvu de profondeur et ne permet pas l'introduction d'un observateur. Le temps qui s'y manifeste n'a donc pas encore le caractère relativiste associé à la géométrie de l'espace-temps physique.

– Quatre points formant un système isolé et disposés de manière à constituer un tétraèdre définissent quatre faces planes s'intersectant mutuellement. Cette configuration géométrique permet l'émergence de trois dimensions spatiales. Chaque point, pris comme sommet, ne peut être localisé qu'en référence aux trois autres, et toute modification affectant l'un des points entraîne une reconfiguration de l'ensemble du système. Chaque sommet se voit ainsi associé à une temporalité propre, liée à l'évolution de ses coordonnées relatives. Un tel système minimal de quatre particules suffit alors à faire émerger une structure d'espace-temps à géométrie variable, analogue à celle décrite par la relativité générale.

– Lorsque le nombre de points augmente et que plusieurs systèmes partagent des sommets communs, l'espace devient de plus en plus complexe et multiforme. La densité énergétique fluctuante de ce que l'on appelle l'espace vide, dépendante des effets de masse et de la superposition de structures élémentaires, détermine alors le rythme d'écoulement du temps, plus ou moins dilaté ou comprimé selon les régions. Le temps ne se distingue de l'espace que du point de vue de l'observateur, et cette distinction n'est possible que dans un espace non plat, défini par un nombre suffisant de relations pour autoriser l'existence même d'un observateur.

Cette perspective conduit naturellement à l'idée que l'espace-temps, et par extension l'Univers tel que nous le décrivons, ne se manifeste que parce qu'il inclut un observateur capable d'en formuler une représentation. Une telle conclusion renvoie explicitement à une interprétation de type anthropique.

La phase d'intrication radiative qui aurait conduit à l'apparition des premières particules de matière ne peut raisonnablement être envisagée comme impliquant seulement un nombre très limité de particules. Dans

312

l'hypothèse considérée ici, cet épisode, associé à la phase initiale du **Big-bang**, se serait produit sur une durée extrêmement brève, éventuellement négligeable à l'échelle des processus physiques ultérieurs. Il aurait alors généré une quantité considérable de particules élémentaires primordiales. La production massive de ces entités constituerait simultanément l'ouverture de l'espace-temps dans lequel notre Univers se déploie.

Cette représentation demeure volontairement imagée et ne correspond pas strictement aux modes de formalisation habituels de la physique théorique. Elle propose néanmoins de relier l'apparition du temps à celle de l'espace. Dans l'expérience ordinaire, qui se situe à des échelles où les effets quantiques sont largement moyennés, le temps se manifeste essentiellement à partir de l'échelle supra-atomique.

Dans cette perspective, et par extrapolation vers les échelles fondamentales, on peut formuler l'hypothèse qu'en dessous des échelles caractéristiques proches des **unités de Planck**, la notion de temps perd sa pertinence opératoire. Le régime quantique fondamental pourrait alors être assimilé à une forme de « présent permanent », dans lequel la distinction entre passé et futur n'aurait pas de signification physique pour les particules élémentaires. La variable temporelle y serait, en pratique, inopérante. Les interactions discrètes susceptibles de se produire entre symétries quantiques resteraient ainsi largement hors de portée de l'observation directe et difficiles à intégrer dans un modèle unique.

À l'inverse, lorsque l'on considère les interactions impliquant des particules de matière appartenant à la symétrie de notre Univers, l'introduction d'une chronologie permet de décrire ces processus. Le temps apparaît alors comme un paramètre permettant d'ordonner les interactions physiques. Dans cette hypothèse, ce temps relatif ne s'appliquerait cependant pas tout à fait, de la même manière aux interactions mettant en jeu des particules appartenant à une symétrie quantique opposée.

Du point de vue thermodynamique, les propriétés physiques des systèmes matériels peuvent être décrites en termes de quantité de mouvement, d'énergie et de température. Le Big-bang pourrait de la sorte, être interprété non pas comme un événement ponctuel au sens strict, mais comme un **seuil thermodynamique** marquant l'apparition effective du temps physique. De manière symétrique, l'état final d'un Univers ayant atteint un niveau extrême de refroidissement pourrait correspondre à une situation où la

313

dynamique temporelle s'éteint progressivement. La disparition du temps serait alors associée à l'effacement d'une chiralité résultant d'une brisure de symétrie initiale.

Dans le processus envisagé, l'énergie primordiale se serait partiellement convertie, par intrication radiative, en particules de matière. Cette transformation aurait introduit une propriété caractéristique de la matière : la masse, à l'origine des effets gravitationnels. La distribution non uniforme de ces effets gravitationnels conduirait alors à des différences locales dans le rythme d'écoulement du temps tel qu'il est mesuré par un observateur.

Ainsi, dans une région de l'espace où les effets gravitationnels seraient extrêmement faibles, le temps propre pourrait théoriquement s'écouler à un rythme extrêmement rapide relativement à celui mesuré dans des régions de fort champ gravitationnel. À l'inverse, au voisinage d'un **trou noir**, la dilatation gravitationnelle du temps peut atteindre des valeurs telles que son écoulement semble pratiquement suspendu pour un observateur externe. Dans ces deux situations limites, la notion d'espace-temps devient difficile à interpréter dans les termes usuels. Il serait néanmoins abusif d'y voir une simple illusion : nous occupons indéniablement une portion d'espace et existons durant une certaine durée.

Dans ce modèle spéculatif, le **photon**, médiateur des interactions électromagnétiques, pourrait être interprété comme le vestige de l'énergie primordiale qui n'aurait pas été convertie en fermions lors de la phase d'intrication initiale. En raison de son absence de masse au repos, le photon ne possède pas de temps propre et ne peut être associé à une trajectoire spatio-temporelle ordinaire. Toutefois, ses interactions avec la matière contribuent indirectement à la dynamique énergétique des systèmes matériels et à leurs propriétés effectives de masse.

À l'échelle macroscopique décrite par la relativité, la vitesse de la lumière constitue néanmoins une constante fondamentale permettant de relier les mesures de distance et de temps. La question se pose alors de savoir si la variable temporelle possède une existence intrinsèque ou si elle n'émerge qu'à l'échelle de l'observateur et des structures matérielles auxquelles il appartient.

Cette interrogation conduit à envisager que la masse puisse être comprise, dans certaines descriptions, comme un paramètre mathématique caractérisant l'état énergétique d'un système plutôt que comme une propriété intrinsèque irréductible des particules, notamment lorsqu'elles sont décrites comme des paquets d'ondes.

Dans ce contexte, la notion de **Cosmos multivers** peut être introduite comme cadre théorique élargi permettant de penser des réalités physiques où les variables classiques d'espace et de temps ne seraient plus fondamentales.

Le fait que l'espace et le temps ne possèdent pas un caractère absolu n'est pas incompatible avec l'observation selon laquelle l'Univers apparaît globalement isotrope et homogène à grande échelle. Toutefois, cette constatation conduit à s'interroger sur la portée réelle de nos observations. Notre perception de la réalité cosmique demeure indissociable de notre statut d'observateur conscient. Les modèles que nous élaborons reposent donc inévitablement sur des interprétations et des hypothèses.

Lorsque ces hypothèses ne peuvent être testées expérimentalement, il en résulte fréquemment une absence de consensus scientifique et l'émergence de théories concurrentes. Malgré les progrès importants de la physique contemporaine, notre compréhension de l'Univers reste fondée sur des représentations mathématiques toujours plus élaborées, dont les limites apparaissent progressivement.

315

Cette situation invite à réexaminer de manière critique certains aspects du **modèle cosmologique standard**, qui montre aujourd'hui certaines tensions théoriques et observationnelles. La difficulté réside cependant dans le fait que notre description du monde est fondamentalement ancrée dans un carcan de réflexion à quatre dimensions — trois dimensions d'espace et une dimension de temps — qui correspond étroitement à notre expérience physique.

Dès lors, la question se pose de savoir si l'esprit humain est réellement en mesure de concevoir la structure profonde de l'Univers, son origine et sa finalité éventuelle.

Dans notre représentation du monde, trois notions jouent un rôle central :

- l'espace, qui permet la localisation des objets ;
- le temps, qui ordonne les événements ;
- la masse, qui détermine les effets gravitationnels.

Elles structurent notre compréhension du mouvement des corps et des transferts d'énergie. Même si le modèle cosmologique actuel repose sur des bases observationnelles solides, il demeure possible qu'il ne constitue qu'une interprétation compatible avec nos capacités cognitives et nos outils mathématiques.

Dans cette perspective, l'espace et le temps pourraient être des notions émergentes dont la pertinence dépend de l'échelle considérée. Leur signification physique deviendrait réellement opérationnelle à partir de l'échelle atomique, puis s'affirmerait pleinement avec l'organisation de la matière en structures macroscopiques.

Notre perception de la réalité repose avant tout sur l'interprétation intellectuelle d'un environnement immédiat et tangible. Cependant, la réflexion scientifique mobilise également l'imagination sous forme d'expériences de pensée destinées à explorer des hypothèses théoriques.

À l'échelle des objets macroscopiques, toute entité matérielle se voit attribuer une propriété physique appelée masse, qui permet de quantifier les effets gravitationnels et de décrire la géométrie locale de l'espace-temps.

En revanche, à l'échelle subatomique décrite par la mécanique quantique, la notion d'objet devient beaucoup moins pertinente. Le temps tel que nous le concevons semble y perdre sa signification intuitive et l'espace cesse d'apparaître comme un support continu. Les phénomènes physiques sont alors décrits comme des interactions entre champs quantiques organisés sous forme de systèmes d'ondes.

La notion de particule ne correspond plus nécessairement à celle d'un corpuscule occupant un point précis de l'espace. Cette interprétation a notamment inspiré certains développements théoriques, tels que la **théorie des cordes**, dans laquelle les particules ponctuelles sont remplacées par des objets unidimensionnels en vibration.

L'expérimentation en physique des particules a conduit, faute de pouvoir trancher définitivement sur la nature ultime de la matière, à associer la notion de **corpuscule** à celle de **particule de matière**. Toutefois, la reconnaissance de la **dualité onde-corpuscule** a progressivement conduit à introduire dans les modèles théoriques l'existence de particules supplémentaires jouant le rôle de vecteurs d'interaction. Ces entités, appelées **bosons**, permettent de décrire les mécanismes par lesquels les particules de matière dotées de masse — les **fermions** — interagissent et échangent de l'information à distance.

Ainsi, au sein du **modèle standard des particules**, plusieurs bosons médiateurs ont été introduits afin de rendre compte des interactions fondamentales observées.

– Les **bosons de jauge** Z^0, W^- et W^+ ont été postulés pour expliquer les processus de désintégration nucléaire associés à l'**interaction faible**. À des énergies suffisamment élevées, ces particules s'inscrivent dans le cadre théorique de la **force électrofaible**, qui unifie l'interaction électromagnétique et l'interaction faible.

– Pour que ces bosons puissent remplir leur rôle dans la théorie des champs, leur description suppose l'existence d'un mécanisme supplémentaire de couplage, représenté par le **boson de Higgs**. Ce boson correspond à l'excitation quantique d'un **champ scalaire**, appelé champ de Higgs. Dans le modèle retenu actuel, ce champ interagit avec les fermions (à l'exception probable des neutrinos dans certaines formulations) ainsi qu'avec les bosons de l'interaction faible. Cette interaction est interprétée comme le mécanisme

317

par lequel les particules acquièrent une masse effective, celle-ci étant généralement comprise comme une manifestation d'une résistance inertielle.

– Le **photon**, boson médiateur de l'**interaction électromagnétique**, peut être interprété comme la manifestation quantifiée du champ électromagnétique. En théorie quantique des champs, il représente également une excitation possible de l'énergie du vide, c'est-à-dire de l'état quantique fondamental d'un espace dépourvu de particules massives. Le photon joue un rôle central dans les interactions entre particules chargées et peut, dans certaines conditions énergétiques, donner naissance à des paires particule-antiparticule. Ce phénomène a contribué à l'introduction du concept d'**énergie du point zéro** du vide quantique. En raison de son implication dans un très grand nombre de phénomènes physiques bien établis, le photon occupe une place fondamentale dans la description des transferts d'énergie et des interactions électromagnétiques.

– Enfin, l'**interaction forte**, responsable de la cohésion des noyaux atomiques, est médiée par les **gluons**. Dans la **chromodynamique quantique**, ces bosons assurent la cohésion des quarks au sein des hadrons, notamment les protons et les neutrons. Cette interaction peut être interprétée comme le résultat d'une dynamique complexe de charges de couleur confinées dans des systèmes fortement couplés.

À partir de ces éléments, on peut s'interroger sur la nature réelle de ce que nous appelons **masse**, traditionnellement associée à l'idée de corpuscule. Il est possible que cette notion permette, en restant sur le modèle standard, de maintenir la cohérence d'un formalisme fondé sur la dualité onde-corpuscule. Cette dualité s'impose en grande partie du fait de la position de l'observateur, dont les capacités perceptives et instrumentales sont déterminées par la nature matérielle et biochimique de son propre environnement.

Dans ce contexte, la masse demeure néanmoins un indicateur fondamental. Elle permet d'établir des relations causales et temporelles dans l'analyse des transferts d'énergie entre systèmes physiques. Les particules de matière peuvent alors être interprétées comme des **paquets d'ondes confinés**, c'est-à-dire comme des configurations d'énergie cinétique localisées dans des systèmes quantiques fermés. Dans cette perspective, ces entités n'auraient pas intrinsèquement plus de masse que des excitations libres de champs

318

quantiques. Une interprétation alternative consisterait à considérer que ce sont précisément les **énergies de liaison** associées à ces configurations d'ondes confinées qui produisent l'effet macroscopiquement interprété comme masse. De fait, de nombreux résultats expérimentaux montrent que l'énergie de liaison contribue directement à la masse effective des systèmes physiques, ce qui se manifeste notamment dans les effets gravitationnels associés à la courbure de l'espace-temps.

Par ailleurs, des données nouvelles issues de la mécanique quantique tels que **l'effondrement de la fonction d'onde**, dérivé de l'**équation de Schrödinger**, ainsi que le phénomène d'**intrication quantique** — impliquant une forme de non-localité — invitent à réexaminer notre façon de percevoir le temps et l'espace. En effet, dans la description quantique, les particules sont formalisées comme des états d'onde. La matière pourrait alors être interprétée comme un ensemble de paquets d'ondes résultant de processus d'intrication intervenus dans les premières phases de l'évolution cosmique, plutôt que comme une collection de corpuscules ponctuels issus d'une singularité initiale encore mal comprise.

Dans cette optique, la dualité onde-corpuscule pourrait être considérée comme un **outil de compréhension** permettant de relier les descriptions quantiques de l'infiniment petit à la réalité macroscopique familière, caractérisée par l'existence d'objets matériels observables sous différents états physiques (solide, liquide, gazeux, etc.), après la phase primordiale de **nucléosynthèse** qui a structuré la matière dans l'Univers primitif.

Afin de distinguer ces paquets d'ondes intriqués que sont les particules élémentaires, la physique moderne leur attribue un ensemble de propriétés quantifiées : **nombres quantiques**, **moment angulaire**, **charge électrique** et **spin**. Ces paramètres définissent l'état quantique des particules et déterminent les possibilités d'interaction, d'assemblage ou d'annihilation avec d'autres particules ou avec leurs équivalents d'antimatière.

Bien que cette représentation de la matière puisse n'être qu'une approximation adaptée à nos capacités de description, elle fournit une modélisation cohérente permettant d'interpréter de nombreuses observations expérimentales à différentes échelles. Rien n'indique par ailleurs que notre manière de décrire ces phénomènes serait fondamentalement différente si nous opérions dans un autre référentiel espace-temps comparable au nôtre.

Dans notre interprétation des phénomènes physiques, nous avons tendance à prolonger les interactions quantiques possibles en les assimilant à des **événements reliés par des relations de causalité**. Cette interprétation implique une succession temporelle et des transferts d'énergie localisés dans l'espace. Or, l'existence de l'intrication quantique suggère que certaines corrélations entre systèmes peuvent s'établir sans qu'un transfert d'information classique se produise d'un point de l'espace à un autre.

Cette situation soulève la possibilité que certains aspects de la dynamique quantique se déroulent **en dehors du cadre habituel de l'espace-temps**, ou du moins à la frontière de celui-ci. Notre expérience quotidienne demeure cependant profondément ancrée dans un univers macroscopique où les phénomènes sont interprétés en termes de déplacements, de positions relatives et de successions temporelles.

Nous donnons à des interactions quantiques potentiellement possibles ou prescrites, un prolongement qui nous conduit à les interpréter comme des évènements reliés impliquant des effets de causes à effets traçables. C'est en totale contradiction avec le fait que nous en sommes aujourd'hui à pressentir qu'avec l'intrication quantique, certains échanges se feraient sans transfert de lieu à lieu. Le problème est que peu de choses paraissent à notre portée, à ce niveau d'échelle qu'est la mécanique quantique. Il semblerait que la dynamique quantique se fasse hors ou à la frontière de l'espace/temps. Notre réalité est macroscopique, impose des déplacements et l'éclairage que nous en avons, est en rapport étroit avec notre condition d'observateur.

Dans cette évolution d'un Univers que nous percevons comme totalement factuel, tout se résume pour nous à des changement de positionnements et déplacements relatifs, induisant une temporalité des évènements. Difficile dans ces conditions de faire la transition par changement d'échelle entre ce qui tend vers l'infiniment petit non observable et un Univers aux confins hors de portée. Nous ne pouvons, nous soustraire au temps comme à l'espace et pourtant tout nous incite à le faire.

XXI <u>Sur la difficulté de parler métaphysique</u>
(Sans tomber dans le piège de la spiritualité)

Il convient d'opérer une distinction plus que formelle, entre **symétrie** et **charge**. La symétrie renvoie ici à l'existence de deux formes de matière opposées, la matière et l'antimatière. La charge, quant à elle, désigne les propriétés électriques positives ou négatives qui, au sein de chaque symétrie, contribuent à l'équilibre des structures atomiques.

La question se pose alors de savoir comment se représenter un ensemble d'interactions extrêmement dense, constitué de champs de force en symétries opposées, interagissant de manière continue, sans recourir aux notions familières de l'espace et du temps tels qu'ils sont décrits par la physique classique relativiste. Pour rendre intelligible une telle situation, il serait nécessaire d'envisager une description physique d'une nature différente. On peut, à titre hypothétique, qualifier cette approche de **physique discrète**. Celle-ci aurait pour objet d'intégrer une dimension de l'Univers qui ne se manifeste pas directement dans les observations expérimentales. Elle se distinguerait à la fois de la mécanique quantique, élaborée à partir d'expérimentations extrêmement sophistiquées, et des lois de la relativité qui structurent notre modèle cosmologique actuel.

Une telle perspective conduit naturellement à envisager l'hypothèse d'un **Cosmos de type multivers**. Cette proposition peut apparaître spéculative, voire difficilement compatible avec certaines positions interprétatives de la physique contemporaine. Toutefois, si l'on considère le rôle des mathématiques comme outil de formalisation, cette hypothèse n'est pas nécessairement plus abstraite que certaines constructions mathématiques déjà admises. Par exemple, la racine carrée d'un nombre négatif — telle que $\sqrt{(-1)}$, définissant l'unité imaginaire — ne correspond à aucune grandeur directement observable. Pourtant, cette entité possède une cohérence interne et s'avère indispensable dans de nombreux développements mathématiques et physiques.

De même, certaines relations mathématiques semblent suggérer des structures qui ne s'inscrivent pas nécessairement dans une représentation simple de l'espace et du temps. L'inégalité $A + B \neq B + A$, souvent évoquée dans certains contextes algébriques non commutatifs, peut être interprétée comme l'indication qu'une opération dépend de l'ordre dans

321

lequel les éléments interviennent. Une telle propriété introduit implicitement une forme de séquentialité pouvant être assimilée à une structure temporelle. Si deux opérations produisent des résultats différents selon leur ordre d'application, cela suppose que les éléments impliqués — notés ici a et b — ne sont pas définis dans un cadre identique de référence spatiale ou temporelle. Dans cette perspective, on pourrait envisager que certaines symétries fondamentales échappent aux contraintes imposées par la relativité classique.

Les développements modernes de la géométrie ont également modifié une certaine représentation traditionnelle de l'espace. Les géométries non euclidiennes, par exemple, permettent de décrire des espaces dans lesquels deux droites initialement parallèles peuvent se rencontrer, ce qui revient à attribuer à l'espace une **courbure intrinsèque**. Parallèlement, l'arithmétique et l'algèbre contemporaines se sont considérablement abstraites de leurs représentations matérielles initiales et explorent des structures logiques dont l'interprétation physique n'est pas toujours immédiate. Si ces avancées mathématiques ouvrent des perspectives importantes, elles ne conduisent pas nécessairement, en physique des particules, aux développements expérimentaux ou théoriques initialement espérés.

Pour formaliser ces structures abstraites, les mathématiques utilisent des outils tels que les **matrices**, les espaces vectoriels ou les opérateurs. Ces formalismes permettent de traduire des concepts complexes en systèmes d'équations manipulables. Toutefois, pour un observateur non spécialisé, ces constructions peuvent apparaître comme des ensembles extrêmement complexes dont les solutions ne fournissent pas toujours d'interprétation physique claire. Dans certains cas, les résultats obtenus soulèvent davantage de nouvelles questions qu'ils n'apportent de réponses définitives. *Certaines pages d'équations font penser à un labyrinthe dont l'issue ramène tout au plus, au portail d'accès.*

La situation peut être comparée, de manière analogue, à la tentative de concevoir un dispositif technologique entièrement nouveau sans disposer d'une compréhension complète de son principe de fonctionnement, ni d'une description exhaustive de ses composants. Cette analogie illustre les difficultés rencontrées lorsque l'on cherche à développer des modèles théoriques dans un domaine où les données expérimentales demeurent partielles.

Du point de vue de la méthodologie scientifique, une proposition théorique ne peut être considérée comme valide que si plusieurs conditions sont réunies. D'une part, elle doit s'appuyer sur une hypothèse jugée crédible, généralement élaborée à partir d'axiomes, de postulats ou de théorèmes déjà établis, et susceptible de produire des résultats cohérents avec les observations. D'autre part, cette hypothèse doit présenter un caractère **réplicable**, c'est-à-dire que les prédictions qu'elle implique doivent être vérifiables de manière répétée dans les différentes situations expérimentales envisagées.

Lorsque ces conditions sont satisfaites, les méthodes mathématiques fondées sur des combinaisons ou des associations de grandeurs peuvent être considérées comme validées dans leur domaine d'application. Toutefois, des difficultés importantes apparaissent dès lors que l'on tente d'appliquer ces méthodes à certains problèmes fondamentaux de l'astrophysique et de la cosmologie.

Parmi ces difficultés figurent notamment :

- la prise en compte de la notion d'**infini** ou d'espace non borné dans des raisonnements reposant sur des ensembles nécessairement limités ;
- l'introduction d'un espace-temps comportant plus de trois dimensions spatiales, ce qui modifie profondément les relations entre grandeurs physiques ;
- l'éventualité de paramètres encore inconnus mais potentiellement nécessaires à une description complète des phénomènes ;
- l'hypothèse de symétries quantiques pouvant impliquer l'existence de dimensions supplémentaires ou parallèles ;
- le phénomène de **superposition d'états**, qui introduit une indétermination fondamentale dans la description des systèmes quantiques ;
- la **dualité onde-corpuscule**, associée aux processus de décohérence, qui rend les mesures d'autant plus incertaines que l'échelle du système étudié est réduite.

Afin de décrire les relations entre des grandeurs physiques de nature différente — énergie, masse, impulsion ou déplacement — il a été nécessaire de disposer d'un langage formel capable d'exprimer ces relations de manière cohérente et généralisable. Les mathématiques remplissent

323

précisément cette fonction : elles constituent un système symbolique permettant de modéliser des interactions complexes, d'intégrer les effets de la relativité et, en mécanique quantique, de concilier les descriptions ondulatoires et corpusculaires de la matière.

Il convient cependant de rappeler que le formalisme mathématique a été élaboré par l'être humain en fonction de ses propres capacités de représentation et de raisonnement. Il s'agit donc d'un outil extrêmement puissant, mais qui reste conditionné par les limites de notre compréhension et par les données disponibles. Si les mathématiques permettent d'explorer aussi bien l'infiniment petit que l'infiniment grand, leur efficacité dépend fortement de la qualité des informations empiriques et des moyens de calcul disponibles.

Malgré ces limites, les mathématiques jouent un rôle central dans de nombreux domaines scientifiques et technologiques — chimie, physique, médecine, informatique ou climatologie. Elles permettent non seulement d'interpréter des phénomènes observés, mais aussi d'orienter la recherche, d'analyser des situations aléatoires et de formuler des projections concernant l'évolution future de systèmes complexes.

Cependant, la question demeure de savoir s'il est réaliste d'espérer formuler un système d'équations capable de décrire de manière exhaustive l'ensemble des paramètres gouvernant l'état et l'évolution de l'Univers. Même si une telle formulation était théoriquement possible, elle serait probablement d'une complexité telle que son interprétation dépasserait les capacités analytiques actuellement disponibles.

Si les questions scientifiques sont nombreuses, les réponses reposent généralement sur deux sources principales : l'interprétation des phénomènes observés et l'analyse formelle rendue possible par les outils mathématiques. L'observation constitue le premier niveau d'accès aux phénomènes physiques, mais elle demeure contrainte par des limites techniques et instrumentales qui deviennent de plus en plus difficiles à repousser. Les mathématiques, quant à elles, représentent l'outil privilégié d'analyse et de synthèse des données disponibles. Toutefois, malgré l'augmentation considérable de la puissance de calcul et l'essor du traitement informatique, certaines questions mathématiques demeurent particulièrement difficiles à résoudre. Des problèmes tels que les équations de Navier–Stokes, la conjecture de Hodge, le problème P versus NP, l'hypothèse de Riemann ou

324

la conjecture de Birch et Swinnerton-Dyer illustrent l'existence de limites persistantes dans notre capacité à établir des démonstrations complètes ou à fournir des solutions générales.

En mathématiques, la notion de **mesure** est fondamentale. En géométrie, et en particulier dans les géométries non euclidiennes, attribuer une dimension — qu'il s'agisse d'une longueur, d'une surface ou d'un volume — suppose que l'objet considéré puisse être inscrit dans un espace défini, au sein duquel une opération de mesure est possible. Autrement dit, la détermination précise d'une grandeur implique l'existence d'un cadre de référence suffisamment stable et délimité pour permettre l'application d'unités de mesure cohérentes.

Cette exigence pose une difficulté lorsqu'elle est appliquée à l'Univers dans son ensemble. Si celui-ci est effectivement non borné et soumis à des fluctuations gravitationnelles permanentes, il devient difficile de l'assimiler à un espace globalement mesurable au sens strict. La situation se complexifie encore si l'on envisage l'hypothèse d'un **Cosmos de type multivers**, constitué d'une pluralité d'univers potentiellement indépendants les uns des autres. La notion d'ensemble devient vite problématique : selon le point de vue adopté, ce système global peut être considéré comme dépourvu de dimension définissable ou, au contraire, comme possédant une dimension potentiellement infinie.

Ces considérations conduisent à s'interroger sur la stabilité même des mesures physiques. L'espace et le temps, qui servent habituellement de sites de référence, ne peuvent être considérés comme totalement invariants dans un Univers soumis aux effets de la relativité. Déterminer une position ou attribuer une dimension implique, en pratique, de négliger certaines variations du contexte gravitationnel qui modifient la structure de l'espace-temps. De la même manière, mesurer une vitesse suppose de faire abstraction de nombreux effets gravitationnels susceptibles d'influencer localement la courbure de l'espace.

Dans un Univers dont la topologie est continuellement modifiée par les interactions gravitationnelles, les grandeurs mesurées ne peuvent donc être strictement invariantes. Les effets gravitationnels impliquent notamment une modification conjointe de l'espace et du temps, se traduisant par une contraction relative des distances et par un ralentissement apparent de l'écoulement du temps dans certaines régions de forte densité énergétique.

325

Par conséquent, toute mesure physique doit être comprise comme reposant sur des unités définies **localement** et valables dans un contexte limité. Ces unités constituent des approximations opérationnelles qui restent pertinentes dans un domaine spatial restreint et sur des durées relativement courtes.

Dans cette perspective, les mathématiques se sont progressivement imposées comme un langage particulièrement adapté à la description des phénomènes physiques. Comparé au parlé ordinaire, qui demeure souvent ambigu et chargé d'interprétations subjectives, le formalisme mathématique offre un langage plus précis et plus rigoureux. Toutefois, la complexité croissante des modèles peut conduire à des systèmes d'équations comportant un très grand nombre de paramètres, dont la résolution dépend parfois de choix méthodologiques ou d'hypothèses simplificatrices. Dans certains cas, ces choix peuvent influencer l'interprétation des résultats obtenus.

Les formalismes mathématiques utilisés en physique — algorithmes numériques, calcul différentiel et intégral, séries exponentielles, méthodes infinitésimales ou traitements statistiques — ont démontré leur efficacité dans de nombreux domaines. Néanmoins, leur application à des systèmes particulièrement complexes révèle également certaines limites, notamment lorsque les données nécessaires à une description complète ne sont pas disponibles.

Toute théorie scientifique constitue d'abord un **exercice** visant à proposer une représentation cohérente d'un ensemble de phénomènes. Ces constructions théoriques doivent ensuite être confrontées à l'observation ou à l'expérimentation afin d'être validées ou corrigées. Il est toutefois possible que certaines limites — techniques, expérimentales ou même cognitives — restreignent progressivement notre capacité à tester certaines hypothèses dans des conditions satisfaisantes.

Ces limites tiennent notamment à notre aptitude à manipuler des structures abstraites très complexes et aux modes de formalisation dont nous disposons. Toute formulation mathématique nécessite en effet un ensemble de données suffisamment complet pour produire des résultats significatifs. Lorsqu'une équation repose sur des paramètres incomplets ou mal connus, sa résolution demeure partielle et ne permet pas de tirer des conclusions fiables. De nombreux travaux théoriques rencontrent précisément cette difficulté : l'élaboration d'hypothèses cohérentes se heurte à l'absence de certains éléments indispensables à leur formalisation.

Par ailleurs, si les outils mathématiques permettent de corriger ou de dépasser les limites de notre perception intuitive, ils n'éliminent pas totalement les risques d'erreur d'interprétation. Aux échelles extrêmement grandes ou extrêmement petites, la précision descriptive diminue et les phénomènes doivent souvent être exprimés en termes **probabilistes**. En mécanique quantique, le principe d'incertitude formulé par Heisenberg illustre précisément cette limite fondamentale dans la détermination simultanée de certaines grandeurs physiques.

La mécanique quantique repose aujourd'hui sur l'idée de continuum. Mais est-ce compatible avec l'utilisation de nombres infiniment précis qui donnent le sentiment de fractionner ce qui ne peut ne peut se dissocier ou se distinguer ? Le modèle standard est considéré comme une théorie de travail particulièrement réussie. Mais s'agissant de la mécanique quantique, quelques physiciens de premier plan, restent mal à l'aise avec ses fondements conceptuels. Certains pensent même que le monde est fondamentalement déterministe même quand il parait aléatoire et que la réalité relève de causes à l'effets. Nos lois probabilistes à l'échelle microscopique seraient révélatrices des limites à notre capacité de comprendre.

Un exemple classique de difficulté analytique est fourni par le calcul précis de l'évolution d'une orbite gravitationnelle. Déterminer rigoureusement la trajectoire d'un corps céleste nécessiterait, en principe, de prendre en compte l'ensemble des forces fondamentales ainsi que toutes les interactions gravitationnelles susceptibles d'influencer la structure de l'espace-temps. Cette complexité apparaît clairement dans le **problème des trois corps**, pour lequel aucune solution générale simple n'existe.

En pratique, tout objet — depuis l'échelle atomique jusqu'aux amas de galaxies — subit l'influence cumulative de nombreux champs gravitationnels générés par les masses environnantes. Ces interactions peuvent entraîner des modifications continues des trajectoires, des plans orbitaux et des vitesses de déplacement. Les perturbations deviennent d'autant plus difficiles à prévoir que le système considéré présente une forte densité énergétique ou que la projection temporelle porte sur des périodes très longues. L'introduction explicite du temps dans les calculs destinés à

327

prédire l'évolution future d'un système accroît généralement l'incertitude associée aux résultats.

Ainsi, les modèles physiques ne peuvent être considérés comme pleinement fiables que dans des domaines d'espace et de temps relativement restreints. L'étude des systèmes climatiques terrestres fournit une illustration de cette situation. La tentative de prévoir les effets à long terme de l'augmentation des gaz à effet de serre implique de prendre en compte un très grand nombre de facteurs interdépendants, dont l'influence précise reste parfois mal connue. Les systèmes de ce type présentent une forte sensibilité aux conditions initiales, phénomène souvent illustré par ce que l'on appelle l'**effet papillon**.

Malgré ces limites, les modèles mathématiques et les équations complexes qui en résultent ont permis des progrès considérables dans la compréhension des phénomènes naturels. Même lorsque leurs résultats restent partiels ou difficiles à interpréter, ces outils constituent un fondement essentiel de la démarche scientifique. Sans les avancées qu'ils ont rendues possibles, les réflexions théoriques développées ici ne pourraient dépasser le stade de la spéculation pure.

Comme les premiers vaisseaux de haute mer partant à la découverte du grand large et de terres inconnues, le développement des technologies contemporaines, notamment dans les domaines de l'informatique, de la simulation numérique et de l'analyse algorithmique, ouvre de nouvelles perspectives pour l'étude de l'Univers. L'augmentation continue de la puissance de calcul, associée à des logiciels capables d'optimiser leurs propres procédures par apprentissage algorithmique — souvent regroupés sous l'appellation d'« intelligence artificielle » — laisse entrevoir des progrès significatifs dans la modélisation des phénomènes physiques et cosmologiques.

Ces avancées reposent toutefois sur un domaine de réflexion constitué de lois physiques déjà établies. La plupart de ces lois s'appuient sur des descriptions fondées sur la localisation spatiale des phénomènes et sur leur succession temporelle. Il est néanmoins légitime de s'interroger sur la capacité réelle des disciplines actuelles — physique, chimie, mathématiques ou astronomie — à élucider pleinement l'origine et les fondements ultimes de l'Univers. L'étude de domaines tels que la physique quantique, la structure des trous noirs ou les conditions associées à l'hypothèse du Big

Bang pourrait nécessiter des modèles théoriques qui ne soient pas exclusivement dépendants du caractère relativiste de l'espace et du temps.

Une telle approche supposerait l'existence de moyens d'investigation capables d'explorer simultanément des échelles extrêmes, aussi bien dans le domaine de l'infiniment petit que dans celui de l'infiniment grand. Or les expérimentations permettant d'accéder à ces régimes physiques deviennent de plus en plus complexes et coûteuses. Les grands accélérateurs de particules et les observatoires spatiaux constituent des instruments essentiels pour la recherche fondamentale, mais leur développement exige des investissements considérables et des infrastructures technologiques particulièrement sophistiquées.

Dans ce contexte, les notions d'« infiniment petit » et d'« infiniment grand » peuvent parfois se révéler ambiguës. En mécanique quantique, certaines particules sont décrites comme des excitations de champs et peuvent apparaître sous des formes virtuelles dans certains processus d'interaction. De manière analogue, certaines hypothèses cosmologiques, telles que celles associées à l'existence d'un multivers, envisagent des structures dont la réalité physique demeure difficile à établir expérimentalement. Ces considérations conduisent parfois à relativiser la portée opérationnelle de ces notions lorsqu'elles sont utilisées comme catégories descriptives générales.

L'estimation de l'âge de l'Univers illustre également les difficultés associées à l'utilisation d'unités de mesure temporelles dans un cadre cosmologique. Affirmer que l'Univers serait âgé d'environ 13,8 milliards d'années repose sur des modèles cosmologiques dans lesquels l'année est utilisée comme unité de durée. Or cette unité est dérivée du mouvement orbital de la Terre autour du Soleil et ne constitue pas, en elle-même, une grandeur fondamentale universelle. Plus généralement, certaines constantes physiques — telles que la vitesse de la lumière c— sont généralement considérées comme invariantes dans les modèles actuels, mais leur rôle dans l'évolution cosmologique pourrait dépendre des propriétés globales de l'Univers à différentes époques. Dans cette perspective, l'attribution d'un âge précis à l'Univers, ou la détermination de l'horizon observable exprimé en années-lumière, repose nécessairement sur un ensemble d'hypothèses relatives à la stabilité de ces constantes et aux propriétés de l'espace-temps.

Les observations astronomiques sont elles-mêmes susceptibles d'être influencées par divers phénomènes physiques. Les **lentilles gravitationnelles**, par exemple, peuvent amplifier et focaliser le rayonnement provenant d'objets lointains. Cet effet peut conduire à une modification apparente de la luminosité ou de la dimension angulaire des objets observés, ce qui complique l'interprétation des données astrophysiques.

Dans les modèles cosmologiques inflationnaires, l'Univers primordial aurait connu une phase d'expansion extrêmement rapide. Dans un tel scénario, les régions qui étaient initialement proches se seraient rapidement séparées sur des distances considérables. Par conséquent, les objets extrêmement lointains que nous observons aujourd'hui pourraient correspondre à des états passés de structures qui ont depuis évolué, voire disparu.

Le **rayonnement cosmique** qui atteint l'atmosphère terrestre se compose à la fois de rayonnements électromagnétiques — couvrant un spectre allant des ondes radio aux rayons gamma — et de particules énergétiques. Ces particules peuvent être élémentaires ou composites et présentent des durées de vie très variables. Certaines, comme les protons, les électrons ou les neutrinos, sont relativement stables, tandis que d'autres, telles que les muons, les mésons ou les neutrons libres, sont instables et se désintègrent rapidement. Des observations ont également montré que certains processus de **nucléosynthèse** peuvent se produire dans ces flux de particules à haute énergie.

Le rayonnement diffus observé à l'échelle cosmologique est cependant affecté par les interactions qu'il subit lors de sa propagation. Les émissions provenant de régions lointaines peuvent être modifiées par la présence d'objets stellaires, de milieux interstellaires ou intergalactiques, ainsi que par divers phénomènes astrophysiques énergétiques. Le **fond diffus cosmologique**, souvent interprété comme un rayonnement fossile issu des premières phases de l'Univers, nous parvient donc après avoir traversé un environnement complexe susceptible d'altérer partiellement l'information qu'il transporte.

L'analyse des faibles anisotropies de ce rayonnement vise à reconstituer certaines propriétés de l'Univers primordial. Toutefois, ce signal a parcouru des distances cosmologiques pendant des milliards d'années, ce qui implique que les informations initiales ont pu être modifiées par les

330

interactions successives rencontrées durant ce trajet. La question se pose donc de savoir dans quelle mesure ce rayonnement constitue un indicateur fidèle des conditions physiques qui prévalaient dans les premières phases de l'Univers.

Dans les modèles cosmologiques actuels, le fond diffus cosmologique correspond à un rayonnement thermique caractérisé par une température d'environ 2,7 kelvins. Ce rayonnement peut être interprété comme le vestige d'une phase ancienne de l'Univers, mais il interagit continuellement avec le milieu intergalactique dans lequel il se propage. Il représente donc une information composite, résultant à la fois de conditions anciennes et de transformations plus récentes.

De manière plus générale, l'observation astronomique est limitée par le fait que la lumière provenant des régions les plus éloignées de l'Univers n'a pas nécessairement eu le temps de nous atteindre. Certaines étoiles observées aujourd'hui peuvent déjà avoir cessé d'exister, tandis que d'autres objets restent invisibles en raison de leur faible luminosité ou de l'absorption du rayonnement par la matière interstellaire. Cette situation est à l'origine du **paradoxe d'Olbers**, qui s'interroge sur la raison pour laquelle le ciel nocturne n'est pas uniformément lumineux malgré la présence d'un grand nombre d'étoiles dans l'Univers.

Les interprétations cosmologiques reposent donc en grande partie sur des extrapolations à partir de l'Univers observable. Si l'on considère un modèle dans lequel l'expansion cosmique ne jouerait pas un rôle dominant, il est possible que la structure de l'Univers proche fournisse une représentation relativement fidèle de sa distribution actuelle de matière et d'énergie.

La propagation du rayonnement à travers l'Univers est en outre affectée par de nombreuses interactions : champs gravitationnels, champs magnétiques, collisions avec des particules ou diffusion dans les milieux interstellaires. Ces processus peuvent modifier les fréquences observées. Certains modèles interprètent l'allongement des longueurs d'onde comme la conséquence de l'expansion de l'Univers. D'autres hypothèses envisagent que cet effet pourrait être lié à une diminution progressive de l'énergie transportée par les photons lors de leur propagation à travers l'espace intergalactique.

Dans ce contexte, l'utilisation du fond diffus cosmologique pour déterminer précisément l'âge de l'Univers demeure dépendante des hypothèses

331

théoriques adoptées. L'histoire des estimations cosmologiques montre d'ailleurs que l'âge attribué à l'Univers a été révisé à plusieurs reprises au cours du XXe siècle, à mesure que les observations et les modèles théoriques se sont améliorés. Ces estimations reposent néanmoins sur l'hypothèse que les unités de mesure temporelles utilisées sont universellement applicables, ce qui constitue en soi un choix pour l'observateur.

Les techniques avancées de nucléo-chronologie ne manquent pas d'intérêt mais elles peuvent difficilement permettre de donner un âge à notre Univers. Trop de cycles nucléaires et une nucléosynthèse imparfaitement comprise peuvent tout au plus, donner quelques indications dans l'évolution comparée de notre système solaire et de la galaxie qu'il occupe.
Un présent lointain qui serait concomitant à notre actualité, apparaîtrait au voyageur distant qui s'y trouverait, plutôt sous forme d'ondes étagées de l'infrarouge à l'ultraviolet, incluant la lumière visible (entre 380 et 780 nanomètres de longueur d'onde) qui nous est si familière. Mais que signifie simultanéité dans un Univers où tout est relativité ?

XXII <u>Le sujet prend froid</u>
(Mais y a-t-il lieu de s'inquiéter pour autant !)

Il existe une relation directe entre le spectre de rayonnement émis par un corps, la nature des interactions énergétiques auxquelles il est soumis, la température de ses couches externes et l'intensité de l'agitation microscopique de ses constituants. Dans un milieu matériel, cette agitation peut être décrite, à l'échelle microscopique, par des phénomènes de diffusion aléatoire tels que le mouvement brownien, qui constitue une manifestation observable du comportement thermodynamique de particules soumises à des collisions multiples.

Ces différents indicateurs — spectre électromagnétique, température et dynamique des particules — renvoient en réalité à une même réalité physique : celle de l'énergie en interaction, appréhendée sous différents modes d'observation. Cette relation est notamment décrite par les courbes reliant l'intensité spectrale du rayonnement à la température d'un corps, telles que celles issues de la théorie du rayonnement thermique. De telles distributions renseignent indirectement sur l'état statistique du système et sur le degré d'entropie associé à l'énergie qui y circule.

Le domaine de la lumière visible correspond à des températures relativement élevées et à une agitation thermique importante des particules. Lorsque le spectre d'émission d'un corps se situe principalement dans l'infrarouge, cela indique en général des interactions moins énergétiques et une agitation thermique plus modérée. À l'inverse, lorsque le spectre se déplace vers les longueurs d'onde plus courtes, proches de l'ultraviolet, il traduit des niveaux d'énergie plus élevés susceptibles d'entraîner des interactions plus intenses avec l'environnement matériel.

Si l'on admet que l'énergie totale de l'Univers se conserve sous différentes formes, il est néanmoins possible d'envisager que certaines structures ondulatoires fondamentales — désignées ici comme OEM — aient progressivement perdu en amplitude et en fréquence au cours de l'évolution cosmique. Dans cette hypothèse, les processus d'intrication radiative supposés à l'origine de la formation de particules de matière (fermions) deviendraient progressivement plus difficiles à réaliser, les conditions physiques nécessaires étant de moins en moins fréquemment réunies.

Par ailleurs, lorsque l'intensité d'un champ électromagnétique augmente dans un système thermique, la distribution spectrale du rayonnement évolue de manière non uniforme selon les longueurs d'onde. Dans de nombreux cas, l'augmentation d'intensité s'accompagne d'une contribution accrue des grandes longueurs d'onde par rapport aux fréquences les plus élevées. Il en résulte un déplacement du maximum d'émission vers le domaine du rouge, ce qui suggère que la progression vers des longueurs d'onde toujours plus courtes rencontre des limitations physiques.

Dans cette perspective, une transition inverse menant spontanément vers un régime dominé par des rayonnements gamma d'intensité croissante paraît peu compatible avec les contraintes d'un Univers fini. En effet, dans un système cosmique circonscrit, aucune grandeur physique ne peut raisonnablement tendre vers l'infini. Historiquement, l'absence d'un modèle adéquat pour décrire le rayonnement thermique aux courtes longueurs d'onde a conduit à ce que l'on a appelé la « catastrophe ultraviolette », difficulté théorique qui a précédé l'émergence de la physique quantique.

Avant l'établissement des conditions physiques décrites par l'échelle de Planck, l'Univers pourrait avoir été plongé dans un état difficilement caractérisable par les notions usuelles de température. Dans cette hypothèse spéculative, la température initiale ne serait pas définie au sens thermodynamique habituel et pourrait être assimilée à une forme de référence neutre, comparable à un « zéro cosmique ». L'instant associé au Big Bang ne serait alors ni chaud ni froid au sens conventionnel.

Cependant, dès l'apparition des premières interactions radiatives, les phénomènes d'intrication et d'interférence entre modes énergétiques auraient pu engendrer des régions localement plus énergétiques. Ces concentrations d'énergie se seraient développées dans un processus général de dispersion progressive. Dans ce scénario, la lumière visible n'apparaîtrait qu'à une phase ultérieure de l'évolution cosmique, avant que le spectre global du rayonnement ne s'étende progressivement vers les domaines infrarouge puis radio.

Dans cette logique reliant température, longueur d'onde et entropie, il devient possible d'envisager une interprétation alternative du Big Bang. Celui-ci pourrait correspondre, non pas à un événement thermique

334

extrême, mais à une transition cosmologique particulière tout comme l'effondrement d'un système binaire d'univers en symétrie quantique. Dans cette hypothèse, Big Bang et effondrement symétrique constitueraient deux descriptions d'un même phénomène fondamental, assimilable à un « non-événement froid » dans un cycle cosmique potentiellement récurrent.

La température, telle qu'elle est définie dans l'échelle centigrade ou dans toute autre échelle thermodynamique, constitue essentiellement un paramètre permettant de quantifier l'énergie moyenne des interactions microscopiques au sein d'un système. Elle sert à caractériser les transformations physiques de la matière — notamment les transitions entre états solide, liquide, gazeux ou plasma. Toutefois, la perception du chaud et du froid demeure une interprétation macroscopique liée à l'expérience sensorielle humaine. À l'échelle des particules, ces notions n'ont pas de signification intrinsèque : seule l'énergie cinétique moyenne des constituants peut être définie de manière objective.

Malgré cette limite, la température demeure un outil pertinent pour évaluer l'intensité des processus physiques et pour analyser la dynamique globale de l'Univers.

• Avec l'événement cosmologique associé au Big Bang s'ouvrirait l'espace-temps. L'énergie thermique deviendrait alors définissable et atteindrait rapidement un niveau extrêmement élevé, perturbant fortement un état d'équilibre cosmologique préexistant dans une région dont la localisation et le volume spatial ne peuvent être définis de manière conventionnelle.

• Dans une phase initiale très brève, cette énergie, encore relativement homogène et sans structures spectrales marquées, manifesterait des fréquences extrêmement élevées, possiblement supérieures à celles du rayonnement gamma actuellement observable. Cette limite pourrait correspondre à l'échelle dite de Planck, au-delà de laquelle nos descriptions physiques deviennent incomplètes.

À partir de ce stade, les premières intrications radiatives pourraient apparaître. Les notions de propagation et de dispersion énergétique commenceraient alors à acquérir un sens physique. L'énergie initialement homogène pourrait progressivement se concentrer dans deux états symétriques, constituant les précurseurs des futures particules et antiparticules. L'ouverture du temps correspondrait alors au début d'un processus de dispersion énergétique qui peut donner l'impression macroscopique d'une expansion cosmique.

Dans les modèles cosmologiques expansionnistes classiques, cette phase est interprétée comme l'explosion initiale de l'Univers. Toutefois, ces modèles ne fournissent pas toujours d'explication pleinement satisfaisante concernant l'origine ultime ou la destinée finale de l'Univers.

Les premiers assemblages de matière, à l'origine des structures stellaires primitives, s'accompagnent d'une diminution progressive de la température moyenne du cosmos, bien que celle-ci demeure extrêmement élevée durant de longues périodes.

Dans un Univers dont l'évolution temporelle tendrait à ralentir progressivement, des particules élémentaires — identifiées aujourd'hui comme quarks et leptons — structurent la matière et participent à la définition des propriétés tridimensionnelles de l'espace ainsi qu'à la succession temporelle des événements.

Certaines particules se distinguent principalement par leur charge électrique (comme les électrons), d'autres par leur masse extrêmement faible (comme les neutrinos). Les quarks se caractérisent quant à eux par leur charge fractionnaire et par leur participation à la structure des hadrons. Les gluons interviennent comme médiateurs de l'interaction forte responsable de la cohésion des quarks au sein des nucléons.

Par ailleurs, certaines particules — les bosons — jouent le rôle de vecteurs d'interaction. Les photons en constituent l'exemple le plus familier pour l'interaction électromagnétique. Ces particules possèdent un spin entier, contrairement aux fermions qui ont un spin demi-entier.

Les leptons se comportent généralement comme des particules isolées, tandis que les quarks présentent une tendance à se regrouper en structures composites sous l'effet de l'interaction forte.

L'inventaire actuel de la physique des particules recense un grand nombre de particules élémentaires et composites, chacune caractérisée par des propriétés spécifiques et une durée de vie variable. Dans une perspective ondulatoire, ces entités peuvent être interprétées comme des configurations d'ondes quantiques intriquées qui, en s'organisant en atomes puis en molécules, participent à la formation de structures de complexité croissante.

Dans cette approche spéculative, l'existence et la persistance de ces structures pourraient être liées à leur capacité à s'inscrire dans des processus physiques stables et reproductibles. Autrement dit, seules les configurations compatibles avec les lois d'évolution du système cosmique global seraient susceptibles de se maintenir durablement.

Cela revient à supposer que l'Univers ne peut produire et conserver que les structures compatibles avec sa dynamique interne. Toute configuration ne satisfaisant pas ces conditions aurait une probabilité extrêmement faible de persister à long terme.

Les différents constituants élémentaires de la matière sont susceptibles de se transformer les uns en les autres dans certaines conditions physiques. À l'échelle microscopique, les connaissances actuelles demeurent en grande partie provisoires, et de nombreux aspects de la structure fondamentale de la matière restent incertains. Afin d'organiser ces observations, la physique des particules s'appuie sur un ensemble de propriétés fondamentales — telles que la charge électrique, la masse, le spin, l'hélicité ou encore la « couleur » en chromodynamique quantique — qui servent de paramètres pour classifier les particules et décrire leurs interactions.

Ces caractéristiques ont permis d'élaborer un modèle de description de l'Univers, notamment le modèle standard de la physique des particules, qui présente une cohérence interne importante. Toutefois, ce cadre théorique comporte encore des limites et des paradoxes. Certaines observations expérimentales ou considérations théoriques pourraient conduire, à l'avenir, à modifier ou abandonner certaines hypothèses actuellement admises, ou à reformuler certaines théories fondamentales.

337

Par ailleurs, rien ne garantit de manière absolue que les unités de Planck —
temps, longueur, masse, énergie, température et charge électrique —
représentent effectivement des limites physiques invariantes. Bien qu'elles
soient définies à partir de constantes fondamentales et considérées comme
des échelles naturelles pour la physique fondamentale, il demeure possible
qu'elles ne correspondent pas aux plus petites unités réellement accessibles
à la mesure ou à la description physique.

• Au-delà de l'échelle dite du « mur de Planck », il est généralement admis
que les modèles physiques actuels perdent leur capacité descriptive. Dans
l'hypothèse envisagée ici, l'énergie initialement libérée pourrait se
manifester sous la forme d'une impulsion énergétique dont la dynamique ne
serait pas décrivable par les formalismes tensoriels utilisés dans la relativité
générale. Cette énergie se manifesterait alors sous forme de modes de très
haute fréquence dont les interactions et les interférences pourraient conduire
à la formation des premières particules primordiales.

Dans les phases initiales de l'Univers, les températures extrêmement élevées
— pouvant atteindre plusieurs milliards de degrés Kelvin — favoriseraient
les interactions entre ces particules primitives, qui pourraient
alternativement se combiner ou s'annihiler. Progressivement, les premières
structures stables apparaîtraient. Les atomes les plus légers se formeraient,
puis s'associeraient en molécules simples. Ces ensembles constitueraient
d'immenses nuages de gaz qui formeraient ultérieurement les premières
structures astrophysiques, telles que les étoiles et les planètes.

Dans ce contexte, la nucléosynthèse primordiale correspond à la formation
des premiers noyaux atomiques légers. Par la suite, les processus chimiques
permettraient l'apparition de molécules composées d'atomes différents,
stabilisées par des liaisons covalentes. Parallèlement à ces transformations,
la température moyenne de l'Univers poursuivrait sa diminution.

• À mesure que l'Univers évolue, les particules et les structures émergentes
tendent localement à se regrouper sous l'effet de leurs interactions,
notamment gravitationnelles. *Ce processus peut être comparé, de manière*

analogique, à la formation de grêlons résultant de la condensation progressive de gouttelettes dans un nuage refroidi. La gravitation devient progressivement l'un des mécanismes dominants dans l'organisation à grande échelle de la matière.

L'Univers peut alors apparaître comme le siège d'une dynamique résultant de deux tendances simultanées : d'une part une expansion globale associée au modèle du Big Bang, et d'autre part des processus locaux d'effondrement gravitationnel qui rappellent, à petite échelle, la dynamique d'un Big Crunch.

Dans cette perspective, le Big Bang peut être interprété comme la manifestation apparente d'une expansion généralisée de l'espace, souvent représentée de manière imagée comme une divergence radiale à partir d'un état initial très dense. À l'inverse, les phénomènes de type Big Crunch, correspondent à des processus localisés de concentration de la matière, conduisant à la formation progressive de structures de plus en plus massives.

Les particules et les flux de matière provenant de différentes régions de l'espace-temps participent à la mise en rotation de ces premiers regroupements matériels. Ces processus se déroulent dans un environnement où la densité énergétique moyenne diminue progressivement. Les interactions gravitationnelles, électromagnétiques et nucléaires commencent alors à jouer des rôles différenciés dans l'organisation de la matière. Malgré l'existence de régions localement très énergétiques, la température moyenne de l'Univers poursuit sa décroissance.

• La condensation progressive des nuages de gaz constitue une étape préalable à l'émergence d'une grande diversité de structures matérielles. Les particules lourdes et légères interagissent, se transforment et s'assemblent selon les conditions physiques locales. Les phénomènes de rayonnement thermique et de production de lumière visible résultent de ces interactions énergétiques.

À un stade plus avancé de cette évolution, l'attraction gravitationnelle conduit à la formation de galaxies qui regroupent une grande partie de la matière produite depuis les phases initiales de l'Univers. Ces galaxies peuvent elles-mêmes se rassembler en amas galactiques. Dans de nombreux cas, des trous noirs massifs se forment au centre des galaxies et jouent un rôle important dans leur dynamique interne.

Dans les régions proches de ces objets compacts, les effets gravitationnels deviennent particulièrement intenses. Cependant, en dépit de ces phénomènes de concentration locale de la matière, la dynamique globale de l'Univers continue de manifester ce qui apparaît comme une expansion à grande échelle. Parallèlement, la température moyenne du cosmos continue de diminuer.

• À différentes échelles de structure, on observe fréquemment des mouvements orbitaux. Les électrons sont généralement liés aux noyaux atomiques dans des états quantiques localisés. De manière analogue, les planètes gravitent autour des étoiles, et les étoiles se regroupent dans les galaxies. Dans de nombreuses galaxies, les mouvements orbitaux s'organisent autour d'un trou noir supermassif central.

Les amas de galaxies présentent également des mouvements dynamiques collectifs, parfois assimilables à des rotations autour d'un centre de masse commun, matérialisé ou non par une galaxie dominante. Ces amas peuvent eux-mêmes appartenir à des structures de plus grande échelle.

Toutefois, lorsque l'on observe l'Univers à très grande échelle, son organisation apparaît moins régulière. La distribution de la matière prend la forme d'un réseau cosmique caractérisé par des filaments de galaxies séparés par de vastes régions pauvres en matière visible.

Dans ces structures de grande échelle, les galaxies et les amas galactiques semblent suivre des trajectoires convergentes le long de ces filaments *telles nos rivières avec leurs affluents et leurs cours d'eau adjacents.* Les champs électromagnétiques et gravitationnels qui accompagnent ces flux de matière contribuent à structurer et à maintenir ces voies de circulation cosmique.

Les régions intergalactiques les plus étendues contiennent essentiellement un rayonnement résiduel et une matière très diffuse, constituée notamment de baryons dispersés. Une partie de cette matière pourrait progressivement être capturée par des objets compacts extrêmement massifs, désignés ici comme TNMM (trous noirs méga massifs), dans un Univers dont la température moyenne continue de décroître.

À très grande échelle, la distribution des galaxies et des amas galactiques dessine une structure tridimensionnelle comparable à une vaste trame filamenteuse. Cette organisation, observée aujourd'hui, correspond toutefois à l'image d'un Univers tel qu'il était dans le passé, en raison du temps nécessaire à la propagation de la lumière.

Les grandes régions apparemment vides de cette structure cosmique ne sont pas totalement dépourvues de contenu physique. Elles sont remplies d'un rayonnement de fond et de particules extrêmement diluées. Ce rayonnement ne constitue pas nécessairement une force répulsive au sens dynamique du terme, mais il contribue à l'impression que ces régions de faible densité s'étendent relativement aux zones plus concentrées en matière.

*Distendus à l'extrême, ces couloirs de circulation reliés et qui donnent l'impression de s'étirer, devraient finir par se rompre en segments distincts, en se densifiant toujours davantage. **Sans doute est-ce déjà ce qui se passe dans notre univers de proximité (et donc aussi hors de notre champ de vision, dans la totalité de notre Univers), bien que nous ne puissions en faire le constat par manque de recul.** Ces segments, vestiges de ce qui fut les chemins de la gravitation, vont poursuivre en interne le processus d'assemblage de la matière. <u>Chacune de ces concentrations détachées contribuera à former un TNMM dans un Univers refroidi.</u>*

À un stade très avancé de l'évolution cosmique, un grand nombre de trous noirs extrêmement massifs pourraient constituer les principales structures résiduelles de l'Univers. À mesure que l'expansion apparente se poursuit et que les structures intermédiaires disparaissent, ces objets compacts sembleraient s'éloigner les uns des autres à des distances toujours plus importantes. Dans un tel contexte, la température moyenne du cosmos poursuivrait sa diminution progressive.

341

Dans cette hypothèse, la dynamique globale de l'Univers tendrait vers un état de dispersion de plus en plus lente. L'évolution cosmique apparaîtrait alors comme ralentie, conséquence d'un milieu dont la densité énergétique moyenne deviendrait extrêmement faible.

• Dans un futur très éloigné, chaque trou noir très massif — désigné ici par l'acronyme TNMM — pourrait évoluer vers un état dans lequel son disque d'accrétion aurait disparu, faute de matière environnante disponible. Dans ces conditions, la température effective du système atteindrait des valeurs extrêmement basses.

L'environnement proche de ces objets compacts serait alors caractérisé par une quasi-absence de flux énergétiques macroscopiques. Il est possible d'envisager l'existence d'un état de matière extrêmement dilué, pouvant être décrit comme un plasma exotique. Ce milieu hypothétique pourrait présenter certaines propriétés analogues à celles des systèmes quantiques collectifs, présentant une conductivité très élevée ou des comportements proches de la superfluidité.

Dans un tel environnement, le trou noir continuerait à capturer les particules résiduelles encore présentes dans son voisinage. Par ailleurs, la diminution progressive de la rotation du trou noir entraînerait un affaiblissement puis la disparition du champ magnétique qui lui est associé.

• Le zéro absolu (0 kelvin, soit −273,15 °C) est généralement défini comme la limite inférieure de la température dans les systèmes thermodynamiques. Il correspond théoriquement à un état dans lequel l'énergie thermique d'un système atteint son minimum possible.

Cependant, dans la pratique physique, tout système matériel conserve toujours une énergie résiduelle minimale liée aux fluctuations quantiques et à l'énergie de point zéro. Ainsi, aucun corps réel ne peut être totalement dépourvu d'énergie ni complètement exempt d'interactions microscopiques.

Dans cette perspective, la notion de zéro absolu ne peut être compris que comme une limite théorique associée à nos échelles de mesure thermodynamiques, lesquelles reposent historiquement sur des phénomènes macroscopiques tels que les changements d'état de la matière (par exemple ceux de l'eau).

Dans l'hypothèse spéculative envisagée ici, l'état physique se rapprochant le plus d'un véritable minimum énergétique pourrait être atteint au sein de ces TNMM, à un stade très avancé de l'évolution cosmique, lorsque l'Univers aurait pratiquement épuisé toutes les formes d'interactions énergétiques organisées.

Le Cosmos multivers — entendu comme l'ensemble global des structures cosmologiques possibles — ne pourrait pas être décrit de manière pertinente en termes de température, celle-ci n'ayant de signification que dans des systèmes thermodynamiques localement définis.

Sous cet angle d'analyse, l'histoire de l'Univers pourrait être décrite, au moins partiellement, à partir de son évolution thermodynamique.

Cette interprétation diffère sensiblement de celle qui est le plus souvent admise dans le modèle cosmologique standard. Selon ce dernier, le refroidissement progressif de l'Univers résulterait essentiellement de l'expansion continue de l'espace, laquelle diluerait progressivement l'énergie et la matière.

Cette vision expansionniste peut apparaître cohérente du point de vue de l'observateur situé à l'intérieur du système cosmique qu'il observe. Toutefois, le paradigme d'un Univers en expansion illimitée, sans frontière spatiale ni temporelle clairement définie, tout en étant issu d'un événement initial qualifié de singulier, soulève encore de nombreuses interrogations fondamentales.

C'est pour cette raison que le modèle cosmologique de référence demeure, à bien des égards, un modèle théorique susceptible d'évolution. Bien qu'il fournisse une description très efficace de nombreux phénomènes observables, il comporte encore des zones d'incertitude et des tensions qui montrent que notre compréhension de la dynamique globale de l'Univers reste incomplète.

Univers et thermodynamique

1. L'énergie, bien qu'elle change continuellement de forme au cours de l'évolution cosmique, ne disparaît pas globalement. Elle se transforme entre différentes manifestations physiques — rayonnement, énergie cinétique, énergie potentielle, structures matérielles — sans perte totale du contenu énergétique du système considéré. Cette conservation globale est cohérente avec le premier principe de la thermodynamique, selon lequel l'énergie totale d'un système fermé demeure constante malgré les transformations qu'elle subit.

2. La mort thermique de l'Univers par effondrement, implique en l'absence de temps significatif, la cessation de toute forme d'entropie remarquable au sein des TNMM. Cela n'a rien de contradictoire avec *le second principe* de la thermodynamique qui prédit pour un système isolé un désordre croissant et irréversible. En effet, si la dispersion rétrograde se traduit par une entropie décroissante dans notre Univers, ce dernier, détaché arbitrairement de sa symétrie quantique, ne saurait être assimilé à un système isolé. En quête d'un relatif équilibre, il arrive que le désordre soit « fonctionnellement agencé ». C'est le cas du trou noir qui se met en marge de l'espace/temps. C'est aussi le cas dans une moindre mesure d'un organisme vivant. Leurs statuts semblent violer localement la seconde loi de la thermodynamique. Mais d'un autre côté, si l'environnement proche révèle un accroissement incontrôlable de désordre (disque d'accrétion pour le trou noir, retour à l'état minéral pour le vivant), ce n'est qu'une étape dans un processus global qui conduira néanmoins à résorber toute forme d'entropie, aucune forme d'énergie n'étant plus en mesure de se manifester dans un espace vide de matière et d'OEM.

3. En référence au troisième principe de la thermodynamique, on peut envisager que seul un système constitué d'un Univers et d'un anti-univers en interaction symétrique puisse représenter un système

344

complet du point de vue thermodynamique. Dans cette interprétation spéculative, la réunion progressive de ces deux composantes correspondrait à un état limite dans lequel les notions classiques de température et d'entropie perdraient leur signification physique. Un tel état renverrait à l'idée d'un Cosmos multivers, c'est-à-dire d'un modèle cosmologique plus large dans lequel l'Univers observable ne constituerait qu'une manifestation particulière d'un système symétrique plus général.

Dans une perspective théorique plus large, la thermodynamique quantique devrait alors prendre en compte les interactions discrètes entre états de symétrie quantique. Une telle description impliquerait que les particules puissent interagir avec leurs antiparticules selon des configurations d'ondes de même amplitude mais de phases opposées, conduisant à des phénomènes d'interférences destructrices.

Dans l'Univers actuel, les conditions nécessaires à ce type de correspondance exacte entre états quantiques apparaissent extrêmement improbables. Toutefois, on peut envisager que ces conditions deviennent progressivement réalisables à très long terme, lorsque l'énergie de l'Univers aurait perdu la diversité d'états et de configurations qui caractérise aujourd'hui son évolution dynamique.

Les symétries quantiques correspondantes pourraient alors, se trouver confinées dans des régions extrêmes de l'espace-temps associées à des singularités gravitationnelles. Les trous noirs — et, par analogie théorique, les trous blancs — pourraient alors représenter les manifestations complémentaires de ces états symétriques.

Selon cette interprétation, chaque trou noir pourrait correspondre à un système physique dont la contrepartie symétrique serait assimilable à un trou blanc. La représentation physique d'un trou blanc demeure cependant largement conjecturale. Dans la mesure où ces objets seraient également situés en dehors des descriptions classiques de l'espace-temps, leur interprétation reste essentiellement théorique.

345

Une question importante concerne la croissance apparente des trous noirs. Lorsqu'un trou noir absorbe de la matière et du rayonnement, son éqiuivalent-masse augmente et son horizon des événements s'étend. Cependant, l'observateur externe ne perçoit ce phénomène qu'indirectement, principalement à travers les processus énergétiques qui se produisent dans la région d'accrétion entourant le trou noir.

La décohérence quantique, qui correspond à la perte d'informations accessibles pour l'observateur macroscopique, pourrait contribuer à limiter notre compréhension directe des processus physiques se déroulant à proximité de l'horizon des événements.

Si l'on considère qu'un trou noir représente une singularité ou une rupture dans la structure classique de l'espace-temps, il est possible d'envisager que ce que nous interprétons comme un objet occupant un volume croissant corresponde en réalité à une modification du cadre spatio-temporel dans lequel il est inscrit. Dans cette perspective, la notion même de volume pourrait devenir ambiguë lorsqu'elle est appliquée à des régions où l'espace-temps cesse d'être défini de manière classique. **Ce que nous appelons trou noir serait localement une absence d'espace/temps.**

Cette absence locale d'espace/temps que seraient en réalité, les trous noirs, agit comme une cavité sans fond. Elle se manifeste comme un centre dépressionnaire attirant à lui, toute forme d'énergie à sa portée. Ce « vide » localisé d'espace/temps nous incite à faire un parallèle avec les effets gravitationnels des objets massifs attirant à eux la matière environnante. Cela nous conduit à attribuer aux trous noirs une masse qui n'a rien de réelle mais permet de la sorte, d'interpréter leur capacité à absorber les corps sous influence.

Maintenant, considérons que notre Univers est fini mais que l'espace/temps qu'il représente n'est pas véritablement borné. Nous serions tentés de faire un parallèle avec un tel effet dépressionnaire imaginé en périphérie de notre Univers. Mais ce parallèle qui pourrait contribuer à donner l'illusion d'un espace/temps en expansion, est-il fondé ?

La matière ordinaire, au terme de son évolution gravitationnelle, peut se trouver confinée dans des trous noirs. Il est possible d'envisager, plus spéculativement, que l'antimatière puisse suivre un processus analogue, éventuellement dans un contexte physique ou dimensionnel distinct.

Dans cette hypothèse, deux possibilités peuvent être envisagées. La première consisterait à supposer l'existence de deux types d'objets distincts : des trous noirs associés à la matière et des structures complémentaires — parfois assimilées à des trous blancs — associées à l'antimatière.

La seconde hypothèse, plus simple, consisterait à considérer que les trous noirs constituent le réceptacle final commun de la matière et de l'antimatière. Dans cette perspective, ces objets représenteraient les points de convergence ultimes de l'énergie transportée par les deux formes de matière.

À l'échelle atomique et moléculaire, la matière comme l'antimatière peuvent former des systèmes globalement neutres du point de vue électrique. Dans ces conditions, les interactions électromagnétiques entre structures macroscopiques constituées de matière et d'antimatière pourraient être fortement limitées. Cette propriété pourrait contribuer à expliquer la difficulté expérimentale à observer directement certaines formes d'antimatière à grande échelle.

Il reste néanmoins possible que matière et antimatière partagent certaines propriétés physiques fondamentales, notamment leurs effets gravitationnels. Les nombreux trous noirs présents dans l'Univers — dont la majorité échappe encore à l'observation directe — pourraient représenter les structures finales dans lesquelles l'énergie transportée par la matière comme par l'antimatière serait progressivement concentrée.

Une telle hypothèse, bien que spéculative, présente l'intérêt de proposer un cadre conceptuel susceptible d'apporter des éléments d'interprétation à plusieurs questions ouvertes de la cosmologie contemporaine.

Perception des phénomènes énergétiques et évolution radiative de l'Univers

Les notions de chaleur, de modification d'apparence ou de luminosité correspondent à des **perceptions sensorielles humaines** associées à certains phénomènes physiques. Dans les contextes naturels ou technologiques, ces manifestations sont souvent interprétées comme des indicateurs de risque ou d'intensité énergétique. Elles constituent cependant avant tout **des manifestations observables du comportement énergétique de la matière et du rayonnement**, indépendamment de l'interprétation émotionnelle ou subjective que l'on peut leur attribuer.

Dans une perspective cosmologique, on peut envisager que **l'évolution à long terme de l'Univers** se traduise par une diminution progressive de la fréquence moyenne des ondes électromagnétiques capables de transporter de l'énergie. Si l'expansion cosmique se poursuit indéfiniment, le phénomène de **décalage vers le rouge** entraînera un abaissement progressif de l'énergie des photons. Les rayonnements initialement très énergétiques pourraient alors être observés, à des échelles de temps cosmologiques, sous des longueurs d'onde de plus en plus grandes.

Dans cette optique, les photons de haute énergie pourraient progressivement correspondre, dans le spectre visible, à des radiations associées aux couleurs vertes, puis jaunes et enfin rouges. Il convient toutefois de rappeler que ces couleurs **ne possèdent aucune réalité physique absolue** : elles correspondent uniquement à la traduction perceptive que le système visuel humain attribue à certaines longueurs d'onde du spectre électromagnétique, notamment lorsque ces ondes sont décomposées par un prisme.

À mesure que leur fréquence diminue, les photons transportent **moins d'énergie individuelle**, ce qui réduit leur capacité à interagir avec la matière, notamment avec les électrons. Des particules très faiblement énergétiques, telles que les **neutrinos fossiles issus des premières phases de l'Univers**, présentent déjà des sections efficaces d'interaction extrêmement faibles avec la matière. Ils contribuent ainsi, au même titre que les photons de très basse fréquence, à différents **fonds diffus cosmologiques**.

Il convient également de rappeler que l'énergie transportée par un photon est proportionnelle à sa fréquence. Ainsi, **plusieurs photons de faible fréquence** ne reproduisent pas nécessairement les effets d'un **photon unique de haute fréquence**, notamment dans les phénomènes quantiques impliquant des seuils énergétiques spécifiques, comme certaines transitions électroniques.

Dans une perspective très spéculative concernant l'évolution ultime de l'Univers, l'espace intersidéral pourrait être dominé par un **rayonnement résiduel extrêmement dilué**, situé aux grandes longueurs d'onde du domaine radio. Ce rayonnement constituerait une trace énergétique très affaiblie des processus astrophysiques passés.

Dans l'hypothèse théorique introduite ici sous le terme de **TNMM**, ces reliquats radiatifs pourraient éventuellement être absorbés ou piégés par des structures cosmologiques saturées d'énergie, dont la nature physique resterait à préciser.

Hypothèses spéculatives relatives au TNMM et à l'état de la matière dans les trous noirs(qui peut affirmer que l'astrophysique est une science achevée ?)

Les propositions qui suivent concernant le **TNMM** relèvent d'une démarche explicitement hypothétique. L'astrophysique contemporaine demeure une discipline en évolution, et de nombreux phénomènes extrêmes — notamment ceux associés aux trous noirs — restent imparfaitement compris.

Dans l'environnement observable quotidien, la matière se présente sous **trois états macroscopiques principaux : solide, liquide et gazeux**. Ces états correspondent à différentes configurations d'organisation et d'interaction des particules constituantes, lesquelles occupent un volume donné avec des degrés variables de cohésion et de mobilité.

À des niveaux d'énergie plus élevés, la matière peut adopter un **quatrième état**, le plasma, dans lequel les atomes sont partiellement ou totalement

349

ionisés. Ce type d'état apparaît dans plusieurs contextes astrophysiques : plasma primordial de l'Univers jeune, plasma extrêmement dense au cœur des étoiles ou encore plasma présent dans les environnements proches des trous noirs.

On peut considérer que les énergies thermique et mécanique participent conjointement à l'évolution de ces systèmes, l'**entropie** caractérisant le degré de désordre ou de dispersion énergétique. Dans les états fortement ionisés, les particules peuvent se trouver dans des régimes dynamiques complexes où leurs propriétés collectives dominent les comportements individuels.

Dans le cas particulier des **trous noirs**, certaines hypothèses envisagent qu'au-delà de l'horizon des événements, les particules pourraient perdre les propriétés qui les distinguent dans la physique des particules classique. Dans cette perspective spéculative, l'état interne du système pourrait correspondre à une forme de **configuration énergétique extrêmement compacte**, dont la description actuelle reste inconnue.

Pour donner une représentation simplifiée — bien que très approximative — on pourrait imaginer que cet état s'apparente à une forme d'onde confinée ou stationnaire, caractérisée par l'absence de paramètres oscillatoires clairement définis tels que fréquence ou longueur d'onde mesurables.

Il convient de distinguer cet état hypothétique de celui du **plasma stellaire**, qui correspond plutôt à un milieu dense composé d'ions et d'électrons libres soumis à des températures et pressions extrêmement élevées.

Interprétation possible des trous noirs dans cette perspective

Un trou noir pourrait être envisagé — de manière hypothétique — comme un système assimilable à un **plasma extrême présentant certaines propriétés analogues à la superfluidité**. Un tel état impliquerait une dynamique radiative particulière et pourrait correspondre à une configuration dans laquelle les interactions ordinaires deviennent négligeables.

Dans un tel régime, certains modèles spéculatifs suggèrent que la description en termes d'espace-temps classique pourrait perdre sa validité, ce qui rendrait l'analyse directe impossible dans le cadre actuel de la relativité générale.

Tout objet franchissant l'**horizon d'accrétion** d'un trou noir perdrait alors les caractéristiques physiques observables dans l'espace extérieur. Les particules de type **fermionique (spin demi-entier)**, telles que quarks et leptons, pourraient ne plus conserver leurs propriétés distinctives habituelles (charge, spin ou structure interne identifiable). La description physique du système pourrait alors se réduire à l'équivalence fondamentale **masse-énergie**.

Dans ce contexte extrême, et par analogie avec les conditions supposées de l'Univers primordial avant le **temps de Planck**, les interactions nucléaires et électromagnétiques pourraient ne plus se manifester sous leurs formes habituelles. Les phénomènes gravitationnels eux-mêmes pourraient alors adopter une nature différente de celle décrite par la relativité classique. **Les effets gravitationnels du trou noir résulteraient du fait qu'il crée dans l'espace/temps que nous occupons, en quelque sorte, une percée entrouverte sur le Cosmos multivers.**

Une interprétation possible — bien que hautement spéculative — consisterait à envisager le trou noir comme une **interface ou discontinuité entre notre espace-temps et une structure cosmologique plus large**, éventuellement décrite comme un multivers.

Structure possible et dynamique périphérique des trous noirs

Il est envisageable que la matière ou l'énergie contenue dans un trou noir ne soit pas parfaitement homogène. Une hypothèse consiste à considérer l'existence d'une **région périphérique présentant une densité légèrement plus faible** que celle du cœur du système.

Dans cette zone limite, certains processus dynamiques pourraient subsister. Des mouvements collectifs pourraient alors renvoyer une fraction de matière ou d'énergie vers le **disque d'accrétion** entourant le trou noir. Sous l'effet de la rotation et de l'inertie du disque, une partie de cette matière pourrait être éjectée le long de l'axe de rotation, phénomène observé dans certains systèmes astrophysiques sous forme de **jets relativistes**.

Ces jets pourraient être associés à la présence de **champs magnétiques générés par les mouvements du plasma dans le disque d'accrétion**, mécanisme analogue à un effet dynamo.

Hypothèse sur la structure magnétique interne

Malgré le caractère spéculatif de ces considérations, on peut envisager qu'un trou noir actif ne présente pas nécessairement d'activité interne détectable sous forme de mouvements ou d'interactions observables.

Dans cette hypothèse, le système pourrait contenir **deux configurations magnétiques potentielles opposées**, associées aux deux hémisphères définis par l'axe de rotation du disque d'accrétion. Ces structures pseudo-vectorielles pourraient partager un point de convergence virtuel situé au centre du trou noir.

Les extrémités de l'axe de rotation du disque d'accrétion pourraient alors correspondre à une configuration dans laquelle **un même pôle magnétique se manifeste de part et d'autre de cet axe**.

Dans les modèles astrophysiques actuels, il est généralement admis que **le trou noir lui-même n'émet pas directement de champ magnétique**. Les champs observés proviennent essentiellement du **plasma ionisé du disque d'accrétion**, dont les mouvements peuvent générer des champs magnétiques intenses par effet dynamo.

Hypothèse d'une absence d'excitation interne dans les trous noirs

Une hypothèse possible consiste à considérer que, dans les régions internes d'un trou noir, aucun phénomène ne pourrait correspondre à un **champ**

d'énergie dynamique au sens habituel de la physique des champs. Toute excitation électromagnétique ou magnétique y serait impossible. Les interactions observables seraient alors limitées aux phénomènes se produisant **à proximité immédiate de la surface définie par l'horizon des événements**.

Si cette hypothèse était correcte, les phénomènes astrophysiques observés — tels que les **jets relativistes accompagnés d'émissions de rayonnements X et gamma**, associés aux disques d'accrétion des trous noirs actifs ou à l'effondrement d'étoiles massives — soulèveraient certaines interrogations. Il conviendrait notamment de se demander si **l'interprétation actuelle des processus électromagnétiques associés aux trous noirs actifs** décrit correctement la réalité physique de ces systèmes.

Analogie avec les phénomènes de supraconductivité

Pour explorer cette question, on peut introduire une analogie avec certains phénomènes connus de **physique de la matière condensée**. À très basse température, et sous certaines conditions de pression et de densité, les atomes d'un solide voient leurs mouvements thermiques fortement réduits. Dans certains métaux refroidis, il apparaît alors un état de **supraconductivité** caractérisé par la disparition de la résistance électrique.

Dans ce régime, les électrons peuvent se déplacer collectivement à travers le réseau cristallin sans diffusion significative. Le courant électrique circule alors sous forme d'un flux cohérent d'électrons, sans dissipation d'énergie par interaction avec les atomes du réseau.

Dans un tel système, les noyaux atomiques demeurent relativement fixes, tandis que les électrons circulent dans des canaux de conduction. L'énergie du système se conserve mais ne se manifeste pas sous forme de dissipation thermique ou de friction.

Application spéculative au cas des trous noirs

En transposant cette analogie — de manière très spéculative — au cas des trous noirs, on pourrait imaginer un état dans lequel **les processus entropiques internes deviennent négligeables**. Dans une telle configuration hypothétique, les degrés de liberté associés aux particules élémentaires disparaîtraient progressivement.

L'espace disponible pour le déplacement des constituants élémentaires de la matière pourrait également devenir inexistant. Les structures qui correspondaient auparavant aux électrons, aux noyaux ou aux particules élémentaires ne conserveraient plus leur identité physique.

Un trou noir ne pourrait pas générer **de champ magnétique intrinsèque**, les conditions nécessaires à l'existence de charges en mouvement étant absentes. Les phénomènes électromagnétiques observés dans l'environnement proche d'un trou noir actif seraient alors essentiellement associés **au disque d'accrétion et au plasma environnant**, plutôt qu'au trou noir lui-même.

Une hypothèse complémentaire consisterait à considérer que les champs électromagnétiques liés à la matière capturée par le trou noir seraient progressivement neutralisés par les processus physiques intervenant dans le disque d'accrétion. Les structures magnétiques observées pourraient alors résulter de **l'interaction entre le plasma du disque et la dynamique de rotation de la galaxie hôte**.

Dans ce cas, les lignes de champ magnétique pourraient former des structures en boucle autour du trou noir, donnant l'impression d'une configuration spiralée convergeant vers la région équatoriale du système. Cette géométrie pourrait produire, du point de vue de l'observateur, un comportement apparent rappelant celui d'un **monopôle magnétique**, bien qu'un tel objet n'ait jamais été observé expérimentalement.

Caractéristiques hypothétiques de l'état interne d'un trou noir

Dans cette perspective spéculative, un trou noir pourrait être décrit comme un système présentant plusieurs propriétés extrêmes :

1. Un milieu analogue à un supraconducteur, dépourvu de champ magnétique intrinsèque, par analogie avec l'effet Meissner observé dans certains matériaux supraconducteurs.
2. Un plasma radiatif exotique, dans lequel les distinctions entre les différents degrés de liberté quantiques deviendraient indiscernables.
3. Un état thermodynamique extrêmement froid, caractérisé par l'absence d'interactions dissipatives détectables.
4. Un condensat d'énergie fortement compactifié, pouvant présenter des propriétés analogues à celles d'un fluide quantique, mais sans possibilité d'écoulement dans un espace interne identifiable.

Limites imposées par la relativité générale

Malgré ces propriétés extrêmes, les trous noirs ne semblent pas se soustraire totalement aux lois de la **relativité générale**, puisque leur structure gravitationnelle reste définie par l'espace-temps dans lequel ils se sont formés.

Il est possible que l'effondrement gravitationnel de la matière ne puisse pas se poursuivre indéfiniment au-delà d'une **densité critique d'énergie**, correspondant à un état où l'espace disponible devient négligeable. À proximité de cette limite, la dilatation gravitationnelle du temps deviendrait extrême, donnant l'impression que les processus internes sont pratiquement figés.

Dans un tel état, photons et particules massives pourraient être décrits comme convergeant vers une **configuration énergétique indifférenciée**.

Hypothèse cosmologique : effondrement final et symétrie cosmique

Dans une perspective cosmologique encore plus spéculative, cet état pourrait représenter une phase intermédiaire précédant un **effondrement global du système cosmique**. Un tel processus rappellerait le scénario d'un

Big-Crunch, dans lequel l'énergie de l'Univers serait reconcentrée dans une configuration symétrique.

La dynamique globale du cosmos pourrait être interprétée comme une évolution entre deux états symétriques caractérisés par une **chiralité spatio-temporelle opposée**, résultant du Big-Bang initial.

Si l'intérieur d'un trou noir correspond à une région dépourvue d'espace interstitiel et d'interactions observables, les descriptions fondées sur la **relativité générale et la mécanique quantique** pourraient perdre leur validité dans cette zone limite.

Point de vue de l'observateur extérieur

Pour un observateur situé à l'extérieur du trou noir, la dilatation gravitationnelle du temps implique que les processus se déroulant à proximité de l'horizon des événements apparaissent **de plus en plus ralentis**, jusqu'à sembler pratiquement figés. Le trou noir se manifeste alors comme une singularité gravitationnelle située en dehors du domaine directement observable. **Notre Univers pourrait se voir comme un vaste trou noir fragmenté en formation, duquel rien ne peut échapper, pas même sa symétrie d'origine quantique.**

Évolution hypothétique d'un Univers en phase terminale

Dans un scénario d'évolution cosmologique à très long terme, on peut envisager que l'Univers atteigne un état dans lequel les structures décrites ici comme **TNMM** ne seraient plus alimentées par de l'énergie libre.

Dans ce contexte, l'absence de matière accrétable entraînerait la disparition progressive des disques d'accrétion, et par conséquent celle des phénomènes électromagnétiques associés. Les interactions de surface cesseraient alors, et les champs magnétiques deviendraient négligeables.

Si le rayonnement et la matière diffuse interstellaire disparaissaient également, les structures gravitationnelles restantes pourraient tendre vers un **regroupement progressif**, conduisant à une configuration cosmique fortement compactifiée.

Dans l'hypothèse d'un système cosmologique constitué de deux univers en symétrie quantique, cette évolution pourrait être interprétée comme une phase finale d'effondrement global analogue à un **Big-Crunch dominé par les trous noirs**.

Interprétation gravitationnelle et géométrique des trous noirs

En raison de l'absence de référentiel interne accessible, on pourrait considérer que **ce n'est pas le trou noir qui se déplace dans l'espace**, mais plutôt que la matière et l'énergie environnantes suivent les trajectoires qui convergent vers son horizon gravitationnel.

Dans cette perspective géométrique, les trous noirs pourraient être interprétés comme **des régions extrêmes de déformation de l'espace-temps**, comparables à des passages ou des discontinuités reliant différentes régions d'un espace cosmique plus vaste.

Leur évolution pourrait conduire, à très long terme, à une convergence de ces structures extrêmes, restituant l'énergie globale du système cosmique à une configuration symétrique plus fondamentale.

Dans cette vision spéculative, l'Univers observable pourrait lui-même être envisagé comme un système gravitationnel global évoluant vers un état de **concentration énergétique croissante**, analogue à une structure de type trou noir à très grande échelle.

Hypothèse des trous de ver et relation entre expansion et effondrement cosmique

Le concept de **trou de ver**, souvent associé aux solutions particulières des équations de la relativité générale, constitue une hypothèse théorique intéressante. Dans certains modèles, ces structures relieraient deux régions distinctes de l'espace-temps. Elles sont parfois envisagées comme pouvant apparaître en association avec des **trous noirs**, et être reliées à des objets hypothétiques appelés **trous blancs**, qui représenteraient l'inverse temporel des trous noirs.

Dans cette perspective spéculative, un trou de ver pourrait être interprété comme une connexion géométrique reliant différentes phases de l'évolution cosmique, permettant d'établir un lien entre la phase initiale d'expansion — associée au Big Bang — et une phase finale d'effondrement gravitationnel global.

État radiatif d'un Univers en phase terminale

Dans un scénario d'évolution cosmologique à très long terme, un Univers parvenu à une phase dite de « fin de vie » pourrait être caractérisé par une **densité d'énergie extrêmement faible**. Les photons encore présents dans l'espace intersidéral auraient alors subi un décalage vers le rouge très important, conduisant à des **longueurs d'onde comparables aux dimensions cosmologiques**.

Dans un tel contexte, leur énergie individuelle deviendrait négligeable et leurs interactions avec la matière pratiquement inexistantes. L'Univers serait alors dominé par un rayonnement extrêmement dilué, dont l'intensité serait proche de zéro à l'échelle locale.

Dans l'hypothèse introduite précédemment sous la dénomination **TNMM**, ces photons résiduels pourraient éventuellement être absorbés par des structures gravitationnelles extrêmes. La quasi-absence de matière et de rayonnement intermédiaires dans l'espace pourrait favoriser une convergence rapide de ces reliquats énergétiques vers ces régions.

Cette phase ultime pourrait être interprétée comme un **événement de reconcentration énergétique global**, se manifestant sous la forme d'une transition cosmologique comparable, dans son principe, à une nouvelle phase d'expansion.

358

Hypothèse d'un renouvellement cosmologique

Un **Big Bang de seconde génération** pourrait alors apparaître comme la conséquence d'un effondrement global antérieur. Un tel processus effacerait les conditions thermodynamiques extrêmes — décrites ici comme une « dépression froide » — qui caractérisaient l'état final du système cosmique précédent.

Cette interprétation conduit à envisager l'évolution cosmologique comme une succession possible de **cycles de transformation**, dans lesquels chaque phase d'expansion serait précédée d'une phase d'effondrement énergétique.

Dans une telle vision, les états passés de l'Univers ne seraient pas conservés sous forme d'une continuité historique directe. Chaque phase d'expansion reconstruirait un **nouvel état cosmique**, possédant ses propres conditions initiales et déterminant l'évolution future du système.

Limites conceptuelles dans le cadre d'un multivers

Si l'on adopte l'hypothèse d'un **Cosmos multivers**, la notion de localisation ou de déplacement global perd une grande partie de sa signification physique. Les univers individuels constituant un tel ensemble ne partageraient pas nécessairement un espace commun ni un référentiel global permettant de définir des distances ou des relations de voisinage.

Dans cette perspective, les systèmes décrits comme **univers binaires en symétrie opposée** ne pourraient pas entretenir de relations spatiales directes comparables à celles observées entre objets astrophysiques dans notre Univers.

Dimension spéculative et rôle de l'exploration théorique

Les hypothèses présentées ici s'écartent naturellement des modèles interprétatifs actuellement dominants en cosmologie. Elles doivent donc être considérées comme **des propositions**, visant à explorer des possibilités nouvelles plutôt qu'à décrire un modèle physique établi.

Cependant, l'histoire des sciences montre que les progrès de la connaissance résultent souvent de la confrontation entre les théories établies et **des hypothèses nouvelles qui remettent en question les thèmes de réflexion existants**. L'exploration de scénarios cosmologiques alternatifs peut ainsi contribuer à enrichir la réflexion théorique et à ouvrir de nouvelles pistes de recherche.

XXIV <u>**Pourquoi sous-titrer ce livre : contes et légendes ?**</u>
(Voudrait-on nous faire prendre des vessies pour des lanternes ?)

Il convenait de proposer un titre plus évocateur, en adéquation avec le développement présenté. Il n'est d'ailleurs pas inutile de rappeler que de nombreux contes et légendes trouvent leur origine dans des phénomènes mal compris ou difficilement acceptés. Ces récits constituent souvent des tentatives d'interprétation où se mêlent perception partielle, imagination et apparence de réalité.

L'être humain peut être considéré comme un explorateur et un chercheur potentiel, souvent sans en avoir pleinement conscience. Dans cette dynamique de compréhension du monde, la physique moderne a élaboré une représentation de l'Univers fondée sur l'existence d'entités élémentaires appelées particules. Ces dernières ont été identifiées, classifiées et décrites selon un ensemble de propriétés permettant de caractériser leurs interactions. Chaque type de particule se distingue ainsi par une manière spécifique d'interagir avec les autres et de participer à des phénomènes d'interférence ou d'échange d'énergie.

Toutefois, il est possible d'envisager une hypothèse différente de la représentation la plus couramment admise. Les particules pourraient ne pas constituer des entités fondamentales distinctes, mais correspondre à des manifestations particulières d'un même substrat physique. Dans cette perspective, elles pourraient être interprétées comme des paquets d'ondes décrits par des fonctions d'onde et placés dans une superposition d'états potentiels. L'état effectivement observé résulterait alors du processus de mesure, c'est-à-dire de l'interaction entre le système quantique et l'environnement de l'observateur. La décohérence quantique représenterait précisément la transition entre cette description en termes de superposition d'états et l'apparition d'un état déterminé compatible avec une observation macroscopique.

La réalité qui nous est familière correspond ainsi à une description effective, accessible à notre échelle d'observation et conforme à nos capacités perceptives. Elle ne reflète pas nécessairement la nature fondamentale des phénomènes, mais plutôt la manière dont ceux-ci se manifestent dans un contexte compatible avec nos instruments de mesure et nos modes de représentation.

361

Dans ce contexte, la notion de particule répond essentiellement à un besoin descriptif. Elle permet de formuler une représentation cohérente des phénomènes observés en accord avec une logique progressivement élaborée par l'expérience et l'analyse expérimentale. La représentation de corps localisés, possédant des coordonnées spatiales et évoluant dans un espace donné, constitue ainsi une construction de l'esprit permettant d'appréhender des phénomènes se produisant à l'échelle quantique. La difficulté demeure toutefois de relier les descriptions abstraites de la mécanique quantique aux phénomènes macroscopiques qui composent l'environnement observable.

L'environnement spatio-temporel dans lequel ces phénomènes sont décrits peut être considéré comme une structure nécessaire à l'organisation de l'expérience par l'observateur. L'espace et le temps fournissent un référentiel permettant d'attribuer une signification et une cohérence aux phénomènes observés. Cependant, les processus fondamentaux susceptibles d'être à l'origine de ces phénomènes — par exemple des interactions discrètes entre particules et antiparticules — échappent largement à l'intuition et à l'analyse directe de l'observateur.

Cette difficulté a conduit les physiciens à élaborer un modèle théorique structuré, représenté notamment par le tableau des particules élémentaires et par le modèle standard de la physique des particules. Ce modèle propose une description cohérente des constituants fondamentaux de la matière et de leurs interactions. L'introduction de la notion de particule permet en particulier d'éviter le recours à la fonction d'onde, concept central de la mécanique quantique mais souvent perçu comme abstrait et difficilement manipulable dans l'intuition courante.

Dans cette représentation, une particule est caractérisée par un ensemble de paramètres physiques tels que la masse, la charge électrique, le spin, l'hélicité ou encore certains nombres quantiques spécifiques comme la couleur ou la saveur. Toutefois, ces propriétés ne se manifestent véritablement que dans le cas d'interactions observables. Par exemple, la fonction d'onde associée à un électron libre, isolé de toute interaction avec une charge opposée, ne révélerait pas directement l'existence de sa charge électrique. Celle-ci ne devient effectivement observable qu'à travers les interactions avec d'autres particules. Ainsi, les propriétés attribuées aux particules apparaissent en grande partie comme des caractéristiques opérationnelles révélées par les processus d'interaction.

362

Dans cette perspective, l'état de superposition qui caractérise un système quantique — interprété ici comme un paquet d'ondes pouvant être associé à une particule — dépend du contexte d'observation et du référentiel considéré. La relativité du temps et l'absence de simultanéité pour des observateurs éloignés impliquent que différents observateurs peuvent décrire un même système selon des états différents, chacun étant lié à son propre référentiel d'observation.

Par ailleurs, si une particule élémentaire ne peut être strictement associée à une occupation spatiale classique, le contexte spatio-temporel dans lequel elle est décrite pourrait relever essentiellement de la présence d'un observateur et de l'organisation qu'il impose aux phénomènes étudiés. Dans ce sens, l'espace et le temps apparaîtraient davantage comme des structures de description que comme des propriétés intrinsèques du système quantique lui-même.

Dans ces conditions, les grandeurs utilisées pour définir et quantifier l'énergie d'une particule — telles que sa vitesse, ses mouvements internes, son accélération ou sa masse — peuvent être évaluées différemment par des observateurs situés dans des référentiels distincts. Ces différences d'évaluation ne sont pas nécessairement perceptibles pour les observateurs eux-mêmes, mais elles traduisent le caractère fondamentalement relatif de toute description physique.

Il en résulte que la représentation que nous construisons de l'Univers demeure nécessairement locale et partielle. Même lorsque nos analyses reposent sur des ensembles de données très riches concernant des phénomènes précis, elles ne nous donnent accès qu'à une description limitée de la réalité physique. À notre échelle d'observation, il demeure difficile d'appréhender la nature profonde de l'Univers, qui pourrait simultanément présenter un caractère multiple dans ses manifestations et unifié dans sa structure fondamentale.

Dématérialiser ce que nous avons pris l'habitude de représenter, pour des raisons ontologiques et descriptives, sous la forme d'objets ou de corpuscules constitue un exercice déstabilisant. Il est en effet difficile d'imaginer un objet — entendu comme un ensemble de particules — lorsque ces particules elles-mêmes sont décrites, en physique quantique, comme des paquets d'ondes pouvant exister dans une superposition d'états et ne possédant pas nécessairement d'occupation spatiale bien définie.

363

La difficulté principale tient au fait que notre perception et notre mode de représentation intellectuelle reposent sur une tendance irrépressible à localiser les phénomènes dans l'espace et à les inscrire dans une succession temporelle. Notre référentiel spatio-temporel local constitue ainsi le cadre à l'intérieur duquel nous organisons l'observation et l'interprétation des phénomènes. Or ce cadre impose des limites à notre compréhension : il fournit une représentation cohérente du monde observable, mais il apparaît de plus en plus clairement qu'il ne permet d'accéder qu'à une fraction restreinte de la réalité physique sous-jacente.

Dans sa formulation initiale, le modèle standard de la physique des particules reposait sur un ensemble relativement restreint d'entités fondamentales. Il comprenait notamment douze particules de matière — les fermions — organisées en différentes familles. À ces particules s'ajoutait le photon, particule dépourvue de masse associée au champ électromagnétique. Le photon joue un rôle central dans les interactions électromagnétiques, en assurant le transport de l'énergie et de l'information sous forme de quanta du champ électromagnétique. Il agit ainsi comme médiateur des interactions entre particules chargées.

Par analogie avec ce rôle médiateur du photon, la théorie a introduit d'autres particules vectrices d'interactions, les bosons de jauge, afin de rendre compte des interactions nucléaires et des différentes forces fondamentales. Ces bosons sont supposés assurer la médiation des interactions entre particules massives dans un modèle standard formalisé. Toutefois, on peut se demander si cette extension ne repose pas en partie sur une généralisation analogique du rôle du photon dans l'électromagnétisme.

Au fur et à mesure de l'amélioration des modèles théoriques et de la précision des observations expérimentales, certains phénomènes prédits par la relativité ou par le modèle standard ont continué de poser des difficultés d'interprétation. Pour tenter d'y répondre, divers théoriciens ont proposé l'existence de nouvelles particules dotées de propriétés spécifiques susceptibles d'expliquer ces anomalies ou ces lacunes théoriques.

Dans ce contexte, différentes hypothèses ont introduit de nouvelles entités telles que les préons, les squarks, les selectrons, les neutrinos stériles, les gluinos, les photinos, les gravitons ou encore le boson de Higgs. L'allongement progressif de cette liste de particules hypothétiques peut être interprété de deux manières : soit comme le signe d'un approfondissement

364

progressif de notre compréhension, soit comme l'indication que notre représentation actuelle des constituants fondamentaux de la matière demeure incomplète.

Il est alors légitime de se demander s'il ne conviendrait pas de revenir à certaines hypothèses plus fondamentales. Une possibilité consisterait à considérer que les particules de matière ne sont que des manifestations phénoménologiques associées à des points d'énergie élémentaires, sans dimension spatiale et indépendants du temps tel que nous le concevons. Dans cette perspective, les interactions quantiques et les différents phénomènes physiques observés pourraient être interprétés comme les manifestations locales d'un processus plus général tendant vers un état d'équilibre cosmologique.

Une fois débarrassée de certaines représentations idéologiques introduites pour faciliter la modélisation — mais qui restent néanmoins indispensables à une approche méthodique — l'image de l'Univers qui en résulterait pourrait s'écarter sensiblement de celle que nous avons l'habitude d'envisager.

Sur l'interaction forte

Afin d'expliquer la cohésion des quarks au sein des nucléons — protons et neutrons — la physique théorique a introduit l'idée d'une interaction extrêmement intense, mais de portée très courte, appelée interaction forte. Les quarks étant eux-mêmes inobservables à l'état isolé, l'existence de cette interaction a été déduite indirectement à partir des propriétés des hadrons.

Dans le modèle standard, cette interaction est médiatisée par des particules appelées gluons, classées parmi les bosons de jauge. Les gluons sont supposés être dépourvus de masse et de charge électrique afin de ne pas modifier les propriétés fondamentales des quarks. Ils possèdent en revanche une propriété spécifique appelée « charge de couleur », qui conduit à distinguer plusieurs types de gluons, généralement décrits comme huit états possibles.

365

Cependant, si l'on adopte une interprétation plus radicale dans laquelle les quarks seraient considérés comme des entités quantiques virtuelles appartenant à une superposition d'états potentiels, certaines hypothèses alternatives deviennent envisageables. Dans cette perspective, les distinctions entre quarks de type « up » et « down » pourraient correspondre à différentes manifestations d'un même état fondamental.

Une telle interprétation pourrait conduire à remettre en question la nécessité d'introduire des particules médiatrices spécifiques telles que les gluons. Une autre hypothèse consisterait à considérer que les hadrons — et en particulier les nucléons, constitués de trois quarks — ne doivent pas être assimilés à des structures localisées dans un espace au sens classique.

Par ailleurs, dans le domaine de la mécanique quantique, la notion de temps ne joue pas nécessairement le même rôle qu'à l'échelle macroscopique. Avant l'échelle de Planck, le temps tel que nous le concevons perd en grande partie sa signification physique. Ce n'est qu'à des échelles supérieures — notamment à l'échelle supra-atomique — que la notion de temps devient pertinente dans la description des phénomènes physiques.

Dans cette perspective, la symétrie quantique fondamentale pourrait jouer un rôle déterminant dans l'organisation interne des nucléons. Les propriétés observées de ces particules composites pourraient résulter d'équilibres dynamiques entre états superposés, ces équilibres intervenant de manière non directement observable dans la distribution interne des charges et des énergies.

Tous les hadrons ne sont pas stables. Certaines configurations plus complexes peuvent exister brièvement, comme les tétraquarks (composés de quatre quarks) ou les pentaquarks (composés de cinq quarks). Les mésons, quant à eux, sont constitués d'un quark et d'un antiquark. Ces différentes configurations appartiennent toutes à la famille des hadrons, mais leur stabilité varie fortement.

La plupart de ces structures composites possèdent des durées de vie extrêmement brèves et sont généralement produites dans des conditions expérimentales particulières, par exemple lors de collisions de haute énergie dans des accélérateurs de particules. Il est théoriquement possible d'imaginer d'autres configurations encore plus complexes — par exemple des hadrons composés de six quarks — mais leur existence serait probablement tout aussi éphémère.

Ces particules composites apparaissent souvent comme des configurations exotiques résultant de conditions expérimentales extrêmes. Elles ne participent pas nécessairement à la structure stable de la matière ordinaire dans l'Univers actuel. Les expériences réalisées dans des installations telles que celles du CERN permettent néanmoins de produire et d'observer ces états transitoires, qui constituent en quelque sorte des structures quantiques temporaires.

L'étude de ces particules éphémères vise à tester la validité du modèle standard et à explorer ses éventuelles limites. Toutefois, l'introduction progressive de nouvelles particules dans les modèles théoriques tend également à complexifier la description globale des constituants fondamentaux de la matière.

À l'échelle cosmologique actuelle, la matière stable semble essentiellement constituée de nucléons — protons et neutrons — eux-mêmes formés de trois quarks appartenant à la première génération de particules fondamentales. Ces structures apparaissent comme les briques élémentaires de la matière baryonique.

Une question demeure alors ouverte : pourquoi les quarks semblent-ils ne posséder de stabilité durable que lorsqu'ils sont confinés par groupes de trois au sein des nucléons ? Quelle est la nature profonde du mécanisme qui assure ce confinement ?

On peut avancer, de manière spéculative, que cette structure tripartite présente une analogie formelle avec les trois dimensions spatiales qui encadrent toutes nos observations. Dans cette hypothèse, le confinement des quarks par groupes de trois pourrait correspondre à une configuration énergétique particulièrement stable dans un espace à trois dimensions.

Dans ce cas, les quarks confinés formeraient une structure énergétique collective extrêmement compacte, dans laquelle les interactions internes ne correspondraient pas nécessairement à des forces distinctes, mais plutôt à un état d'équilibre au sein d'un champ d'énergie complexe ne possédant pas d'extension spatiale classique. L'introduction d'une interaction spécifique appelée « force forte » constituerait alors essentiellement un artifice destiné à décrire ce phénomène sans en résoudre nécessairement la question fondamentale.

Depuis un point de référence donné, l'espace euclidien peut être représenté géométriquement par un volume assimilable à celui d'une sphère, qu'elle soit de dimension finie ou indéterminée. La sphère possède en effet la propriété d'être une surface fermée qui, pour un périmètre donné, maximise le volume qu'elle peut contenir. Le volume d'une sphère est déterminé par la connaissance de son rayon r, selon la relation $\frac{4}{3}\pi r^3$, qui exprime une dépendance cubique caractéristique.

Cette relation n'est pas sans rappeler celle qui permet de déterminer le volume d'un cube de côté a, donnée par l'expression a^3. Le cube constitue lui aussi une figure géométrique remarquable par sa régularité, sa symétrie et l'égalité de ses faces carrées. Dans les deux cas, la description volumique repose sur une dépendance cubique caractéristique de l'espace tridimensionnel.

Toute portion d'espace peut alors, être décrite comme une grandeur scalaire susceptible d'être associée à un volume symétrique ou régulier. D'un point de vue géométrique, une région de l'espace peut également être décrite comme l'extension tridimensionnelle d'une surface de base, ce qui conduit à des représentations mathématiques reposant sur le produit de trois dimensions orthogonales. Dans une forme simplifiée, cette description correspond au produit $L \times l \times h$ (longueur, largeur, hauteur), équivalent au produit de trois vecteurs définissant un volume élémentaire.

Une telle représentation géométrique pourrait-elle contribuer à éclairer la manière dont nous concevons certaines structures fondamentales de la matière, par exemple le nucléon envisagé comme une particule composite relativement stable constituée de trois composants fondamentaux ? La référence aux formes géométriques élémentaires telles que la sphère ou le cube peut sembler surprenante dans un contexte quantique. Elle témoigne cependant du fait que les descriptions utilisées en mécanique quantique et en astrophysique reposent fréquemment sur des analogies ou sur des structures mathématiques issues de lois physiques bien établies.

Cette manière d'interpréter les phénomènes quantiques est largement influencée par la perspective de l'observateur et sa façon de structurer son raisonnement. La représentation que nous nous faisons de la réalité physique reste ainsi étroitement dépendante de notre capacité à accéder à différentes échelles de grandeur. Or ces échelles imposent des limites à notre perception et à notre compréhension. Il apparaît en particulier que notre position d'observateur nous donne accès à une description très partielle d'un domaine — celui de la mécanique quantique — dans lequel les notions d'espace et de temps ne possèdent pas nécessairement la signification qu'elles ont dans la physique macroscopique.

Dans cette perspective, il peut être utile de rappeler que les particules élémentaires sont souvent décrites, dans les modèles théoriques, comme des entités ponctuelles dépourvues d'extension spatiale. Elles peuvent être assimilées à des points mathématiques caractérisés par un ensemble de propriétés physiques, mais ne possédant pas de dimension propre. Ces points représentent essentiellement des centres possibles d'interactions entre champs d'énergie, interactions qui pourraient être issues de phases précoces de l'évolution de l'Univers marquées par une forte intrication radiative.

Dans cette interprétation, les particules ne correspondraient pas à des objets matériels au sens classique. Elles ne représenteraient pas non plus des régions d'espace localisées et ne seraient pas soumises directement à la temporalité définie par la relativité. Les phénomènes d'intrication quantique illustrent d'ailleurs cette particularité : ils montrent que certaines corrélations peuvent exister indépendamment de la distance au sens classique.

À l'échelle subnucléaire, les notions usuelles de distance, de séparation ou de rapprochement deviennent alors difficiles à interpréter. Une situation comparable apparaît dans la description du nuage électronique d'un atome. Les électrons n'y suivent pas des trajectoires bien définies mais occupent des états quantiques distribués autour du noyau. Cette distribution probabiliste contribue à la neutralité globale de charge de l'atome et donne l'impression que les électrons partagent certaines configurations orbitales plutôt qu'ils ne suivent des trajectoires individuelles déterminées.

Dans le modèle standard, l'interaction forte est généralement décrite comme une énergie de liaison responsable de la cohésion des quarks au sein des nucléons, et plus largement de la cohésion des nucléons au sein des noyaux atomiques. Cette interaction représenterait une fraction importante de l'énergie totale contenue dans un hadron.

Cependant, on peut envisager une interprétation alternative selon laquelle ce phénomène correspondrait moins à une force au sens classique qu'à une forme particulière de corrélation quantique. Dans cette hypothèse, l'interaction forte pourrait être interprétée comme un état d'intrication quantique reliant des particules très proches les unes des autres — par exemple les quarks au sein d'un nucléon ou les électrons liés à un noyau atomique. Cette intrication permettrait à ces particules de partager instantanément certaines propriétés physiques, indépendamment de toute notion classique de distance ou de transmission d'information.

Dans cette perspective, la stabilité d'un hadron pourrait dépendre du degré de cohérence et de complétude des corrélations quantiques existant entre ses constituants. La stabilité d'une structure composite résulterait alors d'un équilibre dynamique entre différents états corrélés.

Quoi qu'il en soit, l'état actuel de l'Univers résulte d'une évolution cosmique extrêmement longue, débutant avec les premières phases d'intrication radiative ayant suivi les instants initiaux de l'expansion cosmique. Au cours de cette phase, des particules primordiales et leurs antiparticules correspondantes auraient été produites en quantités initialement comparables.

De façon spéculative, on peut imaginer que les premières entités massives susceptibles d'être apparues auraient pu être des sortes de neutrinos primitifs, primo particules massives instables, particulièrement énergétiques. A l'origine, sans propriétés différenciées ces primo particules auraient pu, dans le prolongement de la phase d'intrication radiative, révéler une brisure de symétrie. Cette rupture de symétrie aurait eu pour effet de générer des couples de particules (quarks et électrons) et antiparticules (antiquarks et positrons). Ces nouvelles entités quantiques dans un contexte de symétrie chirale, auraient été amenées à développer alors des propriétés de charges complémentaires (entre particules de matière) et additionnelles (entre particules et antiparticules massives), préservant une neutralité de charge à l'échelle atomique.

C'est ainsi que l'antimatière pourrait constituer une composante possible de ce que l'on désigne aujourd'hui sous le terme de matière noire (voir chap. XIV). Lorsque des conditions physiques permettent la rencontre de matière et d'antimatière, une partie de l'énergie résultant de leur interaction peut être convertie en rayonnement électromagnétique ou en nouvelles particules. Ces rayonnements ne contribuent pas directement aux effets gravitationnels macroscopiques, mais ils participent à la redistribution locale de l'énergie.

Dans l'état actuel de l'Univers, l'antimatière semble ne pas interagir directement avec la matière ordinaire à grande échelle. Cette situation rend son observation particulièrement difficile et conduit à l'apparente absence d'antimatière dans l'Univers observable. Seuls certains effets indirects — notamment gravitationnels — pourraient éventuellement révéler sa présence.

Face à certaines anomalies gravitationnelles observées à grande échelle, l'hypothèse dominante a consisté à introduire l'existence d'une matière noire de nature inconnue. Cette hypothèse permet de préserver la cohérence globale du modèle cosmologique standard tout en rendant compte des observations.

Une approche alternative est proposée par certains modèles théoriques tels que la théorie des pépites de quarks axioniques. Les propriétés de l'antimatière seraient décrites principalement en termes de champs, ce qui conduit à une représentation moins matérialisée de cette composante de l'Univers.

L'axion — particule hypothétique neutre et de masse très faible — est parfois invoqué dans ce contexte. Dans certains scénarios théoriques, il pourrait se désintégrer en photons gamma. Cette description peut être interprétée comme une manière de modéliser le processus d'annihilation entre particules et antiparticules lorsque celles-ci entrent en coalescence.

Un tel processus serait difficilement observable directement en raison de sa brièveté et de l'énergie qu'il libère. Il pourrait toutefois se produire dans certains environnements astrophysiques extrêmes, par exemple lors de l'effondrement final d'étoiles massives menant à des explosions de supernova. Dans ces événements, l'implosion du cœur stellaire s'accompagne d'une libération d'énergie considérable, observable sous la forme d'une luminosité exceptionnelle.

Sur l'interaction faible

Le noyau atomique est constitué de nucléons, c'est-à-dire de protons porteurs d'une charge électrique positive et de neutrons électriquement neutres. La cohésion de ces particules composites au sein du noyau est généralement attribuée à l'interaction nucléaire forte, dont la nature apparaît proche de celle qui assure la cohésion interne des quarks au sein des nucléons. Dans notre modèle standard, cette interaction est décrite comme étant médiée par les gluons.

Cependant, les nucléons ne constituent pas des entités immuables. Ils peuvent changer de nature ou quitter le noyau lors de processus nucléaires tels que la radioactivité bêta. Dans la désintégration bêta moins, par exemple, un neutron peut se transformer en proton tout en émettant un électron et un antineutrino électronique. Ce processus correspond, dans la description en termes de quarks, à la transformation d'un quark de type *down* en quark de type *up*.

Dans certaines descriptions théoriques, ce type de transition s'accompagne de l'émission ou de l'absorption de particules intermédiaires permettant de conserver les différentes grandeurs physiques impliquées, telles que la charge électrique ou les nombres quantiques associés aux leptons. Pour rendre compte de ces transformations, la théorie a introduit l'existence de bosons intermédiaires massifs, appelés bosons W et Z, considérés comme les vecteurs de l'interaction faible. Cette interaction est qualifiée de « faible » par comparaison avec l'intensité de l'interaction forte.

Ces bosons de jauge sont supposés jouer le rôle de médiateurs dans les processus de transformation entre particules et dans certaines transitions nucléaires. Leur introduction permet d'expliquer un certain nombre de

372

phénomènes observés dans les processus de désintégration et dans les interactions impliquant les leptons.

Toutefois, une interprétation alternative peut être envisagée si l'on considère que toute particule quantique se caractérise fondamentalement par une superposition d'états possibles. Dans cette perspective, les particules élémentaires issues d'une origine commune pourraient être vues comme des entités partageant une structure fondamentale identique. Dès lors, les transformations observées ne nécessiteraient pas nécessairement l'échange explicite d'un médiateur matériel, mais pourraient correspondre à une réorganisation interne d'états quantiques préexistants.

Selon cette hypothèse, les particules élémentaires ne seraient pas strictement séparées les unes des autres au sens classique. Elles constitueraient plutôt des manifestations locales d'un ensemble de configurations quantiques corrélées. Toute modification affectant l'une de ces entités pourrait se traduire par une réorganisation corrélée de l'ensemble, sans qu'un mécanisme de transmission d'information classique soit requis.

L'Univers observable actuel ne correspond évidemment pas à l'état initial de l'Univers primordial. Aux tout premiers instants, l'Univers est généralement décrit comme extrêmement homogène et isotrope, aucune structure distincte ne pouvant encore être différenciée. Dans un tel contexte, il est concevable que certaines corrélations quantiques établies à ces phases très précoces aient pu subsister et se manifester encore aujourd'hui sous la forme de phénomènes d'intrication.

Certaines informations quantiques — correspondant notamment aux propriétés intrinsèques des particules élémentaires — pourraient être partagées à grande échelle sans nécessiter de propagation dans l'espace au sens classique. Ces informations seraient indépendantes des notions usuelles d'espace et de temps. Les descriptions spatio-temporelles introduites par la relativité correspondraient alors essentiellement à un type d'interprétation imposé par l'observateur pour rendre ces phénomènes intelligibles.

Les corrélations quantiques, parfois interprétées comme des formes de « téléportation » d'information quantique, illustrent ce caractère non local des propriétés quantiques. Cette propriété a inspiré le développement de dispositifs de calcul quantique, qui exploitent les phénomènes d'intrication pour effectuer certains types de calculs de manière potentiellement plus

373

efficace que les ordinateurs classiques. Toutefois, la réalisation pratique de tels dispositifs se heurte à une difficulté majeure : préserver la cohérence des états quantiques face aux perturbations introduites par l'environnement matériel.

Dans cette perspective, il devient envisageable que certaines informations échangées entre particules ne correspondent pas à une transmission effective dans l'espace, mais à l'expression d'états corrélés préexistants. Une telle interprétation pourrait réduire la nécessité d'introduire systématiquement des particules médiatrices comme les bosons *W* et *Z*. Les transitions observées pourraient alors résulter d'ajustements internes d'états quantiques corrélés, notamment sous l'influence des états d'énergie associés aux particules.

Les configurations quantiques associées aux états d'énergie des particules pourraient de la sorte, contribuer à assurer la cohésion des nucléons au sein du noyau atomique, en participant notamment à l'équilibre global des charges et des propriétés quantiques. Les interactions nucléaires impliquant des électrons, comme celles observées dans les processus de radioactivité bêta, pourraient également être interprétées comme résultant de ces réorganisations quantiques, modifiant localement la distribution des charges et des états électroniques autour du noyau.

Sur l'interaction électromagnétique

Le noyau atomique peut émettre ou capturer des électrons tout en conservant globalement l'équilibre des charges au sein de l'atome. Les électrons occupent des états quantiques spécifiques autour du noyau, souvent décrits comme des orbitales. Leur distribution et leur organisation contribuent à la stabilité globale de l'atome.

L'une des questions centrales de la physique atomique consiste à comprendre les mécanismes responsables des transitions électroniques entre différents niveaux d'énergie. Ces transitions peuvent conduire à l'émission ou à l'absorption d'énergie sous forme de rayonnement électromagnétique. Elles jouent également un rôle déterminant dans la formation des liaisons chimiques, lorsque des électrons peuvent être partagés ou transférés entre plusieurs atomes.

Les premières études sur les phénomènes électriques et lumineux ont conduit à introduire la notion de photon, défini comme le quantum du champ électromagnétique. Le photon intervient dans les processus de transfert d'énergie entre systèmes physiques et constitue le médiateur des interactions électromagnétiques.

Contrairement aux bosons associés aux interactions forte et faible — dont l'existence se manifeste principalement à travers des effets indirects — les photons peuvent être observés directement dans de nombreux phénomènes physiques. Ils interviennent dans un large éventail de processus, depuis les interactions atomiques jusqu'aux phénomènes astrophysiques à grande échelle.

Dans une interprétation élargie, les photons peuvent être considérés comme les manifestations élémentaires du champ électromagnétique, lequel constitue une composante fondamentale de l'énergie présente dans l'Univers. Dans cette perspective, l'énergie qui ne se manifeste pas sous forme de matière pourrait être essentiellement associée à différents champs, parmi lesquels le champ électromagnétique joue un rôle central.

Durant les premières phases de l'évolution cosmique, une fraction de l'énergie primordiale aurait donné naissance à des particules de matière à travers des processus de conversion énergie–matière. Cette transformation pourrait être interprétée comme résultant de phénomènes d'intrication et de structuration quantique de l'énergie initialement distribuée.

L'énergie qui n'a pas été convertie en particules de matière subsisterait aujourd'hui sous forme de champs énergétiques présents dans l'espace considéré comme « vide ». Ce vide quantique serait en réalité traversé par divers champs fondamentaux, dont les interactions avec les particules de matière jouent un rôle essentiel dans la dynamique de l'Univers.

Les états d'énergie associés aux champs électromagnétiques interagissent en permanence avec les particules de matière. Ils peuvent également être envisagés comme établissant un lien entre les particules et leurs symétries

375

correspondantes, éventuellement associées à des composantes d'antimatière participant à l'énergie du vide.

Dans ce contexte, l'introduction de médiateurs spécifiques pour les interactions forte et faible pourrait être interprétée comme une manière de rendre compte de phénomènes subatomiques difficiles à observer directement. Il reste cependant possible que certaines de ces interactions puissent être décrites, au moins partiellement, comme des manifestations complexes d'interactions électromagnétiques ou de dynamiques de champs plus générales.

Les photons, dépourvus de masse et de charge électrique, représentent la manifestation corpusculaire du champ électromagnétique. Leur interaction avec les particules — qui peuvent être décrites comme des paquets d'ondes quantiques — pourrait jouer un rôle déterminant dans de nombreux processus fondamentaux de la mécanique quantique.

Dans cette interprétation spéculative, les photons pourraient être considérés comme des agents privilégiés dans la dynamique des interactions énergétiques, participant de manière centrale aux processus qui structurent la matière et gouvernent les phénomènes quantiques observables dans l'Univers.

Intégrer la gravitation dans un modèle d'ensemble cohérent

L'intégration de la gravitation dans un modèle unifié des interactions fondamentales demeure l'un des principaux défis de la physique théorique contemporaine. Une piste d'interprétation consisterait à considérer que l'interaction électromagnétique occupe une place centrale dans l'ensemble des interactions reconnues entre les particules élémentaires.

Dans cette perspective, le photon — ou plus généralement les excitations du champ électromagnétique — jouerait un rôle particulièrement structurant. Dépourvu de masse et de charge électrique, il peut être envisagé comme un médiateur fondamental intervenant dans de nombreux processus de transfert d'énergie entre particules, notamment entre fermions.

L'interaction électromagnétique est en effet omniprésente dans les phénomènes physiques observables, depuis les interactions atomiques et moléculaires jusqu'aux processus astrophysiques à grande échelle. Elle ne se limite pas à la production de lumière ou au transport du courant électrique : elle constitue également un vecteur essentiel dans la redistribution de l'énergie au sein des systèmes physiques.

Dans une interprétation plus spéculative, cette interaction pourrait également intervenir dans la gestion des relations de symétrie entre états quantiques. Elle pourrait contribuer à la dynamique par laquelle certaines symétries initiales se trouvent progressivement rompues ou réorganisées au cours de l'évolution cosmique. Dans cette perspective, l'interaction électromagnétique participerait indirectement aux mécanismes susceptibles de corriger certaines asymétries fondamentales observées dans l'Univers, notamment celles associées aux phénomènes de chiralité.

Si une telle hypothèse devait être explorée plus avant, elle suggérerait que l'évolution globale de l'Univers pourrait être influencée par ces mécanismes de réorganisation progressive des symétries quantiques. L'interaction électromagnétique jouerait alors un rôle structurant dans les processus énergétiques qui jalonnent l'histoire cosmique, jusqu'aux phases ultimes de l'évolution de l'Univers.

Ces réflexions renforcent l'idée largement admise que le modèle cosmologique standard, bien qu'extrêmement performant sur de nombreux points, demeure incomplet. L'histoire des sciences montre que les modèles théoriques évoluent continuellement au gré des nouvelles observations et des remises en question. Comme l'a souligné le physicien théoricien Lev Landau, les cosmologistes peuvent parfois être conduits à réviser des vérités longtemps considérées comme établies.

La difficulté réside toutefois dans la capacité à modifier un ensemble de réflexions progressivement construit et validé par de nombreuses observations. La physique contemporaine repose sur un ensemble de théories spécialisées qui, bien que partiellement segmentées, forment un édifice global relativement cohérent.

Les réflexions présentées ici peuvent parfois sembler spéculatives. Elles s'appuient néanmoins sur un ensemble de résultats expérimentaux et d'hypothèses théoriques largement discutés dans la littérature scientifique.
377

Elles visent essentiellement à explorer certaines théories susceptibles d'éclairer différemment les relations entre les interactions fondamentales.

Sur la nature de la particule

Une question fondamentale consiste à déterminer dans quelle mesure la réalité physique observée correspond à la structure profonde des phénomènes ou à une représentation élaborée à partir de nos modes d'observation. Cette interrogation conduit à examiner plus attentivement la notion même de particule.

En mécanique quantique, une particule peut être décrite comme un paquet d'ondes caractérisé par une fonction d'onde. Toutefois, pour des raisons pratiques liées à l'observation et à la modélisation, cette entité est souvent représentée sous la forme d'un corpuscule élémentaire localisé. Cette double description conduit à l'image d'un Univers peuplé d'entités extrêmement petites qui apparaissent et disparaissent au gré des interactions quantiques.

Les trajectoires et les transformations de ces entités demeurent largement inaccessibles à l'observation directe. Les propriétés quantiques associées à ces particules ne deviennent généralement perceptibles qu'à travers des interactions spécifiques ou dans des conditions expérimentales particulières.

Une difficulté comparable apparaît dans la perception des ondes électromagnétiques. Dans de nombreuses représentations, celles-ci sont décrites comme des fronts d'onde successifs. En réalité, ces fronts correspondent à des structures d'interférences résultant de la superposition d'un grand nombre d'ondes élémentaires. Les zones d'interaction entre ces structures peuvent produire des configurations dynamiques complexes, comparables, par analogie, aux zones d'instabilité observées dans certains phénomènes atmosphériques lorsque différentes masses d'air entrent en interaction.

Dans la modélisation physique, la notion de point demeure néanmoins un outil d'appui particulièrement commode. Même lorsque sa localisation exacte reste incertaine, elle fournit un repère plus simple que des représentations reposant sur des champs d'énergie étendus ou des structures diffuses. Cette tendance illustre le besoin constant de la pensée scientifique de matérialiser et de localiser les phénomènes étudiés.

Cependant, les connaissances actuelles suggèrent que la particule élémentaire ne correspond ni à un point strictement localisé ni à une simple bulle d'énergie. Lorsqu'une particule semble disparaître d'un processus d'interaction pour réapparaître ultérieurement sous une autre forme, il demeure difficile de décrire précisément ce qui se produit entre ces deux états.

Si l'on considère que les particules ne sont pas nécessairement soumises à une temporalité continue comparable à celle de la physique macroscopique, il devient concevable qu'elles puissent être décrites dans un cadre où les notions classiques d'espace et de temps perdent une partie de leur pertinence. Cette situation rappelle, par analogie, certains phénomènes associés à l'horizon des événements des trous noirs, où les descriptions spatio-temporelles usuelles deviennent inadaptées.

Une réflexion analogue peut être menée à l'échelle cosmologique. Dans certaines hypothèses, l'Univers pourrait évoluer vers un état final caractérisé par une concentration extrême de l'énergie. Cet état pourrait être interprété comme une forme de singularité cosmique dans laquelle les structures observables disparaissent progressivement.

Dans une perspective spéculative, un tel état pourrait correspondre à une transition vers une nouvelle phase cosmique, analogue à celle qui aurait précédé l'apparition de l'Univers observable. Entre l'effondrement final d'un univers et l'émergence éventuelle d'un nouveau cycle cosmique, il pourrait exister une phase dépourvue d'événements observables, correspondant à une dynamique relevant d'un contexte cosmologique plus large associé ici à l'idée de multivers.

Dans ce contexte, la particule pourrait être interprétée non comme une entité fondamentale autonome, mais comme la manifestation transitoire d'un processus plus global impliquant différentes configurations de symétrie quantique entre univers ou états cosmologiques.

Une autre manière de représenter l'Univers consisterait à le décrire comme un ensemble complexe de domaines d'influence imbriqués les uns dans les autres. L'espace apparaîtrait alors comme structuré par un réseau dynamique de frontières et de zones d'interaction en perpétuelle évolution.

Dans une telle représentation, l'idée de structure en boucle apparaît à de nombreuses échelles. On la retrouve notamment dans certaines approches théoriques contemporaines telles que la gravitation quantique à boucles ou certaines formulations de la théorie des cordes.

Dans la théorie des cordes, les particules élémentaires ne sont plus décrites comme des points mais comme de minuscules structures unidimensionnelles susceptibles de vibrer selon différents modes. Ces modes de vibration correspondraient aux propriétés observées des particules telles que leur masse ou leur charge.

En remplaçant la notion de particule ponctuelle par celle d'objet étendu, la théorie des cordes propose une représentation qui, sous certains aspects, rejoint l'idée d'une structure ondulatoire fondamentale de la matière. Les particules seraient alors les manifestations de modes d'oscillation d'une structure énergétique plus profonde.

Dans les particules composites telles que les protons, les neutrons ou les mésons, les quarks pourraient ainsi être interprétés comme partageant des états d'ondes intriquées formant une structure collective. Une analogie peut être établie avec les électrons impliqués dans les liaisons chimiques, qui peuvent être partagés entre plusieurs noyaux atomiques et contribuer ainsi à la formation des molécules.

Certaines théories plus élaborées, telles que la théorie des supercordes ou la gravitation quantique à boucles, cherchent à décrire les interactions fondamentales à partir d'entités plus élémentaires encore. Ces approches extrêmement complexes visent notamment à fournir une description unifiée des interactions fondamentales, y compris l'interaction forte, en requalifiant les particules élémentaires comme différentes manifestations d'une structure fondamentale commune.

S'agissant du Cosmos multivers

Le concept de **Cosmos multivers** renvoie implicitement à la notion d'**infinité**, c'est-à-dire à un ensemble dont l'extension ne pourrait pas être bornée spatialement. Une telle hypothèse se heurte toutefois à une difficulté fondamentale : l'idée d'un **tout infiniment grand** implique simultanément celle d'un **infiniment petit**, ces deux limites constituant les extrémités d'un même continuum spatiotemporel. Dans cette perspective, un tel ensemble ne comporterait ni commencement ni fin au sens traditionnel.

Si l'on suppose en outre qu'il n'existe pas d'**échelle temporelle cosmique absolue**, la temporalité de notre Univers ne pourrait être définie qu'à partir du point de vue de l'**observateur** qui s'y trouve. Le temps deviendrait alors une propriété émergente liée aux conditions locales d'observation plutôt qu'une caractéristique intrinsèque du Cosmos pris dans son ensemble.

Plus simplement, on peut imaginer que le Cosmos multivers soit constitué d'un **nombre potentiellement illimité de couples d'univers**, organisés selon des **symétries quantiques complémentaires**. Au sein de chaque binôme, les interactions internes entre ces deux états symétriques constitueraient le substrat des phénomènes décrits par la **mécanique quantique**. Ces échanges hypothétiques ne seraient pas nécessairement contraints par les catégories usuelles d'espace et de temps, ce qui reviendrait à considérer que les symétries quantiques opèrent dans un cadre plus fondamental que celui décrit par la **relativité**.

Une telle représentation permettrait également d'envisager un **Cosmos multivers** qui ne relève pas directement de la réalité physique observable de notre Univers. L'hypothèse d'**interactions discrètes entre deux états symétriques quantiques** constituerait alors une tentative pour approcher une dimension de la réalité qui demeure actuellement inaccessible à l'observation directe.

À ce stade de la réflexion, l'élaboration théorique repose nécessairement sur une part d'extrapolation. Les limites actuelles de la connaissance impliquent en effet que certaines propositions demeurent spéculatives. L'histoire des sciences montre toutefois que des idées initialement jugées contraires au sens commun ont parfois constitué des étapes importantes dans l'évolution des paradigmes scientifiques.

381

Observation, déterminisme et interprétation probabiliste

Les instruments d'observation dont nous disposons ne donnent accès qu'à des **représentations partielles de la réalité**, chacune dépendant des méthodes et des échelles d'observation employées. Les résultats obtenus ouvrent souvent de nouvelles interrogations plutôt qu'ils n'apportent de réponses définitives. Cette situation explique en partie pourquoi le **déterminisme** est fréquemment remis en question dans certains domaines de l'astrophysique et de la physique fondamentale.

La célèbre remarque attribuée à **Niels Bohr** — selon laquelle *« si l'on croit avoir compris la mécanique quantique, c'est que l'on ne l'a pas réellement comprise »* — illustre la difficulté d'interprétation de cette discipline. La complexité des phénomènes quantiques et l'existence de nombreux aspects encore mal compris ont conduit à privilégier une **interprétation probabiliste** de leurs résultats.

Le déterminisme ne disparaît pas nécessairement : il prend la forme d'un **déterminisme statistique**, exprimé en termes de probabilités. Cette approche introduit une part d'incertitude dans les prédictions, mais elle n'implique pas que l'évolution des systèmes physiques soit gouvernée par un hasard absolu. Le **principe d'indétermination**, formulé notamment dans la physique quantique, traduit plutôt les limites de notre capacité à prévoir simultanément certaines propriétés d'un système.

Bien que relativement récente et profondément déroutante, la physique quantique ne doit pas être interprétée comme intrinsèquement plus aléatoire que la physique classique ou relativiste. Admettre cette possibilité constitue une condition préalable pour envisager une **unification des lois physiques**, malgré les divergences apparentes entre les théories actuelles.

Une telle théorie unifiée demeurerait cependant structurée par des **différences d'échelle considérables**, depuis les phénomènes microscopiques décrits par la physique quantique jusqu'aux structures cosmologiques relevant de la relativité.

Causalité et succession des états

Dans cette perspective, l'approche probabiliste constitue principalement une **modalité de description du déterminisme** en physique quantique. Tout phénomène physique, quelle que soit sa complexité, produit un effet qui peut être interprété comme la conséquence — directe ou indirecte — d'un ensemble de conditions antérieures que l'on identifie comme ses causes.

Cependant, cette façon de voir soulève une question fondamentale : peut-on concevoir qu'un événement ne soit pas précédé d'une cause identifiable ?

Notre représentation du temps repose habituellement sur une **succession d'états**, chacun étant à la fois l'effet de situations antérieures et la cause d'états ultérieurs. L'état présent résulte d'une chaîne d'événements passés, et l'avenir apparaît comme la prolongation déterminée — au moins partiellement — de cette évolution.

La notion de **présent** pose néanmoins une difficulté idéologique. Elle peut être envisagée comme une **frontière théorique** séparant un passé qui n'existe plus d'un futur qui n'existe pas encore. Dans la pratique, ce que nous appelons le présent correspond toujours à un événement déjà passé au moment où il est perçu ou mesuré.

Ainsi, l'instant présent peut être interprété comme une **approximation**, correspondant à une période extrêmement brève comprise entre deux observations presque simultanées. La théorie de la **relativité**, en remettant en question l'universalité de la simultanéité, conduit d'ailleurs à relativiser l'idée d'un instant absolument défini et dépourvu de durée.

En conséquence, toute tentative de prévision au-delà d'un horizon temporel très court demeure inévitablement marquée par l'incertitude, faute d'informations suffisantes sur l'ensemble des paramètres intervenant dans l'évolution des systèmes physiques.

Hypothèse d'une causalité orientée vers le futur

383

Le temps peut également être interprété comme une **suite ordonnée d'états successifs**. Toutefois, si l'on s'interroge sur ce qui relie ces différents états, une hypothèse alternative peut être envisagée : celle selon laquelle l'état futur participerait lui-même à la détermination de l'état présent.

Une telle hypothèse suppose d'admettre que la succession des états d'un système soit **globalement contrainte par un état final**, qui déterminerait rétrospectivement l'ensemble du processus d'évolution. Dans cette perspective spéculative, l'**état final de l'Univers**, éventuellement associé à une forme d'effondrement cosmique, pourrait être interprété comme la condition déterminante d'une chaîne d'événements antérieurs.

Autrement dit, le processus cosmique pourrait être décrit comme une **déconstruction progressive conduisant vers un état final**, ce dernier jouant le rôle de condition structurante de l'ensemble de l'évolution.

Cependant, notre incapacité à connaître cet état final introduit une **incertitude fondamentale** dans toute tentative de description. Cette limite cognitive nous conduit naturellement à concevoir le temps comme orienté du passé vers le futur, car il est difficile d'imaginer une causalité dépourvue de direction temporelle.

Pourtant, l'idée d'une **symétrie plus profonde du temps**, dans laquelle causes et effets ne seraient pas strictement orientés selon une direction unique, constitue l'une des hypothèses explorées dans certains prolongements de la relativité.

Organisation physique de l'Univers et particules exotiques

L'Univers peut être comparé, de manière illustrative, à un système physique extrêmement complexe dont les différents éléments interagissent selon des relations structurées. À l'image d'un mécanisme composé d'engrenages interdépendants, chaque composant du système doit posséder des propriétés compatibles avec celles des autres pour que l'ensemble demeure cohérent. Les lois physiques connues imposent ainsi des contraintes strictes aux particules et aux interactions qui composent la matière.

Toutefois, dans des conditions d'**énergie extrêmement élevée**, notamment lors d'interactions dominées par la **force nucléaire forte**, il est possible de produire de nombreuses particules subatomiques transitoires. Ces entités jouent souvent un rôle d'interface dans les processus de transformation de la matière. Leur **durée de vie extrêmement brève** rend leur détection expérimentale difficile, ce qui explique que leur existence ne soit généralement inférée qu'indirectement à partir des traces qu'elles laissent dans les détecteurs.

Certaines de ces particules instables, souvent qualifiées de **particules exotiques**, présentent des structures internes inhabituelles. Alors que les **baryons** ordinaires sont constitués de trois **quarks** et les **mésons** de deux quarks liés (quark–antiquark), certaines configurations observées ou théoriquement envisagées pourraient comporter un nombre différent de quarks, par exemple quatre, cinq ou davantage, résultant éventuellement d'assemblages complexes de mésons. D'autres structures composites peuvent également être envisagées.

Ces configurations restent cependant généralement **instables** et se désintègrent rapidement en particules plus simples appartenant au **modèle standard**. Dans de nombreux cas, l'évolution conduit à des processus d'annihilation impliquant les **antiparticules** correspondantes. La diversité potentielle de ces états transitoires et leur durée de vie extrêmement courte expliquent qu'ils demeurent difficiles à intégrer de manière systématique dans les modèles théoriques actuels.

Hypothèse d'un déterminisme cosmique

Une autre hypothèse consiste à considérer que l'évolution de l'Univers pourrait être déterminée par un ensemble de conditions initiales et de lois physiques fixant implicitement sa trajectoire globale. Dans cette perspective, l'Univers évoluerait selon une dynamique largement **déterministe**, dont l'issue serait déjà inscrite dans les conditions fondamentales de son existence.

Cette approche vise à répondre à une question classique de cosmologie : pourquoi l'Univers possède-t-il les propriétés que nous lui observons, et pourquoi son évolution suit cette trajectoire particulière plutôt qu'une autre ? Dans une interprétation strictement déterministe, l'Univers ne pourrait évoluer autrement que conformément aux contraintes imposées par ses lois fondamentales et par son état initial.

Une telle vision suppose que l'ensemble des phénomènes physiques soit profondément **interconnecté**, de sorte que l'évolution globale du système cosmique ne résulte pas d'un choix parmi plusieurs trajectoires possibles, mais d'une unique dynamique compatible avec les conditions physiques données.

Une difficulté apparaît toutefois lorsqu'on introduit la notion d'**agents conscients** capables de prendre des décisions perçues comme libres. Les organismes vivants dotés de conscience semblent disposer d'une capacité d'action qui introduit, au moins localement, une dimension imprévisible dans l'évolution des systèmes. Des choix arbitraires — comparables à l'acte de lancer des dés — pourraient ainsi modifier certaines configurations futures.

Cependant, même si ces actions produisent des effets réels, leurs conséquences demeurent généralement **négligeables à l'échelle cosmologique**. Les perturbations locales induites par ces choix peuvent être assimilées à des variations minimes, comparables aux **effets papillon** évoqués dans certaines théories des systèmes dynamiques.

Si l'on néglige ces perturbations marginales, le futur d'un système physique pourrait théoriquement être déterminable de manière précise, à condition de disposer d'une connaissance exhaustive de toutes les variables pertinentes. En pratique, la **complexité extrême** des systèmes physiques rend cette connaissance inaccessible, ce qui conduit à recourir à des **descriptions probabilistes**.

Probabilités, fonction d'onde et paradoxe EPR

Dans ce contexte, la **fonction d'onde** utilisée en mécanique quantique constitue essentiellement un outil mathématique permettant de décrire les probabilités associées aux différents états possibles d'un système quantique.

Cette approche reflète moins un caractère intrinsèquement aléatoire de la nature qu'une limitation de notre capacité à déterminer précisément toutes les variables intervenant dans les interactions microscopiques.

Le **paradoxe EPR** (Einstein-Podolsky-Rosen) illustre les difficultés d'analyse de données associées à la description des propriétés quantiques telles que la position ou la vitesse des particules. Les corrélations observées entre particules intriquées semblent défier certaines intuitions issues de la physique classique, notamment en ce qui concerne la notion de localité.

Il est toutefois possible que ce que nous interprétons comme de l'aléatoire soit en réalité la conséquence d'un **niveau de complexité trop élevé** pour être décrit de manière déterministe avec les outils théoriques actuels.

Superposition d'états et interactions quantiques

Dans certaines interprétations spéculatives de la mécanique quantique, les particules en **superposition d'états** pourraient être envisagées comme appartenant simultanément à plusieurs configurations possibles. On peut alors formuler l'hypothèse qu'il existerait une forme de perméabilité entre états symétriques quantiques, permettant des interactions qui ne seraient pas strictement contraintes par notre représentation classique du temps.

Dans cette perspective, certaines corrélations quantiques pourraient apparaître comme si les particules « communiquaient » en dehors des contraintes temporelles usuelles. Il s'agit toutefois d'une interprétation visant à rendre compte de phénomènes dont les mécanismes profonds restent encore mal compris.

Mesure de la position et de la vitesse des particules

La difficulté à déterminer simultanément certaines propriétés d'une particule peut être illustrée en examinant les méthodes de mesure utilisées.

387

Détermination de la position

La position d'une particule ne peut être définie que relativement à d'autres objets physiques servant de référence. Dans un espace tridimensionnel, elle est exprimée par des coordonnées associées à un système de repère donné. Ces coordonnées correspondent à un état du système à un instant particulier, indépendamment des déplacements ultérieurs.

Détermination de la vitesse

La vitesse, en revanche, nécessite la comparaison de plusieurs positions successives d'une particule au cours du temps. Elle est définie comme le rapport entre une variation de position et un intervalle temporel. Cette mesure implique donc une description dynamique du mouvement.

Ces deux types de mesure reposent sur des procédures expérimentales distinctes, ce qui explique en partie la difficulté à déterminer simultanément ces deux grandeurs avec une précision arbitraire.

Principe d'incertitude et description probabiliste

En mécanique quantique, les particules élémentaires sont souvent décrites par des **fonctions d'onde** associées à des propriétés ondulatoires. Cette description conduit au **principe d'incertitude**, selon lequel certaines paires de grandeurs physiques — comme la position et la quantité de mouvement — ne peuvent être déterminées simultanément avec une précision illimitée.

La situation devient encore plus complexe lorsque l'on tente de déterminer simultanément plusieurs caractéristiques d'un système quantique, telles que son état énergétique, sa position et sa dynamique. Les méthodes de mesure utilisées peuvent en effet perturber le système observé.

Les particules peuvent être décrites comme suivant **plusieurs trajectoires possibles**, chacune associée à une probabilité. Deux particules issues d'une même interaction peuvent également former un **système intriqué**, conservant des corrélations tant qu'elles n'interagissent pas avec d'autres systèmes.

Ces propriétés conduisent à abandonner l'idée d'une **localisation précise** des particules au profit d'une description probabiliste. Cette approche, bien qu'imparfaite, permet néanmoins de structurer l'étude des phénomènes quantiques.

Rôle de l'observateur et réduction de la fonction d'onde

Lorsqu'un système quantique interagit avec un dispositif de mesure, seule une **configuration particulière** parmi l'ensemble des états possibles devient observable. Les autres états potentiels ne sont plus accessibles expérimentalement.

Ce phénomène est souvent interprété comme une **réduction de la fonction d'onde**, par laquelle un système initialement décrit par une superposition d'états adopte un état déterminé au moment de la mesure (voir chap. XXIX).

Dans cette perspective, l'observateur et les instruments expérimentaux font partie intégrante du **système physique global**. Leur interaction avec le système quantique influence inévitablement l'état observé.

Cette situation se rencontre notamment dans les expériences menées dans les **accélérateurs et détecteurs de particules**, tels que ceux exploités par l'**organisation CERN**, où les dispositifs expérimentaux sont conçus pour minimiser ces perturbations tout en permettant l'observation indirecte des phénomènes étudiés.

Superposition d'états et partage de l'information quantique

En mécanique quantique, toute particule peut être décrite par une **superposition d'états possibles**. Cette propriété, mise en évidence notamment dans les discussions autour du **paradoxe EPR**, implique qu'un système quantique ne se présente pas nécessairement dans un état unique avant une interaction avec un dispositif de mesure. L'état observé

389

correspond alors à l'une des configurations compatibles avec les conditions expérimentales.

Dans cette perspective, les particules peuvent apparaître ponctuellement dans un **état privilégié**, déterminé par les conditions d'observation et par la dynamique de l'interaction en cours. Cet état observable n'épuiserait cependant pas l'ensemble des possibilités décrites par la fonction d'onde.

Contrairement aux **rayonnements électromagnétiques**, qui interagissent localement avec les particules de matière en se propageant dans l'espace, l'**information quantique** associée aux propriétés fondamentales d'une particule — telles que le **spin**, la **charge** ou l'**énergie** — ne semble pas nécessairement se transmettre sous forme de déplacement spatial classique. On peut alors envisager que certaines propriétés quantiques soient **corrélées** entre particules partageant une origine commune, même lorsque ces particules sont spatialement séparées.

Intrication quantique et corrélations d'origine commune

La capacité de certaines particules à partager des corrélations appelées **intrication quantique** peut être interprétée comme la conséquence d'une **origine commune** dans leur histoire physique. Lorsque deux particules sont produites par un même processus, leurs propriétés quantiques peuvent rester corrélées tant qu'aucune interaction ultérieure ne perturbe ce système.

Dans ce contexte, la corrélation est généralement d'autant plus forte que les particules se sont **séparées récemment** ou qu'elles ont subi peu d'interactions avec leur environnement. On peut alors considérer qu'un ensemble de particules issues d'un même événement forme un **système quantique corrélé**.

Par extension spéculative, on pourrait envisager que l'ensemble de la matière de l'Univers partage une **origine cosmologique commune**, remontant aux premières phases de l'évolution cosmique. Si tel était le cas, toutes les particules posséderaient, à des degrés divers, une histoire physique commune susceptible d'avoir laissé des traces sous forme de corrélations très faibles.

La **non-localité quantique** ne signifie pas que ces corrélations doivent être interprétées comme une transmission d'information plus rapide que la lumière. Elles traduisent plutôt l'existence d'états quantiques corrélés qui ne peuvent être décrits indépendamment les uns des autres. Les notions classiques de **déterminisme** et de **causalité**, construites à partir d'une représentation spatio-temporelle familière, doivent alors être reformulées pour s'adapter aux propriétés particulières des systèmes quantiques.

Cas particulier des photons et structure de l'espace-temps

Les **photons** présentent certaines propriétés remarquables dans ce contexte. Ils peuvent être produits en grand nombre lors des premières phases de l'évolution cosmique, notamment durant les périodes de forte densité énergétique de l'Univers primordial. Les photons issus d'un même processus peuvent former des **états intriqués**, conservant des corrélations mesurables même après leur séparation.

Du point de vue de la relativité restreinte, les photons se déplacent à la **vitesse de la lumière dans le vide**, vitesse maximale accessible dans notre Univers. Dans la description relativiste, le temps propre associé à une particule se déplaçant à cette vitesse tend vers zéro. Cette propriété conduit parfois à l'idée intuitive que le photon ne « perçoit » pas l'écoulement du temps, même si cette formulation reste une simplification facile.

Ces caractéristiques peuvent donner l'impression que certaines corrélations quantiques échappent aux contraintes ordinaires de distance ou de durée. Toutefois, rapportées aux théories actuelles, ces phénomènes restent compatibles avec les principes fondamentaux de la relativité.

Si l'on suppose que toutes les particules proviennent d'un **événement cosmologique initial commun**, il est concevable que certaines corrélations résiduelles puissent subsister, bien que fortement atténuées au cours de l'évolution cosmique. Les interactions successives subies par les particules tendent en effet à **décohérer** progressivement les états intriqués.

Dans cette perspective spéculative, il n'est pas exclu que certains systèmes complexes — par exemple certaines molécules partageant une origine ou un environnement commun — puissent manifester des corrélations quantiques faibles encore mal identifiées. Une telle hypothèse constituerait un point de rencontre entre **physique quantique** et **physique relativiste**, notamment dans l'étude des interactions gravitationnelles à grande échelle.

Mesure du mouvement et limites expérimentales

La détermination de la position d'un objet devient d'autant plus difficile que sa **vitesse est élevée**. Pour mesurer sa position à un instant donné, il faudrait idéalement disposer d'une résolution temporelle suffisamment fine pour figer son mouvement durant la mesure.

Lorsque la vitesse d'un objet devient très grande, le temps nécessaire pour effectuer cette mesure peut devenir comparable au temps caractéristique de son déplacement, ce qui introduit une incertitude sur sa localisation précise. Dans le cas extrême d'une particule se déplaçant à une vitesse proche de celle de la lumière, toute tentative de localisation précise devient particulièrement délicate.

Cette difficulté apparaît clairement dans l'étude de particules telles que les **électrons libres** ou les **neutrinos**, dont les vitesses peuvent être très élevées. La détermination simultanée de leur position et de leur **quantité de mouvement** devient alors limitée par les principes fondamentaux de la mécanique quantique.

Principe d'incertitude et description statistique

Ces limitations expérimentales sont formalisées dans le **principe d'incertitude**, selon lequel certaines paires de grandeurs physiques ne peuvent être déterminées simultanément avec une précision arbitraire. La position et la quantité de mouvement constituent l'exemple le plus connu de ces variables conjuguées.

En pratique, les méthodes expérimentales disponibles ne permettent pas de mesurer simultanément l'ensemble des caractéristiques d'une particule —

telles que sa trajectoire, sa vitesse, sa position et son énergie — avec une précision absolue. La description des phénomènes quantiques repose donc sur des **distributions de probabilités** et sur des **moyennes statistiques**.

Interprétation possible de la superposition d'états

Lorsqu'un phénomène reste partiellement inexpliqué, l'état de superposition attribué aux particules peut être interprété comme le reflet de **notre ignorance de certains mécanismes sous-jacents**. De la même manière que les lois du mouvement céleste ne pouvaient être correctement comprises avant l'élaboration de la relativité, il est possible que certains aspects de la mécanique quantique révèlent ultérieurement l'existence d'un cadre théorique plus profond encore inconnu.

Dans ce contexte spéculatif, on pourrait envisager l'existence de **structures de symétrie encore non observées**, susceptibles d'influencer les échanges d'énergie entre systèmes quantiques. Certaines hypothèses suggèrent par exemple que les interactions énergétiques pourraient apparaître sous forme de **quanta discrets** en raison de propriétés plus fondamentales liées à la structure des champs quantiques.

Selon cette interprétation, les particules pourraient présenter une nature **dynamique et multiple**, résultant de configurations de champs énergétiques en interaction. Les transitions observées correspondraient alors à des échanges d'énergie entre différentes configurations de ces champs. Une symétrie chirale non ouverte aux observations, expliquerait que tous les échanges d'énergie soient perçus comme se faisant par paquets ou étapes successives et non pas de façon continue.

Limites au principe d'incertitude

En théorie, il n'est pas strictement inconcevable d'imaginer des méthodes permettant de relier simultanément plusieurs caractéristiques d'une particule, par exemple en décrivant son mouvement par rapport à d'autres trajectoires dans un système dynamique global. Toutefois, la complexité mathématique et expérimentale d'une telle approche reste considérable.

De plus, la description des particules comme **paquets d'onde** implique l'analyse de fluctuations de champs d'énergie dont la modélisation mathématique est particulièrement exigeante.

Dans ce contexte, le principe d'incertitude peut être interprété comme l'expression de **limites fondamentales dans la description simultanée de certaines propriétés physiques**, mais également comme le reflet des difficultés pratiques rencontrées lorsqu'on tente de réunir un grand nombre d'informations sur un système quantique sans en perturber l'état.

Enfin, la notion même de simultanéité devient problématique dans un Univers régi par les principes de la **relativité**, où les événements ne peuvent pas toujours être définis comme strictement concomitants pour tous les observateurs.

Tout corps matériel est soumis à des interactions susceptibles de modifier son état de mouvement. Dans un espace-temps caractérisé par des échanges énergétiques permanents entre systèmes physiques, l'hypothèse d'un mouvement strictement rectiligne et uniforme apparaît essentiellement comme une idéalisation théorique. En pratique, les interactions gravitationnelles, électromagnétiques ou autres induisent des variations d'accélération, positives ou négatives, qui modifient continuellement la dynamique des corps.

Selon la relativité générale, la distribution de masse et d'énergie détermine la structure locale de l'espace-temps. Les variations de masse et leur répartition engendrent ainsi une géométrie gravitationnelle variable, ce qui rend problématique l'idée d'une simultanéité universelle indépendante de l'observateur. L'espace-temps peut alors être envisagé comme un ensemble complexe de référentiels locaux, chacun influencé par les champs gravitationnels produits par les différentes masses présentes dans l'Univers.

L'image d'un espace-temps « pixélisé » peut servir d'analogie, mais elle ne doit pas être comprise comme une véritable fragmentation de l'espace. En réalité, chaque masse exerce un effet gravitationnel qui s'additionne à celui de toutes les autres masses. Le champ gravitationnel résultant correspond à la superposition de ces contributions. Les interactions réciproques entre objets astrophysiques ou systèmes stellaires dépendent alors principalement de deux paramètres : leur masse et leur distance relative.

Le temps lui-même acquiert une dimension relativiste. Son écoulement dépend des conditions gravitationnelles et du mouvement relatif des observateurs. Cette idée rejoint certaines intuitions développées par Ernst Mach, selon lesquelles les propriétés dynamiques locales pourraient dépendre de la distribution globale de la matière dans l'Univers. Dans une telle perspective, les notions de position, de direction ou de vitesse absolues perdent leur signification fondamentale et deviennent dépendantes du référentiel choisi. Les grandeurs mesurées reposent alors sur l'interprétation propre à chaque observateur.

À l'échelle microscopique, la mécanique quantique remet en question la notion classique de grandeur physique définie simultanément avec précision. La détermination de la position et de la quantité de mouvement d'une particule obéit au principe d'incertitude d'Heisenberg : l'augmentation de la précision sur l'une de ces grandeurs entraîne nécessairement une diminution de la précision sur l'autre. Cette limitation est liée à la représentation de l'état d'un système quantique par une fonction d'onde, entité mathématique qui ne correspond pas directement à une onde physique localisable dans l'espace.

La fonction d'onde permet seulement de calculer des probabilités de résultats de mesure. En l'absence d'un contexte expérimental précis – incluant un dispositif de mesure et un cadre spatio-temporel déterminé – les valeurs associées aux observables ne peuvent donc être décrites que de manière probabiliste. Cette situation suggère que les concepts opérationnels d'espace et de temps pourraient être indissociables des conditions d'observation elles-mêmes.

L'unification de l'espace et du temps constitue un fondement de la physique moderne depuis la relativité d'Einstein. Cependant, à l'échelle macroscopique, lorsqu'un système quantique interagit avec son environnement et qu'une mesure est effectuée, son état semble se réduire à une configuration compatible avec les capacités d'observation de l'expérimentateur. Ce processus, généralement décrit comme une décohérence quantique, correspond à la perte apparente des superpositions d'états au profit d'un ensemble limité de propriétés accessibles expérimentalement.

Dans cette optique, l'état effectivement observé ne représenterait qu'une projection partielle parmi l'ensemble des états possibles décrits par la théorie quantique. Autrement dit, certaines propriétés potentielles du système pourraient rester inaccessibles à l'observation directe, non pas nécessairement parce qu'elles n'existent pas, mais parce qu'elles échappent aux modalités de mesure disponibles.

Malgré ces différences profondes, la physique contemporaine tente encore de penser la mécanique quantique en continuité avec la relativité générale. Cette démarche soulève la question de la pertinence d'un modèle cosmologique unifié fondé sur des cadres théoriques élaborés pour des échelles très différentes. Il est possible que les lois physiques décrivant les phénomènes macroscopiques – en particulier celles qui concernent la matière structurée – ne soient pas directement adaptées pour rendre compte du passage entre la description ondulatoire des systèmes quantiques et l'apparition du monde macroscopique corpusculaire tel qu'il est perçu après interaction avec un observateur.

Dans cette perspective, il pourrait être utile d'explorer des approches moins conventionnelles et d'examiner des hypothèses plus spéculatives. Une telle démarche consisterait notamment à envisager que la réalité physique accessible à l'observation repose en partie sur une interprétation limitée, conditionnée par les propriétés cognitives et instrumentales de l'observateur lui-même.

Ainsi, ce que nous appelons « réalité » pourrait correspondre à une représentation partielle d'un ensemble de phénomènes plus riche, dont seule une fraction devient effectivement accessible compte tenu de nos modes d'observation et d'interprétation.

Pour illustrer cette réflexion, on peut recourir à une expérience de pensée consistant à imaginer un superordinateur conçu comme une réplique fonctionnelle de l'être humain. Cette machine serait équipée d'un ensemble de capteurs reproduisant, autant que possible, les fonctions de nos organes sensoriels.

On pourrait ainsi envisager les dispositifs suivants :

- un **détecteur acoustique et chimique** permettant d'analyser des signaux sonores et certaines molécules volatiles, analogues aux fonctions de l'ouïe et de l'odorat ;
- un **capteur thermique** destiné à mesurer les variations de température, correspondant à certaines dimensions du sens du toucher ;
- un **dispositif de mesure de masse et de densité**, comparable à une balance, permettant d'évaluer les propriétés matérielles des objets et leurs relations spatiales ;
- une **horloge de référence** assurant l'enregistrement chronologique des événements et permettant d'établir des relations de causalité et de durée ;
- un **capteur photoélectrique** capable d'analyser l'intensité du rayonnement électromagnétique, sa distribution spectrale et certaines informations liées aux distances, fonctionnellement analogue à la vision ;
- enfin, un **instrument d'observation microscopique** destiné à explorer la structure de la matière à des échelles fines.

L'ensemble des données collectées par ces capteurs serait transmis à un programme central chargé de leur traitement et de leur interprétation. On pourrait alors supposer que ce système informatique analyserait ces informations d'une manière différente de celle du cerveau humain, potentiellement débarrassée de la subjectivité inhérente à notre perception.

Cependant, cette hypothèse rencontre rapidement une limite de fond. Le logiciel chargé d'interpréter les données resterait nécessairement marqué par les choix théoriques, les modèles et les catégories conceptuelles introduits par les concepteurs humains. Autrement dit, même si les données brutes sont enregistrées de manière objective, leur interprétation demeure conditionnée par les règles et les postulats préalablement intégrés dans le système.

Les informations recueillies seraient donc effectivement traitées et décodées, mais la question demeure : sous quelle forme pourraient-elles être

397

restituées ? Les entités fondamentales décrites par la physique – ondes et particules – ne possèdent pas intrinsèquement les qualités sensibles associées à notre expérience perceptive. Elles ne sont pas, en elles-mêmes, colorées, sonores ou odorantes. Elles ne ressentent ni chaleur ni froid. Leurs propriétés physiques relèvent de paramètres tels que l'énergie, la fréquence, la masse, la charge ou la quantité de mouvement. Certaines de ces grandeurs peuvent varier ou se transformer selon les cadres théoriques utilisés, comme l'illustre par exemple l'équivalence relativiste entre masse et énergie.

Dans ces conditions, un ordinateur conçu pour traiter ces signaux physiques pourrait se trouver confronté à une difficulté fondamentale. Il capterait et analyserait des flux d'énergie et d'information sous des formes qui ne correspondent pas directement aux catégories perceptives humaines. Privé de toute expérience sensorielle analogue à la nôtre, son système d'interprétation pourrait rencontrer des difficultés pour traduire ces données dans un langage compréhensible par l'être humain.

La question devient alors épistémologique : comment un tel système pourrait-il élaborer un modèle intelligible à partir de données potentiellement incomplètes ou exprimées dans des formalismes mathématiques complexes, alors même que nous lui demandons de restituer ces résultats sous une forme compatible avec nos propres modes de perception et de compréhension ?

Dans ce contexte, il est possible que la logique opérationnelle d'un tel système, bien qu'inspirée de celle de ses concepteurs, ne soit pas nécessairement adaptée à la nature des phénomènes étudiés. Certaines contraintes pourraient introduire des limitations dans l'interprétation des données physiques fondamentales.

Cette difficulté renvoie plus largement à la manière dont les ordinateurs sont conçus. Les architectures informatiques et les algorithmes s'inspirent en grande partie de processus cognitifs humains et reposent sur des structures logiques dérivées de notre propre mode de raisonnement. Dès lors, concevoir une intelligence artificielle véritablement fondée sur des principes cognitifs radicalement différents de ceux du cerveau humain constitue un défi majeur. Si l'intelligence artificielle actuelle peut contribuer à faire évoluer les mathématiques, elle ne peut pas s'affranchir totalement du cadre humain, ni garantir une "révolution conceptuelle". Une IA apprend à partir de données humaines, manipule des formalismes existants, optimise des

398

critères définis par nous. Mais elle ne peut changer les notions de base (objet, nombre, relation…), ou inventer un formalisme indépendant de notre cognition. Elle doit et ne peut que rester compréhensible, communicable et vérifiable par des humains. Notre cerveau a besoin d'un cadre spatial ou temporel stable pour identifier des objets, les situer dans l'espace, les suivre dans le temps, construire des histoires causales.

En effet, les procédures que nous programmons pour traiter l'information impliquent nécessairement des opérations de sélection, de tri et de hiérarchisation des données. Ces opérations peuvent conduire à privilégier certaines informations au détriment d'autres, selon des critères qui restent en partie arbitraires ou dépendants de nos hypothèses initiales.

On peut alors envisager une hypothèse technologique plus avancée : celle d'un ordinateur quantique associé à une intelligence artificielle suffisamment développée pour modéliser et traduire, de manière intelligible, la complexité des phénomènes physiques. Un tel système pourrait théoriquement traiter simultanément un grand nombre d'états possibles et explorer des structures d'information difficilement accessibles aux ordinateurs classiques.

Toutefois, la réalisation pratique d'un tel dispositif soulève des difficultés considérables. Les systèmes quantiques sont extrêmement sensibles aux perturbations environnementales. Les radiations de fond présentes dans l'espace, ainsi que celles émises par les matériaux eux-mêmes, peuvent provoquer des phénomènes de décohérence qui perturbent le fonctionnement des dispositifs quantiques.

Pour cette raison, il est probable que les architectures informatiques futures combinent des éléments classiques et quantiques. Les opérations quantiques pourraient être limitées à certaines étapes spécifiques du traitement de l'information, tandis que des systèmes informatiques classiques assureraient la correction d'erreurs et la réduction des effets de bruit inhérents aux technologies quantiques.

La difficulté majeure liée à la conception d'ordinateurs exploitant des propriétés quantiques réside dans certaines caractéristiques fondamentales de la mécanique quantique, notamment la remise en question du principe classique de localité. En physique classique, et plus particulièrement dans la description relativiste des phénomènes macroscopiques, la localité implique
399

que les interactions physiques se propagent de manière continue dans l'espace et qu'un système peut être considéré comme distinct d'un autre dès lors qu'ils sont spatialement séparés. Ce principe conduit à celui de séparabilité, selon lequel l'état d'un système composé peut être décrit à partir des états de ses sous-systèmes.

Or, en mécanique quantique, certains phénomènes — en particulier ceux associés à l'intrication — semblent contredire cette intuition. Des systèmes quantiques peuvent présenter des corrélations qui ne s'expliquent pas par des interactions locales classiques. Cette non-localité apparente remet en question certains aspects de la physique classique qui structure notre compréhension du monde macroscopique.

La réalité telle qu'elle est perçue à l'échelle humaine résulte en grande partie d'un processus appelé réduction du paquet d'onde, c'est-à-dire de la transition entre une superposition d'états quantiques possibles et l'obtention d'un résultat unique lors d'une mesure. Les approches contemporaines fondées sur la théorie de la décohérence quantique cherchent à décrire comment les interactions avec l'environnement conduisent progressivement un système quantique à adopter un comportement compatible avec les lois de la physique classique.

L'articulation entre décohérence et non-localité soulève néanmoins des questions importantes. Elle suggère que la réalité macroscopique pourrait n'être qu'une description émergente, liée à l'échelle d'observation et aux modalités de mesure accessibles. Dans cette perspective, l'Univers ne nous apparaîtrait qu'à travers les catégories interprétatives propres à notre condition d'observateurs. Les notions familières d'espace et de temps pourraient ainsi ne représenter que des structures effectives adaptées à l'échelle macroscopique, sans nécessairement constituer les éléments fondamentaux d'une description plus profonde de la réalité physique.

Dans ce contexte, le développement d'ordinateurs quantiques et d'intelligences artificielles capables d'exploiter les propriétés de systèmes quantiques représente un défi scientifique et technologique considérable. Si ces technologies parviennent à maturité, elles pourraient constituer une forme d'interface entre la mécanique quantique et la physique classique relativiste, en permettant d'exploiter certaines propriétés quantiques dans des applications concrètes.

Une telle évolution nécessitera probablement la conception d'algorithmes d'un type nouveau, capables de manipuler, sélectionner et traiter l'information quantique sans provoquer la destruction des états de superposition qui la caractérisent. Ces capacités seraient particulièrement prometteuses dans certains domaines, notamment pour la résolution de problèmes combinatoires complexes.

Cependant, l'exploitation de l'information quantique implique également de pouvoir interpréter les résultats obtenus à partir de qubits — unités fondamentales d'information quantique — et de les traduire dans un format intelligible pour des systèmes informatiques classiques ou pour l'utilisateur humain.

Un problème majeur réside dans la stabilité physique des systèmes qui hébergent ces qubits. Même à des températures extrêmement basses, les atomes ou dispositifs physiques servant de support aux qubits ne sont pas parfaitement isolés de leur environnement. Les perturbations extérieures peuvent introduire des erreurs dans les calculs quantiques. Ces erreurs deviennent d'autant plus significatives que les opérations réalisées sont nombreuses, complexes et cumulatives.

Pour limiter ces effets, certaines approches consistent à répéter un grand nombre de fois les mêmes opérations afin d'identifier statistiquement le résultat le plus probable. Toutefois, cette stratégie reste fondamentalement probabiliste et ne garantit pas une fiabilité absolue.

Dans ces conditions, il est probable que les architectures informatiques futures reposent sur une combinaison d'ordinateurs quantiques et d'ordinateurs classiques. Les systèmes classiques, fondés sur une logique binaire, pourraient être chargés de filtrer, corriger et interpréter les résultats issus des calculs quantiques au moyen de procédures algorithmiques adaptées. Malgré ces contraintes, les progrès réalisés dans ce domaine ouvrent la perspective d'une nouvelle génération de technologies informatiques potentiellement beaucoup plus performantes.

La principale difficulté technique demeure la lutte contre la décohérence quantique. Théoriquement, l'élimination complète de ce phénomène supposerait un isolement parfait du système quantique vis-à-vis de toute perturbation environnementale : absence de rayonnement, températures extrêmement basses et conditions proches d'un vide idéal. Dans la pratique,

401

atteindre un tel niveau d'isolement est extrêmement difficile, voire impossible. La décohérence apparaît donc comme un phénomène largement inévitable.

Cependant, ce même phénomène constitue également le mécanisme qui relie le comportement quantique des systèmes microscopiques à l'apparition du monde macroscopique. En permettant l'émergence de propriétés stables et observables à grande échelle, il rend possible l'exploitation de certains effets quantiques dans des domaines appliqués tels que les technologies spatiales, la médecine ou l'informatique.

Dans un registre plus spéculatif, certains auteurs ont avancé l'hypothèse selon laquelle l'Univers posséderait des propriétés particulièrement favorables à l'émergence d'observateurs capables de prendre conscience de son existence. Cette idée est généralement désignée sous le terme de principe anthropique. Selon certaines formulations de ce principe, les constantes physiques et les conditions cosmologiques observées seraient compatibles avec l'apparition d'une forme d'intelligence capable d'interroger la structure du monde.

Une telle interprétation demeure toutefois largement débattue. L'être humain lui-même peut être considéré comme le produit d'un processus évolutif continu, partageant de nombreuses caractéristiques biologiques avec d'autres espèces, notamment les primates. Les différences observables concernent principalement certaines capacités cognitives : développement d'une mémoire abstraite, aptitude accrue au langage symbolique et à la manipulation d'informations complexes.

Ces facultés ont permis à l'espèce humaine d'élaborer des modèles et de développer des technologies sophistiquées. Elles ont également conduit à l'émergence de représentations philosophiques ou métaphysiques plaçant parfois l'être humain au centre de l'Univers (principe anthropique). Triste privilège qui fait de l'homme le premier prédateur, avec un ego bien affirmé. Cette idéologie, centrée sur l'être humain, revient pour certains, à imaginer une « volonté suprême » qui serait l'instigatrice de ce dessein loin d'être gagné d'avance. C'est évoquer un vieux fantasme qui rallie même certains scientifiques. En effet, il prétend expliquer, rassurer et valoriser toute vie dotée d'un système nerveux central qui la fait s'interroger sur sa raison d'être. Chez l'homme, c'est une constante qui nourrit son inconscient.

402

XXV <u>Notre Univers se fait discret sur son âge !</u>
(Sans état civil : point d'acte de naissance)

Dans toutes les directions d'observation, l'Univers présente l'apparence d'une expansion accélérée. Interprétée littéralement, cette observation signifierait que, pour atteindre une région donnée de l'espace, le temps nécessaire augmenterait continuellement, car cette région correspondrait à un état passé de l'Univers qui s'éloignerait de nous à une vitesse croissante.

Cependant, la relativité générale indique que la dilatation du temps dépend du contexte gravitationnel et énergétique local. Ces effets peuvent modifier la manière dont nous interprétons les distances cosmologiques et les vitesses apparentes dans les régions lointaines de l'Univers. Dans cette perspective, l'âge attribué à l'Univers pourrait dépendre fortement des hypothèses utilisées pour interpréter les observations. Il n'est donc pas exclu que cet âge soit sensiblement différent de celui généralement retenu dans le cadre du modèle cosmologique standard.

Lorsque l'on adopte l'hypothèse d'une expansion cosmique, il devient naturel de supposer l'existence d'un instant initial et d'une évolution temporelle définie depuis cet état originel. **Toutefois, l'idée alternative d'un Univers qui ne serait pas fondamentalement expansionniste, mais qui constituerait un système globalement circonscrit bien que non borné, demeure envisageable. Une telle représentation peut sembler contre-intuitive, mais l'histoire de la physique montre que certaines hypothèses initialement controversées — comme la relativité générale proposée par Albert Einstein — ont fini par être admises après examen théorique et expérimental approfondi. Il convient d'ailleurs de rappeler que ce dernier n'adhérait pas initialement à l'idée d'une expansion cosmique.**

Selon l'interprétation dominante actuelle, l'événement appelé Big Bang se serait produit il y a environ 13,8 à 15 milliards d'années. Cette estimation repose principalement sur la mesure de la vitesse apparente de récession des galaxies et sur l'extrapolation rétrograde de cette dynamique jusqu'à un instant initial supposé. Une telle démarche implique implicitement l'hypothèse d'un Univers issu d'une singularité initiale de dimension nulle.

403

Toutefois, si l'on considère qu'une singularité initiale aurait donné naissance à un Univers en expansion, cette représentation suggère intuitivement une croissance volumique assimilable à celle d'une sphère. Une telle image pourrait conduire à imaginer un centre et une frontière en expansion, ce qui semble difficilement conciliable avec le principe cosmologique selon lequel l'Univers est globalement homogène et isotrope à grande échelle.

Dans l'hypothèse alternative envisagée ici, l'Univers serait caractérisé non par une expansion inflationniste de l'espace, mais par une dynamique associée à une forme de dépression énergétique de l'espace. L'interprétation standard de l'expansion cosmique pourrait ne pas être la description la plus appropriée, et l'âge de l'Univers pourrait apparaître largement sous-estimé.

Le modèle d'Univers de de Sitter, souvent invoqué pour illustrer certaines solutions des équations de la relativité générale, suppose une expansion continue de l'espace. Cependant, si l'origine de l'Univers demeure inconnue et n'est décrite que par la notion abstraite de singularité initiale, il reste difficile d'attribuer avec certitude un âge bien défini à un système cosmique dont la dynamique globale pourrait être différente de celle postulée par ce modèle.

Par ailleurs, l'observation des galaxies très lointaines — qui correspond à l'observation de l'Univers dans un état plus ancien — suggère que les interactions gravitationnelles intenses, telles que les fusions de galaxies et les rapprochements de trous noirs galactiques, auraient été plus fréquentes dans le passé. Une telle tendance pourrait être interprétée comme l'indice d'une évolution cosmique caractérisée par une concentration progressive de la matière dans certaines régions, compatible avec l'hypothèse d'un Univers évoluant dans un contexte de dépression énergétique de l'espace.

Le rayon de l'Univers observable est aujourd'hui estimé à environ 46 milliards d'années-lumière. Cette valeur correspond à la distance maximale depuis laquelle des informations lumineuses ont eu le temps de nous parvenir depuis le début de l'histoire cosmique accessible à l'observation. Elle est donc directement liée à la vitesse de propagation de la lumière, généralement considérée comme la limite supérieure de transmission de l'information physique.

Dans un modèle expansionniste, cette distance pourrait suggérer que l'Univers observable possède un âge comparable à cette durée de propagation. Toutefois, cette interprétation suppose implicitement que les unités de temps et les conditions physiques associées à la propagation de la lumière ont conservé une signification identique tout au long de l'histoire cosmique.

Or, si l'on admet que la structure énergétique et gravitationnelle de l'Univers a évolué de manière significative au cours du temps, alors les conditions dans lesquelles la lumière s'est propagée dans l'Univers primordial pouvaient différer sensiblement de celles observées aujourd'hui. À une époque où la matière était moins structurée et où les concentrations gravitationnelles étaient plus diffuses, la répartition de l'énergie dans l'espace dit vide pouvait être plus homogène et moins localisée qu'elle ne l'est actuellement. Les structures stellaires massives et les systèmes galactiques fortement individualisés étaient probablement moins marqués.

Dans ces conditions, l'année-lumière — définie comme la distance parcourue par la lumière en une année — constitue une unité dépendant implicitement du contexte relativiste dans lequel elle est utilisée. Elle ne peut être interprétée indépendamment de l'évolution globale de l'Univers.

C'est notamment ce contexte qui conduit à l'observation selon laquelle certaines galaxies très lointaines semblent présenter des vitesses de récession apparentes supérieures à celle de la lumière. Ce phénomène est généralement interprété comme une conséquence de la dynamique de l'espace lui-même, plutôt que comme un déplacement local dépassant la vitesse limite relativiste.

Il devient difficile d'établir une corrélation simple entre trois grandeurs souvent associées : le rayon observable de l'Univers (environ 46 milliards d'années-lumière), la vitesse de récession des galaxies interprétée comme une expansion cosmique, et l'âge estimé de l'Univers (environ 13,8 milliards d'années).

L'hypothèse alternative d'un Univers non expansionniste, mais caractérisé par une dynamique de dispersion rétrograde à dominante relativiste plutôt que strictement radiale, permettrait d'éviter cette tension apparente entre âge, taille et dynamique cosmique. L'idée d'un Univers non expansionniste en dispersion rétrograde, **plus relativiste que radiale** (voir illustration),
405

évite d'avoir à se poser sous cette forme, la question du rapport entre l'âge et la taille de l'Univers.

Un grand nombre d'incertitudes et l'insuffisance des données observationnelles disponibles rendent encore difficile l'établissement d'une description pleinement fiable de l'origine et de l'évolution initiale de notre Univers. Dans ces conditions, il n'est pas surprenant que certaines incohérences apparaissent dans l'interprétation des spectres lumineux provenant d'objets très éloignés, notamment dans l'analyse du décalage vers le rouge (Redshift). Ces divergences peuvent également être mises en relation avec les hypothèses de calcul traditionnellement fondées sur l'équation fondamentale de Friedmann, qui décrivent un Univers globalement homogène et isotrope dans le cadre de la relativité générale.

Par ailleurs, l'existence du fond diffus cosmologique, caractérisé par une température moyenne d'environ 2,73 kelvins — identifié comme le Cosmic Microwave Background — ne rend pas entièrement compte de la rapidité avec laquelle les premières galaxies semblent s'être formées, si l'on conserve simultanément l'hypothèse d'un Univers âgé d'environ 13,8 milliards d'années et si l'on considère l'année comme une unité de temps strictement invariante dans l'histoire cosmique.

Une autre approche consiste à tenter d'estimer l'âge de l'Univers à partir du temps de demi-vie particulièrement long de certains isotopes radioactifs. Cependant, cette méthode comporte également des limites, car les éléments utilisés comme références chronologiques pourraient eux-mêmes provenir du recyclage de matériaux radioactifs issus de cycles cosmiques antérieurs. Dans ce cas, l'âge mesuré correspondrait seulement à une phase récente de transformation de la matière et non nécessairement à l'origine du système cosmique dans son ensemble.

Nous ignorons encore largement ce que représente l'Univers dans sa totalité — supposé non borné — par rapport à la portion accessible à l'observation. L'histoire de l'astronomie montre d'ailleurs que la représentation que les observateurs se sont faite de l'Univers à différentes époques s'est révélée, à chaque fois, fortement limitée par les moyens d'observation disponibles. Il est donc raisonnable de supposer que notre compréhension actuelle reste elle aussi partielle.

Selon le modèle standard de la physique des particules, la durée de vie du proton — constitué de quarks de première génération (up et down) — ainsi que celle de l'électron, serait extrêmement longue en l'absence de processus de désintégration encore inconnus. Les estimations théoriques évoquent des durées pouvant atteindre au minimum plusieurs milliers de milliards de milliards de milliards d'années. Si l'Univers n'avait réellement qu'environ 13,8 milliards d'années, sa durée d'existence resterait donc très faible au regard de ces échelles temporelles. Il est toutefois également envisageable que l'Univers soit beaucoup plus ancien que ne le suggèrent les estimations actuelles. Dans ce cas, sa longévité dépasserait largement les projections établies à partir des modèles cosmologiques contemporains.

Dans les représentations courantes, l'événement appelé Big Bang est souvent décrit comme une explosion initiale à partir d'un point unique, dispersant matière et énergie dans toutes les directions de l'espace. On se représente volontiers, le Big-bang comme l'explosion d'un très gros pétard dispersant contenu et contenant en suivant la trajectoire la plus directe, c'est à dire celle représentée par des rayons partant d'un point supposé de « mise à feu » vers toutes les directions de l'espace. Cette image intuitive repose sur une analogie avec une expansion radiale issue d'un point central.

Cependant, une description plus abstraite pourrait consister à considérer l'Univers comme une manifestation d'énergie issue d'un état de symétrie rompue. La diversité des formes observées — particules, rayonnements, structures cosmologiques — résulterait essentiellement du point de vue de l'observateur et des interactions locales qui rendent ces formes perceptibles. Une telle approche permettrait de décrire l'Univers sans lui attribuer nécessairement une dimension initiale définie, ni supposer une croissance volumique issue d'un point singulier.

Cette perspective conduit naturellement à une question fondamentale : quelle est la position de l'observateur au sein de l'Univers ? À l'heure actuelle, aucune réponse précise ne peut être apportée. L'une des rares conclusions relativement robustes de la cosmologie moderne est qu'il n'existe probablement ni centre privilégié de l'Univers ni frontière accessible qui en marquerait les limites.

Pour tenter d'interpréter cette situation, il convient de rappeler certains principes physiques. Les effets gravitationnels résultent de la présence de masse ou, plus généralement, d'énergie. L'interaction gravitationnelle

407

possède une portée théoriquement illimitée et son intensité décroît avec la distance. Dans l'hypothèse envisagée ici, où la gravitation serait liée de manière profonde à l'interaction électromagnétique, ces effets pourraient être interprétés comme l'expression d'un champ d'influence s'étendant à l'ensemble de l'espace-temps.

Si l'on imagine franchir les limites non matérialisées de l'Univers observable, il est concevable que la densité de matière y devienne extrêmement faible, au point que les interactions quantiques associées aux particules matérielles n'y soient plus détectables. Dans un tel contexte, seules certaines ondes électromagnétiques pourraient éventuellement se propager au-delà de la région cosmique dominée par les interactions gravitationnelles de notre Univers.

Cette hypothèse conduit à s'interroger sur la possibilité même de concevoir une frontière même conceptuelle entre notre Univers et un ensemble cosmique plus vaste, parfois décrit comme un multivers. Une telle frontière, si elle existe, pourrait être de nature essentiellement abstraite et difficilement représentable. Par ailleurs, si l'Univers était effectivement infini tout en étant issu d'une singularité initiale, sa représentation ne serait pas plus aisée.

Dans l'évolution à très long terme de l'Univers, les interactions de la matière organisée devraient progressivement décroître. Les trajectoires des objets célestes, initialement complexes et fortement influencées par les interactions gravitationnelles locales, tendraient alors à devenir plus régulières. Dans ce contexte, les mouvements relativistes pourraient progressivement adopter des directions de plus en plus tangentielles par rapport aux multiples horizons gravitationnels présents dans l'Univers.

À mesure que l'Univers se refroidit et que les structures se stabilisent, les événements astrophysiques dominants pourraient être essentiellement liés au rapprochement et à la fusion de trous noirs, notamment à l'échelle galactique.

Les trous noirs, bien qu'ils fassent partie intégrante de l'Univers, ne peuvent pas être considérés comme occupant l'espace au sens ordinaire, dans la mesure où ils correspondent à des régions où la géométrie de l'espace-temps est extrêmement courbée. L'évolution globale de l'Univers pourrait ainsi conduire à une dispersion minimale de l'énergie transportée par les ondes électromagnétiques, dans un espace progressivement appauvri en autres formes d'énergie.

Un espace pauvre en énergie pourrait être interprété comme un espace dans lequel les régions de concentration de matière — notamment celles associées aux futurs regroupements massifs de trous noirs — seraient séparées par des distances de plus en plus grandes.

Une telle évolution pourrait également contribuer à expliquer pourquoi les galaxies situées aux limites observables de l'Univers semblent s'éloigner les unes des autres à des vitesses apparentes supérieures à celle de la lumière. Cette impression pourrait résulter en partie du fait que les observations cosmologiques ne prennent pas toujours pleinement en compte les effets relativistes associés non seulement à la géométrie instantanée de l'espace, mais également à l'évolution globale et progressive de la distribution de la matière dans l'Univers.

XXVI <u>Un secret de polichinelle</u>
(Gravé dans un passé à portée de regard)

Expansion accélérée ou dispersion rétrograde : éléments de clarification

Revenons sur la question de l'expansion accélérée de l'Univers et sur l'hypothèse alternative d'une dispersion rétrograde de l'énergie, en reprenant au préalable quelques définitions permettant de préciser le cadre d'analyse.

a) Le présent observationnel

Du point de vue de l'observateur, l'espace accessible à l'observation peut être assimilé à une représentation instantanée, comparable à une image figée. Cette représentation correspond à un **présent observationnel**, limité à un environnement de relative proximité.

Toutefois, cette image inclut également des informations provenant d'objets très éloignés, dont la lumière nous parvient après un temps de propagation parfois considérable. L'espace observé est donc constitué d'un **mélange de phénomènes contemporains de l'observateur et de traces d'états passés de l'Univers**, d'autant plus anciens que les sources sont distantes.

Dans cette perspective, le présent cosmologique accessible à l'observation demeure essentiellement **local**, tandis que l'essentiel de l'information relative aux régions lointaines correspond à des états antérieurs de l'Univers.

Par ailleurs, le temps présent, tel qu'il est vécu dans cet environnement local, se déploie dans un contexte dynamique et instable, dont les propriétés ne permettent que difficilement d'inférer directement l'histoire cosmologique globale.

b) Reconstitution d'une évolution à partir d'un passé observé

Lorsque l'on cherche à reconstruire l'évolution de l'Univers à partir des observations du passé lointain, deux hypothèses structurantes peuvent être formulées.

410

D'une part, le **champ gravitationnel** peut être considéré comme un milieu énergétique structurant, révélant une tendance générale à l'agrégation de la matière et de l'énergie.

D'autre part, l'écoulement du temps relie deux états cosmologiques distincts :

- un état ancien, caractérisé par une **dispersion plus importante de l'énergie et de la matière**, tel qu'il apparaît dans les observations du passé lointain ;
- et un état futur hypothétique dans lequel **les processus de concentration gravitationnelle** pourraient devenir plus marqués.

Dans cette interprétation, le temps constitue le paramètre permettant de relier l'image dégradée d'un passé fortement dispersif à une projection spéculative d'un futur potentiellement plus concentré.

Variations possibles du rythme du temps et perception des distances

On peut formuler l'hypothèse selon laquelle **le rythme du temps mesuré dans le présent diminuerait progressivement**, sous l'effet de l'évolution du champ gravitationnel global.

Inversement, dans un Univers plus ancien et caractérisé par une **densité gravitationnelle moyenne plus faible**, le temps pourrait s'être écoulé à un rythme plus rapide. Si une telle hypothèse était valide, les distances associées aux objets observés dans le passé apparaîtraient, lorsqu'elles sont rapportées à notre référentiel temporel actuel, **plus grandes qu'elles ne l'étaient dans leur contexte d'origine**.

Évolution de la structure gravitationnelle de l'espace

La dépression gravitationnelle de l'espace — c'est-à-dire la structuration de la métrique sous l'effet de la matière et de l'énergie — n'apparaît pas directement dans l'observation des régions lointaines.

411

Cependant, si l'on admet que la matière était autrefois **plus diffuse**, il est plausible que la distribution des potentiels gravitationnels ait été **plus homogène** qu'elle ne l'est aujourd'hui. Les déformations locales de l'espace-temps auraient alors été moins prononcées, produisant une structure globale plus uniformément nivelée que celle que nous observons actuellement.

Difficultés conceptuelles associées à la notion d'expansion

La notion d'expansion implique généralement une **augmentation du volume occupé par un système**. Une telle définition suppose implicitement l'existence d'un cadre de référence extérieur permettant d'évaluer cette variation de taille.

Or, appliquée à l'Univers dans son ensemble, cette idée devient problématique : un Univers dépourvu de frontière observable ne peut être aisément rapporté à un contenant extérieur qui permettrait de mesurer son expansion.

Évolution future de l'Univers observable

Aujourd'hui, l'Univers observable est limité par l'horizon cosmologique défini par la distance maximale parcourue par la lumière depuis l'origine des structures observables.

Deux interprétations peuvent être envisagées :

Dans le modèle standard d'expansion, certaines régions actuellement visibles pourraient, à terme, devenir inobservables si leur vitesse d'éloignement dépasse la capacité de la lumière à nous atteindre.

Dans l'hypothèse alternative d'une dépression énergétique progressive de l'espace, l'horizon observable pourrait au contraire rester globalement stable. Toutefois, cette stabilité dépendrait de l'évolution de la **métrique cosmologique**, c'est-à-dire de la manière dont la distribution de la matière

412

et de l'énergie modifie la structure géométrique de l'espace-temps et, par conséquent, les conditions d'observation.

Redshift, refroidissement cosmique et interprétations possibles

La diminution progressive de la température moyenne de l'Univers ainsi que le **décalage vers le rouge des spectres lumineux (Redshift)** sont généralement interprétés comme des manifestations de l'expansion cosmique.

Dans l'hypothèse examinée ici, ces phénomènes pourraient également être envisagés comme les conséquences d'une **dépression énergétique de l'espace accompagnée d'une dilatation du temps**.

Le modèle cosmologique dominant, fondé sur l'hypothèse d'une inflation initiale suivie d'une expansion continue, repose sur un ensemble de résultats théoriques et observationnels qui présentent néanmoins certaines tensions, notamment avec l'analyse détaillée du **fond diffus cosmologique**.

Ces divergences entre observations et modèles physiques ne constituent pas un phénomène nouveau dans l'histoire de la cosmologie.

Dimension globale de l'Univers et limites des estimations

Dans certaines extrapolations fondées sur les modèles de courbure de l'espace, il a été proposé que l'Univers total pourrait représenter un volume **plusieurs millions de fois supérieur** à celui de l'Univers observable.

Cependant, ces estimations reposent sur des hypothèses qui demeurent difficilement vérifiables. En effet, toute évaluation de la taille ou de l'expansion de l'Univers supposerait implicitement un **référentiel externe** ou une unité de comparaison plus large, qui n'est pas accessible.

En l'absence d'unités de référence universellement applicables à l'ensemble du cosmos, ces estimations conservent donc une **dimension nécessairement spéculative**.

Limites de la constante de Hubble comme outil de mesure

La **constante de Hubble** constitue un paramètre cosmologique destiné à relier la distance des galaxies à leur vitesse apparente d'éloignement.

Elle est couramment utilisée pour estimer l'âge et l'échelle de l'Univers observable. Toutefois, cette constante repose sur deux grandeurs — distance et vitesse de fuite — dont l'évaluation dépend elle-même de modèles interprétatifs.

Dans le prolongement des interrogations précédemment évoquées concernant la structure de l'espace, la dynamique du temps et l'interprétation du Redshift, ces deux paramètres demeurent susceptibles d'introduire des **incertitudes importantes** dans les estimations cosmologiques.

Tensions observationnelles autour de la constante de Hubble

Des observations récentes réalisées à l'aide du **télescope spatial Hubble** ont conduit à une nouvelle estimation de la constante de Hubble, obtenue par une méthode indépendante des deux approches traditionnellement utilisées. Cette mesure aboutit à une valeur plus faible que certaines estimations antérieures.

Jusqu'à présent, deux méthodes principales étaient employées :

- l'une fondée sur l'observation d'**étoiles céphéides et de supernovæ**, utilisées comme indicateurs de distance dans l'Univers local ;
- l'autre reposant sur l'analyse des **anisotropies du fond diffus cosmologique**.

414

Ces deux approches ont conduit à des résultats qui restent en désaccord, phénomène connu sous le nom de **tension de la constante de Hubble**.

Par ailleurs, d'autres observations ont suggéré que l'expansion cosmique pourrait être **plus rapide que ce que prédisaient certains modèles antérieurs**. Ces divergences ont d'abord été interprétées comme des incertitudes de mesure. Toutefois, elles pourraient également révéler des **limitations plus profondes du modèle cosmologique standard**, comme cela a été évoqué précédemment.

Dans ce contexte, une explication fréquemment avancée consiste à invoquer l'existence d'une **énergie sombre**, censée rendre compte de l'accélération de l'expansion cosmique. Cette hypothèse, bien qu'opérationnelle dans le cadre du modèle standard, demeure largement **phénoménologique**, faute d'identification physique précise de cette composante énergétique.

Le rôle central du fond diffus cosmologique

Le modèle cosmologique standard s'appuie largement sur les données issues de l'étude du **fond diffus cosmologique (CMB)**. Les paramètres cosmologiques dérivés de ces observations conduisent généralement à une valeur de la constante de Hubble **plus faible** que celle obtenue à partir des mesures réalisées dans l'Univers local.

Cette situation peut être interprétée comme une indication selon laquelle **le taux d'expansion actuel de l'Univers semblerait plus élevé que celui déduit du modèle basé sur le passé lointain.**

Une telle divergence peut s'expliquer par le fait que le modèle standard repose essentiellement sur l'analyse d'un état très ancien de l'Univers, dont l'image observée est nécessairement indirecte et difficile à transposer dans les conditions physiques actuelles.

Dans l'hypothèse envisagée ici, le fond diffus cosmologique ne correspondrait pas strictement à un **rayonnement fossile immuable issu des premiers instants de l'Univers**, mais pourrait plutôt être considéré comme l'état actuel résultant d'une longue évolution des flux de rayonnement présents dans l'espace. Depuis les premières phases de l'Univers — parfois associées à la limite dite du **mur de Planck** — ces flux auraient subi de multiples interactions et interférences avec la matière et, éventuellement, avec l'antimatière.

Interprétation possible de la constante de Hubble

Si l'on maintient l'hypothèse d'une expansion cosmique, la vitesse d'expansion observée apparaît aujourd'hui difficile à expliquer entièrement sur la base des modèles physiques actuels.

Dans cette perspective alternative, la constante de Hubble — généralement interprétée comme une mesure du **taux d'expansion de l'Univers** — pourrait être envisagée autrement : elle pourrait constituer avant tout **un indicateur du niveau de dépression énergétique de l'espace**, c'est-à-dire du degré de structuration énergétique du milieu cosmique.

Fluctuations du fond diffus cosmologique et structure de l'espace

L'analyse des pics d'émission du rayonnement fossile montre l'existence de **fluctuations extrêmement faibles de densité** dans un Univers qui apparaît globalement homogène et isotrope à grande échelle.

Ces variations locales peuvent être interprétées comme des **irrégularités dans la distribution énergétique de l'espace**, correspondant à des régions légèrement plus ou moins denses. Dans certaines zones de plus faible densité énergétique, la propagation des rayonnements pourrait être associée à un **allongement des longueurs d'onde**, phénomène compatible avec les observations de décalage spectral.

Le vide quantique et l'exemple de l'effet Casimir

Dans ce que l'on appelle communément le **vide**, la physique quantique prévoit la création et l'annihilation permanentes de **paires particule–antiparticule virtuelles**.

L'**effet Casimir** illustre expérimentalement certaines propriétés de ce vide quantique. Lorsque deux plaques conductrices neutres sont placées très près l'une de l'autre, seules certaines longueurs d'onde du champ électromagnétique peuvent subsister dans l'espace qui les sépare. Cette restriction modifie la densité d'énergie du vide entre les plaques par rapport à celle du vide extérieur.

Cette différence d'énergie produit une pression effective qui tend à rapprocher les plaques. Le phénomène peut être interprété comme l'apparition d'une **force attractive apparente**, résultant en réalité d'un **déséquilibre énergétique du vide quantique**.

Dans cette optique, l'espace séparant les plaques peut être considéré comme se trouvant dans un **état de dépression énergétique relative**.

Sursauts énergétiques et homogénéité cosmique

Certains événements astrophysiques majeurs — tels que la **fusion de trous noirs**, les **explosions de supernovæ** ou les **collisions de galaxies** — produisent localement des zones de **surdensité énergétique** et modifient fortement la structure de l'espace-temps environnant.

Cependant, l'échelle de ces phénomènes reste limitée par rapport aux dimensions globales de l'Univers. Il est donc peu probable qu'ils suffisent à remettre en cause l'**homogénéité statistique** de l'Univers lorsqu'il est considéré à très grande échelle.

Structure à grande échelle et distribution de la matière

Les observations cosmologiques montrent que la matière se distribue selon une structure filamentaire complexe, souvent décrite comme une **structure en réseau ou en « toile cosmique »**, parfois comparée à une organisation en « nid d'abeille ». Les amas de galaxies se concentrent le long de

417

filaments, séparés par de vastes régions de faible densité appelées **vides cosmiques**.

Ces variations de densité correspondent à des **zones plus ou moins dépressionnaires du point de vue énergétique**.

Il pourrait en aller de même pour l'**antimatière**, dont la présence ne serait généralement détectable qu'indirectement, notamment à travers certains effets gravitationnels ou lors d'événements d'annihilation ponctuels.

Réexamen de l'hypothèse d'un Big Bang ponctuel

Ces considérations conduisent à relativiser l'image simplifiée d'un **Big Bang assimilé à une singularité ponctuelle** qui aurait initialement concentré toute l'énergie de l'Univers.

Dans un scénario strictement inflationniste partant d'un volume initial quasi nul, on pourrait s'attendre à observer aujourd'hui des **gradients radiaux de densité** ou des structures concentriques résultant de l'expansion à partir d'un centre initial.

Or, les observations cosmologiques ne mettent pas clairement en évidence une telle organisation à grande échelle.

Limites de l'analogie explosive

L'idée d'un Univers en expansion est parfois comparée, par analogie, à une **explosion de type supernova**. Cependant, cette comparaison présente plusieurs limites.

Dans le cas d'une supernova, la matière expulsée se disperse dans un **milieu environnant préexistant** et produit une structure fortement hétérogène, caractérisée par des variations importantes de densité selon la distance au point d'origine.

L'Univers observable, au contraire, présente une **homogénéité statistique remarquable** à très grande échelle.

Par ailleurs, la notion même d'expansion cosmique reste difficile à définir si elle ne peut être rapportée à **aucun référent extérieur** dans lequel cette expansion pourrait être mesurée.

L'Univers observable, au contraire, présente une **homogénéité statistique remarquable** à très grande échelle.

XXVII <u>Exploration-fiction dans une « dimension » interdite</u>
(Ou comment repousser les bornes des limites)

Toutes les lois physiques sont formulées pour un **domaine d'échelle déterminé** : certaines décrivent les phénomènes quantiques, d'autres les systèmes atomiques, stellaires ou galactiques. Il est alors légitime de se demander si un principe analogue peut être envisagé pour ce qui, à un niveau plus fondamental et difficilement observable, pourrait intervenir **dans les relations entre symétries quantiques**.

Dans l'hypothèse envisagée ici, on suppose l'existence d'un niveau discret sous-jacent à la physique quantique, au sein duquel les symétries ne constitueraient pas seulement des propriétés formelles des équations, mais des structures dynamiques définies par leur relation à une symétrie opposée. Dans cette perspective, chaque symétrie ne prendrait sens que relativement à sa contrepartie, de sorte que les états physiques seraient définis par un rapport de complémentarité ou d'opposition symétrique.

La physique quantique moderne repose notamment sur trois principes de symétrie généralement considérés comme fondamentaux :

1. **Symétrie de conjugaison de charge (C)**

    À toute particule correspond une antiparticule caractérisée par des charges opposées. En principe, l'existence d'une particule implique celle d'une antiparticule correspondante.

2. **Symétrie de parité (P)**

    Les trois coordonnées spatiales peuvent être inversées simultanément. Cette transformation correspond à une inversion miroir de l'espace et traduit l'idée d'un espace dépourvu de centre ou de bord privilégié.

3. **Symétrie de renversement du temps (T)**

    Les équations fondamentales de nombreuses interactions demeurent invariantes si l'on inverse le sens de l'écoulement du temps. Cette

420

propriété alimente l'hypothèse d'une possible symétrie temporelle des lois physiques, bien que son interprétation cosmologique demeure ouverte.

La combinaison de ces trois transformations constitue la **symétrie CPT**, qui joue un rôle central en théorie quantique des champs. Comme proposée ici, cette symétrie globale n'est pas remise en cause, mais certaines **manifestations locales apparentes de dissymétrie** sont interprétées différemment.

Plusieurs hypothèses sont alors envisagées :

- Les interactions forte et faible semblent présenter certaines violations de symétrie. Ces phénomènes pourraient être interprétés comme l'expression d'une **asymétrie de type chiral**, susceptible d'être liée, directement ou indirectement, à des effets gravitationnels encore mal compris.
- Une particule de matière pourrait être considérée comme **corrélée ou intriquée** avec une antiparticule correspondante, cette relation constituant une propriété fondamentale de leur existence.
- Dans l'hypothèse d'un couple cosmologique formé par un **Univers et un anti-Univers évoluant de manière symétrique**, les directions de l'espace pourraient apparaître inversées entre ces deux domaines, comme dans une transformation miroir.
- Si l'évolution cosmologique devait conduire à un **effondrement final de l'Univers**, celui-ci pourrait être interprété comme une dynamique globale reliant les états initial et final, ce qui suggérerait une forme de symétrie entre les conditions de début et de fin.

La symétrie CPT — associant **conjugaison de charge (C), inversion spatiale (P) et inversion temporelle (T)** — fournit une représentation miroir de l'Univers. Elle implique que l'antimatière constitue, en principe, le **contrepartie symétrique de la matière**, en quantité équivalente.

Une violation effective de cette symétrie impliquerait une **asymétrie fondamentale entre matière et antimatière**. Certaines observations expérimentales, notamment liées au comportement des **neutrinos dans l'interaction faible**, ont parfois été interprétées comme suggérant une possible violation de la symétrie CP. Toutefois, ces résultats demeurent difficiles à interpréter et sont souvent associés à des propriétés encore mal comprises de ces particules.

Dans la perspective adoptée ici :

- La symétrie **C** pourrait être reliée à une tendance générale des systèmes physiques à rechercher un **équilibre de charge**, notamment lors des processus de recombinaison dans l'Univers primordial et dans les interactions électromagnétiques.
- La symétrie **P**, correspondant à l'inversion spatiale, pourrait être associée à des phénomènes de **chiralité**, en particulier dans certaines interactions faibles. Cette chiralité ne constituerait pas nécessairement une violation fondamentale de symétrie, mais plutôt une manifestation particulière de celle-ci.
- La symétrie **T** pourrait être interprétée, à l'échelle cosmologique, comme liée à l'évolution globale de l'Univers vers un état d'équilibre final. Dans cette hypothèse, un **effondrement cosmologique de type Big Crunch** représenterait une dynamique globale reliant les conditions initiales du Big Bang à un état final symétrique.

La matière structurée et l'antimatière structurée ne seraient pas directement « miscibles ». Elles pourraient cependant coexister dans une relation de symétrie comparable à un effet miroir décalé dans l'espace-temps.

L'une des manifestations possibles de cette symétrie réside dans la capacité des particules et des antiparticules correspondantes à **s'annihiler mutuellement**, processus au cours duquel leur énergie se transforme principalement en rayonnement électromagnétique, souvent sous forme de photons gamma.

Certaines interactions faibles illustrent également ces propriétés. Par exemple, les électrons et les neutrinos présentent parfois une **hélicité gauche**, révélant une asymétrie dans les interactions. Certaines expériences suggèrent que l'équivalence des processus d'interaction entre certaines symétries quantiques pourrait ne pas être strictement respectée.

Ces observations soulèvent la question d'une éventuelle violation de la symétrie CPT, notamment dans les processus de **désintégration de mésons B**. Les mésons sont des particules composites constituées d'une paire **quark–antiquark**, généralement de charge globale neutre et de durée de vie extrêmement courte. Les anomalies observées pourraient s'expliquer par une **dissymétrie subtile entre matière et antimatière**, interprétée ici comme une manifestation de chiralité.

L'interprétation de ces phénomènes reste toutefois délicate, notamment en raison de la **difficulté expérimentale d'observer directement l'antimatière dans des conditions astrophysiques naturelles**.

Enfin, certaines observations astrophysiques, telles que la détection d'un **rayonnement gamma intense au centre de certaines galaxies**, pourraient être interprétées comme la signature de processus impliquant des annihilations particule–antiparticule. Des interactions de ce type sont également observées dans certaines réactions nucléaires, où l'annihilation se traduit par la conversion de la masse des particules en photons de haute énergie.

La réflexion proposée dans ce chapitre relève d'une **construction spéculative** qui explore les niveaux les plus profonds de l'échelle microscopique. Elle ne modifie pas les développements précédents mais cherche à établir un **rapprochement entre la mécanique quantique, la relativité de l'espace-temps et l'hypothèse cosmologique d'un multivers**. L'hypothèse centrale suppose l'existence d'**échanges discrets** susceptibles d'assurer une forme de relation symétrique entre notre Univers constitué de matière et un domaine complémentaire.

Dans cette perspective, il n'existerait pas de **frontière absolument étanche** entre la mécanique quantique et la physique relativiste classique. Les lois physiques demeurent continues dans leur principe, même si leurs **formes effectives varient selon l'échelle considérée**. Les règles qui décrivent les phénomènes évoluent progressivement lorsqu'on passe vers les domaines de l'« infiniment petit » ou de l'« infiniment grand ».

Les observations expérimentales les plus précises, ainsi que les méthodes de calcul les plus avancées, fournissent aujourd'hui des informations importantes mais encore **insuffisantes pour établir des certitudes complètes** concernant la structure ultime de la réalité physique.

Dans l'hypothèse d'un système cosmologique comprenant **deux univers liés par une symétrie quantique**, les lois qui gouvernent les particules élémentaires, les structures atomiques, les corps macroscopiques et les systèmes stellaires devraient être envisagées comme **fondamentalement reliées**. Les difficultés actuelles à concilier certaines théories pourraient alors refléter moins une incompatibilité réelle des lois physiques qu'une **fragmentation de leur description**. L'unification théorique n'implique cependant pas nécessairement la disparition des distinctions d'échelle : elle suppose plutôt l'existence de **relations de transition entre différents niveaux de description**.

Dans cette optique, une éventuelle **théorie unifiée** devrait intégrer des règles propres à chaque domaine d'échelle tout en décrivant les **continuités et transformations qui les relient**. Ces règles pourraient être envisagées comme participant d'un processus cosmologique global conduisant l'Univers vers un état d'équilibre. Une telle perspective inviterait à considérer la physique non seulement comme l'étude des structures et des interactions, mais aussi comme celle de **l'évolution cosmologique qui relie l'origine et la destinée de l'Univers**.

Comme cela a été évoqué précédemment, notre perception de l'Univers peut être biaisée par l'interprétation que nous faisons de certains phénomènes relativistes. Par exemple, la **courbure ou dépression de l'espace-temps** peut être interprétée comme une augmentation des distances, ce qui conduit à lire certains phénomènes cosmologiques comme la trace d'événements passés. De manière analogue, la **dilatation du temps** n'est pas perçue subjectivement comme un ralentissement du déroulement des processus physiques.

Ainsi, bien que l'observation astronomique permette d'accéder à des **états anciens de l'Univers**, notre compréhension demeure largement dépendante du **référentiel local et présent** dans lequel nous effectuons ces observations. Cette limitation constitue un obstacle épistémologique important dans l'interprétation globale de la structure cosmologique.

Dans le domaine microscopique, la mécanique quantique décrit des phénomènes qui ne se laissent pas aisément interpréter dans le cadre intuitif de l'espace et du temps classiques. Les interactions internes aux particules composites, par exemple entre quarks à l'intérieur des hadrons, se caractérisent par des **corrélations extrêmement rapides et fortement non classiques**. Dans certaines interprétations, ces corrélations peuvent être décrites comme des échanges d'information qui ne correspondent pas à un déplacement ordinaire dans l'espace-temps.

Les propriétés quantiques peuvent de la sorte, donner l'impression que certaines informations sont distribuées simultanément entre plusieurs constituants, phénomène qui rappelle les effets d'intrication quantique. Les particules élémentaires semblent alors échapper aux catégories classiques de localisation.

Un exemple souvent évoqué concerne les **électrons dans l'atome**. Leur description quantique ne correspond pas à une trajectoire définie mais à une **distribution de probabilité** formant une région autour du noyau atomique. Cette région peut être interprétée comme une limite effective de l'influence électronique, analogue à un horizon définissant la structure de l'atome.

Notre représentation de l'Univers se situe essentiellement **entre deux limites d'observation** : d'une part les constituants élémentaires actuellement reconnus de la matière, et d'autre part l'horizon cosmologique observable. Cette situation conduit à une vision de l'Univers circonscrite par ces deux bornes, alors même que de nombreux aspects de la réalité physique pourraient se situer **au-delà de ces domaines accessibles à l'observation directe**.

De même que nous devons imaginer l'Univers au-delà de l'horizon observable, nous sommes conduits à formuler des hypothèses concernant la **structure interne des particules élémentaires**, qui représentent actuellement la limite de notre capacité d'exploration expérimentale. Ces entités ne sont d'ailleurs pas observées directement ; leur existence est inférée à partir de **modèles théoriques et de résultats expérimentaux indirects**, souvent formulés dans un cadre mathématique élaboré.

Ainsi, en deçà de l'échelle des particules élémentaires comme au-delà de l'horizon cosmologique, la connaissance scientifique repose en grande partie sur **des constructions théoriques appuyées par des indices observationnels,** mais qui conservent une dimension spéculative.

Dans cette perspective, le **photon** peut être interprété comme le quantum d'un champ électromagnétique issu des phases très précoces de l'histoire cosmique. Il pourrait être considéré comme le vestige d'un régime énergétique extrêmement intense ayant caractérisé les premières phases de l'Univers, proches de l'ère de Planck.

Aujourd'hui, l'intensité énergétique moyenne du rayonnement électromagnétique est très inférieure à celle qui prévalait lors de ces premières phases. Par conséquent, les photons actuels ne disposent plus de l'énergie nécessaire pour engendrer spontanément, par interaction mutuelle, de nouvelles particules massives.

Dans une configuration simplifiée, le photon peut être envisagé comme la manifestation quantifiée d'un **champ électromagnétique élémentaire,** associant composantes électrique et magnétique et ne possédant pas de dimension spatiale classique au sens strict.

Une telle interprétation suggère que l'Univers pourrait ne pas présenter de limite fondamentale pour les **ondes électromagnétiques se propageant indépendamment de particules chargées,** même si leur description mathématique demeure formulée dans le cadre de l'espace-temps relativiste.

Cependant, pour des raisons de formalisation mathématique, l'énergie d'un photon doit toujours être exprimée à l'aide **d'unités d'énergie et de temps,** ce qui montre à quel point notre description reste dépendante des catégories de l'espace-temps classique.

Le fait que notre représentation de la réalité change profondément lorsque l'on modifie l'échelle d'observation illustre la **difficulté persistante à relier intuitivement la mécanique quantique et la physique classique.** Dans la pratique, nos descriptions scientifiques combinent souvent les deux, parfois de manière implicite.

426

Si l'on considère la particule élémentaire de matière comme l'expression localisée d'un **état quantique issu des conditions initiales de l'Univers**, il devient difficile de lui attribuer une véritable occupation spatiale ou une temporalité définie au sens classique.

Certaines particules élémentaires, notamment les **quarks**, peuvent s'associer de manière stable pour former des particules composites appelées **hadrons**. Ces structures résultent d'interactions fortes particulièrement intenses. Toutefois, même ces particules composites ne possèdent pas toujours une localisation spatiale et temporelle simple dans le cadre quantique.

Lorsque ces particules interagissent avec les **leptons**, notamment les électrons, un équilibre de charge peut être atteint. Certaines particules composites se regroupent alors pour former des **noyaux atomiques**, qui, associés aux électrons, donnent naissance aux **atomes**.

C'est à ce niveau d'organisation que commence à émerger un domaine de phénomènes correspondant à notre expérience familière : des **objets dotés d'extension spatiale, évoluant dans le temps et reliés par des relations de cause à effet**.

Par l'assemblage des atomes en molécules puis en structures macroscopiques, la matière construit progressivement le contexte physique dans lequel s'inscrivent les phénomènes décrits par la relativité. On peut alors envisager que **l'espace et le temps tels que nous les percevons constituent l'expression macroscopique d'une dynamique quantique plus fondamentale**, dans laquelle les notions classiques de localisation et de temporalité ne jouent pas le même rôle.

La transition entre ces niveaux d'organisation, liée au changement d'échelle, conduit l'observateur humain à percevoir comme réalité fondamentale **l'espace-temps dans lequel il évolue**. Nous y sommes nécessairement immergés et construisons notre environnement et notre compréhension du monde à partir de ce référentiel.

Il est probable que les capacités cognitives humaines ne soient pas entièrement adaptées à la représentation intuitive des processus gouvernant **l'infiniment petit et les symétries quantiques fondamentales**. La mécanique quantique demeure ainsi, en grande partie, un domaine où la compréhension repose sur des **modèles mathématiques et conceptuels** plutôt que sur une représentation intuitive directe.

Dans les applications liées au monde physique, les mathématiques s'appuient presque toujours sur des notions d'espace et de temps. Dans les applications les plus abstraites (informatique, statistiques, logique…), elles reposent surtout sur des structures et des relations, apparemment détachés de leur sens physique, mais qui au final conduisent à une interprétation spatiale ou temporelle.

Si le temps et l'espace sont des dérivés et ne constituent pas le fondement de notre univers, comment les mathématiques appliquées peuvent-elles décrire ce qui représente des contraintes et formes de cohérence pour un observateur qui ne peut s'exclure conceptuellement de l'espace et du temps ?

Le problème ne vient pas de la réalité, mais des mathématiques que nous utilisons pour la décrire. Il faut cesser de confondre ce que les équations permettent d'imaginer avec ce que la nature rend effectivement possible.

Sur l'« élasticité » du temps

La question d'un éventuel **déplacement dans le temps** constitue un thème récurrent de la réflexion théorique. En physique contemporaine, une telle possibilité ne peut être envisagée qu'à partir d'hypothèses spéculatives inspirées, notamment, de la relativité générale. Les scénarios suivants doivent donc être compris comme **des constructions de l'esprit** plutôt que comme des propositions physiquement établies.

Hypothèse d'un déplacement vers le futur

La relativité générale établit que **l'intensité du champ gravitationnel influence le rythme d'écoulement du temps**. Pour un observateur distant, plus la gravitation est forte, plus le temps s'écoule lentement pour les phénomènes situés dans ce champ gravitationnel. Ce phénomène est connu sous le nom de **dilatation gravitationnelle du temps**.

Dans le cas extrême d'un **trou noir**, la gravitation devient si intense que les processus physiques observés depuis l'extérieur semblent ralentir

428

considérablement à proximité de l'horizon des événements. Dans certaines interprétations théoriques, un objet ou un observateur pris dans un tel environnement pourrait subir un **ralentissement extrême de son temps propre** par rapport à celui du reste de l'Univers.

Si un observateur hypothétique parvenait à s'extraire ultérieurement d'un tel environnement gravitationnel extrême — hypothèse très spéculative — il pourrait constater que **beaucoup plus de temps s'est écoulé dans l'Univers extérieur** que pour lui-même. Il découvrirait alors un Univers beaucoup plus ancien que celui qu'il avait quitté avec le risque de disparaître si l'univers arrivé à son terme, venait à s'effondrer. Une telle situation correspondrait, en théorie, à une forme de **déplacement vers le futur**.

Hypothèse d'un retour vers le passé

Une seconde hypothèse, encore plus spéculative, repose sur certains scénarios cosmologiques prévoyant un **effondrement final de l'Univers**. Dans un tel modèle, l'Univers en expansion pourrait éventuellement évoluer vers une phase de contraction aboutissant à un état extrêmement dense.

Dans cette perspective fictive, un observateur capable de subsister jusqu'à cette phase finale assisterait à la disparition progressive des structures astrophysiques existantes. Si l'on prolonge cette spéculation, on peut imaginer qu'un nouvel Univers pourrait émerger à partir de cet état extrême, constituant une forme de **renaissance cosmique**.

Dans un cadre purement conjectural, un tel processus pourrait être interprété comme la transition vers un **Univers de seconde génération**, distinct du précédent. Pour un observateur hypothétique survivant à cette transition — hypothèse hautement improbable — cette situation pourrait être assimilée à une forme de **retour vers un passé analogue**, bien qu'il ne s'agisse pas du passé strict de son Univers d'origine.

Ces scénarios supposent cependant des conditions physiques extrêmement spéculatives, notamment la survie d'un observateur dans des environnements cosmologiques extrêmes et l'existence éventuelle d'une **structure de type multivers**.

Indépendamment de ces hypothèses, la notion même de temps demeure profondément liée aux conditions d'observation. En relativité, chaque observateur possède son temps propre, mesuré par l'horloge qui l'accompagne dans son référentiel. Il n'existe donc pas de temps universel unique valable pour tous les observateurs.

L'énoncé selon lequel **le temps s'écoule différemment selon la vitesse ou le champ gravitationnel** signifie que la mesure du temps dépend du contexte physique local. Le temps apparaît ainsi comme une **grandeur locale**, associée aux interactions et aux conditions dynamiques propres à chaque région de l'espace-temps.

Dans cette perspective, le temps peut être interprété comme une **propriété intrinsèque des processus physiques**, dont la valeur dépend de la nature et de l'intensité des interactions considérées. La relativité conduit ainsi à abandonner l'idée d'une simultanéité absolue entre événements éloignés.

Pour illustrer cette relativité du temps, on peut comparer des systèmes soumis à des conditions physiques différentes. Des processus caractérisés par des dynamiques rapides et faiblement contraints par la gravitation évolueront différemment de systèmes fortement liés ou soumis à des interactions intenses. Dans chacun des cas, la perception du temps se rapporte essentiellement **au déroulement interne des processus considérés**.

Si l'on recentre la réflexion sur l'expérience humaine, il apparaît que notre conception du temps est largement liée à **notre expérience biologique et cognitive**. *C'est l'histoire du lièvre et de la tortue. Le premier monté « sur ressorts » avec ses longues pattes, semble peu affecté par l'attraction terrestre et se joue des distances. La seconde parait lourde, engluée au sol et est contrainte de se mouvoir avec une lenteur qui la pénalise. L'un comme l'autre, sont pourtant capables d'effectuer, chacun à sa façon, un même parcours. S'ils s'ignorent, ils ne pourront cependant faire de rapprochement en termes de vitesse et* leur notion du temps sera ramenée à celle d'une distance parcourue. Le temps constitue un outil comparatif de mesure qui permet d'ordonner les événements vécus et d'en établir les relations de causalité.

Cette construction est toutefois limitée par les **échelles de durée accessibles à notre perception**. Les phénomènes extrêmement rapides, bien en deçà de la fraction de seconde, comme les processus se déroulant sur des durées cosmologiques immenses, échappent largement à notre intuition directe.

C'est pourquoi notre représentation du temps repose sur des catégories familières — passé, présent et futur — étroitement associées à notre perception d'un **espace tridimensionnel**.

*Une illustration simple consiste à imaginer la projection accélérée d'un film d'une durée de quatre-vingt-dix minutes condensée en quelques secondes. Le déroulement de l'histoire devient alors impossible à interpréter, car la **compression de l'échelle temporelle** dépasse les capacités de traitement de l'observateur.*

De manière analogue, si l'on imagine des processus cosmologiques extrêmement rapides, certaines structures hypothétiques pourraient apparaître et disparaître à des échelles de temps si brèves qu'elles resteraient **inobservables dans notre cadre temporel habituel**. Dans cette perspective spéculative, des systèmes cosmologiques — tels que des paires Univers/anti-univers envisagées dans certains modèles — pourraient se former et disparaître à des rythmes qui échappent entièrement à notre capacité d'observation.

Ainsi, notre position dans le temps limite inévitablement notre perception de la réalité cosmologique. Nous n'avons accès qu'à **une fenêtre temporelle restreinte**, correspondant à l'époque et aux conditions physiques dans lesquelles nous existons. Toute tentative d'élargir cette compréhension repose donc sur des modèles théoriques destinés à extrapoler au-delà de cette expérience immédiate.

431

XXVIII <u>Univers caché et semblant de réalité</u>
(Un chapitre qui cumule les clichés)

La logique cartésienne, qui nous conduit spontanément à rechercher des relations causales et des structures cohérentes entre les phénomènes, n'est pas exempte de limites. Elle peut même devenir source de confusion lorsque l'on tente d'appréhender des réalités physiques qui dépassent nos capacités intuitives ordinaires. De nombreux exemples illustrent notre difficulté à concevoir des situations qui apparaissent, a priori, contre-intuitives :

- un **Univers fini mais dépourvu de frontière matérielle identifiable** ;
- l'hypothèse d'un **système constitué de deux univers en symétrie quantique décalée** ;
- la possibilité, suggérée par certaines formulations de la relativité, d'une **interchangeabilité entre espace et temps** ;
- un **vide physique non réellement vide**, structuré par des fluctuations d'énergie et des phénomènes assimilables à des variations de pression ;
- des **particules décrites par des états de superposition**, caractérisés par des domaines d'influence probabilistes ;
- des **interactions fondamentales interprétées comme des structures de type branes ou membranes** ;
- l'hypothèse selon laquelle l'**expansion cosmique pourrait résulter d'un effet d'observation ou de géométrie** ;
- des **constantes physiques susceptibles de varier à l'échelle cosmologique** ;
- des **échanges d'information ou d'influence sans déplacement classique de matière** ;
- une **matière macroscopiquement tangible mais fondamentalement décrite par des entités quantiques non localisées** ;
- l'hypothèse d'un **cosmos constitué d'un ensemble de multivers potentiels** ;
- des **particules élémentaires dont la description pourrait ne pas dépendre explicitement du temps** ;
- ou encore des **trous noirs envisagés comme des objets quantiques pouvant, dans certaines hypothèses, se détacher du cadre classique de l'espace-temps**.

432

La multiplication de modèles complexes et de paradoxes apparents peut donner l'impression d'une compréhension approfondie de la réalité physique. Cependant, lorsque les modèles deviennent trop vastes ou trop complexes, ils conduisent souvent à un **cloisonnement des approches théoriques**, ce qui peut faire perdre la vision d'ensemble.

Inversement, une simplification excessive qui ignorerait certaines données empiriques ou théoriques introduirait un biais réducteur. Dans un domaine où les phénomènes physiques interagissent de manière étroite, **aucun paramètre ne peut être entièrement isolé sans risque de déformation interprétative**.

Ces considérations conduisent à une interrogation fondamentale : **qu'est-ce qui confère à l'Univers son caractère fortement interconnecté ?**

Une manière d'aborder cette question consiste à considérer **la gravitation** — phénomène central dans la dynamique cosmique — comme point de départ de la réflexion.

Relation entre temps, espace et gravitation

Le temps

Selon la théorie de la relativité, l'écoulement du temps dépend du champ gravitationnel et de l'état de mouvement de l'observateur.

Un observateur soumis à un **champ gravitationnel intense** ou à une **accélération importante** voit le rythme de ses processus physiques ralentir relativement à celui d'un observateur placé dans un champ gravitationnel plus faible. Ce phénomène, appelé **dilatation gravitationnelle du temps**, implique que les horloges situées dans un champ gravitationnel fort évoluent plus lentement du point de vue d'un observateur extérieur.

Pour l'observateur local, toutefois, ce ralentissement n'est pas perceptible : tous les processus biologiques et physiques se déroulent selon le même rythme interne.

433

À l'inverse, dans une région où la gravitation est plus faible, le temps s'écoule plus rapidement relativement à celui mesuré dans un champ gravitationnel plus intense. Les comparaisons entre référentiels distincts révèlent alors des écarts temporels mesurables.

L'espace

La relativité générale établit également que la gravitation est associée à une **courbure de l'espace-temps**.

Dans un champ gravitationnel intense ou dans un référentiel accéléré, les distances mesurées peuvent apparaître **contractées** pour un observateur extérieur. L'espace local peut ainsi être décrit comme plus fortement courbé ou plus densément structuré.

Du point de vue de l'observateur situé dans ce champ gravitationnel, ces modifications ne sont pas directement perceptibles, car ses instruments de mesure subissent les mêmes transformations.

Dans des régions où la gravitation est plus faible, la géométrie de l'espace apparaît relativement moins courbée, ce qui modifie également les relations entre distances, durées et trajectoires.

Le rôle du référentiel d'observation

Tout observateur décrit les phénomènes physiques à partir d'un **référentiel local**.

Dans ce contexte, un corps soumis à une accélération constante peut apparaître, du point de vue d'un observateur extérieur, comme possédant une **énergie croissante**, ce qui peut être interprété comme une augmentation effective de sa masse relativiste.

La relation étroite entre géométrie de l'espace et écoulement du temps conduit à considérer l'espace-temps comme une **structure unifiée à quatre**

dimensions, dans laquelle les variations temporelles et spatiales sont indissociables.

Dans une perspective plus spéculative, on peut envisager que, au-delà de certaines échelles — notamment à l'échelle atomique ou subatomique — **l'espace et le temps puissent émerger l'un de l'autre**, chaque structure contribuant à définir l'autre.

Relation entre énergie, matière et gravitation

L'énergie est omniprésente dans l'Univers. Les différents **champs d'énergie** — électromagnétiques, quantiques ou gravitationnels — constituent la structure dynamique de l'espace-temps. Ainsi, le vide physique n'est pas un vide absolu, mais un milieu caractérisé par des fluctuations quantiques permanentes.

La **matière** peut alors être envisagée comme une configuration particulière de ces champs d'énergie. Dans cette perspective, elle représenterait un état où l'énergie est suffisamment concentrée pour produire une **manifestation stable dotée de masse**.

Selon la relation d'équivalence masse-énergie, cette concentration d'énergie modifie la géométrie locale de l'espace-temps et contribue ainsi au phénomène gravitationnel.

Dans une interprétation plus spéculative, la formation de structures matérielles pourrait correspondre à une **phase de transition de l'espace-temps lui-même**, lorsque certaines conditions de densité ou d'énergie sont atteintes.

Un tel processus pourrait, dans certains modèles théoriques, participer à un mécanisme de **rééquilibrage entre différentes symétries quantiques de l'Univers**, hypothèse qui demeure aujourd'hui largement exploratoire.

La gravitation : moteur de l'Univers

435

En relativité générale, la gravitation peut être décrite comme la manifestation de **déformations de la structure de l'espace-temps produites par la présence d'énergie et de masse**. Ces déformations modifient la trajectoire des corps et des rayonnements qui s'y déplacent.

Dans une perspective plus spéculative, la gravitation peut également être envisagée comme le résultat d'**interactions entre champs d'énergie sous-jacents**, dont les configurations détermineraient la géométrie locale de l'espace-temps. Dans cette approche, il est possible d'établir un parallèle avec certains phénomènes électromagnétiques. De la même manière que les pôles opposés d'un dipôle magnétique interagissent, certaines **symétries quantiques** pourraient interagir entre elles par l'intermédiaire de structures énergétiques fondamentales.

Dans cette hypothèse, les **ondes électromagnétiques** pourraient jouer un rôle structurant dans la dynamique gravitationnelle. Elles constitueraient alors un élément médiateur participant à l'organisation des champs d'énergie responsables des déformations spatio-temporelles.

Lorsque l'intensité gravitationnelle augmente — par exemple à proximité d'un objet très massif — la géométrie de l'espace-temps devient fortement courbée. Cette courbure peut être interprétée comme une **concentration progressive de l'énergie dans une région de l'espace**, conduisant à la formation d'un puits gravitationnel profond. *Il en est ainsi du filet d'un chalut dont le maillage en périphérie est moins affecté par la masse des poissons attrapés que les quelques mailles centrales qui concentrent la totalité du produit de la pêche.*

Dans certains modèles théoriques spéculatifs, une accumulation extrême d'énergie et de courbure pourrait conduire à l'apparition de **structures topologiques particulières de l'espace-temps**, reprises parfois sous le nom de trous de ver. Ces structures hypothétiques correspondraient à des régions où la géométrie de l'espace-temps permettrait des connexions entre domaines distincts.

Dans cette perspective, la gravitation ne se limiterait pas à une simple interaction attractive entre masses, mais constituerait un **mécanisme**

structurant fondamental de l'Univers, participant à l'organisation et à l'évolution de ses grandes structures.

Les ondes électromagnétiques comme médiateurs possibles de la gravitation

Les particules chargées possèdent un **moment magnétique**, généralement attribué à la combinaison de leur charge électrique et de leur **spin**, propriété intrinsèque associée à leur moment cinétique quantique.

À l'échelle microscopique, les moments magnétiques observés résultent des interactions entre particules de charges opposées et des courants électriques associés à leur mouvement.

Cependant, la question se pose de savoir si l'état **dipolaire magnétique** que nous observons dans la matière macroscopique constitue réellement une propriété fondamentale de la particule individuelle, ou s'il s'agit d'une **propriété émergente** résultant de l'organisation collective de nombreuses particules.

Si l'on considère la particule élémentaire comme un **paquet d'ondes quantiques intriquées**, il est possible d'envisager — à titre d'hypothèse — que son état magnétique fondamental puisse différer du dipôle magnétique observé à des échelles plus grandes. Certains modèles théoriques suggèrent la possibilité d'une **monopôlarité magnétique**, c'est-à-dire l'existence d'un pôle magnétique isolé.

Une telle propriété impliquerait que l'antiparticule correspondante possède un monopôle de signe opposé. L'état dipolaire de la matière observable pourrait alors émerger uniquement à partir de l'échelle **supra-atomique**, lorsque les interactions collectives entre particules conduisent à la formation de structures magnétiques bipolaires.

Dans l'électromagnétisme classique, les champs magnétiques observés résultent toujours de **charges électriques en mouvement**, ce qui conduit naturellement à la formation de dipôles et de lignes de champ fermées. Cette caractéristique semble exclure l'existence de monopôles magnétiques dans les conditions ordinaires.

Toutefois, certaines **théories de grande unification** prévoient l'existence de monopôles magnétiques dans des conditions physiques extrêmes, notamment à des **énergies très élevées**, proches de celles qui prévalaient dans l'Univers primordial.

Des contextes physiques particuliers pourraient également favoriser l'apparition ou la stabilisation de tels phénomènes. Par exemple, les **trous noirs**, caractérisés par des densités d'énergie extrêmement élevées et par des conditions physiques radicalement différentes de celles du milieu environnant, constituent des environnements théoriquement propices à l'exploration de ces hypothèses.

Dans ce type d'objet, la dynamique interne de la matière effondrée pourrait conduire à des configurations de champ électromagnétique difficilement accessibles à l'observation directe. La description d'un **champ magnétique potentiellement figé dans une région où le temps propre est fortement ralenti** pose toutefois des problèmes de fond importants.

Une autre possibilité serait que la monopôlarité magnétique constitue une **propriété fondamentale mais discrète de certaines particules élémentaires**, observable uniquement dans leur état énergétique minimal.

Si l'existence de monopôles magnétiques était confirmée — que ce soit dans le cadre des particules élémentaires ou dans celui des trous noirs — cela impliquerait une révision partielle du modèle cosmologique standard et pourrait renforcer l'idée que la gravitation possède une origine quantique plus profonde qu'actuellement décrite.

Une telle hypothèse aurait également l'avantage de réduire certaines **difficultés liées aux différences d'échelle** entre la physique quantique et la gravitation.

Paquets d'ondes et structure des particules

438

Pour illustrer l'idée selon laquelle une particule pourrait être décrite comme un **ensemble cohérent d'ondes quantiques**, il est possible d'établir une analogie avec les phénomènes acoustiques.

Dans un système musical, chaque note correspond à une **fréquence vibratoire particulière**. Lorsque plusieurs notes sont émises simultanément et forment un accord consonant, leurs fréquences respectives se combinent pour produire une structure sonore stable et harmonieuse.

Dans un tel accord, les différentes notes deviennent difficiles à distinguer individuellement, car leur superposition crée une **structure vibratoire globale cohérente**.

Par analogie, une particule élémentaire pourrait être interprétée comme une **configuration stable résultant de la superposition de plusieurs modes d'onde fondamentaux**. L'intrication de ces modes formerait alors un système cohérent, dont les propriétés globales — masse, spin ou moment cinétique — résulteraient de la combinaison de ces vibrations élémentaires.

Dans cette perspective, le moment cinétique quantique associé aux particules pourrait être compris comme l'expression d'un **système d'ondes primordiales intriquées**, formant une structure dynamique stable dont l'inertie serait une propriété émergente.

XXIX <u>La décohérence et ses interprétations métaphysiques</u>
(Une théorie qui relance le débat et dérange l'entendement)

La fonction d'onde consiste à attribuer aux particules de matière — en particulier aux fermions — une description mathématique analogue à celle d'un paquet d'ondes. Cette formalisation permet de rendre compte de la dualité onde-corpuscule mise en évidence en mécanique quantique.

La fonction d'onde n'est pas une onde physique au sens classique du terme. Elle constitue une construction mathématique abstraite dont le rôle est de représenter l'état quantique d'un système. À ce titre, elle ne doit pas être confondue avec les interactions entre particules chargées qui relèvent de l'électromagnétisme. Dans l'interprétation standard, la fonction d'onde décrit une distribution de probabilités associée aux différentes valeurs possibles des observables physiques.

Une particule quantique ne possède pas nécessairement une position bien définie ni une trajectoire déterminée au sens classique. Elle est plutôt décrite par un ensemble de probabilités de présence dans l'espace et le temps. Mathématiquement, cet état peut être représenté par un champ de probabilité dont l'amplitude varie selon les conditions physiques et les interactions avec d'autres systèmes. Lorsque plusieurs fonctions d'onde interagissent, leurs interférences modifient la distribution des probabilités associées aux états possibles.

Une difficulté importante de la mécanique quantique tient au fait que cette description probabiliste conduit, en principe, à abandonner les notions classiques de position et de trajectoire bien définies. Cependant, toute observation expérimentale nécessite l'usage de grandeurs mesurables telles que la position, la vitesse ou l'énergie, dont les définitions reposent en grande partie sur l'existence de constantes physiques. Il existe donc une tension entre la description probabiliste des états quantiques et les modalités concrètes de leur mesure.

Dans cette perspective, la fonction d'onde peut être interprétée comme une représentation mathématique de l'ensemble des interactions possibles auxquelles un système quantique peut participer. Elle peut également être comprise comme la description d'un paquet d'ondes résultant de la superposition d'états élémentaires susceptibles d'être intriqués.

440

En principe, toute entité physique — qu'il s'agisse de particules élémentaires, d'atomes, de molécules ou même d'objets macroscopiques — peut être décrite par une fonction d'onde. Toutefois, il est à craindre que pour les objets massifs, l'équation ainsi formulée :

$$i\hbar \frac{\mathrm{d}}{\mathrm{d}t} |\Psi(t)\rangle = \frac{\hat{\vec{P}}^2}{2m} |\Psi(t)\rangle + V\left(\hat{\vec{R}}, t\right) |\Psi(t)\rangle$$

soit dépourvue de signification pratique.

La fonction d'onde associée à une antiparticule peut être considérée comme la contrepartie de celle de la particule correspondante, conformément aux symétries fondamentales introduites dans la théorie quantique des champs.

Une formulation mathématique centrale de cette description est fournie par l'équation de Schrödinger. Cette équation permet de représenter, dans un cadre non relativiste, l'évolution temporelle de la fonction d'onde et donc des probabilités associées aux différents états quantiques accessibles à une particule.

Une difficulté majeure provient du fait que les particules peuvent se trouver dans une superposition d'états quantiques. Cette superposition n'est pas directement observable : toute mesure effectuée sur un système ne révèle qu'un seul résultat parmi les états possibles, sélectionné selon les conditions expérimentales et le type d'observable considéré.

La transition entre la superposition d'états quantiques et l'observation d'un état unique est généralement décrite par le phénomène de décohérence quantique. La décohérence correspond au processus par lequel les interactions avec l'environnement rendent progressivement incohérentes les différentes composantes de la superposition quantique. Ce phénomène est souvent associé à ce que l'on appelle la réduction du paquet d'onde.

Dans la pratique expérimentale, les propriétés des particules élémentaires sont inférées à partir de traces ou de signaux détectés dans des dispositifs spécialisés, tels que des chambres de détection ou des détecteurs de particules. Ces dispositifs nécessitent des conditions expérimentales très contrôlées, mais ils ne peuvent pas éliminer totalement les interactions avec l'environnement qui contribuent à la décohérence du système observé.

441

L'environnement expérimental joue donc un rôle déterminant dans toute mesure quantique. Idéalement, l'analyse des résultats devrait tenir compte de l'ensemble des paramètres susceptibles d'influencer la dynamique du système observé. Toutefois, il demeure difficile d'évaluer précisément l'effet des dispositifs de mesure eux-mêmes, qui constituent des systèmes physiques complexes pouvant modifier les conditions initiales de l'expérience.

Dans ces conditions, l'interprétation des traces expérimentales repose en grande partie sur des méthodes statistiques et sur des modèles probabilistes. Les résultats obtenus dépendent alors d'algorithmes d'analyse et d'hypothèses théoriques permettant de relier les signaux observés aux propriétés des particules étudiées. Cette dépendance aux modèles d'interprétation constitue l'une des difficultés majeures de la physique quantique et contribue à la complexité de la construction d'une théorie unifié.

Intrication quantique et héritage des processus cosmologiques

Les particules actuellement observées peuvent être considérées comme le résultat d'une longue histoire cosmologique marquée par de nombreux processus physiques. Parmi ceux-ci figurent notamment l'intrication radiative primordiale, le découplage du rayonnement électromagnétique, la recombinaison des électrons et des noyaux, ainsi que les différentes phases de nucléosynthèse. Ces processus ont conduit à la formation de particules possédant des propriétés différenciées.

Cependant, lorsque des particules présentent les mêmes propriétés fondamentales, elles peuvent être décrites comme appartenant à une même classe quantique caractérisée par des états identiques. Dans certaines théories, cette identité peut s'accompagner de corrélations quantiques persistantes, appelées intrication quantique.

L'intrication se manifeste par l'existence de corrélations statistiques entre les résultats de mesures effectuées sur des systèmes distincts. Ces corrélations peuvent subsister indépendamment de la distance séparant les systèmes concernés, tant que les conditions permettant leur maintien ne sont pas détruites par des interactions avec l'environnement.

Dans cette perspective, une modification de l'état quantique d'une particule intriquée peut se traduire par une corrélation observable avec l'état d'une autre particule du même système. Ce phénomène ne correspond pas à une transmission d'information instantanée au sens classique, mais à une propriété structurelle de l'état quantique global du système.

Ces caractéristiques apparaissent particulièrement marquées aux échelles microscopiques, où les notions classiques d'espace et de temps cessent de fournir une description pleinement adéquate des phénomènes physiques.

Il est toutefois probable que le degré d'intrication entre deux particules évolue au cours du temps. Les interactions locales avec l'environnement peuvent progressivement réduire les corrélations quantiques initiales. Des événements astrophysiques énergétiques — tels que certaines explosions de supernovæ — pourraient également contribuer à modifier ou à détruire ces corrélations dans certains contextes.

À l'échelle macroscopique, les systèmes complexes évoluent d'autant plus indépendamment les uns des autres qu'ils sont spatialement séparés et que leurs interactions directes deviennent négligeables. Les propriétés émergentes des systèmes peuvent être décrites de manière approximativement autonome. La non-séparabilité mise en évidence en mécanique quantique et les principes de la relativité ne sont donc pas nécessairement contradictoires : ils relèvent de descriptifs différents correspondant à des contextes physiques distincts. La mécanique quantique s'applique principalement aux phénomènes microscopiques, tandis que la relativité décrit les phénomènes à grande échelle dans un cadre spatio-temporel continu.

On peut résumer cette distinction de la manière suivante :

- La mécanique quantique vise à décrire les états possibles de systèmes microscopiques au moyen de fonctions d'onde et de superpositions d'états. Cette formalisation mathématique rend compte de phénomènes probabilistes et de corrélations non locales, mais elle ne fournit pas, dans sa formulation standard, une description relativiste complète de ces systèmes. Elle fait l'impasse sur la relativité.

- La physique relativiste classique cherche à décrire l'évolution globale de l'Univers à partir de ses contenus observables — matière, rayonnement et énergie — dans un espace-temps dynamique.

Ces deux approches correspondent ainsi à des niveaux de description différents de la réalité physique.

Description ondulatoire des particules

Dans la description quantique, une particule n'est pas assimilée à un point matériel possédant une trajectoire bien définie. Elle est décrite par une fonction d'onde représentant une distribution de probabilités associée aux différentes valeurs possibles de ses observables. Cette représentation peut être interprétée comme un paquet d'ondes résultant de la superposition d'états quantiques élémentaires.

Dans le cas de systèmes composites, l'état quantique peut être décrit comme une superposition ou une intrication de plusieurs paquets d'ondes. La représentation classique de l'atome — dans laquelle des électrons orbitent autour d'un noyau — constitue essentiellement une image pédagogique destinée à rendre intelligible un phénomène fondamentalement non classique. L'électron correspond plutôt à un état quantique caractérisé par certaines distributions de probabilité associées à la charge négative qui équilibre celle du noyau. Il n'existe pas d'orbite définie au sens d'une trajectoire traçable.

Cette description fondée sur des fonctions d'onde rend la représentation intuitive des phénomènes plus difficile que dans la physique classique. Comme l'a souligné le physicien Richard Feynman, la mécanique quantique demeure une théorie dont l'interprétation reste profondément contre-intuitive, même pour les spécialistes.

Complexité des systèmes macroscopiques

444

Dans notre expérience macroscopique du monde, nous sommes conduits à décrire les objets physiques comme possédant des propriétés déterminées — position, vitesse ou forme — résultant d'une réduction effective des états quantiques possibles.

En principe, tout système physique peut être décrit par une fonction d'onde globale. Cela inclut non seulement les particules élémentaires, mais également les systèmes complexes tels que les organismes vivants. Toutefois, pour ces systèmes comportant un nombre extrêmement élevé de degrés de liberté, la fonction d'onde correspondante devient d'une complexité telle qu'elle perd toute utilité pratique.

Un objet macroscopique peut ainsi être envisagé, d'un point de vue théorique, comme un ensemble très complexe de paquets d'ondes intriqués en interaction. Cependant, les interactions permanentes avec l'environnement entraînent une décohérence extrêmement rapide des états quantiques possibles. Pour cette raison, les objets massifs apparaissent toujours dans des états macroscopiques bien définis et non comme des superpositions quantiques.

Décohérence et rôle de l'observation

La décohérence correspond au processus par lequel les interactions d'un système quantique avec son environnement détruisent progressivement les corrélations de phase entre les différentes composantes de la fonction d'onde. Ce phénomène conduit à l'apparition d'états macroscopiques apparemment classiques et est souvent associé à la notion de réduction du paquet d'onde.

Dans ce contexte, l'état observé d'un système correspond à l'un des résultats possibles décrits par la fonction d'onde initiale. Les conditions expérimentales et l'environnement jouent un rôle déterminant dans la sélection des états effectivement observables.

Ainsi, la réalité macroscopique que nous percevons peut être interprétée comme le résultat de processus de décohérence qui rendent les superpositions quantiques pratiquement inaccessibles à l'observation directe. L'environnement dans lequel se trouve l'observateur agit comme un filtre physique qui sélectionne certains états macroscopiques stables.

Cette situation tient également au fait que nos instruments de mesure et nos méthodes d'analyse reposent sur des notions classiques — position, durée, énergie, localisation — qui sont elles-mêmes définies dans un cadre spatio-temporel macroscopique.

Il convient toutefois de souligner que l'acte d'observation ne modifie pas les propriétés fondamentales de l'Univers au sens où l'observateur créerait la réalité physique. Les phénomènes observés possèdent une existence indépendante de leur observation. Ce qui est en jeu concerne plutôt les conditions sous lesquelles certaines propriétés deviennent accessibles à la mesure.

Si l'on considère uniquement les phénomènes directement observables et mesurables, la description que nous obtenons de la réalité peut apparaître partielle ou restrictive. Les théories physiques reposent nécessairement sur un ensemble d'hypothèses, de modèles et de constructions idéologiques permettant d'interpréter les observations.

Dans cette perspective, l'espace-temps dans lequel nous décrivons les phénomènes physiques constitue le cadre dans lequel nos observations prennent sens. Celles-ci dépendent des propriétés des instruments, des méthodes expérimentales et, plus généralement, des capacités cognitives et techniques de l'observateur.

Les progrès récents de la physique suggèrent toutefois que la structure de la réalité pourrait dépasser le modèle descriptif classique. Certaines théories envisagent l'existence de niveaux de description plus fondamentaux dans lesquels les notions familières d'espace et de temps pourraient ne pas jouer le rôle central qu'elles occupent dans la physique macroscopique.

Le statut de l'observateur humain, produit de l'évolution biologique et doté de capacités cognitives limitées, impose inévitablement un contexte particulier à notre compréhension de l'Univers. Nos représentations du monde résultent d'une combinaison d'intuition, d'expérience empirique, de connaissances théoriques et de progrès technologiques.

446

Lorsque l'on explore les fondements de la physique, de nombreuses questions demeurent ouvertes. Les paradoxes et les limites des théories actuelles suggèrent que notre description de la réalité pourrait être incomplète.

La reconnaissance de ces limites ouvre néanmoins la possibilité d'un élargissement progressif de notre compréhension. La difficulté consiste à développer de nouvelles théories capables de dépasser les contraintes de nos représentations actuelles, tout en restant compatibles avec les observations expérimentales.

La question demeure alors de savoir jusqu'où il est possible d'étendre nos modèles et nos méthodes afin d'explorer plus profondément la structure de la réalité physique, au-delà des limites imposées par notre cadre d'observation actuel.

Plus qu'une conséquence de la démarche intrusive de l'observateur, l'effondrement de la fonction d'onde semble devoir être considérée comme un phénomène général non reconnu, de transition permanente d'état. Ce processus se réalise d'autant plus pleinement que l'objet observé est massif et donc complexe à déchiffrer. En s'autorisant quelques spéculations, comment décrire le monde réel ? Nous ne cessons de nous référer à des informations morcelées et contrefaites. Ce sont celles que nous prodiguent nos fonctions cognitives et qui ont vocation avant tout, à gérer nos besoins essentiels dans un milieu que nous habillons à notre convenance. La configuration matérielle que nous donnons à tout corps massif, tient au fait que l'effondrement de la fonction d'onde est pour nous un processus incontournable dans notre besoin de compréhension de ce que nous dévoilent nos fonctions cognitives.

Peut-être, sans que nous en ayons conscience, le pressentiment d'un Univers fondamentalement dématérialisable en fonctions d'ondes, demeure-t-il enraciné dans l'inconscient collectif. Cela expliquerait une croyance bien installée, associant une entité non physique (âme ou esprit) à une enveloppe charnelle privée de pérennité. On peut faire plus simple avec le paradigme-fiction proposé ici et dans lequel l'Univers n'a pour l'humanité, rien d'un géniteur doté de discernement. Le gros défaut de la cosmologie, dans son acception non anthropique, est qu'elle ne promet rien et ne laisse pas davantage espérer. Le moins que l'on puisse dire, est qu'elle est plutôt affligeante pour le moral, l'image et l'avenir de l'homme. On comprend qu'elle ne séduise pas plus que cela le commun des mortels.

Ce qui distingue principalement l'homme du singe et le singe du poisson, c'est une capacité de mémorisation et une profondeur de réflexion en rapport avec une longévité accrue. De plus, un autre avantage tient dans notre faculté de pouvoir nous projeter dans un avenir plus ou moins éloigné. Mais à l'évidence, le futur montre vite ses limites et le passé laisse bien peu de vestiges. Une vraie frustration !

Avec Platon, Galilée, Newton, Planck, Einstein, Hawking et bien d'autres, combien de théories se sont succédées, chacune apportant sa contribution et sa logique particulière. Toutes ont enrichi et souvent remis en cause les idées des prédécesseurs. Rien ne pouvant être considéré comme définitif, pourquoi en serait-il autrement aujourd'hui ?

On devine une sorte de résistance intellectuelle imposée en toute bonne foi, par une minorité de spécialistes sur des idées qui se confirment pour certaines mais sont appelées à être invalidées pour d'autres. Une des dernières en date est l'intéressante théorie d'Hawking traitant de l'évolution des trous noirs. A la fois à tort et avec raison, Einstein aurait affirmé, que « de superbes mathématiques (souvent empreintes de simplifications) pouvaient amener à construire une physique abominable. Une raison majeure à cela, est qu'une métrique de l'espace/temps ne peut avoir de valeur certaine du fait même de la relativité. Cette relativité en quelque sorte à double effet pour cause de symétrie, rend toute mesure sitôt prise, sitôt invalidée.

Qui peut affirmer que certaines des théories les plus récentes ne rejoindront pas les erreurs et aberrations qui alimentèrent notre histoire et ont été reniées depuis ? Bien sûr, la réflexion développée ici, ne prétend aucunement s'ériger en vérité. Ces transgressions peuvent sans doute heurter un esprit scientifique convaincu de la prééminence des modèles mathématiques et de règles ayant fait l'objet d'un large consensus, sur une logique en marge et plus ou moins frondeuse. Mais combien de théories, dans un premier temps récusées, ont permis de faire avancer la connaissance. Les outils d'investigation, de plus en plus complexes et onéreux, qui ont permis de valider nombre d'hypothèses, commencent à dévoiler leurs limites. Par ailleurs, il est fort peu probable que nos procédés scientifiques comme nos matériels d'observation soient adaptés à « l'expertise » d'un Cosmos multivers virtuel tel que proposé ici. Aussi, la question ouverte pour conclure serait :

448

« Errare humanum est, perseverare diabolicum », disait-on autrefois avec dérision.

Toute remarque, objection ou controverse est bienvenue dans la mesure où elle permettrait de nourrir cette réflexion et de reprendre certaines idées qui ont pu peut-être, choquer le lecteur.

Tout part de l'hypothèse selon laquelle il existerait une multiplicité potentiellement indéfinie de systèmes binaires d'univers, organisés selon une symétrie quantique. De ce point de vue, ces systèmes formeraient des paires capables de récupérer, transformer et restituer de l'énergie sans dépendre des notions classiques de localisation, de distance ou de déplacement dans l'espace.

Dans cette perspective, chaque binôme énergétique symétrique apparaîtrait et disparaîtrait indépendamment d'un cadre cosmique global, sans interaction durable avec les autres structures du Cosmos envisagé comme un multivers. Une telle représentation peut sembler en décalage avec l'expérience empirique que nous avons de notre Univers observable.

La notion d'infini, considérée comme outil de référence en mathématiques, paraît difficile à appliquer directement à l'Univers que nous habitons, généralement décrit en cosmologie comme fini mais non borné. Elle paraît également problématique lorsqu'elle est transposée à l'échelle hypothétique d'un multivers, car elle implique implicitement une certaine idée d'espace. De même, la notion d'éternité — comprise comme une durée infinie — semble peu compatible avec l'idée d'un Cosmos multivers virtuel dans lequel les univers particuliers pourraient apparaître et disparaître, et avec l'hypothèse largement admise selon laquelle notre propre Univers possède un commencement cosmologique. Dans cette hypothèse, l'espace et le temps observables pourraient être interprétés comme des propriétés émergentes résultant d'une symétrie quantique discrète et chirale de la matière constituant notre monde physique.

Il convient également de rappeler que les êtres vivants, y compris l'être humain, ne constituent qu'une forme particulière d'organisation de la matière. Du point de vue biologique, un organisme peut être décrit comme un agrégat complexe de molécules structuré de manière à maintenir son organisation, à assurer son autoconservation et à se reproduire. Dans cet ensemble très vaste de configurations possibles de la matière, les structures vivantes représentent vraisemblablement une catégorie relativement marginale.

La capacité à avoir conscience de sa propre existence est généralement considérée comme une caractéristique marquante de l'espèce humaine. Cependant, l'étude du comportement animal suggère que certaines formes de conscience — au moins sous des formes élémentaires — existent également chez d'autres espèces. Cette propriété pourrait résulter d'un processus d'acquisition, de traitement et de stockage d'informations sous forme d'activités électrochimiques au sein du système nerveux central, et plus particulièrement dans le cerveau, constitué d'un réseau dense de neurones interconnectés par des synapses.

Un parallèle peut être esquissé avec l'architecture fonctionnelle d'un ordinateur : dans les deux cas, des informations sont enregistrées, traitées et combinées selon certaines règles de fonctionnement. Néanmoins, cette analogie reste limitée. Le cerveau biologique se caractérise par une capacité d'apprentissage adaptatif, d'enrichissement continu des informations et d'interconnexion dynamique des réseaux neuronaux, qui résulte de l'expérience individuelle et des interactions avec l'environnement.

Les informations collectées proviennent à la fois d'expériences directes et des multiples interactions avec un environnement susceptible de représenter à la fois des contraintes et des opportunités pour la survie. Les stimuli sensoriels et les réponses qu'ils déclenchent conduisent progressivement à la formation d'automatismes. Ceux-ci permettent des réactions rapides, souvent réflexes, qui peuvent ensuite se complexifier et devenir progressivement plus élaborées et réfléchies.

Cette évolution comportementale renforce l'adaptation de l'organisme à son milieu. Une différence majeure entre un organisme vivant et une machine — y compris dans le cas des systèmes d'intelligence artificielle — réside dans le fait que ces derniers ne sont pas issus d'un processus biologique et ne possèdent ni patrimoine génétique ni mécanismes intrinsèques de préservation ou de reproduction. En l'absence de telles contraintes évolutives, ils ne poursuivent pas spontanément des objectifs de survie ou de continuité de l'espèce et n'interagissent avec leur environnement qu'à travers les finalités qui leur sont assignées.

Une telle approche conduit à une interprétation matérialiste et agnostique de la conscience, proche d'une perspective positiviste : la conscience d'exister serait une propriété émergente résultant de l'organisation et de l'activité du système nerveux. Toutefois, cette interprétation peut sembler insatisfaisante

451

pour ceux qui envisagent l'existence de dimensions immatérielles ou la possibilité d'une forme de permanence individuelle au-delà de la vie biologique.

Les notions d'esprit, d'âme ou de conscience possèdent des connotations proches mais sont souvent employées de manière ambiguë. Pour clarifier cela, il est nécessaire d'examiner le fonctionnement du système nerveux central. Une part importante de l'activité cérébrale est consacrée à la régulation des fonctions vitales — cardiaques, respiratoires, digestives, circulatoires ou rénales — ainsi qu'à la gestion des réflexes. Ces processus se déroulent en grande partie de manière automatique et indépendante de notre conscience immédiate, que nous soyons éveillés ou non.

Cette réalité a parfois conduit à l'idée simplifiée selon laquelle l'être humain n'utiliserait qu'une fraction très limitée de ses capacités cérébrales, souvent exprimée par l'estimation populaire de 10 %. Les connaissances actuelles en neurosciences indiquent plutôt que l'ensemble du cerveau participe à différentes fonctions, mais que seule une partie de l'activité neuronale est directement associée aux processus cognitifs conscients.

Grâce aux progrès de l'anatomie et de la physiologie, il apparaît aujourd'hui plausible que les notions traditionnelles d'esprit ou d'âme correspondent, au moins en partie, à des interprétations culturelles et philosophiques de phénomènes liés à l'activité cérébrale. Ces artifices de pensée peuvent être compris comme des tentatives historiques d'expliquer des fonctions du cerveau autrefois mal comprises.

Dans cette perspective, la conscience pourrait correspondre à la capacité du cerveau à traiter, mémoriser et mettre en relation les informations collectées par les systèmes sensoriels durant l'état d'éveil. Les informations ainsi élaborées circulent, se transforment et s'enrichissent grâce aux interactions sociales, aux apprentissages et à l'usage d'outils cognitifs et techniques de plus en plus élaborés.

La réalité que nous percevons et construisons collectivement résulte de ces processus cognitifs et culturels cumulés. Elle a évolué au cours de l'histoire biologique et culturelle de l'humanité et diffère profondément de la perception du monde que pouvaient avoir les premiers primates dont nous descendons.

La conscience d'exister pourrait, d'un point de vue biologique, être interprétée comme le résultat d'un processus de sélection naturelle favorisant les organismes capables de traiter et d'intégrer efficacement l'information. Dans cette perspective, les capacités cognitives seraient liées non seulement à la taille du cerveau, mais surtout à son organisation fonctionnelle.

La simple masse cérébrale ne constitue en effet pas un indicateur déterminant des performances cognitives. Le cerveau de la baleine peut atteindre environ 7 kg et celui de l'éléphant environ 5 kg, alors que celui de l'être humain dépasse rarement 1,6 kg. Ces différences s'expliquent notamment par la taille globale de l'organisme et par les contraintes imposées par le milieu de vie — terrestre, aquatique ou aérien. Pour comparer les capacités cognitives entre espèces, les neurosciences utilisent plutôt le coefficient d'encéphalisation, qui mesure le rapport entre la masse cérébrale et la masse corporelle attendue pour un organisme donné. Chez l'être humain, ce coefficient est significativement plus élevé que chez la plupart des autres mammifères, ce qui suggère une capacité accrue à traiter, sélectionner et relier un grand nombre d'informations.

Dans cette optique, la conscience de soi pourrait être envisagée comme une propriété émergente résultant de processus électrochimiques se déroulant dans les réseaux neuronaux du cerveau à l'état d'éveil. Ces processus reposent sur la transmission et l'intégration de signaux au sein de structures neuronales hautement interconnectées. Comparés aux architectures informatiques actuelles reposant sur un langage binaire et des algorithmes déterminés, les systèmes biologiques présentent des formes d'apprentissage et d'adaptation plus souples, reposant sur des réseaux dynamiques capables de se reconfigurer en fonction de l'expérience.

Plusieurs facteurs peuvent contribuer à expliquer les performances cognitives élevées observées chez l'être humain contemporain : une densité importante de connexions neuronales, une organisation en réseaux complexes, des mécanismes génétiques favorisant le développement cérébral, une grande plasticité neuronale et, plus généralement, une longévité accrue permettant l'accumulation et la transmission d'informations au sein des sociétés humaines.

Depuis l'Antiquité, l'être humain a cherché à répondre à des interrogations existentielles fondamentales en élaborant diverses hypothèses d'ordre

453

philosophique ou religieux. Les notions d'immortalité de l'âme, de métempsychose ou d'existence d'un dieu créateur ont souvent servi à donner un sens à la conscience d'exister et à la finitude de la vie biologique. Ces représentations peuvent également être interprétées comme des constructions culturelles visant à atténuer l'angoisse liée à la perspective de la mort et à la disparition individuelle.

Dans une perspective spéculative, certains pourraient être tentés d'établir un rapprochement avec certaines notions issues de la physique quantique. Par analogie, la persistance d'une forme d'existence pourrait être imaginée comme une transition vers un état purement ondulatoire, dans lequel les propriétés physiques d'un individu seraient décrites par un ensemble de fonctions d'onde plutôt que par une structure matérielle localisée. Une telle hypothèse reste toutefois largement conjecturale et ne repose pas sur des fondements empiriques établis.

Il convient néanmoins de rappeler que, dans la physique contemporaine, l'énergie n'est pas nécessairement associée à une masse. La relation d'équivalence masse-énergie $E = mc^2$ indique qu'une masse peut être interprétée comme une forme d'énergie. Inversement, certaines entités physiques — comme le photon — transportent de l'énergie tout en étant dépourvues de masse au repos.

Dans son rôle d'observateur critique, l'être humain a souvent tendance à se percevoir comme une forme d'expression consciente de l'Univers lui-même. Pourtant, il est tout aussi plausible de considérer l'humanité comme le résultat contingent d'un ensemble de conditions locales particulières, potentiellement fragiles et instables à l'échelle cosmique. Les conditions nécessaires à l'émergence de la vie — bien qu'elles puissent ne pas être exceptionnelles dans l'Univers observable — semblent néanmoins difficiles à réunir et demeurent probablement précaires.

Les systèmes sensoriels humains, ainsi que les instruments que nous développons pour étendre notre perception, sont largement orientés vers la satisfaction de besoins biologiques et cognitifs spécifiques. Ils ne nous donnent accès qu'à une fraction limitée de la réalité physique. Il est donc compréhensible que notre vision du monde conserve un caractère largement anthropocentrique. Malgré ces limitations, la recherche scientifique vise précisément à dépasser les apparences immédiates afin d'accéder à une compréhension plus profonde de la réalité.

454

De nombreuses avancées scientifiques reposent initialement sur l'observation — directe ou instrumentale — avant d'être confirmées par des expériences contrôlées. En cosmologie, par exemple, l'observation de phénomènes très éloignés implique que nous percevons des événements appartenant à un passé parfois extrêmement ancien. Ces observations peuvent être affectées par différents effets astrophysiques, tels que les lentilles gravitationnelles ou les interactions entre rayonnements et structures intermédiaires, ce qui complique l'interprétation de ces données et peut produire des images partiellement déformées de la réalité cosmique.

Dans ce contexte, diverses théories spéculatives ont été proposées pour décrire la structure globale de l'Univers ou d'un éventuel multivers. Parmi celles-ci figurent les hypothèses de mondes multiples, d'univers parallèles ou de réalités alternatives. D'autres modèles envisagent l'existence de « trous de ver », c'est-à-dire de structures reliant différentes régions de l'espace-temps par des déformations extrêmes de la géométrie relativiste. Ces objets théoriques pourraient, en principe, permettre des trajets extrêmement courts entre des régions très éloignées de l'espace-temps. Leur existence physique reste cependant hypothétique.

Dans la perspective spéculative adoptée ici, les trous noirs pourraient jouer un rôle particulier en permettant le transfert d'énergie vers d'autres systèmes d'univers organisés en symétrie quantique. Cette hypothèse, qui constitue l'un des postulats de la réflexion proposée, dépasse néanmoins largement les théories actuellement vérifiées.

À certaines échelles extrêmes, les notions usuelles d'espace et de temps semblent perdre leur pertinence descriptive. À l'échelle microscopique des particules élémentaires comme à celle des trous noirs, les phénomènes internes demeurent en grande partie inaccessibles à l'observation directe et apparaissent souvent comme « figés » du point de vue d'un observateur extérieur. En revanche, dans les domaines intermédiaires — ceux qui correspondent à l'évolution observable de notre Univers — les interactions physiques sont généralement décrites en termes de rapport à d'espace et au temps.

L'idée de décrire toute forme d'énergie principalement sous l'angle de ses propriétés ondulatoires renvoie à certaines interprétations de la mécanique quantique, notamment à la notion d'effondrement de la fonction d'onde lors d'une mesure. Cette approche peut également être rapprochée, de manière

455

spéculative, de la théorie des cordes. Selon cette dernière, les constituants fondamentaux de la matière ne seraient pas des particules ponctuelles mais des objets unidimensionnels — des « cordes » — dont les différents modes de vibration correspondraient aux diverses particules observées.

La théorie des supercordes repose toutefois sur des constructions mathématiques extrêmement complexes et demeure hautement spéculative. Elle comporte de nombreuses variantes — cordes ouvertes ou fermées, différentes catégories de branes, nombres variables de dimensions supplémentaires — qui témoignent de l'absence de consensus définitif. Les modèles les plus connus introduisent généralement dix ou onze dimensions d'espace-temps afin de rendre cohérentes les équations théoriques. Prenons 3 dimensions spatiales d'Univers, multiplié par 3 dimensions spatiales « d'antimatière » (pour décrire les effets gravitationnels combinés) + 1 dimension de temps partagé (soit 2 temporalités en une) et nous obtenons les 10 ou 11 dimensions de la théorie des cordes. Un tel calcul qui extrapole plus que largement, n'est de toute évidence qu'artifice mathématique sans réelle pertinence. La théorie des cordes, en s'accordant quelques libertés, ne manque pas d'attrait.

Certaines tentatives d'interprétation cherchent à relier ces dimensions supplémentaires à différentes propriétés physiques, mais ces correspondances relèvent souvent davantage de constructions mathématiques que de résultats expérimentaux établis. Il est donc possible de considérer ces formulations comme des leviers de pensée permettant d'explorer certaines pistes théoriques, sans qu'elles constituent nécessairement une description vérifiée de la réalité physique.

Toute démonstration scientifique repose en principe sur un ensemble d'observations circonscrites, reproductibles et confirmées, associées à des modèles mathématiques cohérents. Lorsque ces conditions sont remplies, les conclusions qui en résultent acquièrent un degré élevé de crédibilité et deviennent difficilement contestables. Toutefois, même dans ce contexte, la question de l'exhaustivité demeure. Une théorie peut être solidement établie tout en restant incomplète, car de nombreux phénomènes physiques demeurent encore mal compris ou seulement formulés sous forme d'hypothèses.

La démarche adoptée dans la réflexion présentée ici ne correspond pas strictement à cette méthode classique. Elle s'apparente davantage à un ensemble structuré d'idées exploratoires qu'à une démonstration formelle. Cette orientation tient en partie aux limites inhérentes à l'observation empirique et aux outils mathématiques ou techniques actuellement disponibles pour décrire certaines réalités physiques extrêmes. Les capacités cognitives humaines, elles-mêmes finies, peuvent également constituer une contrainte dans l'élaboration de modèles pleinement cohérents.

Les considérations développées — dont certaines relèvent explicitement d'une spéculation raisonnée — ne prétendent donc pas constituer une théorie achevée. Elles s'inscrivent plutôt dans le cadre d'une hypothèse générale selon laquelle le « tout » pourrait émerger d'un état fondamental ne contenant aucune structure physique définie, mais uniquement des potentialités de nature virtuelle. Dans cette perspective, des échelles plus petites que celles des particules élémentaires et plus vastes que celles de l'Univers observable pourraient relever d'un domaine essentiellement virtuel. La réalité physique que nous percevons se situerait alors dans un domaine intermédiaire entre ces deux limites.

Cependant, la notion même de « virtuel » pose une difficulté majeure : elle ne possède pas, dans l'état actuel de nos connaissances, de représentation physique directe accessible à l'observation ou à l'expérimentation. Ce concept peut néanmoins être envisagé comme une tentative d'interprétation destinée à éclairer certains phénomènes physiques dont l'origine demeure difficile à relier à une cause première identifiable.

Il est également possible de considérer cette notion de virtuel comme une construction intellectuelle, un pur produit de l'imagination, plutôt que relevant d'un fondement empiriquement établi. En ce sens, elle illustre les limites auxquelles se heurte toute tentative d'expliquer l'origine ultime des structures physiques observables.

Une telle réflexion conduit nécessairement à une conclusion ouverte. Elle ne prétend pas apporter une réponse définitive à la question des fondements de l'Univers. Elle propose plutôt un cadre de réflexion au sein duquel différentes hypothèses peuvent être examinées.

Chacun reste libre de confronter ces propositions à ses propres interprétations ou convictions. Dans un domaine aussi complexe, les certitudes absolues demeurent rares et les positions trop affirmées peuvent parfois manquer d'objectivité.

457

Au cours de l'histoire des sciences, de nombreuses hypothèses ont été formulées pour tenter d'expliquer un environnement cosmique particulièrement difficile d'accès à l'observation directe. La réflexion présentée ici s'inscrit dans cette tradition intellectuelle : elle expose certaines divergences d'interprétation tout en demeurant globalement compatible avec l'essentiel des connaissances scientifiques établies. Elle vise ainsi à proposer une grille de lecture susceptible d'être confrontée à la réalité empirique, tout en reconnaissant qu'aucune théorie ne peut prétendre détenir une vérité définitive sur un sujet d'une telle complexité.

La science, par ses méthodes et ses applications, fournit des repères essentiels pour structurer la pensée et accumuler des connaissances. Elle s'appuie notamment sur des terminologies précises, des bases de données et des méthodes de validation rigoureuses. Cependant, l'imagination joue également un rôle important dans le progrès scientifique. De nombreuses avancées majeures ont été précédées par des intuitions théoriques ou des hypothèses novatrices qui ont ensuite été formalisées et testées.

Dans certains domaines contemporains, notamment en cosmologie ou en physique fondamentale, la connaissance atteint des niveaux d'abstraction particulièrement élevés. Les modèles proposés deviennent parfois difficiles d'accès et ne concernent qu'un cercle relativement restreint de spécialistes. Même pour ces derniers, une description globale et définitive de la nature de l'Univers reste hors de portée à l'heure actuelle.

La recherche scientifique dans ces domaines peut être comparée à une exploration progressive d'un territoire largement inconnu. Les théories sont élaborées, révisées et parfois abandonnées au fil de nouvelles observations ou de nouvelles analyses. Ce processus conduit inévitablement à des débats scientifiques parfois intenses. L'histoire de l'astrophysique et de la cosmologie montre que les controverses entre chercheurs ont souvent accompagné les grandes avancées théoriques.

Il est également fréquent que certaines idées initialement contestées finissent par être reconnues lorsque de nouvelles données viennent les confirmer. Inversement, des théories longtemps admises peuvent être remises en question lorsque de nouvelles observations révèlent leurs limites. L'histoire des sciences rappelle ainsi que ce qui apparaît comme solidement établi à une époque peut être révisé à la lumière de connaissances ultérieures.

458

La réflexion proposée dans ces pages s'inscrit dans cet esprit critique. Elle vise à formuler des hypothèses et à les soumettre à l'examen, tout en reconnaissant leur caractère provisoire. Dans ce contexte, l'erreur n'est pas nécessairement un échec : elle constitue souvent une étape utile dans l'élaboration de modèles plus pertinents.

Il est probable que certaines découvertes futures conduisent à une transformation profonde de notre compréhension de l'Univers. Ces avancées seraient susceptibles de dépasser certaines hypothèses actuellement admises. L'histoire de la cosmologie illustre déjà la manière dont les paradigmes scientifiques peuvent évoluer au fil du temps.

Dans cette perspective, l'imagination scientifique joue un rôle important lorsqu'elle demeure guidée par une logique cohérente et par le respect des connaissances établies. De nombreux physiciens majeurs — tels que **Albert Einstein**, **Paul Dirac**, **Werner Heisenberg**, **Niels Bohr** ou **John Archibald Wheeler** — ont largement mobilisé leur capacité d'imagination pour élaborer des théories qui ont ensuite trouvé une formalisation mathématique.

Leur travail s'est souvent appuyé sur des théories existantes, parfois confirmées par la suite, parfois corrigées ou abandonnées. Même les chercheurs les plus influents peuvent cependant rencontrer des limites dans leurs anticipations. Ainsi, **Albert Einstein**, malgré son inventivité remarquable, demeura longtemps réticent à accepter certaines implications cosmologiques, notamment l'expansion de l'Univers ou l'existence physique des trous noirs.

Cette situation illustre un aspect profondément humain de la recherche scientifique : il est parfois difficile de remettre en question des convictions issues d'un travail intellectuel considérable. Reconnaître une erreur peut être perçu comme une perte de crédibilité, alors qu'il s'agit en réalité d'un mécanisme normal du progrès scientifique.

En physique quantique, certaines interprétations témoignent également des limites de notre compréhension actuelle. L'**Interprétation de Copenhague**, par exemple, souligne la difficulté à décrire certains phénomènes quantiques indépendamment des dispositifs d'observation qui les révèlent. À ces échelles, l'acte de mesure influence souvent le système étudié, ce qui complique toute description strictement objective.

Le physicien **Max Born** soulignait déjà que la physique théorique possède, par certains aspects, une proximité avec la réflexion philosophique. Lorsque les phénomènes étudiés dépassent largement l'expérience quotidienne, l'élaboration d'hypothèses conceptuelles devient inévitable.

Dans ce contexte, la philosophie joue parfois un rôle complémentaire en formulant des questions fondamentales auxquelles la science tente ensuite d'apporter des réponses. Toutefois, lorsque la réflexion philosophique se détache entièrement des contraintes empiriques, elle peut s'éloigner de la réalité physique qu'elle cherche à éclairer.

XXXI <u>Où il est question de Rien</u>
(Un rien virtuel qui mène à tout)

La physique qui est à la base de notre modèle cosmologique standard, a été élaborée dans un « contexte » qui nous est familier bien qu'imparfaitement exploré : celui de vestiges d'un passé entrouvert à l'observation et d'un présent de proximité qui reste à comprendre. Rien ne dit que les règles que nous avons édifiées à partir de cela, soient avérées et immuables. Bien que le recul nous manque, les lois physiques qui régissent l'équilibre précaire de la matière, devraient logiquement évoluer à l'instar de l'évolution de notre Univers. Ainsi, prévoir les changements à venir, suppose une certaine marge d'incertitude ou plus exactement d'imprévisibilité dans les prédictions.

La logique communément retenue consiste à vouloir expliquer l'Univers sur la base d'équations et formulations mathématiques détachées de toute implication personnelle et subjectivité. Cette démarche qui a fait ses preuves, est incontestablement fondée, bien que limitée par la conception que nous nous sommes faits de la science en tant qu'outil d'exploration et d'interprétation. Mathématiques, physique, chimie, biologie sont à la mesure de notre forme de pensée. Appliqués à l'astrophysique, ces outils que l'homme a patiemment élaborés, donnent un sens à ce que nous peinons à comprendre de notre réalité, mais est-ce suffisant pour aller au fond des choses ?

Nous voudrions faire de la science une charte faite de règles vérifiées de façon récurrente et considérées comme irréfutables. Sans exercices de pensée, sans efforts d'imagination, sans questions de nature métaphysique, que serait la science ? Mais sans les mathématiques modernes, outil incontournable du développement scientifique, elle aurait connu un développement limité. Ce langage convenu de développement et de prédiction à base de chiffres, de signes et de symboles, nous donne les moyens de raisonner et d'interpréter en termes de quantité, de valeur, de relativité ou causalité. Pourrions-nous sans cet artifice intellectuel donner un sens profond à ce que nous font découvrir nos sens ? D'un autre côté, ce formalisme codifié et abstrait nous éloigne de plus en plus d'une vision empirique dont nous ne parvenons pas à nous détacher de corps et d'instinct. En effet, nous avons vocation à interpréter toute chose en rapport avec notre condition d'organisme vivant étroitement conditionné par des ressentis de satisfaction, de frustration et de préservation. Nos exercices de pensées ont grand mal à approcher une réalité méconnue et totalement contre-intuitive. Plus nous tentons de faire sauter cette chape qui nous enferme dans un

461

mirage aux formes de réalité et plus nous accumulons paradoxes et abstractions.

Pourquoi l'Univers que nous introspectons montre-t-il tant de facettes qui semblent ne pas être en accord avec notre réalité ? On est tenté de se demander si notre Univers ne serait pas lui-même en superposition d'états (cf. : idée de symétrie d'états). Cette idée d'un Univers qui ne peut être alors qu'en décohérence, résume notre difficulté à distinguer le vrai du faux quand nous cherchons des réponses à ce qui fait ce que nous sommes. Qui sait si nous ne devrions pas aller plus loin en nous ouvrant davantage à l'imaginaire ? Par manque d'inventivité, nous avons une tendance naturelle à rechercher avant tout les évidences.

L'idée de Cosmos multivers se rapproche sur certains points de celle des mondes multiples en la privant toutefois de l'aspect duplication de mondes alternatifs prônés par H. Everett. Cette théorie des mondes multiples implique qu'inconsciemment, nous ferions des choix qui nous feraient passer d'un monde à un autre dans une succession d'états logiques. Ne serait-ce pas pousser un peu loin l'idée de décohérence ?

Utilisons-nous la logique qui convient ? Celle qui permettrait de sortir des sentiers battus, ne serait-elle pas en dehors des grands axes de recherche développés par des techniciens formatés dans l'excellence ? Tout spectaculaires qu'ils soient, nos acquis décisifs ont été réalisés pour l'essentiel sur les 10 dernières décennies. Cette perception d'un monde insoupçonné est trop récente pour dissimuler l'étendue de notre ignorance et notre embarras à relier entre eux, des phénomènes difficilement explicables.

Pour certains, et cela souvent plus par commodité que par conviction, la vérité ne peut être que d'ordre spirituel ou divin. Cette vision simpliste et infantilisante de notre monde remonte aux temps premiers de l'humanité. Depuis, l'homme a évolué et son sens critique longtemps muselé, s'est développé. Pour qui ne rejette pas les vraies questions de fond, l'Univers n'aurait de sens que pour l'observateur qui en est le produit et paradoxalement s'interroge sur la cause première, la raison d'être et la destinée de cet Univers si peu intelligible pour lui ? C'est la thèse retenue ici.

Si l'on sort de nos schémas de pensée les plus aboutis, la réponse, aussi surprenante soit-elle, ne pourrait-elle résider dans ce que nous appelons le virtuel ? Ce point de vue dérange forcément car la vision que nous avons de notre Univers n'existe, que par le regard de son observateur. Celui-ci ne peut être que convaincu de la réalité qui s'impose à lui et dans laquelle il s'inscrit totalement.

Lorsque nous rêvons ou visionnons un film, notre esprit nous projette dans un monde de fiction et d'ailleurs notre organisme réagit souvent en modifiant son comportement émotionnel. Le virtuel se substitue alors à une normalité construite autour de notre vécu. Toutefois, en astrophysique nous sommes dans la situation inverse. A l'état d'éveil, notre réalité vécue est perçue au travers de notre histoire et conditionnée par nos sens alors que la vraie réalité est à chercher dans le fondement, la nature non reconnue (et donc virtuelle pour nous) de notre Univers.

Comme l'idée de relativité (imaginée et mise en forme par A. Einstein et rejetée dans un premier temps par les scientifiques de l'époque), la notion de virtuel devient alors une idée clé. Elle nous invite à nous détacher, par la pensée, des réalités trop patentes de notre bonne vieille planète en nous aidant toutefois d'images ou de cas concrets comme par exemple, pour illustrer la relativité :

Celui d'un voyageur placé dans un avion volant à 1230 km/h et qui lancerait une balle vers l'avant. L'impulsion donnée à cette balle ne serait que de 20 km/h environ et donc pour le passager, loin de dépasser la vitesse du son qui

463

est de 1235 km/h. L'avion est son référentiel. D'ailleurs la balle n'émet pas le bang sonore qu'elle produirait en atmosphère ouverte.

En revanche, pour un observateur immobile au sol, la vitesse de déplacement de cette même balle serait de 1230 +20 soit 1250 km/h ; supérieure à la vitesse du son. Ainsi pour ce dernier dont le référentiel est donné par un point fixe de notre planète, la balle a parcouru plus de distance dans un même temps ou formulé autrement, mis moins de temps pour parcourir une égale distance.

De même, un observateur dépourvu de tout mouvement (hypothèse toute théorique) dans notre galaxie, constaterait, s'agissant du même événement, un allongement des distances et un raccourcissement du temps encore plus important. Car dans ce cas, le déplacement de la terre doit être pris en compte. Le référentiel est à l'échelle de la galaxie dans son ensemble.

Il en serait tout autant, d'un observateur extérieur à notre galaxie qui devrait prendre en compte les mouvements de déplacement et rotation de celle-ci au sein de l'amas galactique dont elle fait partie.

En résumé, un référentiel pourrait se définir comme la somme des effets de synergie et de gravitation propres à un point d'observation.

Chaque observateur possède donc son propre référentiel qui est unique mais est néanmoins quasiment le même pour tous sur terre, pour cause de voisinage rapproché. Cependant, il sera différent pour un voyageur de l'espace qui devrait -même si ce n'est pas le cas- percevoir différemment distances et temps.

Ce qui peut paraître paradoxal, c'est que la vitesse de déplacement des photons (299 792 458 **m/s**) sera perçue comme étant identique par tout observateur quel que soit son référentiel. En effet, distance (**m**) et temps (**s**) varient de conserve et le rapport déplacement/temps à cette vitesse considérée comme infranchissable, reste par conséquent semblable pour tous, à un même instant T imaginé universel. Ce moment T partagé reste toutefois difficile à concevoir du fait même de l'absence de référentiel commun partagé qui exclut par la même, toute idée de simultanéité mais aussi de chronologie universelle dans l'ordre des évènements.

L'évolution de l'Univers fait que la vitesse de la lumière ne peut, dans l'avenir, que tendre vers une valeur non significative. En effet, telle qu'envisagée ici, la condition à l'effondrement final est l'absence de mouvement et de rayonnement après que ce qui faisait les champs d'énergie ait été absorbé par les TNMM.

On serait tenté de penser que ce que nous appelons « le vide » devrait succéder à la disparition de notre Univers. C'est oublier que le vrai vide n'existe ni dans l'Univers (où l'énergie sans masse est associée au vide), ni dans le Cosmos multivers (où l'énergie est potentielle et présumée non révélée).

Des antiparticules font des apparitions furtives dans notre Univers. A cette occasion, les particules, confrontées à leurs symétries, disparaissent du paysage mais l'énergie qu'elles portaient est conservée sous une autre forme. Feynman avait émis l'idée que l'antiparticule remontait le temps en sens inverse de la particule sœur. Effectivement, en s'annihilant avec sa symétrie, l'énergie qu'elle représentait retrouve l'état qu'elle avait avant la phase d'intrication radiative ou avant l'interaction ayant créé la paire particule/antiparticule.

Pour continuer sur cette idée, quittons (difficilement) le mode cartésien ou newtonien et abordons le problème en mode virtuel, autrement dit à partir de « Rien » …, ou plutôt d'un rien compris ici comme une conjecture virtuelle symptomatique d'énergie latente et représentatif d'une potentialité d'états non prédéterminés. Ce virtuel peut encore se définir comme une multitude en puissance de réalités non prédictibles.

Héritière de notre histoire, notre logique est formatée par et pour l'observation. Elle prétend expliquer tout événement par un contexte causal de circonstances. Et il faut bien constater que toute chose comprise repose toujours sur « quelque autre chose » que nous avons préalablement comprise et acceptée sauf à vouloir remonter comme nous le faisons ici, à l'origine de toute chose.

Comment sortir de cette logique qui s'adapte parfaitement à notre réalité ? Aussi impensable que cela puisse paraître, pourquoi ne pas vouloir expliquer notre Univers à partir de **Rien…, ou plus exactement « rien d'autre qu'une énergie latente ou virtuelle représentative d'un Cosmos potentiellement multivers »**. Car la logique qui consiste à prendre appui sur quelque chose de préétabli, ramène en fin de compte à vouloir tout comprendre à partir d'une cause première qui, elle, restera dans tous les cas, inexplicable.

Comment être plus explicite sur cette notion de Rien associé à la notion de virtuel ?

Sur cette idée de « Rien qui ne soit autre que virtuel », faisons une brève référence aux mathématiques :
Si nous partons de 0, autrement dit de rien, et cumulons en positif et négatif tous les nombres possibles ou imaginables (hypothèse admissible en arithmétique), le résultat théorique final serait théoriquement égal à 0.
*Cependant, cette opération qui suppose un processus interminable, peut avoir des significations différentes **à tous stades de calcul :***

- *Selon que l'on commence ou termine par une donnée positive ou négative*

- *Selon l'alternance de nombres positifs et négatifs*

- *Selon le choix complètement aléatoire des nombres et de leur sens arithmétique*

Le résultat, <u>à un quelconque stade du calcul en cours</u>, ne sera qu'exceptionnellement égal à 0.

C'est le déroulement des calculs et donc le temps « des événements » (cette succession d'opérations) qui crée cette illusion de résultat non nul. Si nous supprimons le facteur temps, le résultat de cette addition sans fin ne peut être qu'égal à zéro.

Nous avons néanmoins utilisé pour ce faire, des données différentes de 0.

> **La physique classique trouve son prolongement dans la physique quantique. Si cette dernière décrit de façon satisfaisante, les interactions dans un Univers de particules, elle suggère un au-delà au quantique qui dissimule une physique fondamentalement dématérialisée, reposant sur l'idée de symétrie quantique et paquets d'ondes. Cette physique cachée échappe par sa nature même, à l'observation. Elle décrit des interactions où les distances n'existent pas, dans un contexte où l'idée d'infiniment petit rejoint celle d'infiniment grand. Le temps y est abrogé ; commencement et fin sont confondus, causes et effets ne sont plus différentiables.**

Toute la difficulté réside dans le fait que notre forme de pensée n'est pas apte à concevoir comme à décrire, en termes appropriés, une théorie unifiée pour un Univers qui s'avère tellement différent de la réalité observable que nous nous sommes construite.

L'Équilibre cosmologique pourrait se décrire comme un « état latent » virtuel, immuablement stable, mais aussi comme un continuum de systèmes binaires d'univers en symétrie quantique. Confronté à notre réalité, un tel concept défie toute logique. Nous sommes dans l'abstrait le plus déconcertant.

Finalement, pour qui refuserait d'associer cette inconfortable idée de « virtuel » au concept de Cosmos multivers, la question des fondements de notre Univers, reste ouverte.

Curieusement, parler comme nous venons de le faire, d'absence d'espace et de temps, loin d'éluder les questions, propose des solutions construites. Bien sûr, cela n'apporte pas de réponse pleinement satisfaisante à l'observateur qui éprouve quelque difficulté à concevoir qu'il serait, in fine, issu d'un « Rien » virtuel.

Un organisme vivant, doté de la capacité de penser, ne serait-il pas d'une certaine façon l'aboutissement de tout cela ? Voilà qui ne manque pas de prétentions et rejoint cette conviction profonde mais parfaitement justifiée, pour l'Homme d'avoir sa place au centre de « toute chose ».

Ce serait oublier que, pas plus que notre galaxie, et pas davantage que notre planète (point d'observation, privilégié par la force des choses), nous ne pouvons, nous considérer comme centre ou point de départ de toute chose.

Si nous voulons rester un tant soit peu pragmatiques, il devient préférable de ne pas spéculer outre mesure sur ce fantasme d'Univers anthropique et d'aborder les choses sous un angle moins fermé. Nous y reviendrons néanmoins dans l'épilogue.

XXXII <u>Comment parachever cette réflexion ?</u>
(Avec une approche nouvelle, purement conceptuelle)

Comment unifier et mettre en concordance ce que nous considérons comme des acquis confirmés mais sans liens clairement établis, dans notre compréhension de l'Univers ?

Une certaine modélisation inachevée mais qui fait globalement consensus, s'est construite au travers d'une physique à deux volets :

- La physique classique qui est celle de la relativité générale et restreinte, est déterministe et repose sur la gravitation des corps en relation au temps et à l'espace.

- La physique quantique qui ne rejette pas la relativité restreinte et qui est celle des particules est jugée trop « aléatoire » pour prendre en compte la gravitation. Espace et temps n'y ont pas de valeur certaine. En attribuant à tout objet un mouvement rectiligne uniforme, elle ne prend pas en compte les effets gravitationnels comme le fait la relativité générale.

La physique quantique est donc amenée à faire abstraction de tout contexte spatio-temporel, pour se rattacher d'une part à l'idée de superposition d'états possibles des particules et d'autre part à celle d'une nécessaire dualité ondes/corpuscule. En résumé, la matière dans ses retranchements les plus fondamentaux, semble ignorer le temps et l'espace. Ceci fait que les effets gravitationnels n'y sont pas discernables à cette échelle de grandeur.

Tout cela suggère que nous n'avons sans doute pas suffisamment élargi notre champ de réflexion. Aussi, rien de vraiment surprenant à ce que nous ne puissions expliquer entre autres, des insuffisances de masse et d'énergie.

Le trou noir est une singularité quantique hors espace-temps qui s'exclut en tant que telle, de notre physique classique. Cependant, un trou noir reste en raison de ses effets gravitationnels, un phénomène observable intégrable à la relativité générale. De ce double point de vue, la gravitation devient donc également une propriété de la mécanique quantique. Notre embarras vient de ce que l'horizon d'un trou noir ne laisse rien percer de ce qui se passe au cœur de celui-ci. Nous savons cependant que cet écran n'a rien d'une frontière infranchissable. Le trou noir s'inscrit donc totalement dans cette physique à 2 volets, en marquant la frontière avec le Cosmos multivers.

La gravitation qui conduira à déconstruire l'Univers semble présente à toute échelle même si les équations qui la définissent en relativité générale peuvent perdre de leur signification en physique des particules. Rapportées aux interactions discrètes d'une physique non dévoilée, imaginée à la racine de ce qui fait l'énergie en rupture de symétrie, ces équations deviennent même totalement hors propos. L'écart entre notre réalité et ce que laisse envisager nos avancées les plus récentes ne fait que se creuser davantage. Nous en sommes réduits à douter, remettre en cause, et en fin de compte à essayer de concevoir ce qui paraissait jusqu'alors impensable.

Construire un modèle global à partir des sous-modèles que sont la physique classique relativiste et la mécanique quantique, invite à imaginer un contexte que nous aurions négligé jusqu'alors et qui les ferait se relier. On en arrive à penser qu'il manque un maillon ou une étape nécessaire pour arriver à un archétype de physique représentatif d'un modèle standard élargi. Il pourrait s'agir, en quelque sorte, d'un « socle » interactif et virtuel dépourvu de dimension spatio-temporelle, sous-jacent à ce que nous connaissons des lois physiques mais déterminant au regard de celles-ci.

<u>La réponse serait affaire de symétrie discrète</u> ; celle-ci expliquerait toutes les étrangetés et paradoxes qui entachent le « côté éclairé » de notre Univers. Le concept de système binaire d'univers en symétrie quantique, conduit à imaginer des processus d'échanges et d'interactions discrètes entre 2 états symétriques en quelque sorte « superposés » ou interagissant dans des « dimensions parallèles ».

Ce qui fait l'arbitrage entre ces 2 symétries et que nous pourrions appeler <u>approche informelle,</u> n'aurait rien de physique ou mécanique. Cette physique approchée, non reconnue négligerait la localisation et le temps des événements.

- **En physique classique relativiste**, un objet matériel (véhicule en mouvement par exemple) autorise une traçabilité, conforme à la vision de l'observateur. Vitesse et position peuvent être mises en équations. Cette physique classique décrit en mode observation qu'elle soit directe ou indirecte.

- **En mécanique quantique**, les particules élémentaires, paquets d'ondes constitutifs des particules de matière et observables par leurs effets incidents en physique classique, n'ont pas de position, ni de vitesse de déplacement certaines. Cette physique analyse en mode déduction, en cohérence approchée avec la physique classique relativiste.

- **Dans une approche informelle, purement conceptuelle, conjecturant les fondements cachés de notre Univers,** tout devient abstraction. Il n'y a plus d'objet en tant que représentation de la matière mais seulement des interactions discrètes, non reconnues, entre symétries quantiques. Ces phénomènes ne sont pas perceptibles par l'observateur que nous sommes. Toutes les interactions attribuées à des particules que nous avons grand mal à décrire au travers de la physique quantique, s'affranchissent en physique fondamentale, des lois sur lesquelles nous faisons reposer notre réalité, pour ouvrir sur le Cosmos multivers. Cette physique d'un troisième type, discrète, sous-jacente, basée sur le concept de symétrie quantique et qui laisserait entrevoir les fondements de l'Univers, nous permet néanmoins d'échafauder dans cette réflexion, des liens qui expliqueraient et feraient se rejoindre physique classique et physique quantique. Elle ne peut prétendre être porteuse de vérité apodictique.

Tant de phénomènes occultés font que nous sommes dans l'incapacité de faire une transcription mathématique et ne pouvons que nous en tenir à une interprétation statistique non significative, relevant de calculs de probabilités. Malgré cela, nous voudrions donner à des concepts totalement contrintuitifs, un cadre spatio-temporel. Cet exercice déconcertant dans l'abstrait, témoigne des limites à notre compréhension d'un Univers qui semble dépasser notre sens de l'entendement dès lors que changeons d'échelle pour spéculer sur l'inobservable.

Ce triptyque à 3 niveaux (physique classique, mécanique quantique et approche fondamentalement conceptuelle) serait une réponse globale relativement cohérente, représentative de cette théorie pas aussi unifiée que nous le voudrions, d'un Tout en « Rien …d'autre que du virtuel ». Les lois qui régissent chacune de ces 3 échelles d'analyse, restent fondamentalement liées et interdépendantes, comme les pièces d'un puzzle, bien que la nature des phénomènes qu'elles décrivent, fait penser qu'elles sont spécifiques à chacune d'elles. Les changements de contextualité et d'échelle n'y sont pas étrangers.

Physique réaliste de Galilée, physique pragmatique de Newton, physique de l'Espace/temps d'Einstein, mécanique quantique de Planck…, la voie est tracée qui invite à aller au-delà de cette physique des particules. Il manquerait donc un volet à l'astrophysique, qui expliciterait notre Univers depuis ses fondements les plus reculés. Nous ne parlons pas d'une entité spirituelle mais d'un « étage ignoré », nécessaire à notre compréhension et qui représenterait la « zone frontalière » entre le Cosmos multivers et ce que nous rattachons au monde quantique.

Cette approche fondamentale additionnelle ne semble pas vraiment ouverte à des outils intellectuels d'investigation tels que nos mathématiques les plus avancées. Les idées avancées de non-localité, intrication quantique, décohérence quantique comme de superposition d'états traduisent bien notre embarras à concevoir un Univers privé de temporalité et de déplacement dans ses derniers retranchements (ceux de l'infiniment petit) comme à prédire un Cosmos multivers de nature virtuelle.

Une rupture dans l'équilibre cosmologique (Big-bang) serait la cause d'une symétrie métastable entre particules et antiparticules. En tout cas, le côté révélé (celui de la matière) auquel nous sommes attachés, ne nous donne pas accès à une telle dynamique fondamentale de symétrie impliquant particules/antiparticules. Ces interactions discrètes, sous-jacentes, entre symétries quantiques et justifiées par des nombres quantiques et une charge opposés, seraient déterminantes dans tous les phénomènes qui affectent la matière. Mais cette matière dont nous sommes faits et qui se manifeste à nous à l'échelle de l'observable, fait en quelque sorte écran. C'est l'idée retenue ici et qui permettrait de donner davantage de cohérence et une nouvelle lisibilité à un modèle cosmologique devenu problématique sur bien des points.

La gravitation est le phénomène physique que nous ressentons au premier chef. D'ailleurs, elle influe sur tous nos comportements. Remarquable à l'échelle macroscopique, elle trouverait son déploiement dans la mécanique quantique sous l'effet de la force électromagnétique et dissimulerait son origine dans cette physique dite fondamentale qui représente les arbitrages entre symétries quantiques. Un contexte virtuel fait de « Rien de ce qui semble appartenir à notre réalité » est ce qui permettrait le mieux, de prendre en considération une « physique additionnelle de symétrie quantique » par nature hors de notre portée.

Il y a longtemps, un mathématicien indien avait suggéré que le résultat d'un nombre fini divisé par zéro, n'a de sens que si l'on substitue à l'idée de rien, celle d'infiniment petit. Ainsi par exemple : le nombre 5 divisé par un

471

nombre imaginé infiniment petit, donnerait une valeur infiniment grande mais réelle. Sinon, sans cette extrapolation du chiffre 0, le résultat de cette division par rien ne peut être défini et reste non vérifiable. Remarquons toutefois que même en substituant à 0 une valeur infiniment petite, aucun résultat multiplié par ce presque 0 n'est égal à 5. Ceci revient à dire que le chiffre 0 n'a de sens qu'associé à une valeur infinie, en contrevenant à l'idée de rien en tant qu'absence totale de toute chose. On peut en déduire qu'un nombre infiniment petit est sans dimension spatiale remarquable. En tant que tel, ne pourrait-il pas représenter alors l'unité fondamentale quasi indivisible et non convertible qui serait valable dans tous les référentiels et qui rendrait caduque les transformations par changement de système de coordonnées (transformations de Lorentz). C'est un peu ce vers quoi nous tendons avec la formule de Planck, cette unité qui tend vers 0 et permet de quantifier l'énergie en prenant en compte l'aspect ondulatoire de celle-ci. Pixéliser l'énergie en fragments d'espace insignifiants, reviendrait, en théorie, à l'habiller de valeurs mathématiquement insaisissables.

Paradoxalement, à partir de « quelque chose » imaginé infiniment grand ou infiniment petit, comment extraire ou produire quoi que ce soit de valeur déterminée sauf à dénaturer la notion d'infini ?
La notion d'infiniment petit comme d'infiniment grand tendrait donc à se superposer à celle d'absence de toutes choses. Ces « choses » qui font cependant notre réalité physique, semblent à priori vouloir nous infliger d'étranges interdits.
Cette parenthèse sur le zéro et l'infini, 2 valeurs antinomiques, conduit à faire un rapprochement avec le concept de Cosmos multivers sans limite, indivisible et intemporel. Que l'infini se confonde au zéro ($\infty \approx 0$), validerait la nature virtuelle d'un Cosmos multivers qui n'aurait rien de physique.

Cette idée de « Rien » se distingue clairement de celle de néant qui pourrait se comprendre comme l'absence même d'énergie potentiellement en rupture de symétrie. Mais, si nous définissons le Cosmos multivers en tant que forme d'énergie latente à l'état virtuel, on ne peut donc faire état de néant au sens littéral du mot, dans ce discours sur l'Univers. L'idée de néant relève totalement d'un imaginaire collectif.

Cette réflexion propose une théorie d'ensemble plutôt cohérente qui voudrait expliquer les paradoxes, rallier les divergences, aplanir les difficultés d'échelle et donner un sens construit à nos observations. Compte tenu des difficultés grandissantes qui entravent le développement de l'astrophysique, nous sommes loin d'avoir les moyens de valider une théorie du Tout, quelle qu'elle soit.

Riche en avancées, la période récente que nous avons connue, laisse présager une ère nouvelle de recherches pensées plus en termes de probabilités et moins en termes de certitudes.

XXXIII <u>Analyse critique</u>
(Mais pas nécessairement objective)

<u>**Points constructifs**</u> :

- Abandon du postulat d'une création sortie du néant (le point de départ de cette réflexion)

- Esthétique d'un paradigme qui repose sur un équilibre contrarié de symétries quantiques et une forme d'unification de théories mal appariées.

- Justification des interactions énergie/matière.

- Notions d'infini et d'éternité redéfinies.

- Modèle plutôt « cohérent » de l'évolution et la création de notre Univers.

- Place de l'homme, comme du reste, détachée de toute intervention divine.

- Références à nombres d'hypothèses ou données physiques reconnues.

- Le Big-bang n'est plus le point central inexpliqué d'un contenant mystérieux.

- Mise en relative concordance des forces fondamentales liées aux interactions de jauge dans une théorie du « Tout en Rien d'autre que du virtuel ».

- La gravitation n'est plus une « force » dissociée des autres.

- Mise en adéquation de la mécanique quantique et de la relativité générale.

- Dispersion rétrograde et expansion de l'Univers ne prêtent plus à confusion.

- Un Univers à « charge énergétique » constante dans un espace en dépression faussement qualifié de vide, est plus facile à concevoir qu'un Univers en expansion, sorti d'un supposé « point » d'énergie sans antériorité.

- La notion de superposition d'états possibles fait de toute particule un modèle cloné fondamentalement et originellement à l'identique et dont chaque « exemplaire » partage potentiellement « en instantané » tout ou partie des mêmes informations.

474

- Des particules considérées comme des paquets d'ondes intriquées hors du temps : voilà qui donne du grain à moudre et laisse espérer de nouvelles avancées.

- Des trous noirs de nature quantiques représentant l'ultime étape au terme de l'évolution de notre Univers.

<u>**Points à reprendre ou insuffisamment développés**</u> (et commentaires) :

- Brisure de symétrie dans un Équilibre cosmologique (la notion de symétrie des particules n'est cependant pas nouvelle)

- Un Cosmos multivers peut sembler de prime abord, difficile à imaginer, voir inconcevable pour qui se refuse à élargir son champ de réflexion

- Un discours qui peut paraître, par endroit, quelque peu hermétique ou négationniste (ces points sont certainement à approfondir ou reformuler)

- Références sciemment limitées aux données mathématiques (cette discipline qui ouvre des portes, montre aussi ses limites et s'inscrit difficilement dans un contexte de symétrie chirale). La lecture n'en est que plus aisée

- Nombre d'affirmations non prouvées (mais tout est-il démontrable ?)

- Univers fini, non expansionniste, tout en courbure, non borné, aux effets gravitationnels sans limite marquée (la notion d'infini peut être ainsi laissée de côté)

- Emploi fréquent du conditionnel (on ne saurait être trop prudent sur un sujet qui reste effleuré, malgré les avancées les plus récentes et nombre de théories séduisantes)

- Emploi de raccourcis et métaphores pour aborder la physique des particules et l'astrophysique (connaissance de ces outils à développer, mais aussi par souci de faire simple !)

<u>**Considérations sur la forme :**</u>

Le plan d'ensemble de ce discours peut sembler manquer de construction. C'est, autour d'un thème central, principalement une compilation de questionnements et d'idées enrichies, corrigées et ajoutées au fil d'une réflexion inachevée de 5 années. Avez-vous remarqué combien souvent ce que nous disons, pensons, faisons, nous laisse sur un sentiment d'inachevé ?

Ceci explique quelques longueurs, de nombreuses redondances et retours sur image. Nombre de reformulations trahissent une réelle difficulté à développer en termes simples, certaines idées ou concepts qui peuvent déconcerter en première approche. Sans doute, aurait-il paru plus authentique d'utiliser des expressions telles que tenseur de Riemann, vecteur de Killing, symétrie noethérienne, contrainte hamiltonienne, série de Fourier, régression bayésienne, espace anti de Sitter, opérateur de Laplace-Beltrami, équation de Majorana, structure de Weyl, espace hermitien, périodicité de Bott, indice de Maslow, variété abélienne…, un jargon scientifique qui a pleinement sa raison d'être mais ne facilite pas la communication.

Il convient de rappeler qu'une théorie ne peut être validée que si elle est prouvée expérimentalement ou scientifiquement. D'un autre côté une théorie n'est vraiment réfutable que si la démonstration qu'elle est erronée, est apportée. Entre les deux, on ne peut que douter, tout en souhaitant que l'incertitude soit levée et la réflexion entérinée ou bien invalidée.

<h1 style="text-align:center"><u>Épilogue</u></h1>

(Ou constat d'inachevé)

Peut-on se hasarder à faire des prédictions sur la destinée de l'espèce humaine ? Certaines hypothèses n'augurent rien de bien rassurant. Il suffit déjà d'extrapoler à partir du passé. Une expérience faite avec des animaux vivants en société organisée, en l'occurrence des rats, semble confirmer ce que beaucoup pressentent de nos jours. L'expérimentation consistait à placer huit souris dans une boîte au plafond ouvert, offrant beaucoup de place et protégée de tout prédateur. La nourriture et l'eau étaient fournies à volonté. Un an et demi après le début de l'expérience, la population est de 2200 rats et les nouveau-nés survivent difficilement. L'expérience ne prendra fin que 5 ans plus tard. Une majorité de mâles agressifs passait son temps à se nourrir et s'entretuer alors que des groupes de femelles de moins en moins disposées à se reproduire, restaient à l'écart, marquant la fin de cette société déclinante.

Cette expérience renouvelée avec les mêmes effets destructeurs, tend à démontrer que pour un individu lambda pris dans une société en surnombre, les besoins immédiats et essentiels demanderont à être satisfaits en priorité au détriment, le cas échéant, de l'intérêt du groupe. Ce choix se fera d'autant plus prioritairement que l'individu ne peut se démarquer d'un groupe important qui finit par l'oppresser. Déni, indifférence, repli sur soi, compétitivité exacerbée se traduisant par plus d'agressivité, semblent s'affirmer davantage dans une population à forte densité où l'intérêt particulier primera davantage sur l'intérêt collectif. Les groupes partageant des affinités, montrent des difficultés grandissantes à se démarquer. Tout se ramène à une question de partage d'idéologie et de répartition de ressources. Une société en surpopulation mal gérée semble développer un individualisme difficilement conciliable avec une quelconque forme de démocratie. Elle ne peut que compromettre la paix sociale.

L'espèce humaine semble s'inscrire dans ce cas de figure. Les conséquences d'une surpopulation non acceptée sont connues mais nous n'en avons, sans doute, pas pleinement conscience : pillage des richesses naturelles, pollution, discrimination sociale et ségrégation, course aux armes de destruction massive, conflits d'occupation ou de pouvoir… Une particularité distingue cependant l'espèce humaine de ces mammifères rongeurs : une capacité à prendre en compte les conséquences néfastes d'une telle évolution non maitrisée et la menace que représentent certaines

477

technologies dévoyées telles les armes de destruction massive. On aimerait que cette prise de conscience fasse la différence !

Nul n'est besoin d'être devin pour comprendre qu'une **surpopulation** délétère finit par engendrer des effets irréversibles. Dans une atmosphère globalement surchauffée et un climat perturbé par effet de serre, le partage de richesses insuffisantes risque de devenir un enjeu vital, au point de multiplier conflits, destructions et pollutions. S'il existe un point de non-retour, il se pourrait bien que nous soyons prochainement sur le point de le franchir. Il semble que pour chaque génération, l'avenir s'arrête avec elle. C'est dans la nature humaine. « Après moi le déluge » reflète assez bien un comportement généralisé dans un monde désormais gouvernée par la finance et la compétition.

Si notre futur repose en bonne part sur des choix plus ou moins collectifs, on peut difficilement faire état de parfaits consensus. Les choix se font le plus souvent dans l'urgence quand ils ne sont pas imposés. Les grandes décisions ont rarement vocation à prévenir ou anticiper. Il existe plusieurs raisons à cela :

1. Tout indique que nous sommes loin de maitriser les problèmes liés à une surpopulation galopante et à la raréfaction des ressources naturelles accessibles qui en résulte. Les énergies fossiles s'épuisent mais nous n'en prendrons pleinement conscience qu'à partir du moment où elles commenceront à faire réellement défaut, creusant l'écart entre pays développés et ceux en voie de l'être.
2. Une surconsommation des richesses naturelles au-delà du renouvelable et la pollution qui en découle ont pour effets de changer en profondeur les phénomènes climatiques. Sur certaines régions du globe, les conditions propices à la vie s'en trouvent déjà altérées.
3. Nous recherchons et c'est notre préoccupation première, la facilité dans la sécurité. Cette quête pragmatique d'un bien-être loin d'être partagé est l'idée que nous nous faisons du bonheur. Pourquoi devrions-nous, nous sentir concernés par ce qui adviendra après nous ou pour les plus altruistes après la génération qui nous succédera?

Combien se disent que rien n'empêchera la terre de tourner. Combien pensent que les courbes exponentielles tendant vers un point de non-retour ne sont que des modèles théoriques. Il n'est pas dans notre nature de nous projeter au-delà d'un avenir au terme duquel rien ne nous concerne plus. Peut-on dans ces conditions en appeler à la libre responsabilité de chacun ? Supposons toutefois que nous parvenions à un consensus aussi large que possible sur la prise en compte de cette croissance non maitrisée. Il est à craindre que les mesures aptes à casser cette dynamique destructrice soient mal acceptées par une majorité d'entre nous. Aussi, il n'est pas déraisonnable de penser que des mesures coercitives seront nécessaires. Notre avenir sera alors celui d'une liberté encadrée, autrement dit une démocratie réglementée ralliant toute l'espèce humaine. L'humanité a-t-elle réellement d'autres choix ? Les conditions étant loin d'être remplies, nous nous mettons malheureusement, encore trop souvent la tête dans le sable…

Plus de 8 milliards d'individus sur terre aujourd'hui. De toute cette population marquée par une croissance prédatrice pour la planète, un seul être retient plus particulièrement, pour ne pas dire exclusivement, notre intérêt : notre égo.

Cette conviction d'être Unique, fait que nous sommes amenés à nous placer de préférence au centre de toute chose. Nous sommes tous, à la fois, spectateur et acteur, mais chacun se voudrait seul joueur et arbitre dans ce jeu de rôles. C'est pourquoi chacun de nous, dans son for intérieur, peut se dire :
« L'Univers n'est là que parce que je le conçois, et je le conçois parce que j'existe dans le court laps de temps qui réunit les conditions nécessaires à la vie.
Cela m'amène à penser que vraisemblablement rien n'existe vraiment sans moi qui représente cette conscience d'un monde que je me suis forgé. D'un autre côté, je ne peux m'empêcher de considérer que je fais partie intégrante de cet Univers qui fait ma réalité ». « Je serai donc issu de quelque chose que j'ai conçu... » Cherchez la faille !

Développons maintenant cette idée sans restriction d'échelle. Considérons le Cosmos multivers en tant qu'infinité d'Univers, dans une infinité de « dimensions », sans nous limiter à l'instant présent. Combien d'Univers ont évolué comme le nôtre jusqu'à produire une forme de vie intelligente et combien ont avortés ? Rien ne reliant les Univers sans nombre qui donnent un sens au concept de Cosmos multivers, la question reste sans réponse.
Et dans notre Univers, combien de planètes comme la nôtre, ce que nous appelons des exoplanètes, ont pu, peuvent ou pourront développer la vie à un stade au moins aussi avancé que celui que nous connaissons ?

479

Une quasi-infinité de possibilités devient en termes de probabilités, une quasi-certitude. La vie devrait statistiquement être présente, en nombre, sur d'autres exoplanètes, comme à d'autres instants passés et à venir !

Dans ce cas, peut-il être envisagé **que ce que je suis**…puisse exister ou avoir existé sans mémoire d'un quelconque passé, dans ce même Univers ou tout autre système binaire d'univers en symétrie quantique et à un quelconque moment. L'apparence physique d'une autre forme de vie importe assez peu. Formulé autrement, pourquoi ne serions-nous pas, dupliqués à l'infini, sans possibilité de partage à chercher ces mêmes réponses.

On pourrait comparer ce script à un puzzle en 3 D, morcelé à l'extrême. Chaque pièce pensante représenterait un joueur qui jouerait seul dans son coin, en ignorant la position des autres et l'état d'avancement du jeu.

Toute communication se révélant interdite pour cause d'éloignement et de décalage temporel, quelle serait donc la raison d'être de cette conscience « universellement » fragmentée ? La réponse est dans le Cosmos multivers.

Ainsi s'achève une ébauche bien singulière de ce que pourrait être l'histoire de notre Univers. Elle donne la réplique à toutes ces croyances qui nous abusent en prétendant satisfaire notre ignorance. La religion est une compilation de pseudos certitudes sur des choses que l'on ne peut voir et considérées comme inaccessibles à toute approche scientifique. La science propose un modèle pragmatique, ouvert, reposant principalement sur des observations justifiées, récurrentes et reliées, mais aussi sur des hypothèses réalistes ainsi que sur des concepts pris comme base de travail. Selon que vous serez critique ou crédule, curieux ou contemplatif, réaliste ou rêveur, manipulable ou pragmatique, vous adhérerez à l'une ou à l'autre. Ces quelques lignes répondent aussi à ceux qui seraient amenés à penser la Cosmologie dans une logique qui voudrait expliquer la raison d'être de notre Univers par notre présence. Manifestement, ce principe anthropique pose le problème à l'envers et relève d'un fantasme vieux comme le monde. Bien entendu, il n'est pas interdit de penser que tout ce qui vient d'être développé, s'apparente à une forme de thérapie philosophique.

Mais qui sait ! ....

Contacts et retours :
dominique.chardri@hotmail.com
Merci de vos remarques et suggestions

Le mot de la fin
(Pour une histoire sans fin !)

Sans fin, parce que cette réflexion n'a cessé d'être reprise, amendée, complétée au fil de lectures, échanges et informations de sources multiples. La plupart de nos avancées amènent autant de questions qu'elles proposent de réponses. Cette incursion dans un Univers qui reste à découvrir, donne l'impression de gravir un chemin de plus en plus escarpé et de moins en moins praticable.

Le ton employé se veut pragmatique, ouvert et dépouillé de jugements de valeur tranchés. Respecter une relative cohérence, a primé sur le reste, avec le doute pour seule certitude.

On peut se demander s'il ne faudrait pas penser de façon moins conventionnelle en cherchant des points d'appui qui ne sont pas ceux que nous choisirions à priori.

Avec beaucoup d'application, tout en évitant l'emploi immodéré du conditionnel, il a été question de particules, de forces, de maillons-branes, de dimensions symétriques, d'interactions cachées, de singularités, de temps qui fluctue jusqu'à disparaitre, d'espace qui se déforme jusqu'à s'effacer et autres concepts tellement éloignés de notre réalité.

Ces termes permettent de donner de la visibilité à des phénomènes qui nous échappent pour l'essentiel en clarifiant, autant que possible, le propos.

Nous avons besoin de réponses qui soient validées par des expériences éprouvées et confirmées par des observations croisées. Bien qu'apportant des réponses construites et cohérentes, cette théorie du Tout segmenté par des niveaux d'échelle incontournables, ne satisfait pas pleinement à ces exigences et ne peut que laisser sur un sentiment d'inachevé.

Mais qu'est-ce la vérité vraie ?

Qui ne serait pas admiratif de ces chercheurs et penseurs particulièrement brillants - ils ne sont pas si nombreux - qui jalonnent cette reconstitution d'un Univers tellement dissimulateur à notre égard. Ils ont inspiré cette réflexion non exempte de lacunes ainsi que d'interprétations personnelles qui appellent à la controverse. Nous n'entrevoyons que des phénomènes émergents en liens non reconnus avec des interactions discrètes prédites entre symétries quantiques. Nous réalisons que nous sommes de plus en plus en peine de disposer d'outils appropriés pour démontrer mathématiquement ou tester expérimentalement.

Nous percevons la lumière (les OEM) dans des longueurs d'ondes situées entre 400 et 700 nanomètres : notre champ visuel montre vite son étroitesse. Nous sommes sensibles aux sons pour des fréquences entre 20 Hz ET 20 000 Hz : notre capacité d'écoute ne va pas au -delà. Nous parvenons à supporter un environnement entre +60 ° et -40° avec une durée de contact aux extrêmes vite atteinte. Nous ne percevons normalement que ce qui se révèle à nous dans la limite de nos ressentis.

Cependant, une technologie et des outils de réflexion de plus en plus élaborés nous permettent de constater aujourd'hui, la présence de longueurs d'ondes, de fréquences sonores, de températures, de vitesses de déplacements très en dehors de ces limites. Ces progrès peuvent laisser penser que nous devrions parvenir à terme, à comprendre ce qui fait ce que nous sommes. Cela voudrait dire aussi qu'arrivé à un certain stade très avancé, la science appuyée par la technologie n'aurait plus de raison de progresser ayant prouvé et démontré tout ce qui pouvait l'être. N'est-ce pas faire preuve d'un excès d'optimisme que de penser qu'un jour futur, l'Univers n'aura plus de secret pour nous ?

L'espèce humaine dans son évolution s'est dotée de capacités cognitives, qui vont dans le sens d'une meilleure prise de conscience mais qui restent prioritairement de nature à répondre à nos attentes et inquiétudes les plus présentes. Les souvenirs laissés par les épreuves personnelles et l'enrichissement d'une mémoire collective influent inconsciemment sur notre façon de percevoir ce qui contribue à faire notre cadre de vie. Autrement dit, nous ne voyons que ce que nous pouvons voir physiologiquement et plus particulièrement ce que nos besoins les plus élémentaires de préservation notamment, nous commandent de voir avant tout. Cette particularité n'est pas seulement propre à l'homme. Depuis l'organisme unicellulaire, elle singularise à des degrés divers, toute forme de vie et montre vite ses limites.

Maintenant, poussons plus avant, cette réflexion. Nous devrions en définitive, nous poser la question de savoir si nous avons potentiellement la capacité de comprendre une réalité tellement différente de la vision soft que nous impose notre condition. Notre immersion récente dans la « dimension » quantique nous montre que le monde macro qui s'offre à notre regard n'est qu'un habillage à notre convenance de phénomènes plus complexes et que nous commençons seulement à pressentir.

La question subsidiaire serait alors de savoir si une forme d'intelligence artificielle déconnectée de tout ressenti, pourrait donner accès à une

482

cosmologie que nous pressentons tellement différente de notre modèle standard ? Un tel projet ambitionnerait de nous faire découvrir, sans filtre, l'infiniment petit comme l'infiniment grand. Rien ne permet de supposer que l'IA pourrait contrevenir à l'effondrement de la fonction d'onde et prendre en compte les états superposés prescrits par la mécanique quantique. Mais, dans tous les cas, un avenir assisté de machines dotées d'intelligence artificielle semble plutôt prometteur même si un risque de dépendance qu'il nous faudra bien prendre en compte, n'est pas à écarter.

Revenons sur terre ! Nous baignons dans l'espace et nous traversons le temps. Mais que devient l'espace/temps sans observateur ? L'absence d'observateur revient alors à priver l'espace comme le temps de leur raison d'être et la réduction du paquet d'onde perd alors toute raison d'être. Notre compréhension de l'Univers résulterait donc d'une sorte de mirage dans lequel nous nous inscririons en tant qu'opérateur de décohérence quantique et par voie de conséquence inventeur de temporalité dans un espace relativiste à notre mesure. Ce peut être aussi une façon, même si elle s'avère particulièrement frustrante, de répondre à la question : qu'est-ce que l'Univers et quelle y est réellement notre place ?
Puisque votre lecture vous a conduit jusqu'ici, alors il est temps de confesser que les objections, hypothèses, réfutations formulées dans ce livre n'ont d'autres prétentions que de « secouer le cocotier ». Ne devrions-nous pas reconsidérer certaines théories, hypothèses et interprétations émises par défaut ? Ces quelques lignes sont là pour rappeler notamment 2 points mis trop souvent de côté par convenance scientifique :

- L'incertitude mathématique pour ce qui touche à la physique quantique. Le théorème de l'incomplet de Gödel a démontré que tout système mathématique capable de prouver les théorèmes de base de l'arithmétique inclura nécessairement des éléments dont la valeur de vérité ne peut être prouvée en utilisant les axiomes du système en question. **Ce qui signifie que les mathématiques ont leurs propres limites, des limites fondamentales qui restreignent l'utilisation que nous en faisons et peuvent altérer l'interprétation que nous voudrions leur donner.**
- la problématique d'un modèle cosmologique « rapiécé ».

Toute la difficulté tient dans le fait que nous percevons et tentons de comprendre notre environnement par référence logique à tout ce qui, d'une façon ou d'une autre, représente ou se réfère à la matière. Cette forme d'énergie dont nous ne pouvons, nous détacher, ne nous permet pas de

comprendre et définir ce qu'est réellement l'énergie à l'état fondamental. Y répondre s'avère essentiel pour avancer dans la compréhension de notre Univers.
Ces quelques lignes voudraient apporter un éclairage nouveau notamment sur ce genre de problématique et élargir le débat.

Merci d'avoir pris le temps de me lire, en m'accordant le bénéfice du droit à l'erreur.

SBN 978-2-9571506-3-2